浙 江 智 库 研 究 成 果

中国城市科学研究系列报告

# 中国公用事业发展报告

## 2023

王俊豪　等著



中国建筑工业出版社

**图书在版编目（CIP）数据**

中国公用事业发展报告. 2023 / 王俊豪等著.
北京 ：中国建筑工业出版社，2024. 9. --（中国城市科
学研究系列报告）. -- ISBN 978-7-112-30179-9

Ⅰ. F299.24

中国国家版本馆 CIP 数据核字第 2024N9K907 号

《中国公用事业发展报告（2023）》全面概括了中国公用事业投资与建设、生产与供应、基本成效、城乡一体化与激励性监管发展状况，并分供水、排水与污水处理、垃圾处理、天然气、电力、电信、铁路运输行业进行了专题介绍。本报告还就公用事业综合性及各行业的主要法规政策作了解读，并提供了行业典型案例分析。

责任编辑：石枫华　张　瑞
文字编辑：赵欧凡
责任校对：李美娜

中国城市科学研究系列报告
**中国公用事业发展报告 2023**
王俊豪　等著
*
中国建筑工业出版社出版、发行（北京海淀三里河路 9 号）
各地新华书店、建筑书店经销
北京科地亚盟排版公司制版
廊坊市金虹宇印务有限公司印刷
*
开本：787 毫米×1092 毫米　1/16　印张：24　字数：470 千字
2024 年 12 月第一版　　2024 年 12 月第一次印刷
定价：**98.00** 元
ISBN 978-7-112-30179-9
(43546)

# 指 导 委 员 会

主　　　任：仇保兴

副 主 任：胡子健

委　　　员：（以姓氏笔画为序）

刘贺明　张　悦　邵益生　徐文龙　章林伟　谭荣尧

# 撰稿单位和主要撰稿人

撰 稿 单 位：浙江财经大学中国政府监管研究院

主要撰稿人：王俊豪　王　岭　李云雁　王建明　朱晓艳　张　雷

甄艺凯　陈　松　张肇中

# 支 持 单 位

住房和城乡建设部城市建设司

中国城镇供水排水协会

中国城市燃气协会

中国城市环境卫生协会

中国城镇供热协会

中国城市科学研究会城市公用事业改革与监管专业委员会

中国工业经济学会产业监管专业委员会

中国能源研究会能源监管专业委员会

# 经 费 资 助

浙江省新型重点专业智库“浙江财经大学中国政府监管与公共政策研究院”

浙江省2011协同创新中心“浙江财经大学城市公用事业政府监管协同创新中心”

浙江省重点创新团队“管制理论与政策研究团队”

服务国家特殊需求博士人才培养项目“浙江财经大学城市公用事业政府监管博士人才培养项目”

# 序

公用事业是由为企事业单位和城乡居民生产生活提供必需的普遍服务的众多行业组成的集合，行业涉及面广、行业间跨度较大。本书主要研究城市供水、排水与污水处理、垃圾处理、天然气、电力、电信、铁路运输等公用事业中最为重要的基础设施行业。公用事业在经济发展和社会生活中具有基础性地位，主要表现在：公用事业所提供的产品和服务是城市生产部门进行生产和人们生活的基础性条件，不但为制造业、加工业、商业和服务业等各行业的生产活动提供必要的供水、垃圾处理、供气、电力、电信、铁路运输等基础条件，也为城市居民提供必要的生活基础。同时，公用事业所提供的产品和服务的价格构成了其他行业产品和服务的成本，其性能和价格的变化，必然对其他行业产生连锁反应。因此，公用事业的基础性，意味着公用事业具有先导性，要发展城乡经济，提高城乡居民的文化、生活水平，就要求优先发展公用事业。

改革开放以来，伴随高速经济增长和城市化快速推进，我国公用事业在不断深化改革过程中也取得了快速发展。特别是近年来，我国注重新型城市化和新农村建设，对公用事业的发展既提出了数量要求，更提出了高质量的要求。为了从动态上反映我国公用事业发展的实际情况、法规政策环境和行业企业所做的改革探索，我们从2016年开始每年以上一年的行业发展数据和发布的政策法规以及经典案例为素材，撰写出版《中国城市公用事业年度发展报告》（以下简称“报告”）。2020年报告在原有基础上增加了电信、铁路运输两个行业。2023年，报告在对2022年公用事业投资与建设、生产与供应、基本成效的研究基础上，分析了公用事业城乡一体化与激励性监管，希望为城市公用事业相关政府部门、研究机构及其研究人员提供参考。

本报告分为以下四部分：

第一部分为总论（第一章），从总体上分析了七个主要公用事业投资与建设、生产与供应、发展的基本成效以及城乡一体化与激励性监管。

第二部分为行业报告，由第二章至第八章组成，这是本报告的主体，详细讨论了城市供水、排水与污水处理、垃圾处理、天然气、电力、电信、铁路运输七大行业投资建设、生产供应和发展成效，同时分析了各行业的城乡一体化与激励性监管。

第三部分为第九章，是一个相对独立的部分，主要是对公用事业主要法规政策进行解读，内容包括公用事业综合性（跨行业）法规政策解读和重要行业的法规政策解读。最后还对综合性（跨行业）法规政策和主要行业的法规政策名称做了列表，以便读者查阅。

第四部分为第十章，也是一个相对独立的部分，专题分析七个行业的公用事业典型案例，对政府有关部门和研究人员具有较好的参考和借鉴价值。

本书是集体智慧的结晶和多方支持的成果。本人首先对撰写并出版本书提供了建议和要求，对本书的框架结构和重要内容提出了修改意见。住房和城乡建设部城市建设司胡子健司长对本书大力支持，并担任了本书指导委员会副主任。中国城市燃气协会刘贺明理事长、住房和城乡建设部城市建设司原巡视员张悦、中国城市规划设计研究院原党委书记（副院长）邵益生研究员、中国城市环境卫生协会徐文龙理事长、中国城镇供水排水协会章林伟会长、国家能源局原监管总监谭荣尧研究员等指导委员会委员也对本书大力支持，并提出了不少建设性的意见建议。撰写本书需要大量的文献资料和调研工作，本书的顺利完成还得益于中国城镇供水排水协会、中国城市燃气协会、中国城市环境卫生协会等单位的大力支持，提供了许多实际资料。一年多来，浙江财经大学中国政府监管研究院在王俊豪教授的带领下，十多位研究人员为本书调研、撰稿、修改定稿做了大量的工作，投入了许多时间和精力，在大家的通力合作下完成了本书的撰写工作。最后，本书能在较短的时间内高质量出版还得益于中国建筑工业出版社的大力支持。

本书是浙江省新型重点专业智库“浙江财经大学中国政府监管与公共政策研究院”、浙江省 2011 协同创新中心“浙江财经大学城市公用事业政府监管协同创新中心”、浙江省重点创新团队“管制理论与政策研究团队”的资助成果。同时，本书也是住房和城乡建设部支持的服务国家特殊需求博士人才培养项目“浙江财经大学城市公用事业政府监管博士人才培养项目”的研究成果。

由于本书涉及的行业较多，研究内容十分丰富，而完成时间相对较短，许多工作具有探索性，尽管我们做了最大努力，但难免存在不少缺陷，敬请专家学者和广大读者批评指正。

国际欧亚科学院院士

住房和城乡建设部原副部长

仇保兴

2023 年 12 月 25 日

# 目　　录

# 第一章 总 论

改革开放40多年来，随着中国城市化进程的快速推进，公用事业的投资与建设、生产与供应取得了显著进展，持续推动公用事业城乡一体化改革，使人民共享改革红利，从有没有向好不好、由区域发展不平衡向区域协调发展转变。为持续推动公用事业的高质量发展，形成区域间协同联动、平衡发展格局，需要创新体制机制，建立激励性监管政策。

# 第一节 公用事业投资与建设

## 一、供水行业投资与建设

1978～2021年40余年间，我国城市供水行业固定资产投资由1978年的4.7亿元增至2021年的770.56亿元，增长超过160倍。改革开放以来，以城市供水行业市场化开端为界，我国城市供水行业固定资产投资增长经历了几个阶段。1978～1991年，地方政府是主要的行业投资主体，在此阶段城市供水行业投资增长较慢，10余年间增长了5倍左右；20世纪90年代，地方政府逐渐退出行业的投资和运营，1991～2005年，我国城市供水行业固定资产投资总体增长6.47倍。自2005年开始，随着我国经济高速增长和城市供水行业市场化进程的推进，我国城市供水行业固定资产投资保持了高速增长的势头。

1978年我国城市供水行业固定资产投资占整个市政建设投资比重为39.2%，1980年达到了峰值，为46.53%，此后一直稳定在20%左右。近年来我国东部地区供水行业固定资产投资占比持续下降，占比首次低于五成，中部地区和西部地区供水行业投资增幅明显，占比不断上升，我国城市供水行业投资的区域间差距呈现不断缩小的趋势。1978～1985年，我国城市供水行业综合生产能力由2530.4万立方米/日增至4019.7万立方米/日，年均增长8.41%。1986年以后我国城市供水综合生产能力增速进一步提升，2021年我国供水综合生产能力达到31737.67万立方米/日，相比2020年略有下降。1986～2021年30余年间，我国城市供水综合生产能力总体增长2.05倍。

## 二、排水与污水处理行业投资与建设

2021年，我国城市排水与污水处理行业的固定资产投资总额达3001.6亿元，其中排水设施投资占比最高，达2078.8亿元，污水处理、污泥处理和再生水利用设施的固定资产投资分别为855.3亿元、29.1亿元和38.4亿元，各项占比分别占行业投资总额的69.25%、28.49%、0.97%和1.28%。相较于2020年，我国城市排水与污水处理设施投资呈小幅下降趋势，设施投资也主要以改造更新为主。其中，排水设施投资减少了36.02亿元，污水处理与再生水利用设施投资较2020年末减少了149.65亿元，降幅为14.34%。污泥处理设施投资比重下降较大，较2020年的36.86亿元下降了7.73亿元，这说明各地经过前期大幅度的投资，污泥处理设施已加快补齐短板，配备较为完善。

从各类投资的地区间分布看，东部地区的固定资产投资遥遥领先，排水、污水处理、污泥处理、再生水利用设施的投资额分别为955.89亿元、462.74亿元、9.41亿元和9.15亿元，分别占到了全国各类投资总额的45.98%、54.1%、32.3%和23.81%，对比2020年，各项投资占比总体呈下降趋势，降幅分别为5.88%、6.77%、21.55%、11.37%。中部地区在排水、污水处理、污泥处理、再生水利用方面的投资分别为605.29亿元、213.93亿元、12.24亿元、16.92亿元，分别占全国投资的29.12%、25.01%、42.01%和44.02%，对比2020年，各项投资占比总体呈上升趋势，增幅分别为2.66%、3.75%、28.74%、12.58%，这说明中部地区各项目呈稳步发展趋势。西部地区在排水、污水处理、污泥处理、再生水利用方面的投资分别为517.58亿元、178.65亿元、7.48亿元和12.37亿元，占全国的24.9%、20.89%、25.69%和32.18%，对比2020年，各项投资占比总体趋势变化不大，其中排水和污水处理投资占比有不同程度的上升，增幅分别为3.22%、3.03%，污泥处理和再生水利用投资占比分别减少了7.19%、1.21%，说明西部地区各项目基本呈稳步发展趋势。

截至2021年，全国已建成排水管道87.2万公里，建成污水处理厂2827座，日均污水处理能力达2.08亿立方米/日，较1980年分别增长了40倍、81倍和297倍，同时，2021年全国再生水利用量达161亿立方米，较2020年增长了10.27%。

在区域分布上，与投资情况类似，城镇排水与污水处理设施建设也是东部占比较大，中部和西部略少，西部地区设施建设增长最快。东、中、西部地区已分别建成排水管道502829.77公里、206272.66公里和163179.99公里，分别建成污水处理厂1386座、718座和723座。

## 三、垃圾处理行业投资与建设

生活垃圾分类和处理设施是城镇环境基础设施的重要组成部分，是推动实施生活垃圾分类制度，实现垃圾减量化、资源化、无害化处理的基础保障。然而，城镇化和工业化水平的不断提升为人们带来日益丰富的生活活动的同时，也产生了越来越多的垃圾，且垃圾种类更加复杂，塑料、金属等高分子合成材料的垃圾更难以处理，垃圾产生量大、堆存量高等问题已成为一些城市无法忽视的“城市病”。建设人与自然的中国式现代化既要创造财富满足人们的生活、精神需求，也要创造美好的生态环境。现阶段，垃圾已成为社会生活的公害，严重影响了生态环境。住房和城乡建设部等多部门联合发布公告，明确提出生活垃圾、建筑垃圾等垃圾的处理标准、处理技术和处理方案，并通过一些经济激励政策或非经济激励政策鼓励进行垃圾分类、垃圾减量等。

根据《"十四五"城镇生活垃圾分类和处理设施发展规划》规定，在垃圾资源化利用率方面，到2025年底，全国城市生活垃圾资源化利用率达到60%左右；在垃圾分类收运能力方面，到2025年底，全国生活垃圾分类收运能力达到70万吨/日左右，基本满足地级及以上城市生活垃圾分类收集、分类转运、分类处理需求，鼓励有条件的县城推进生活垃圾分类和处理设施建设。在垃圾焚烧处理能力方面，到2025年底，全国城镇生活垃圾焚烧处理能力达到80万吨/日左右，城市生活垃圾焚烧处理能力占比为65%左右。在国家政策规范和实际处理需求的推动下，我国垃圾处理能力不断提高，尤其是生活垃圾无害化处理进程不断推进。2021年，我国城市生活垃圾无害化处理量为24839万吨，占城市垃圾清运总量99.88%，已基本实现100%的无害化处理。根据国家统计局的数据，2015～2021年，我国生活垃圾无害化处理厂数量逐年增加，其中2021年生活垃圾无害化处理厂数量达到1407座，根据我国政策对于垃圾填埋的严格治理，2021年我国生活垃圾卫生填埋无害化处理厂数量继续减少，约为630座，2021年我国生活垃圾焚烧无害化处理厂数量却保持增加，其数量超过570座。

同时，在政府出台五年规划的持续推动下，2005～2021年，我国城市生活垃圾焚烧量由791万吨增长到1.80亿吨，焚烧率从9.82%增长到72.55%，逐年攀升，垃圾焚烧逐渐成为我国最主要的垃圾处理方式。随着烟气净化技术的成熟，垃圾焚烧行业产能快速释放，城市生活垃圾焚烧发电项目投资保持平稳增长。以城市生活垃圾处理项目为例，截至2021年，我国城市生活垃圾焚烧处理能力由2005年的33010吨/日增长至719533吨/日，年复合增长率达21.24%；城市生活垃圾焚烧无害化处理厂数量由2005年的67座增长至583座，年复合增长率达14.48%。

从我国各省（区、市）[①]运营中的垃圾填埋场分布情况可知，截至2021年底，广东已建成生活垃圾处理设施73座，总处理能力约为15万吨/日。广东省住房和城乡建设厅、发展改革委印发《广东省生活垃圾处理"十四五"规划》，试图打造"焚烧为主、生化为辅、填埋兜底"的生活垃圾处理的"大局面"。预计到2025年底，广东省生活垃圾无害化处理总能力达到16万吨/日以上，全省城市生活垃圾资源化利用率不低于60%，全省焚烧能力占比达到80%以上。"十四五"期间，广东省计划建成焚烧发电项目30个，全省焚烧发电项目建设总投

① 本书中各省（区、市）数据暂未统计我国港澳台地区（除特殊说明外）。

资约344亿元，新增处理能力51050吨/日。其次，城市生活垃圾焚烧设施较多的省份是山东省和浙江省，分别拥有生活垃圾焚烧厂56座和51座，位列全国第二和第三。可见，东部沿海发达地区城市生活垃圾焚烧设施数量较多。北京、上海等经济发达的城市制定了原生垃圾零填埋的指导目标，并在建造大量的垃圾焚烧设施。截至2021年底，我国城市生活垃圾焚烧设施共有680座，比2020年新增217座。随着城市垃圾处理行业投资的加快，城市垃圾处理行业基础设施的服务能力和服务水平大幅提高。垃圾焚烧设施全部投入运行后，预计国内未来的焚烧能力将大幅提升。相对地，垃圾填埋处理方式比重将大大降低。当然，目前我国生活垃圾处理仍以垃圾填埋方式为主，填埋方式所占比例约为54%，焚烧方式所占比例约为18%，而其他堆肥等方式占28%。

目前，农村生活垃圾收运体系建设的逐步完善使得农村地区垃圾收集、处置率存在较大的提高空间，农村生活垃圾市场空间有望打开。2021年，乡、建制镇生活垃圾无害化处理率分别为56.60%、75.84%，而同期城市生活垃圾无害化处理率接近100%。随着对农村未处理的垃圾存量的消化和扩大处理覆盖，未来农村垃圾处理规模的扩张可期。

## 四、天然气行业投资与建设

2022我国稳步推进天然气体制改革，市场需求潜力增长，石油企业持续加大勘探开发力度，勘查开采投资增长较快，天然气产量继续快速提升。上游天然气资源多主体多渠道供应、中间统一管网高效集输、下游城市燃气市场充分竞争的“$X+1+X$”油气市场新体系基本确立，整个行业投资建设持续增长。

2022年我国油气行业加大勘探开发力度，勘探规模达到历史新高。国内油气勘探开发投资约3700亿元，同比增长19%。勘探投资超过840亿元，创历史新高；多个油气田加快产能建设，开发投资约2860亿元，同比增长23%。2022年我国进一步开放油气上游市场，多渠道鼓励社会资金开展油气勘探开发，油气勘探开发放开搞活、市场化配置资源的局面继续扩展。国家进一步加大了石油天然气区块出让力度，自然资源部挂牌出让了包括广西柳城北区块、鹿寨区块、黑龙江松辽盆地林甸1、2、3区块、拜泉南区块等多个油气勘探区块，在新疆开展两个批次14个油气区块挂牌出让。

2022年天然气“全国一张网”和储气能力建设工作加快推进，天然气基础设施“战略规划、实施方案、年度计划、重大工程”层层推进落实体系不断完善。截至2022年底，国内建成油气长输管道总里程累计达到15.5万千米，其中天然气管道里程约9.3万千米。2022年，新建成油气长输管道总里程约4668千米，其中天然气管道新建成里程约 3867 千米，较 2021 年增加 741 千米。续建或开工建设的管道整体建设趋势维持向好态势，并且仍以天然气管道为主。

我国城市燃气行业经过 20 多年的发展，已经取得了巨大的成效。2018 年城市燃气行业固定资产新增投资达到峰值 295.1 亿元，从 2019 年开始城市燃气行业新增投资趋于平稳。2019～2021 年，我国城市燃气行业招标投标项目数量均在 300 件以下，2022 年，随着国家出台城市燃气管道老化更新改造的相关政策，各地纷纷开始着手更新改造工作，城市燃气行业招标投标项目大幅增加。2022 年，共有 2885 件城市燃气招标投标事件，城市燃气行业投资额回升到 286 亿元，高于前三年的水平，城市燃气投资占全社会公用事业固定投资的比例为 1.28%，也高于前三年。城市燃气企业都多元化发展，综合能源业务成为新的增长点，各燃气企业的收入和利润出现分化。

## 五、电力行业投资与建设

改革开放后，电力行业以前所未有的速度发展，电力投资力度持续加大，电源建设不断迈上新台阶，电网建设速度逐年加快。

回顾近 20 年全国电力行业投资状况，总体上保持增长的势头。2021 全国电力工程投资总额已超过 1 万亿元，同比增长约 5.4%，与 2020 年相比，增长有所放缓，但投资总额刷新了历年的纪录。2021 年，全国主要电力企业合计完成投资 10786 亿元，比上年增长 5.9%。全国电源工程建设完成投资 5870 亿元，比上年增长 10.9%。其中，水电完成投资 1173 亿元，比上年增长 10.0%；火电完成投资 707 亿元，比上年增长 24.6%；核电完成投资 539 亿元，比上年增长 42.0%；风电完成投资 2589 亿元，比上年下降 2.4%；太阳能发电完成投资 861 亿元，比上年增长 37.7%。从投资占比看，火电工程投资从 2008 年的 49.3%下降到 2021 年的 12.0%，占比降幅近 38 个百分点；风电投资占比大幅提升，从 2008 年的 15.5%，提升到 2021 年的 44.1%，占比增长近 30 个百分点。2021 年，全国电网工程建设完成投资 4916 亿元，比上年增长 0.4%。其中，直流工程投资 380 亿元，比上年下降 28.6%；交流工程投资 4383 亿元，比上年增长 4.7%，占电网总投资的 89.2%。

自 2002 年我国电力行业实行“厂网分开”以来，电源建设速度获得前所未有的增长，新增装机容量和电网建设规模均维持在较高水平。截至 2021 年底，全国全口径发电装机容量 237777 万千瓦，比上年增长 7.8%。其中，水电 39094 万千瓦，比上年增长 5.6%（抽水蓄能 3639 万千瓦，比上年增长 15.6%）；火电 129739 万千瓦，比上年增长 3.8%（煤电 110962 万千瓦，比上年增长 2.5%；

气电 10894 万千瓦，比上年增长 9.2%）；核电 5326 万千瓦，比上年增长 6.8%；并网风电 32871 万千瓦，比上年增长 16.7%；并网太阳能发电 30654 万千瓦，比上年增长 20.9%。全国发电设备容量继续平稳增长，且新能源发电装机容量占比不断提高。全国全口径非化石能源发电装机容量为 111845 万千瓦，占全国发电总装机容量的 47.0%，比上年增长 13.5%；2021 年，非化石能源发电量为 28962 亿千瓦时，比上年增长 12.1%；达到超低排放限值的煤电装机容量约 10.3 亿千瓦，约占全国煤电总装机容量的 93.0%。2021 年，全国发电新增装机容量 17629 万千瓦，同比下降 1515 万千瓦，但与 2018 年和 2019 年相比，仍然是大幅度的增长。2021 年全年新增交流 110 千伏及以上输电线路长度 51984 千米，比上年下降 9.2%；新增变电设备容量 33686 万千伏安，比上年增长 7.7%。全年新投产直流输电线路 2840 千米，新投产换流容量 3200 万千瓦。

## 六、电信行业投资与建设

2011～2021 年，我国电信行业固定资产投资累计完成 42056 亿元，年均增长 1.86%，历年投资规模处于 3022 亿～4525 亿元。2011～2021 年，我国通信光缆建成长度保持较快平稳增长，年均增长 388.7 万公里，平均增速达 30%以上。截至 2021 年，全国光缆线路建成长度达到 5488.1 万公里，约为 2011 年的 4.5 倍。同期我国移动电话基站建成数量保持较快增长，平均增速达 21%以上，年均建成 74.6 万座。截至 2021 年末，移动电话基站数量达到 996 万座，其中 4G 移动通信基站 590.2 万座，5G 移动通信基站 142.5 万座。2020 年我国 xDSL 宽带接入端口数量仅为 662.2 万个，而 2021 年 FTTH/O 宽带接入端口则达到了 9.6 亿个，表明我国在 2013～2021 年基本完成了从 xDSL 向 FTTH/O 互联网传输技术的全面升级过渡。

## 七、铁路运输行业投资与建设

建设交通强国是我国立足国情、着眼全局、面向未来作出的重大决策。党的二十大报告提出的加快建设交通强国，为今后我国交通事业的发展提供了根本遵循。作为重要的远距离、大运力交通运输方式，2022 年，铁路部门坚决落实党中央、国务院部署，保运输、保投资、拓网络、补短板、提效率，为保障经济社会正常运转、推动区域一体化发展等作出了积极贡献。2022 年铁路投产新线 4100 公里，其中高速铁路 2082 公里。截至 2022 年底，全国铁路营业里程达到 15.5 万公里，比上年末增长 3.33%，其中高铁营业里程达到 4.2 万公里，铁路复线率为59.6%，电化率为73.8%。铁路网覆盖范围不断扩大，全国130多个县结束了不通铁路的历史，多个省份实现“市市通高铁”，路网覆盖全国99%的20万人口以上城市和81.6%的县，高铁通达94.9%的50万人口以上城市。京雄商高铁雄安新区至商丘段、天津至潍坊高速铁路、瑞金至梅州铁路等26个项目开工建设，和田至若羌铁路、合杭高铁湖杭段、银川至兰州高铁中卫至兰州段等29个铁路项目建成投产。

“四纵四横”高速铁路主骨架全面建成，“八纵八横”高速铁路主通道和普速干线铁路加快建设，目前我国已经建成世界最大的高速铁路网和先进的铁路网。2022年，全国铁路固定资产投资完成7109亿元，其中国家铁路固定资产投资完成6208亿元；铁路建设保持世界领先水平，2021年全国铁路路网密度161.1公里/万平方公里，较上年增加4.4公里/万平方公里，西部地区2022年铁路营业里程6.3万公里，占全国里程的41%。在政策和都市圈建设的推动下，市域（郊）铁路建设速度加快，市域快轨线路长度由2018年的656.5公里增加至2022年的1223.46公里，累计新增566.96公里。

## 第二节　公用事业生产与供应

### 一、供水行业生产与供应

1978年我国供水量为787507万立方米，到2021年增长至6733442万立方米。1978～2021年我国供水量总体增长约7.55倍。1978～2021年以单位用水人口供水量衡量的我国人均供水量也呈现出下降趋势。到2021年单位用水人口供水量已降至121.1467761立方米/人，2021年人均供水量相比2020年略有提升。我国东部地区2021年供水综合生产能力为17593.88万立方米/日，占全国的56%，总量和占比相比上一年均略有下降；中部和西部地区2021年供水综合生产能力分别为7662.78万立方米/日和6481.01万立方米/日，占比分别为24%和20%，总量和占比相比上一年略有提升。

从人均供水量来看，2021年我国东部地区人均供水量为130.62立方米/人，相比2020年有所回升，终止了连续4年下滑的趋势；中部地区为108.83立方米/人，相比2020年的107.97立方米/人也略有回升，但仍未达到2019年的水平；西部地区为112.96立方米/人，相比2020年的110.64立方米/人有所回升，并超过2019年的水平。从用水普及率来看，1979年我国用水普及率为82.3%，2021年已提高到99.38%；1979年我国人均日生活用水量为121.8升，2021年增至185升。1979～2020年，我国用水普及率呈现出先降后升的U形曲线趋势，而人均日生活用水量呈现出先升后降而后再缓慢上升的倒U形曲线趋势。

## 二、排水与污水处理行业生产与供应

截至2021年底，全国设市城市建成投入运行污水处理厂2827座，其中二、三级污水处理厂2640座；全国污水处理率高达97.89%，污水处理能力达到了20767.22万立方米/日，处理量为6118956.1万立方米。分地区看，东、中、西部污水处理厂的分布极不均衡。截至2021年底，东部地区各省拥有的污水处理厂数量平均超120座，但中、西部地区各省平均拥有的污水处理厂数量分别为92座和58座。从各省污水处理量情况来看，2021年污水处理量最多的是广东省，为904175.53万立方米，其次是江苏、山东、浙江、辽宁，分别为472710.05万立方米、358254.06万立方米、375014.65万立方米、318013.43万立方米。青海和西藏的污水处理量最少，不足2亿立方米，其中西藏的污水处理量仅9106.31万立方米。

由于污水处理量连年增长，伴生的污泥处理量也不断增加。2021年，我国累计产生干污泥14229014.63吨，每万立方米污水的干污泥产生量为2.32吨/万立方米，处置干污泥13773922.87吨，干污泥处置率为96.8%。与2010年相比，2021年污水处理量、干污泥产生量和干污泥处置量均有所提高，分别增长了546174.08万立方米、2601336.48吨和2613701.19吨。每万立方米污水干污泥产生量从2010年的2.10吨/万立方米增加为2020年的2.32吨/万立方米，2021年干污泥处置率较2020年上升了0.82%，从95.98%变为96.8%。从地区情况看，东、中、西部地区干污泥产生量和处置量极不平衡。截至2021年底，东部地区干污泥产生量平均为7458173.03吨，是中部地区的2.10倍，是西部地区的3.44倍。而东部地区的干污泥处置量平均为7431455.81吨，分别为中、西部地区的2.76倍和2.44倍。

我国污水再生利用规模不断扩大。2021年，全国污水再生利用规模已增至7134.94万立方米/日，较2020年的6095.16万立方米/日增长了17.06%，再生利用总量增长至135.38亿立方米。从分地区再生水规模和利用量的情况来看，2021年东部地区的再生水利用规模和利用量明显优于中、西部地区。其中，东部地区的再生水规模约为中部地区的2.79倍，是西部地区的4.13倍；在再生水实际利用量上，东部地区更是远高于中、西部地区，其再生水利用量是中部地区的 2.89 倍，是西部地区的 3.83 倍。

## 三、垃圾处理行业生产与供应

垃圾是人类日常生活、生产中产生的废弃物，垃圾的排出量巨大，成分复杂，具有污染性、危害性和不可持续性。若不能妥善处理垃圾，就会污染环境，甚至影响人体健康，破坏社会可持续发展。因而对垃圾进行无害化、减量化和资源化处理变得十分重要。我国城市垃圾无害化处理能力和处理量均在逐年增加。截至 2021 年，我国城市垃圾无害化处理能力达到了 105.7 万吨/日，较 2020 年增幅达到了 9.7%。2021 年垃圾无害化处理能力较 2020 年有较大提升，卫生填埋无害化处理能力达到 356130 吨/日，占比 31.30%；焚烧无害化处理能力为 719533 吨/日，占比 63.24%；堆肥/综合处理无害化处理能力为 62135 吨/日，占比 5.46%。另外，2021 年国内城市垃圾焚烧厂的无害化处理能力达到了 719533 吨/日，垃圾无害化处理量也达到了 15394 万吨，相较于 2020 年均实现了较大提升和增幅。2009～2022 年，从国内城市垃圾焚烧厂的无害化处理能力和焚烧垃圾量的发展趋势看，国内的城市垃圾焚烧厂无害化处理能力实现较大规模的能力扩充，2022 年国内的城市垃圾焚烧厂每日新增的无害化处理能力达到 1.86 万吨/日。2021 年国内生活垃圾焚烧无害化处理厂增长率为 6.13%，相较于 2020 年的增长率下降了 2.48%。

2021 年广东、山东、浙江、江苏、四川、河北、安徽、福建 8 个省份的生活垃圾无害化焚烧占比超过 50%，焚烧已成为上述地区垃圾无害化处理的主要处理方式。目前，我国城市生活垃圾焚烧设施最多的省份是广东，2021 年广东拥有生活垃圾焚烧无害化处理厂占比全国生活垃圾焚烧无害化处理厂总量接近 15%。广东作为东南沿海的经济较为发达的省份，焚烧无害化处理厂规模在全国所有省份中也是最大的。2021 年累计装机容量排名前五的省份是广东（422 万千瓦）、山东（411 万千瓦）、江苏（297 万千瓦）、浙江（284 万千瓦）、黑龙江（259 万千瓦）。2021 年新增装机容量排名前五的省份是：广东（45 万千瓦）、黑龙江（37 万千瓦）、辽宁（33 万千瓦）、广西（26 万千瓦）、河南（24 万千瓦）。此外，2021 年广东在垃圾焚烧发电各省份项目数量排名、各省份垃圾焚烧发电累计装机容量和新增装机容量排名均列第一。

## 四、天然气行业生产与供应

国家统计局数据显示，2022 年我国天然气产量达到 2201.1 亿立方米，同比增长 6.0%，这是我国天然气产量连续 6 年增产超过 100 亿立方米。非常规油气成为天然气上产的重要领域，非常规天然气产量约占总产量 40%，其中页岩气产量达到近 240 亿立方米，较 2018 年增加 122%。

2022 年，全国天然气消费量 3646 亿立方米，同比下降 1.2%；天然气在一次能源消费总量中占比 8.4%，较上年下降 0.5 个百分点，全方位体现了我国天然气产业发展的弹性和灵活性。从消费结构看，城市燃气消费占比增至 33%；工业燃料、天然气发电、化工行业用气规模下降，占比分别为 42%、17%和 8%。2022 年，我国油气自给保障率同比提升约 2 个百分点，其中原油自给保障率从 27.8%提升至 28.8%，天然气自给保障率从 55.7%提升至近 60%。

2022 年，全国长输天然气管道总里程 11.8 万千米（含地方及区域管道），新建长输管道里程 3000 千米以上。其中，中俄东线（河北安平—江苏泰兴段）、苏皖管道及与青宁线联通工程等项目投产，西气东输三线中段、西气东输四线（吐鲁番—中卫段）等重大工程持续快速建设。2022 年，全国新增储气能力约 50 亿立方米，先后建成北京燃气天津液化天然气（LNG）接收站、河北新天曹妃甸 LNG 接收站，进一步增强了环渤海区域保供能力。

2022 年，城市燃气管道总长度达到 98.71 万公里，其中天然气管道长度占比达到 98.04%。从供气总量来看，2022 年人工煤气、液化石油气、天然气供气总量分别为 18.14 亿立方米、758.46 万吨、1767.70 亿立方米。从需求端来看，2022 年城市燃气普及率达到 98.06%。

2022 年，我国天然气行业生产与供应能力呈快速增长的趋势，这一方面得益于上游勘探能力和生产能力的提升，同时大力促进干线管道建设和管网互联互通以及储能等基础设施建设。天然气作为清洁低碳的化石能源，在未来较长时间内仍将保持稳步增长。

## 五、电力行业生产与供应

改革开放以来，我国电力行业生产与供应能力飞速发展，特别是 2002 年电力体制改革之后，电力供应短缺局面迅速扭转，电力生产运行安全也得到进一步保障。

回顾近 20 年全国电力行业的生产状况，发电量增长迅猛，累计发电量维持在较高的增速水平，但近几年也有所放缓，且分区域发电情况差异较大，电力生产安全仍然不容忽视。2021 年，全国全口径发电量为 83959 亿千瓦时，比上年增长 10.1%，增速比上年提高 6.0 个百分点。其中，水电 13399 亿千瓦时，比上年下降 1.1%（抽水蓄能 390 亿千瓦时，比上年增长 16.3%）；火电 56655

亿千瓦时，比上年增长 9.4%（煤电 50426 亿千瓦时，比上年增长 8.9%；气电 2871 亿千瓦时，比上年增长 13.7%）；核电 4075 亿千瓦时，比上年增长 11.3%；并网风电 6558 亿千瓦时，比上年增长 40.6%；并网太阳能发电 3270 亿千瓦时，比上年增长 25.2%。2021 年我国各省（区、市）发电量均实现正向增长。其中增速 20%以上的地区有 2 个，增速在 10%～20%之间的地区有 11 个，其余地区发电量增速在 0～10%区间。

近年来，随着特高压电网建设提速，城市配电网以及农村电网升级改造稳步推进，全国建设新增变电容量及输电线路长度持续增加，电力供应能力及可靠性不断增强。2021 年全国发电设备平均利用小时数为 3817 小时，同比上升 1.6%。水电设备平均利用小时数为 3622 小时，比上年同期减少 205 小时；全国火电设备平均利用小时数为 4448 小时，比上年同期上升 232 小时；全国核电设备平均利用小时数为 7802 小时，比上年同期上升 349 小时；全国风电设备平均利用小时数为 2232 小时，比上年同期上升 159 小时。2006～2021 年，供电煤耗水平逐步下降，下降幅度逐步减小。其中 2017 年以前的供电煤耗率年均下降 3 克/千瓦时以上，2021 年供电煤耗率达到 301.5 克/千瓦时。截至 2021 年底，全国电网 220 千伏及以上输电线路回路长度 84 万千米，比上年增长 3.8%；全国电网 220 千伏及以上变电设备容量 49 亿千伏安，比上年增长 5.0%；全国跨区输电能力达到 17215 万千瓦。2019～2021 年连续 3 年线路损失率在 6%以下，分别为 5.90%、5.62%和 5.26%。2021 年全国人均用电量为 5899 千瓦时/人，比上年增加 568 千瓦时/人。全国电力供需形势总体偏紧。

## 六、电信行业生产与供应

2011～2021 年我国电信行业累计完成 619105.1 亿元业务量，年均增加 33.2%，2021 年当年业务总量达 174783.5 亿元。期间固定电话通话业务量以年均 15.6%的速率逐年迅速减少，到 2021 年下降至 933.0 亿分钟，较 2011 年减少 80%以上。2011 年我国移动电话通话时长为 21129 亿分钟，2014 年增加到 59012.7 亿分钟后开始逐年下降，到 2021 年通话时长降低至 22691 亿分钟。我国移动电话通话量经过 2007～2013 年快速增长后，在 2015 年开始缓慢负增长，显现出增长乏力的迹象。

2011 年我国移动短信业务总量为 8277.5 亿条，到 2017 年下降至 6641.4 亿条，随后 2018～2020 年又开始快速增加，年均增速达 40%以上，2021 年当年增加至 17619.0 亿条。2012 年我国移动互联网接入总流量仅为 8.8 亿 GB，人均接入流量 0.649GB，到 2021 年总量达到 2216 亿 GB，8 年内增长 180 倍以上。

2011～2021年我国电信业固定电话用户以年均4.3%的速度持续减少，到2021年固定电话用户规模缩减至1.81亿户。而同一时期内，我国移动电话用户规模以年均6.2%的速度持续快速扩大，11年累计增加6.57亿户，至2021年达到16.43亿户。2011～2021年，我国互联网宽带接入用户逐年快速增加，年均增速达14.2%，10年累计增加了3.57亿户。截至2021年，FTTH/O用户规模达到5.36亿户，占比94.3%。同期内，农村互联网宽带用户逐年增长，2011年该类用户为0.33亿户，2021年增加至1.58亿户，相应占比则从2011年的22.1%增加至2021年的29.6%，共增加约7.5个百分点。

### 七、铁路运输行业运输与服务能力

2022年铁路运输客运量有所下降，铁路货运量依旧维持增长趋势。客运方面，2022年全国铁路旅客发送量为16.73亿人，比上年减少9.39亿人，下降35.9%。其中，国家铁路旅客发送量16.10亿人，比上年下降36.4%。全国铁路旅客周转量完成6577.53亿人公里，比上年减少2990.28亿人公里，下降31.25%。其中，国家铁路旅客周转量6571.76亿人公里，比上年增长31.3%。货运方面，2022年，全国铁路货运总发送量完成49.84亿吨，比上年增加2.11亿吨，增长4.4%。其中，国家铁路完成货运总发送量39.03亿吨，比上年增长4.8%。2022年全国铁路货运总周转量完成35945.69亿吨公里，比上年增加2707.69亿吨公里，增长8.1%。2022年国家铁路货物发送量持续保持高位运行，国家铁路单日装车数、集装箱单日装车数、电煤单日装车数、货物单日发送量等多项指标屡次刷新历史纪录。与此同时，铁路运输的服务能力和服务质量不断完善，凸显了现代铁路运输服务的便捷化，打造了中国铁路独特的服务品牌。

## 第三节 公用事业发展的基本成效

### 一、供水行业基本成效

我国2004年水供应和生产行业规模以上企业数为2416家，2020年达到3166家。其中国有控股企业数量由2004年的2136家逐渐下降至2020年的1650家，在2021年回升至1967家，其中经历了2007年和2011年两次较大幅度的企业重组，2011 年国有控股供水企业减少至 708 家，为历史最低点，此后逐年缓慢上升，总体而言我国城市供水行业中国有控股企业的数量有所减少。我国供水行业国有控股企业总资产持续增长，由 2004 年的 2199.66 亿元增至 2021 年的 19917.64 亿元，总体增长超过 8 倍。与国有控股企业相比，我国供水行业中私营企业总资产增速更快，由 2005 年的 34.54 亿元增长至 2021 年的 1012.77 亿元，增长超过 28 倍，其中 2020 年相比上年度增长了 43.66％，2021 年再次增长 22.67％。

## 二、排水与污水处理行业基本成效

2006～2021 年，我国二、三级污水处理厂的数量和处理能力双双大幅增长，二、三级污水处理厂的数量从 2006 年的 689 座增加到 2021 年的 2640 座，增幅达 283.16％，污水处理能力也相应地从 2006 年的 5424.9 万立方米/日增长至 2021 年的 19733.21 万立方米/日，增幅达 263.75％。目前，我国九成左右污水处理厂是二、三级污水处理厂，九成左右污水处理厂出水水质达到一级以上标准。

近些年，我国人均污水处理能力基本呈增长趋势。2001 年人均污水处理能力为 0.07 立方米/(日・人)，到 2021 年已增长至 0.18 立方米/(日・人)，总体增长了 157％。由此来看，相比于不断增长的城市人口，我国污水处理行业的处理能力呈现出明显的增长。

从污水处理厂的出水水质来看，氧化沟、AAO（厌氧-缺氧-好氧法）、SBR（序批式活性污泥法）等处理工艺在全国得到了普遍应用，部分发达地区污水处理厂的出水水质不断提高。2021 年，二、三级的污水处理厂数量占比达到 93.39％，其他污水处理厂数量占比仅有 6.61％。

## 三、垃圾处理行业基本成效

当前，垃圾处理市场已经从导入期进入到成长期，并正向成熟期迈进。垃圾处理资本市场蓬勃发展，垃圾处理市场容量有了显著增加，市场渗透率迅速提高，进入环卫行业的企业数量也在迅猛增加。同时，垃圾处理方式，垃圾处理设施的落地与实施，垃圾的治理如何与保护生态环境、保护人民健康的相协调等问题，也成为公众关注的焦点。

垃圾治理的数据指标体系中的重要指标之一是垃圾清运量的密闭车清运量。近年来，我国城市垃圾清运量的密闭车清运量，在逐年显著性上升，2021 年达到了 31630 万吨，较 2020 年增加了 8118 万吨。另外，城市道路清扫保洁面积和机械化清扫面积也是垃圾处理行业成效的核心指标之一，我国城市道路清扫保洁面积和机械化清扫面积保持逐年稳步上升趋势，在 2021 年清扫面积达到 103.42 亿平方米，与 2020 年的 97.56 亿平方米清扫面积相比，增长率为 6.01%。

生活垃圾无害化处理率亦是反映一个城市或县城垃圾处理基本成效的重要指标。随着垃圾行业的蓬勃发展，我国生活垃圾无害化处理率达到了相当高的水平。2009～2021 年，城市生活垃圾处理量和无害化处理量逐年上升。在危险废物处理领域，主要以工业危险废物和医疗废物为主，其他种类的危险废物占比较小。其中，工业是危险废物的主要供给来源。截至 2021 年底，我国工业危险废物产量达到 8654 万吨，较 2016 年增长 61.85%，年均复合增速达 10.11%，累计储存量达到 12092 万吨。回收利用和无害化处置是处理工业危废的主要途径。根据生态环境部发布的《2021 年中国生态环境状况公报》，截至 2021 年末，全国危险废物集中利用处置能力约 1.7 亿吨/年，而危险废物实际收集、利用处置量为 3593.3 万吨/年，产能利用率仅为 21.14%。2013～2021 年，我国医疗废物产生量逐年上升，处理率一直保持较高水平，自 2019 年起，我国医疗废物已实现 100%无害化处置。2021 年，我国医疗废物处置量为 153.3 万吨。

2023 年 5 月，住房和城乡建设部召开全国城市生活垃圾分类工作现场会，总结了近年来垃圾分类工作取得积极进展和成效。截至 2022 年底，297 个地级及以上城市居民小区垃圾分类平均覆盖率达到 82.5%，人人参与垃圾分类的良好氛围正在逐步形成；生活垃圾日处理能力达到 53 万吨，焚烧处理能力占比 77.6%，城市生活垃圾资源化利用水平实现较大提升。

## 四、天然气行业基本成效

2022 年我国能源行业面对更趋复杂的国际环境和能源发展的新形势、新要求。作为最清洁低碳的化石能源，天然气是我国新型能源体系建设中不可或缺的重要组成部分。当前，天然气行业产供储销体系日臻完善，当前及未来较长时间内仍将保持稳步增长；天然气灵活高效的特性还可支撑与多种能源协同发展，在碳达峰乃至碳中和阶段持续发挥积极作用。

随着油气勘探开发七年行动计划推进，我国天然气行业自主创新能力持续增长，创新发展深层页岩气钻井提速技术，实现长水平段高效快速钻进，天然气增储上产步伐加快，产量稳步提升。2022 年天然气勘探开发在陆上超深层、深水、页岩气、煤层气等领域取得重大突破。国产气连续 6 年年增产超百亿立方米，“全国一张网”初步形成，储气能力翻番式增长，全国天然气干线管输

“硬瓶颈”基本消除。气源及基础设施供应能力均充分保障，天然气产业链各环节均实现总体盈利。

2023 年 7 月，中央全面深化改革委员会第二次会议审议通过《关于进一步深化石油天然气市场体系改革提升国家油气安全保障能力的实施意见》，指出要围绕提升国家油气安全保障能力的目标，针对油气体制存在的突出问题，积极稳妥推进油气行业上、中、下游体制机制改革，确保稳定可靠供应。2022 年我国天然气行业持续深化体制机制改革，上游勘探市场有序开放、油气管网输送和储备业务设施的公平开放进一步提升、天然气价格体系改革进一步深化。

推进天然气生产和利用过程的清洁化、低能耗、低排放，支持油气企业由传统油气供应向综合能源开发利用转型发展。发挥天然气灵活调节作用，逐步使天然气成为当前及中长期解决新能源调峰问题的途径之一，天然气和其他能源协同发展。天然气行业科技创新助力发展新动能，数字化引领天然气行业提升效率。

## 五、电力行业基本成效

改革开放以来，随着经济体量的迅速扩大，我国电力行业开始高速发展，在发展速度、发展规模和发展质量方面取得了巨大成就，在全国联网、解决无电人口等方面取得了举世瞩目的成绩。

我国电力行业运行成效突出。改革开放 40 多年来我国电力工业从小到大，从弱到强，实现了跨越式快速发展。电力供应能力持续增强。截至 2021 年底，我国装机容量达到 237777 万千瓦，发电量达到 83959 亿千瓦时，分别是 1978 年的 41.6 倍和 32.7 倍以上；电网规模稳步增长。截至 2021 年底，全国仅 220 千伏及以上输电线路回路长度达到 84 万千米，220 千伏及以上变电设备容量已接近 50 亿千伏安；跨区输电能力大幅提升。2021 年全国跨省跨区输电能力达 1.7 亿千瓦；电网电压等级不断提升。截至 2021 年，我国共建成投运 32 条特高压线路；电源结构迈向多元化和清洁化。截至 2021 年底，全国火电装机 12.97 亿千瓦，在全国装机中占比 54.56%；水电装机 3.91 亿千瓦，占比 16.44%；核电装机 0.53 亿千瓦，占比 2.24%；风电装机 3.29 亿千瓦，占比 13.82%；太阳能发电装机 3.07 亿千瓦，占比 12.90%；电力科技水平、生产安全性不断提升；电力消费持续增长，由粗放型高速增长向中高速转变。

我国电力市场建设成效显著。我国坚持市场化的改革方向不动摇，市场作为资源配置的主导地位不断提升。也是推动电力工业快速发展的强大动力。在改革开放的大背景下，电力行业不断解放思想深化改革，经历了电力投资体制改革、政企分开、厂网分开、配售分开等改革。电力领域每一次改革，都为电力行业以及社会经济激发出无穷活力，产生深远影响。在售电侧改革与电价改革、交易体制改革、发用电计划改革等协调推动下，2021 年电力市场建设加快，电力市场交易更加活跃，电力普遍服务水平显著提升。

我国电力行业节能减排力度持续加大。改革开放 40 多年来，我国电力行业持续致力于发输电技术以及污染物控制技术的创新发展，目前煤电机组发电效率、资源利用水平、污染物排放控制水平、二氧化碳排放控制水平等均达到世界先进水平，为国家生态文明建设和全国污染物减排、环境质量改善作出了积极贡献。截至 2021 年底，全国 6000 千瓦及以上火电厂供电标准煤耗 301.5 克/千瓦时，比 1978 年降低 169.5 克/千瓦时，煤电机组供电煤耗水平持续保持世界先进水平；全国线损率 5.26%，比 1978 年降低 4.38 个百分点，居同等供电负荷密度国家先进水平。全国电力烟尘、二氧化硫、氮氧化物排放量分别约为 12.3 万吨、54.7 万吨、86.2 万吨，分别比上年降低 20.7%、26.4%、1.4%；单位火电发电量烟尘、二氧化硫、氮氧化物排放量分别为 22 毫克/千瓦时、101 毫克/千瓦时、152 毫克/千瓦时，分别比上年下降 10 毫克/千瓦时、59 毫克/千瓦时、27 毫克/千瓦时。

## 六、电信行业基本成效

2009 年我国电信行业完成了第二次拆分重组后，奠定了“移动、电信、联通三足鼎立”的基本行业格局。经过 10 年发展，我国电信行业在资产投资积累、行业经济效益以及业务普及等各个方面，均取得了长足进步和显著成效。

在经济效益方面，2011～2021 年我国电信行业业务总量保持快速增加，累计完成 619105.1 亿元业务量，年均增加 33.2%。2021 年电信业务总量达到 174783.5 亿元。与此同时，我国电信行业收入以 4.5%的年均速度逐年增加，并累计实现收入 134834.7 亿元，2021 年全年实现收入 14650.0 亿元。

在固定资产方面，不同固定资产指标规模均以较快增速逐年扩大。2011～2021 年，我国电信行业固定资产原值和固定资产总值分别以 4.9%和 5.0%的年均增速逐年增加。2021 年两项固定资产规模指标分别为 43129.6 亿元和 37633.0 亿元。2009～2019 年，我国电信行业固定资产净值以 3.2%的年均增速逐年增加，2019 年该项固定资产规模为 15604.4 亿元。

在业务普及方面，2011～2021 年我国移动电话普及率快速大幅提高，2013

年我国移动电话普及率达到 90.3 部/百人，实现基本普及。2021 年普及率进一步增加至 116.3 部/百人，大约为 2011 年普及率的 1.6 倍，表明移动电话在我国居民中已达到完全普及并接近饱和的状态。同期内互联网固定宽带和移动互联网业务规模迅速扩大，互联网普及取得显著发展成效。移动电话和移动互联网通信的相继大规模普及，快速取代传统固定电话业务，到 2021 年固定电话普及率已下降至 12.8 部/百人，较 2011 年下降 40％以上。

## 七、铁路运输行业基本成效

2022 年，铁路行业坚持市场化改革方向，助力铁路高质量发展。国铁企业改革三年行动实施方案明确的 110 项改革任务全部完成。结合 95306 系统升级，全面实现货运业务集中办理。哈铁科技公司成功上市，粤海轮渡 REITs 试点项目有序实施，北京市域铁路平台公司挂牌成立。

2022 年，铁路科技创新能力不断提升，铁路装备制造技术水平跻身世界前列，科技创新平台不断丰富，铁路科技创新成果突出。我国铁路总体技术水平迈入世界先进行列，高速、高原、高寒、重载铁路技术水平世界领先，形成具有自主知识产权的高铁建设和装备制造技术体系。同时，铁路行业认定重点实验室 13 个，工程研究中心 13 个；铁路行业共有 27 项专利获第二十三届中国专利奖；铁路重大科技创新成果库 2022 年度入库 320 项。

作为国民经济的大动脉，铁路不仅是综合交通运输体系的骨干，在经济社会发展中有着至关重要的作用，同时也发挥着绿色低碳环保优势，积极为推动绿色发展，促进人与自然和谐共生做贡献。国家铁路局发布的 2022 年统计公报结果显示，在综合能耗上，国家铁路能源消耗折算标准煤 1512.58 万吨，比上年减少 74.33 万吨，下降 4.7％；单位运输工作量综合能耗 3.91 吨标准煤/百万换算吨公里，比上年减少 0.17 吨标准煤/百万换算吨公里，下降 4.2％；单位运输工作量主营综合能耗 3.88 吨标准煤/百万换算吨公里，比上年减少 0.16 吨标准煤/百万换算吨公里，下降 4.0％。

近年来，铁路行业法规标准体系不断完善。推进铁路相关法律法规规章编制修订和规范性文件废改立，推动发布《铁路安全管理条例》，编制发布《铁路旅客运输规程》等 15 项规章。围绕高速、城际、市域（郊）、客货共线、重载等铁路建设运营需要，推进标准制修订，发布实施了 950 余项国家标准和行业标准，形成了涵盖装备技术、工程建设、运输服务三大领域的铁路标准体系，为保障运营安全、提高运输效能、提升铁路产品和工程质量、规范安全监管提供了重要支撑。

# 第四节 公用事业城乡一体化与激励性监管

## 一、城乡供水一体化与激励性监管

城乡供水一体化关键在乡村，农村饮用水安全是乡村振兴发展的重要内容，是实现共同富裕的民生基础，事关群众身体健康和社会稳定。近年来，我国加速推进农村供水建设，通过城乡供水一体化建设，实现城乡供水同源、同网、同质、同服务、同监管。总体上，我国农村自来水普及率已经超过世界平均水平，在发展中国家属于领先水平。但与发达国家相比，我国的农村自来水普及率还比较低，且还存在城乡标准不统一、工程规模化不够以及工程运行管护薄弱等问题。

城乡供水一体化主要有三大目标，即有效保障水源、提高供水效能、构建城乡“同源、同网、同质、同服务”供水格局。当前城乡供水一体化主要存在三方面问题，即农村供水骨干网络建设及配套设施仍不完善、部分农村供水并网积极性较低、城乡供水一体化工程运行能力不足。为此，可通过激励性监管政策推动城乡供水一体化，实现城乡供水更高质量发展。其中，以特许经营权竞标为机制选择特许经营企业、以区域间比较竞争为机制激励供水企业提升效率成为甄选优秀城乡供水企业，已成为激励城乡供水企业提高效率和服务水平的重要方向。

## 二、排水与污水处理行业城乡一体化发展

2000年以后，我国的县城和乡镇在排水、污水处理及再生水利用方面的投资与建设稳步推进，污水处理能力快速增长，再生水利用规模不断扩大，成就斐然。2022年，我国县城排水与污水处理行业的固定资产投资总额达1096.7亿元，其中排水设施投资占比最高，达771.7亿元，污水处理、污泥处理和再生水利用设施的固定资产投资分别为311.1亿元、5.7亿元和8.3亿元，这四项分别占行业投资总额的70.37％、28.36％、0.52％和0.75％。从各类投资的地区间分布看，2022年西部地区的固定资产投资最多，排水、污水处理、污泥处理、再生水利用等设施的投资额分别为264.1亿元、127.3亿元、2.4亿元和5.3亿

元，分别占到了全国各类投资总额的 34.22%、40.91%、42.29%和 64.4%。

截至 2022 年，全国县城已建成排水管道 25.2 万公里，建成污水处理厂 1801 座，较 2000 年分别增长了 6 倍和 33 倍。其中，东部地区为 75223.04 公里和 401 座，中部地区为 102749.52 公里和 635 座，西部地区为 73723.22 公里和 765 座。我国县城二级以上污水处理厂的座数已达到 1509 座，二级以上污水处理能力达到 3587.6 万立方米/日。2000～2022 年，我国县城污水处理率从 7.55%提升至 96.94%。从各个省（区、市）的污水处理水平来看，有 25 个省（区、市）的县城污水处理率在 95%以上，污水处理率最低的三个省（区、市）为青海、江苏、西藏，分别为 92.49%、88.39%和 64.3%。

近年来随着我国县域乡镇经济的发展，乡镇污水处理设施建设迈入"快车道"，乡镇污水处理取得了显著成效。2022 年东部地区建制镇排水与污水处理投资最高，其中东部建制镇设施投资占全国总投资 49.42%，西部地区投资占比最小，仅占全国设施总投资的 18.37%。我国建制镇排水管道长度自 2007 年平稳上升，建制镇排水管道总长度由 2007 年 8.8 万公里增长至 2022 年 21.8 万公里。2022 年，四川已建成建制镇污水处理厂数量最多，达到 2577 个。而西藏数量最少，仅有 11 个。建制镇污水处理能力最高的省份为广东，达到 617.30674 万立方米/日，建制镇污水处理率最高的省份为江苏，达到 88.2%，其建制镇污水处理集中处理率为 82.9%，且江苏的建制镇污水处理厂覆盖率为 100%。

近几年，随着新农村建设的推进，乡污水处理投资和建设取得长足发展。2022 年，福建已建成的乡级污水处理厂数量最多，达到 298 个；江西的乡级排水设施投资最多，达到 40902.84 万元；云南的乡级污水处理设施投资最多，达到 29263.74 万元；河南的乡级污水处理能力最强，达到 34.77 万立方米/日；天津、上海、江苏三地的乡已实现污水处理厂全覆盖，覆盖率达到 100%；天津的乡级污水处理率最高，达到 87.29%。

## 三、垃圾处理行业城乡一体化与激励性监管

在垃圾处理行业实施相应的监管政策成为政府监管的重要内容之一。目前我国在垃圾处理行业主要采用激励性监管政策，且监管方式以政府直接监管为主，表现为行业主管部门派驻现场人员或委托事业单位承担大部分监管责任。监管方式较为原始，主要依靠监管人员个人责任心和专业素质，方法是"望、闻、听"。一些发达城市也开始在设施运营监管方面引入信息化技术，搭建软件平台，建立数据中心，垃圾处理量实时报送、分类、汇总，实施在线监测，在设施内不同位置安装摄像头，对整体情况和设备运行进行实时监控。

随着城市化进程的不断加快，垃圾问题，尤其农村地区的垃圾处理问题，成为一个亟待解决的环境难题。为了推动垃圾分类工作的顺利进行，许多地方开始尝试创新性激励措施，以鼓励居民积极参与垃圾分类活动。目前主要的激励性监管措施包括：

（1）积分兑换制度。积分兑换制度是一种常见的垃圾分类激励措施。通过参与垃圾分类活动，居民可以获得一定数量的积分，积分可以用来兑换生活用品、折扣券等实物或服务。这种制度可以激发居民的参与热情，提高垃圾分类的效率。然而，积分兑换制度也存在一些问题。如，若积分兑换的商品或服务没有吸引力，居民可能对垃圾分类活动失去兴趣，而且如果积分兑换的成本过高，政府或相关机构可能无法承担。

（2）垃圾分类投放奖励。在一些社区，居民将垃圾正确分类投放后，可以获得一定的奖励金或优惠券。这种激励措施能够直接提高居民的参与热情和垃圾分类的准确性。然而，垃圾分类投放奖励如果奖励金额过低，可能无法真正激发居民的积极性。另外，如果奖励制度过于复杂，居民可能难以理解和遵守。除了物质激励外，垃圾分类知识宣传和培训也是一种重要的激励措施。通过向居民普及垃圾分类的重要性、方法和技巧，可以提高居民的垃圾分类意识和能力。政府和相关机构可以开展宣传活动、组织培训课程等，以提高居民对垃圾分类的认知和理解。然而，目前宣传和培训的形式还需多样化，以适应不同居民群体的需求。

目前垃圾处理行业的激励性监管政策种类不够丰富，且政策相对零散、缺少体系化，重要的是这些政策多是在发达的城市实施，乡镇或者农村的激励性政策相对较少。由于农村的生活习惯、监管空白等原因导致乡镇或农村地区的激励性监管水平也较低。为加强县级地区垃圾处理行业的发展，加快补齐短板弱项，2022 年 5 月，住房和城乡建设部等 6 部门发布《住房和城乡建设部等 6 部门关于进一步加强农村生活垃圾收运处置体系建设管理的通知》。2022 年 11 月，国家发展改革委、住房和城乡建设部、生态环境部等 5 部门再次联合印发《国家发展改革委等部门关于加强县级地区生活垃圾焚烧处理设施建设的指导意见》，明确提出近几年垃圾处理行业的工作重点为改善县乡村三级生活垃圾收运处置设施建设和服务，鼓励农村地区推行符合农村特点和生活习惯、简便易行的分类方式，厨余垃圾就地就近资源化利用等内容。《“十四五”城镇生活垃圾分类和处理设施发展规划》也提出要加快推进生活垃圾分类和处理设施建设，提升全社会生活垃圾分类和处理水平。城乡垃圾处理一体化是改善城镇生态环境、保障人民健康的有效举措，对推动生态文明建设实现新进步、社会文明程度得到新提高具有重要意义。

“十四五”时期，垃圾处理行业城乡一体化发展进入关键时期。政府、相关企事业单位正积极运用大数据、物联网、云计算等新兴技术，加快建设全过程管理信息共享平台，通过数字终端感知设备进行数据采集和激励性监管政策相结合，进一步提升垃圾分类处理全过程的监控能力和精准化激励水平。政府利用数字化赋能，进行数字化升级，尝试智慧化监管，国家也频繁出台了一系列相关政策，特别是对垃圾分类收集、运输转运、处理处置等产业链上下游驱动等提出了具体要求。

垃圾处理数字化相关标准、规范及产业平台的搭建，以前瞻性的视角，为垃圾处理行业的数字化发展指明了方向。数字环卫系统及关键装备等相关政策的出台，为打造美丽乡村提供了指导方向，也为垃圾处理产业城镇一体化发展化提供重要保障。

## 四、天然气行业城乡一体化与激励性监管

实施乡村振兴战略，要增加对农业农村基础设施建设投入，加快城乡基础设施互联互通。2022 年 5 月，中共中央办公厅、国务院办公厅印发《关于推进以县城为重要载体的城镇化建设的意见》，提出开展燃气管道等老化更新改造。天然气行业城乡一体化是城乡融合发展的要求，也是我国新型城镇化建设的重要内容。天然气行业监管是促进城乡一体化投资建设、保障燃气供应和燃气安全的重要机制，监管重点有管道运输和配气价格监管、天然气管网和 LNG 接收站公平开放监管、城市燃气安全监管和特许经营制度等。

城市燃气规模化改革促进城乡一体化中基础设施的投入。当前，各地城市燃气市场存在碎片化问题，燃气市场格局给保障供气安全、全面推进配气价格成本监审、统一提升服务水平带来诸多负面影响。规模化、集团化有利于城市燃气企业更好地经营，集中基础设施投入，保障供气。各地都纷纷出台行动方案促进城市燃气改革。

城市燃气特许经营中期评估有利于保障城乡燃气供应。通过中期评估工作，政府可以全面了解特许经营企业的真实状况，为下一步监管工作指明方向，及时发现其优势与不足，并对不足之处提出整改建议，明确对特许经营企业的监管方式、监管范围、监管力度等，进一步完善政府对市政公用事业的监管体系，更好地促进和规范当地管道燃气特许经营发展，切实改善燃气特许经营制度的实施，提升企业运营管理水平和行业的健康持续发展。相关中期评估文件也对燃气企业的供应能力提出要求，有助于保障公共利益及安全，建立燃气管道特许经营者保底供气责任制度。

数字化建设提升城乡燃气安全监管水平。加快燃气管理数字化建设，提升企业安全运行水平，建立城乡一体化信息平台监管确保城市燃气安全。城市燃气监管信息平台，基于城市整体燃气监管数据，实现省、市、县、燃气企业“三级监管，四级联网”、覆盖省—市—县—乡四级架构，结合综合监管大屏、业务管理系统及移动监管系统等多端应用，将燃气企业监管、从业人员管理等日常业务流程纳入平台进行线上流转，形成线上线下相结合的燃气监管工作机制，实现各级燃气监管部门线上协同、线上监测、线下执行的管理模式。

## 五、电力城乡一体化发展与激励性监管

随着城市化进程的加速和乡村振兴战略的深入实施，电力城乡一体化已经成为推动我国经济社会发展的重要力量。它不仅关系到城乡经济的协调发展，更是社会公平和资源环境可持续发展的重要体现。在这一过程中，激励性监管的作用日益凸显，为电力城乡一体化的顺利推进提供了有力保障。

近年来，我国在电力城乡一体化方面取得了显著成就。城市电网建设不断完善，供电能力和服务水平持续提升，为城市的快速发展提供了坚实的电力保障。同时，农村电网改造升级工程也在稳步推进，农村地区的用电条件得到了显著改善，农民的生活品质得到了有效提升。这些成就为电力城乡一体化的进一步发展奠定了坚实基础。

尽管取得了显著成就，但电力城乡一体化仍面临一些问题和挑战。城乡之间、区域之间的电力资源配置不均衡问题依然突出，部分地区仍然存在电力供应不足的情况。此外，电力行业的清洁发展水平还有待提高，传统能源在电力结构中的占比仍然较高，清洁能源的利用和推广仍需加强。电力市场的监管和协调机制尚不完善，电力行业的发展仍需进一步规范。

激励性监管作为一种有效的政府干预手段，在电力城乡一体化中发挥着重要作用。首先，激励性监管能够激发市场主体的活力，推动电力行业内部的竞争和创新。其次，通过优化资源配置，激励性监管能够促进电力资源的城乡一体化配置，提高电力资源的利用效率。此外，激励性监管还能推动技术创新和产业升级，推动电力行业向清洁、高效、可持续的方向发展。

为了进一步推进电力城乡一体化，需要完善电力管理体制，加强政府对电力行业的监管和协调。同时，加大政策支持力度，为电力城乡一体化提供强有力的政策保障。推进激励性监管的实施，激发市场主体的活力，优化资源配置，推动技术创新和产业升级。此外，还应加强技术创新和人才培养，提高电力行业的整体技术水平和创新能力。

通过完善电力管理体制、加大政策支持力度、推进激励性监管实施以及加强技术创新和人才培养等多方面的措施，可以进一步推动电力城乡一体化的深入发展，为我国经济社会的持续健康发展提供强有力的支撑。

## 六、电信行业城乡一体化发展

本书第七章第四节将从政策推动、电信基础设施建设、电信行业城乡一体化对共同富裕的促进作用以及建议四个方面对电信行业城乡一体化发展进行介绍。电信行业城乡一体化的相关政策可分为三类，分别是：基于通盘考虑的顶层设计方面的政策；旨在提高农村通信基础设施建设投资的政策；提升农村地区通信质量，进而发展智慧农业，推进数字乡村建设的相关政策。电信基础设施建设一节，主要介绍了国家大力推行多年并取得显著成效的电信普遍服务试点项目，并结合农村网民规模、农村互联网普及率等数据对基础设施建设成效进行了展示。电信城乡一体化对共同富裕的促进作用，总结为两个方面：拓宽了农民的增收渠道，为农民提供了更多创业和就业机会，为农村地区的经济和社会发展注入了活力；推动城乡公共服务均等化，实现代际间的公平发展。最后，提出了针对农村地区开展更精准的“提速降费”行动等建议。

## 七、铁路运输行业助力共同富裕

党的二十大报告指出，中国式现代化是全体人民共同富裕的现代化。共同富裕是中国式现代化的重要特征，是社会主义的本质要求。铁路作为关乎国计民生的重要基础设施和大众化交通工具，在新时代新征程中强化责任担当，多措并举，扎实做好建设帮扶、运输帮扶、定点帮扶等工作，持续加大老少边和脱贫地区铁路建设力度，实施帮扶项目；坚持开行公益性“慢火车”，助力乡村振兴；创新探索帮扶模式，扎实推进帮扶行动，为推进共同富裕积极贡献力量。

在建设帮扶方面，铁路部门持续加大脱贫地区铁路建设投资力度，党的十八大以来，全国老少边及脱贫地区的铁路建设总投资达 4.3 万亿元，占同期铁路建设投资总额的 78.0%。在运输帮扶方面，公益性“慢火车”持续开行，极大方便了沿线群众出行。在定点帮扶方面，新时代 10 年来，铁路部门累计向中央和省级定点帮扶地区投入资金 9.8 亿元，引入帮扶资金 5.6 亿元；派驻帮扶干部 439 人，精准实施 600 余个帮扶项目。

# 第二章　供水行业发展报告

城市供水行业是市政公用事业的重要组成部分，肩负着保障城市用水保供和保质的双重任务。随着我国经济高速发展与城镇化进程的持续推进，城市用水人口不断增长，城市工商业和居民生活用水需求也日益迫切，与此同时也对城市供水质量的提升提出新的要求。近年来，随着城市供水行业民营化、市场化以及城乡一体化进程的推进，我国城市供水行业生产供应能力显著提升，城乡和区域间供水行业投资、建设以及供应能力的不平衡得到了一定程度的缓解，随着现代信息和数字技术的引入，供水智慧化逐步成为城市供水行业发展的新方向，大数据、5G、人工智能、物联网等新技术的引入为城市供水行业发展注入新的活力。本章将分别从供水行业的投资与建设、供水行业的生产与供应、供水行业发展成效和供水行业数字化监管等方面对我国城市供水行业的发展、改革和创新进行分析。

# 第一节 供水行业投资与建设

本节分别从城市供水行业的投资情况和城市供水行业的建设情况对我国城市供水行业的发展作以概述。在城市供水行业发展的各项要素中，行业投资是城市供水行业发展的经济基础，在充足的行业投资基础上，供水行业建设则为行业发展提供了基础设施。在城市用水各项用途中，生活用水是最基本的用水需求。近年来，随着我国经济的快速发展和城市化进程的不断推进，我国城市用水需求越发迫切，这对城市供水行业生产和供应能力提出新的挑战。

## 一、城市供水行业的投资情况

固定资产投资是城市供水行业建设和发展的资金基础，如何有效拓展融资渠道是我国城市供水行业一直以来的一项重要课题。随着行业民营化和市场化的进程，我国城市供水行业投资由早期基本完全依靠财政资金补贴向多元渠道筹资融资转变。本节将主要通过总量时间变化趋势以及空间区域差异等角度，首先对我国城市供水行业的投资与建设现状进行分析。

### （一）我国城市供水行业投资增长时序分析

自改革开放以来，我国市政设施建设固定资产投资总额以及城市供水行业固定资产投资额持续增长。由图 2-1 可以看出，1978～2021 年 40 余年间，我国城市供水行业固定资产投资由 1978 年的 4.7 亿元增长至 2021 年的 770.56 亿元，增长超过 160 倍。改革开放以来，以城市供水行业市场化开端为界，我国城市供水行业固定资产投资的增长经历了几个阶段，1978～1991 年 10 余年间，地方政府是主要的行业投资主体，在此阶段城市供水行业投资增长较慢，10 余年间增长了 5 倍左右；20 世纪 90 年代，地方政府逐渐退出行业的投资和运营，1991～2005 年，我国城市供水行业固定资产投资总体增长 6.47 倍；自 2005 年开始，随着我国经济高速增长和城市供水行业市场化进程的推进，我国城市供水行业固定资产投资保持了高速增长的势头。

图 2-1 同时呈现了供水行业固定资产投资额占市政设施建设投资额的比重。1978～2021 年，我国市政设施固定资产投资总额由 11.99 亿元增至 23371.69 亿元，增长近 2000 倍。改革开放之初，城市供水行业在市政公用事业各行业中占据绝对

的核心地位，随着我国市政设施建设的多样化和人民生活水平的不断提高，城市交通、燃气、供水处理、园林绿化、集中供热等市政公用行业快速发展，从而导致供水行业固定资产投资占整个市政设施建设投资额比重持续下降。1978 年，供水行业固定资产投资额占市政设施建设投资额比重为 39.2%，此后在 1980 年达到峰值 46.53%，此后一直稳定在 20%左右。尽管 2020 年供水行业固定资产投资额占市政设施建设投资额比重略有提升，2021 年该比重也仅为 3.29%。

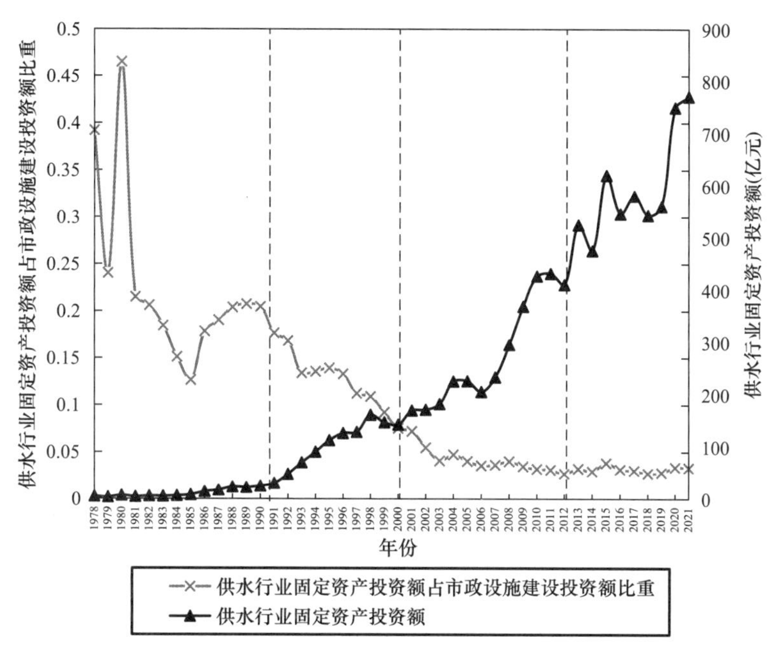


图 2-1 1978～2021 年我国供水行业固定资产投资额和供水行业固定资产投资额占市政设施建设投资额比重

数据来源：《中国城市建设统计年鉴 2021》，中国统计出版社。

供水行业固定资产投资额占市政设施建设投资额比重呈总体下降趋势，主要原因在于近年来城市排水、燃气、轨道交通、园林绿化等领域成为发展重点，投资额增速超过了城市供水行业。图 2-2 将城市供水行业投资与市政公用事业中的轨道交通、排水、园林绿化、燃气和集中供热等行业固定资产投资进行了对比。由图 2-2 可知，我国城市供水行业固定资产投资额在改革开放之初占市政设施建设投资额的比重远远领先其他行业，其后城市轨道交通、排水、园林绿化、燃气等行业固定资产投资额占比均有所上升。随着城市化进程的不断推进，城市人口快速增长，城市面积不断扩张，对缩短城市通勤时间，提升城市交通效率提出了更高要求，近年来在投资的充分保障下，我国主要城市轨道交通基础设施建设快速发展。1979 年我国城市供水行业固定资产投资额占比为 23.94%，

1980 年达到峰值的 46.53%，同期燃气行业固定资产投资额占比仅为 4.2%，轨道交通行业固定资产投资额占比为 12.7%，排水行业固定资产投资额占比为 8.5%；1986 年我国城市供水行业固定资产投资额占比约为 17.85%，城市轨道交通固定资产投资额占比为 6.99%，排水行业固定资产投资额占比为 7.49%，园林绿化固定资产投资额占比为 4.24%，集中供热行业固定资产投资额占比为 2%，供水行业固定资产投资额占比仍明显高于其他行业。2021 年，城市供水行业固定资产投资额占市政设施建设投资额比重降至 3.30%，而城市排水资产投资额占比则上升至 8.89%，城市轨道交通固定资产投资额占比达到 27.12%，约为供水行业固定资产投资额的 10 倍，园林绿化固定资产投资额占比达到 7.01%。目前我国城市供水行业固定资产投资额占比已低于排水、轨道交通、园林绿化等行业，2021 年城市供水行业固定资产投资额占比仅高于燃气行业和集中供热行业。以上数据一方面反映出我国城市居民生活质量不断提高，城市发展需求转型，城市排水、轨道交通、园林绿化等行业逐步成为市政公用事业发展的重点，另一方面也反映出我国城市供水行业投资面临的制约。

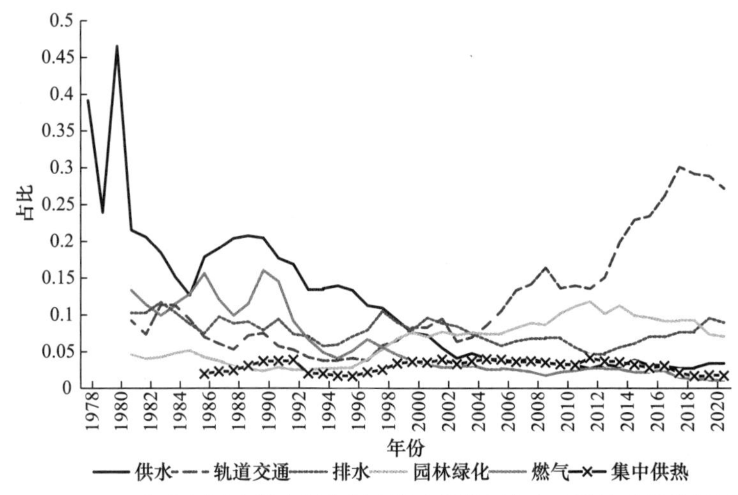


图 2-2　1978～2021 年我国城市供水行业固定资产投资额占市政设施建设投资额的比重与其他市政公用事业行业比较

数据来源：《中国城市建设统计年鉴 2021》，中国统计出版社。

尽管我国城市供水行业固定资产投资额多年来持续增长，但供水行业固定资产投资额占市政设施建设投资额比重却呈现逐年下降的趋势，为进一步探究供水行业投资是否能够充分保障城市供水需求，图 2-3 将 1978～2021 年我国城市供水行业固定资产投资额与单位用水人口固定资产投资额进行了比较。1978～2021 年 40 余年间，我国单位用水人口固定资产投资额基本与供水行业固定资产投资额保持相同的增长态势。图 2-3 说明尽管由于市政公用事业发展重心发生了调整，导致我国城市供水行业固定资产投资额占比有所下降，但供水行业投资额的增长能够满足不断增长的城市用水人口的需求。

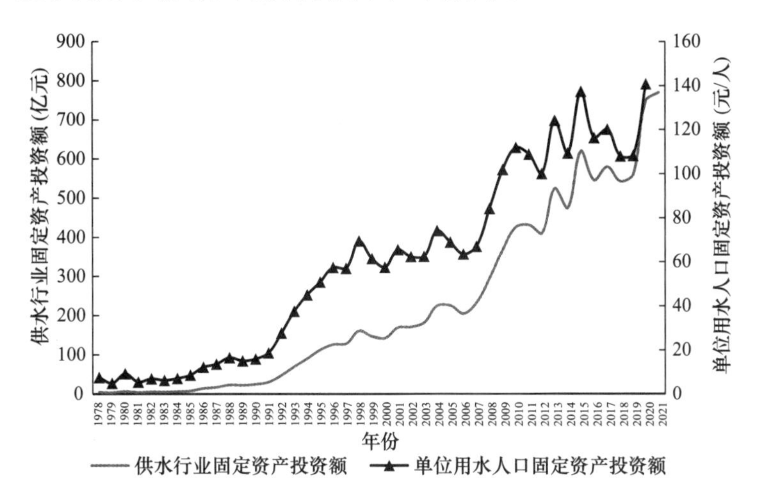


图 2-3 1978～2021 年我国城市供水行业固定资产投资额与单位用水人口固定资产投资额比较

数据来源：《中国城市建设统计年鉴 2021》，中国统计出版社。

除满足城市不断增长人口的用水需求，城市供水也是城市经济发展的重要保障。图 2-4 将我国城市供水行业固定资产投资额占 GDP（国内生产总值）的比重与城市化率对比。图 2-4 一方面反映了我国城市供水行业固定资产投资额与经济增长速度的相对关系，同时也可以与城市化进程相互对比。由图 2-4 可以看出，改革开放 40 余年来，随着我国经济的快速发展，我国城市化率也呈现出不

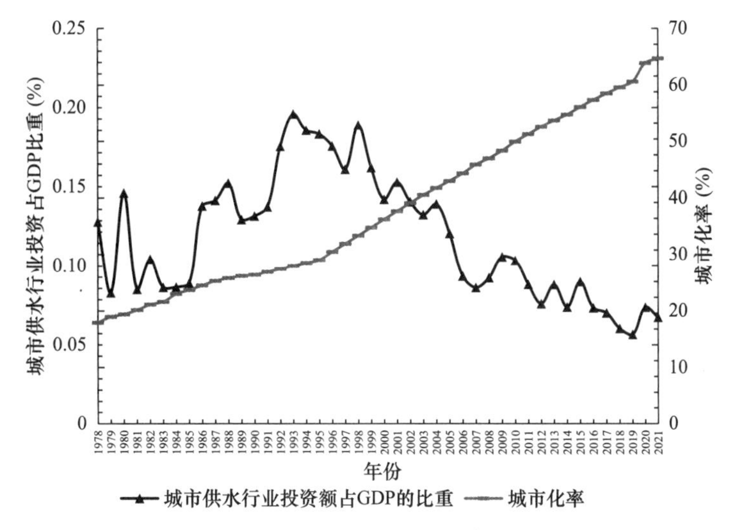


图 2-4 1978～2021 年我国城市供水行业固定资产投资额占 GDP 比重与城市化率比较

数据来源：《中国城市建设统计年鉴 2021》《中国统计年鉴 2021》，中国统计出版社。

断上升的趋势。1978 年我国城市人口占我国总人口的比重仅为 17.92%，2021 年增长至 64.72%，我国城镇化进程已经进入新的阶段。

尽管改革开放以来我国城市供水行业固定资产投资额和人均固定资产投资额持续快速增长，但由于市政公用事业发展的总体重心发生了调整，加之供水行业融资渠道仍有待进一步拓宽，供水行业总体投资与以及排水、园林绿化、轨道交通等其他行业增速相比略显滞后，供水行业固定资产投资额占整个市政公用事业固定资产投资额与 GDP 比重均有所下降，供水行业投资并不能完全满足城市化的需求。

### （二）城市供水行业投资区域分析

由于地区人口和经济发展不均衡，我国城市供水行业投资一直也存在着区域间发展不平衡的问题。2020～2021 年我国东、中、西部地区城市供水行业固定资产投资额及其占比如图 2-5 所示。2021 年，我国东部地区城市供水行业固定资产投资额占比约为 49%，占比相较上一年的 52%有所下降，中、西部地区城市供水行业固定资产投资额分别占 25%和 26%。2021 年，我国东部地区城市供水行业固定资产投资额为 374.23 亿元，相比 2020 年降低 18.42 亿元；中部地区城市供水行业固定资产投资额为 196.49 亿元，相比 2020 年增长 33.02 亿元；西部地区城市供水行业固定资产投资额为 199.84 亿元，相比 2020 年增长了 6.54 亿元。近年来我国东部地区供水行业固定资产投资额占比持续下降，2021 年该比例首次低于五成，中部地区和西部地区供水行业投资增幅明显，占比不断上升，我国城市供水行业投资的区域间差距呈现不断缩小的趋势。

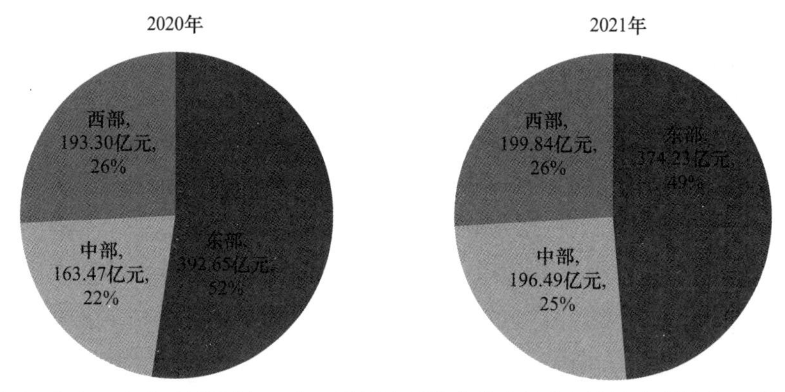


图 2-5　2020～2021 年我国东、中、西部地区城市供水行业固定资产投资额及其占比

数据来源：《中国城市建设统计年鉴 2021》，中国统计出版社。

图 2-6 展示了 2021 年我国城市供水行业固定资产投资额排名前列（即超过 30 亿元）的省（区、市）及其占全国所有省（区、市）固定资产投资额的比重，

依序分别为江苏、广东、山东、安徽、四川、黑龙江、陕西和湖北。江苏依然为2016～2021年我国城市供水行业固定资产投资额最多的省份，也是2021年城市供水行业固定资产投资额唯一超过100亿的省份，达到101.42亿元。此外，广东和山东供水行业固定资产投资额也均超过50亿元，分别为74.22亿元和53.07亿元。2021年城市供水行业固定资产投资最少的省份分别为山西、海南和青海，均未超过5亿元。

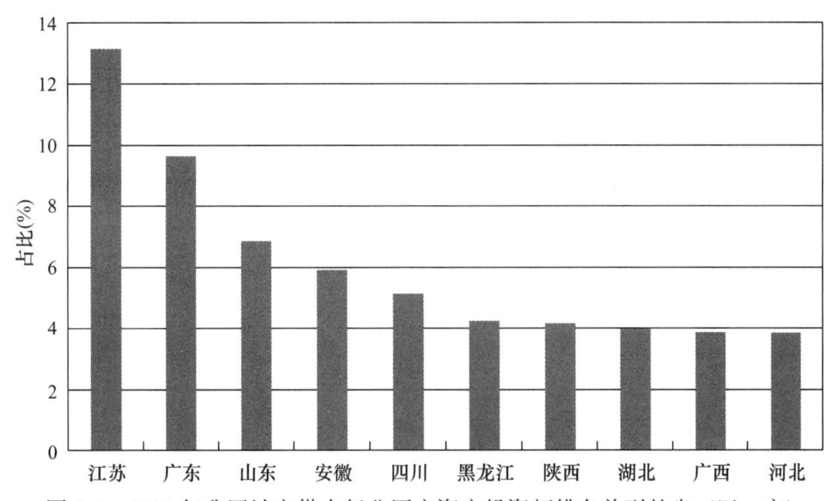


图2-6　2021年我国城市供水行业固定资产投资额排名前列的省（区、市）及其占全国所有省（区、市）固定资产投资总额的比重

数据来源：《中国城市建设统计年鉴2021》，中国统计出版社。

图2-7进一步分析了2021年我国各省（区、市）城市供水行业固定资产投资额相比2020年的变化情况，同时与该省（区、市）2020年城市供水行业固定资产投资额的变化幅度进行了比较。广东2021年城市供水行业固定资产投资额增长最多，达到24.76亿元，江苏继2018～2020年连续三年成为城市供水行业固定资产投资额降幅最大的省份后，2021年城市供水行业固定资产投资额相较上一年有所下降。陕西、湖南、安徽、广西4省城市供水行业固定资产投资额增长量超过10亿元，由于增幅较大，陕西2021年城市供水行业固定资产投资额超过30亿元，进入全国前八位。各省（区、市）中，共有15个省（区、市）在2021年实现了城市供水行业固定资产投资额增长，相较上一年有所减少，15个省（区、市）2021年城市供水行业固定资产投资额相比上一年有所下降。实现城市供水行业固定资产投资增长的省（区、市）中，有4个省（区、市）来自东部地区，6个省（区、市）来自中部地区，5个省（区、市）来自西部地区，东部地区中城市供水行业固定资产投资额较高的江苏、浙江、福建、山东、北京、天津、上海，其投资额相比上一年均有所下降，在2021年度我国城市供水

行业固定资产投资区域间不平衡的问题得到进一步改善。

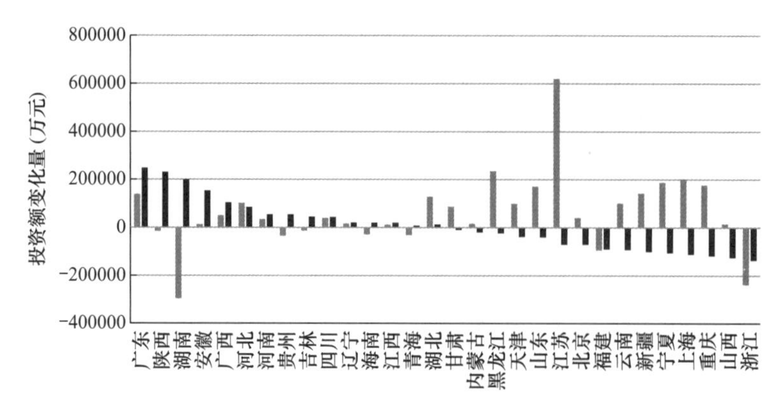


图 2-7　2020 年和 2021 年我国各省（区、市）城市供水行业固定资产投资额相较上年变化

数据来源：《中国城市建设统计年鉴 2021》，中国统计出版社。

城市供水行业固定资产投资额与用水人口直接相关，通过对比人均固定资产投资额能够更清晰地看到各地投资的情况。图 2-8 呈现了 2021 年我国各省（区、市）及新疆生产建设兵团（以下简称新疆兵团）单位用水人口供水行业固定资产投资情况，可以进一步反映各地区的实际投资效率。2021 年单位用水人口供水行业固定资产投资额前五位的多数为人口较为稀少的地区，分别为西藏、新疆兵团、江苏、宁夏和黑龙江。其中西藏单位用水人口供水行业固定资产投资额为 723.7 元，新疆兵团该值为 400.5 元，宁夏 2020 年单位用水人口供水行业固定资产投资额最高，2021 年位居全国第四，为 275.79 元。人口相对稀少的地区固定资产一定程度上的提升即可带动单位用水人口供水行业固定资产投资额的大幅增加。对人口基数相对较大的省（区、市）而言，单位用水人口供水行业固定资产投资更能体现总体的投资力度。其中，江苏连续多年无论供水行业固定资产投资额还是单位用水人口供水行业固定资产投资额均位列全国前列，体现出其供水行业充沛的投资来源。而青海、海南等地考虑用水人口情况下的单位用水人口供水行业固定资产投资额仍然较低，在供水行业固定资产投资额上略显不足。

近年来，随着我国城市供水行业市场化和城乡一体化的不断推进，城市供水行业投资不断增加，各类民间资本和外资被逐渐引入城市供水行业。供水行业是市政公用事业的重要组成部分，关系民生，当前我国城市供水行业仍坚持国有企业占据主导地位，同时不断拓宽融资渠道，行业投资主体已由单一的政府投资、国有控股转变为国有资本、民营资本以及外资共同参与，经营模式不断丰富，由单一的政府所属事业单位直接经营转变包括特许经营模式在内的不同经营模式。

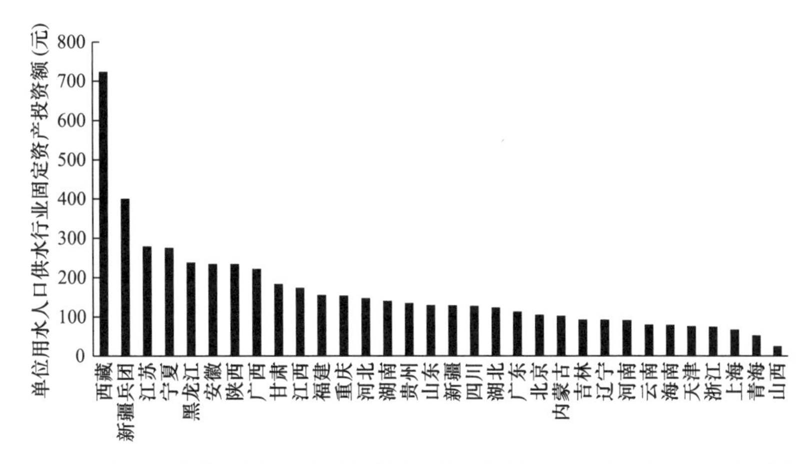


图 2-8　2021 年我国各省（区、市）及新疆兵团单位用水人口供水行业固定资产投资额

数据来源：《中国城市建设统计年鉴 2021》，中国统计出版社。

## 二、城市供水行业的建设情况

本节主要通过城市供水管道长度以及供水综合生产能力等指标分析我国城市供水行业建设现状，作为重要的供水基础设施，供水管道长度直接反映了城市供水行业的建设情况，供水综合生产能力则从产出端反映供水行业建设成效。

### （一）城市供水管道建设情况

城市供水管道长度反映了我国城市供水行业的基础设施建设情况。1978～2021 年我国城市管道长度与新增供水管道长度如图 2-9 所示，由于 1996 年供水管道统计口径发生变化，1996 年前后供水管道长度发生较大变化，为此，以 1996 年作为分界线分析我国城市供水管道长度的变化趋势。1978～1995 年我国城市供水管道长度增长 138701 公里，共增加 2.85 倍。在新统计口径下，1996 年我国城市供水管道长度为 202613 公里，到 2021 年已增长至 1059901 公里，相比 1978 年总体增加 28.45 倍，年均增加 23812.02326 公里；相比 1996 年增长 4.23 倍，年均增加 35430.76923 公里。新建供水管道长度更能体现我国城市供水行业的建设增量，除 1996 年统计口径变化导致的供水管道长度大幅增长外，在其他年度我国新增供水管道长度一直保持稳定增长态势。

供水行业投资存在区域间差异导致我国城市供水行业建设在一定程度上呈现出区域发展不平衡现象，图 2-10 呈现了我国东、中、西部地区间供水管道建设上的差异。由图 2-10 可知，2021 我国东、中、西部地区供水管道长度相比 2020 年均有所增长。其中，东部地区供水管道长度为 612913.8 公里，相比上一年增长 5.48%；中部地区供水管道长度为 243330.2 公里，相比上一年增长 3.07%；西部地区供水管道长度为 203657.18 公里，相比上一年增长 7.33%，西部地区供水管道长度增长幅度最大，但东、中、西部地区供水管道长度占比相比 2020 年基本保持稳定。相比 2020 年，2021 年我国城市供水管道长度新增有所减少。总体而言，我国东部地区供水管道长度超过中、西部地区总和，城市供水行业建设不平衡现象仍然存在。

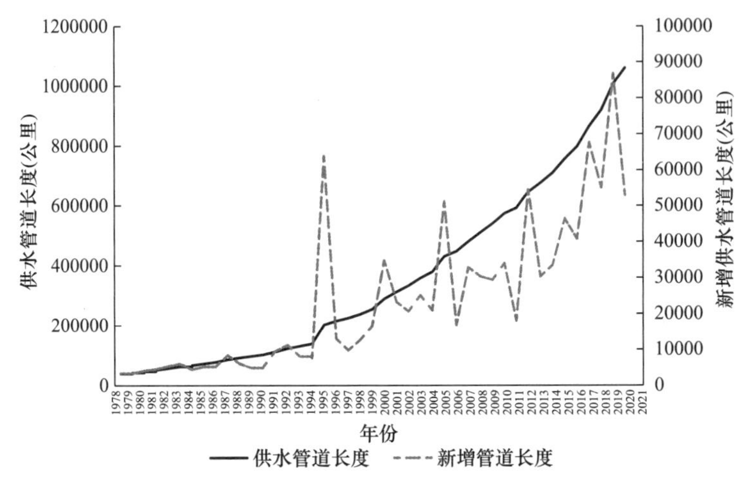


图 2-9　1978～2021 年我国城市供水管道长度与新增供水管道长度

数据来源：《中国城市建设统计年鉴 2021》，中国统计出版社。

注：1979～1995 年供水管道长度为系统内数据。

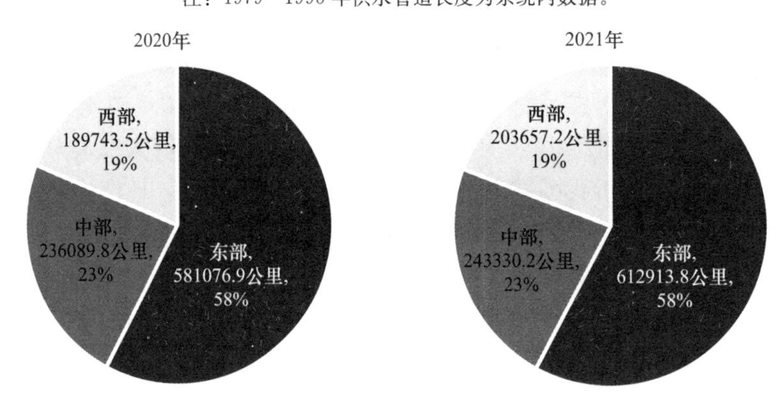


图 2-10　2020～2021 年东、中、西部地区供水管道长度

数据来源：《中国城市建设统计年鉴 2021》，中国统计出版社。

为进一步说明供水行业建设的空间差异，图 2-11 进一步呈现了 2021 年我国各省（区、市）和新疆兵团供水行业管道长度情况。截至 2021 年，广东、江苏、浙江、山东、四川和湖北 6 个省份的供水管道长度超过 50000 公里。供水管道长度位列前四位的省份全部为东部地区省份，其中，广东和江苏供水管道长度超过100000公里，浙江供水管道长度已经达到98151.51公里，即将成为第三个供水管道总长度超过100000公里的省份。截至2021年，仍有海南、甘肃、青海、宁夏、新疆兵团和西藏等6个地区供水管道长度不足10000公里。以上数据进一步说明，我国东、西部之间供水管道建设仍存在着较大差距，但区域间差距在不断缩小。

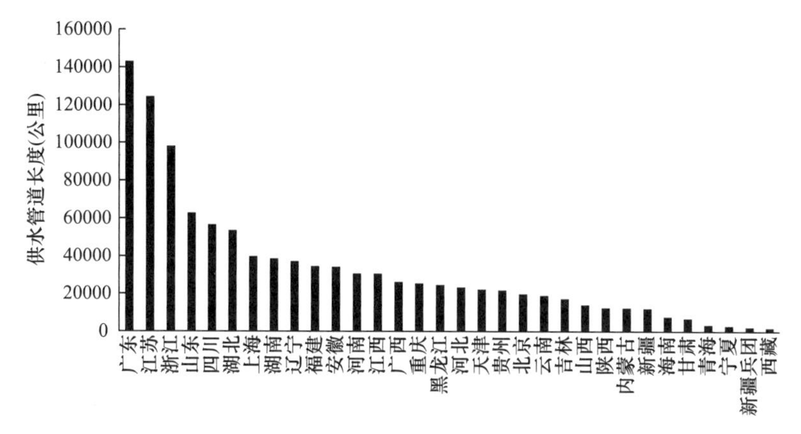


图2-11　2021年我国各省（区、市）及新疆兵团供水管道长度

数据来源：《中国城市建设统计年鉴2021》，中国统计出版社。

图2-12同时对比了2020年和2021年我国各省（区、市）和新疆兵团新增供水管道长度的情况，行业固定资产投资是供水设施建设的基础，图2-12同时加入了2021年我国各省（区、市）和新疆兵团供水行业固定资产投资额数据，用以对照供水行业投资对管道建设的转化情况。2021年我国新增供水管道长度最长的省份为广东，共新增15028.67公里供水管道，也是本年度新增供水管道长度唯一超过10000公里的省份。此外，浙江新增供水管道长度也超过了5000公里，连续两年呈现出快速增长势头。通过图2-12可以看出，近年来一些中、西部地区的省份的供水管道投入力度较大，管道长度增长明显，如贵州、四川、江西、湖北、广西、云南和黑龙江，一些东部地区的省份由于供水管道建设前期基础较好，供水管道增速放缓，如上海、北京、辽宁，部分区域由于管网改造等原因供水管道长度甚至略有减少，一定程度上增加了区域间供水行业建设的平衡。从图2-12可以看出，新增供水管道长度与当年供水行业固定资产投资额呈现出较为明显的正相关关系，江苏连续多年供水行业固定资产投资额位居全国前列，2021年新增供水管道长度也位居全国第三。

考虑到各地区地域面积差异较大，单纯通过供水管道长度无法全面准确地判断该省份的实际供水行业建设水平。为此，本书将城市供水管道密度定义为单位建成区面积的供水管道长度，通过建成区供水管道密度进一步分析各地区供水行业建设情况。如图 2-13 所示，上海、浙江、江苏、福建、天津等省份近年来建成区城市供水管道密度一直位居全国前列最高。2021 年上海建成区供水管道密度仍为全国最高，为 31.957 公里/平方公里，也是全国唯一建成区供水管道密度超过 30 公里/平方公里的省份。2021 年建成区供水管道密度超过 20 公里/平方公里的省份仅有上海和浙江两地，超过 10 公里/平方公里的共有 20 个省份，其中，山东和吉林建成区供水管道密度首次超过 10 公里/平方公里，建成区供水管道密度低于 10 公里/平方公里的地区包括河北、山西、内蒙古、贵州、新疆、河南、新疆兵团、陕西、甘肃、宁夏、海南，其中 2 个位于东部地区，3 个位于中部地区和 6 个位于西部地区。考虑到区域面积因素后，我国建成区供水管道密度的区域间差异仍然比较明显，东部地区建成区供水管道密度明显领先于中、西部地区，说明东部地区供水管道建设更能适应城市发展的需求。

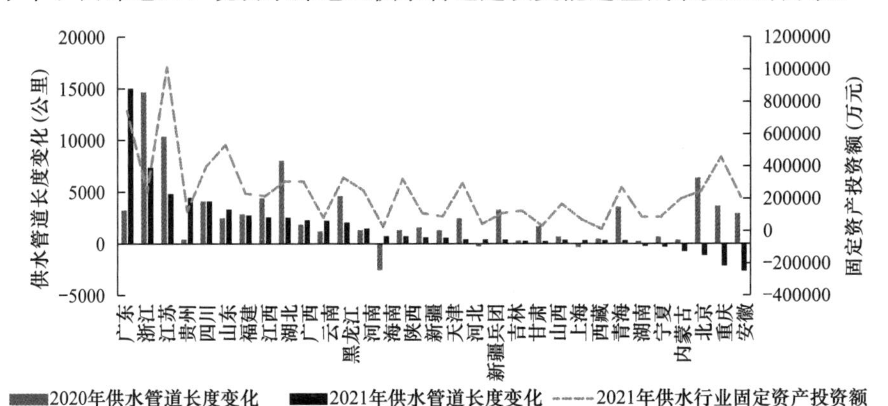


图 2-12　2020 年及 2021 年我国各省（区、市）和新疆兵团供水管道长度变化及 2021 年供水行业固定资产投资额

数据来源：《中国城市建设统计年鉴 2021》，中国统计出版社。

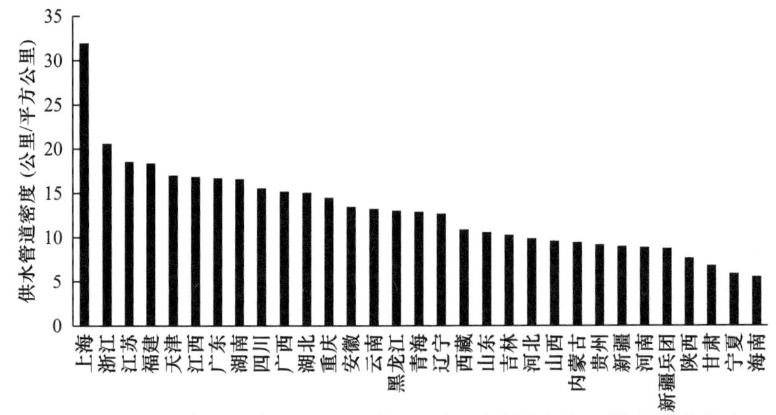


图 2-13　2021 年我国各省（区、市）和新疆兵团建成区供水管道密度

数据来源：《中国城市建设统计年鉴 2021》，中国统计出版社。

### （二）城市供水综合生产能力

本节进一步通过城市供水综合生产能力刻画我国城市供水行业的建设成效。1978～2021年我国城市供水行业综合生产能力和单位用水人口供水综合生产能力如图2-14所示。由图2-14可以看出，改革开放以来，我国城市供水行业综合生产能力不断提升，但由于供水行业综合生产能力的增速低于用水人口增速，导致单位用水人口供水综合生产能力近年来一直呈下降趋势，说明我国当前的城市供水能力尚不能完全满足城市人口的用水需求。由于1986年我国供水行业综合生产能力的统计口径发生变化，因此，以1986年作为分界线分别对1986年前后两阶段我国城市供水行业综合生产能力进行比较。1978～1985年，我国城市供水行业综合生产能力由2530.4万立方米/日增长至4019.7万立方米/日，年均增长8.41%。1986年以后我国城市供水综合生产能力增速进一步提升，2021年城市供水行业综合生产能力达到31737.67万立方米/日，相比2020年略有下降，1986～2021年30余年间城市供水行业综合生产能力总体增长2.05倍。但自1986年改变统计口径后，我国单位用水人口供水综合生产能力呈现下降趋势，单位用水人口供水综合生产能力的下降说明我国当前的供水行业建设水平仍然无法完全满足城市化和用水人口增长的需要。

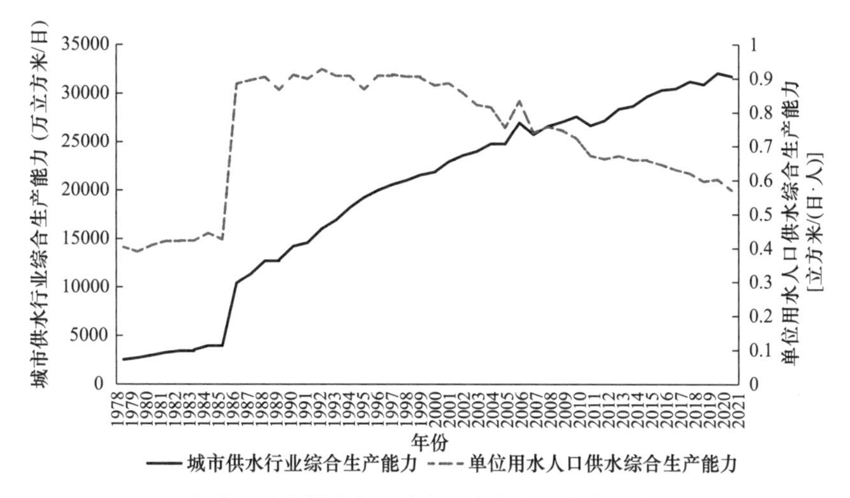


图2-14 1978～2021年我国城市供水行业综合生产能力和单位用水人口供水综合生产能力

数据来源：《中国城市建设统计年鉴2021》，中国统计出版社。

注：1978～1985年综合供水生产能力为系统内数据。

图2-15反映了2020年我国城市供水行业综合生产能力的空间差异。由于供水行业投资水平决定供水行业建设水平和生产能力，因此，我国城市供水行业综合生产能力较高的省（区、市）也主要集中在东部地区。其中，2021年我国

城市供水行业综合生产能力前四的省份均来自东部地区，分别为广东、江苏、浙江、山东，其中广东是全国唯一城市供水行业综合生产能力超过 4000 万立方米/日的省份，达到 4231.84 万立方米/日，江苏城市供水行业综合生产能力为 3608.17 万立方米/日，浙江位列第三，为 2109.32 万立方米/日，山东的城市供水行业综合生产能力为 1957.19 万立方米/日。我国供水行业综合生产能力能力较强的省份间也呈现出明显的梯度。与上一年有所不同的是，湖北的城市供水行业综合生产能力增长幅度明显，升至全国第四位。城市供水行业综合生产能力排名后四位的分别是海南、青海、新疆兵团和西藏，分别为 195.88 万立方米/日、139.7 万立方米/日、85.55 万立方米/日和 56.34 立方米/日，均低于 200 万立方米/日。

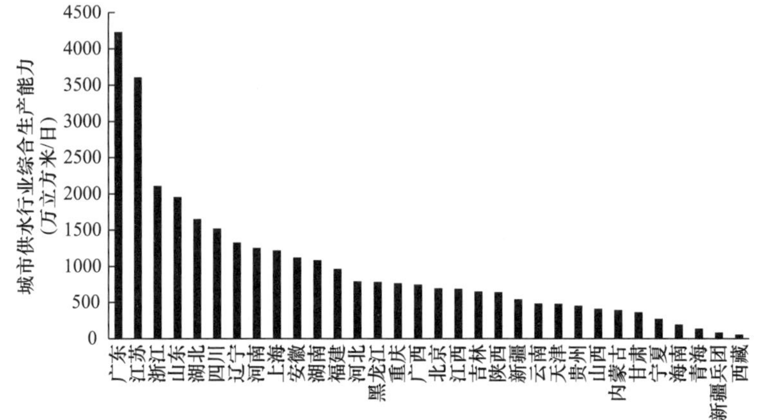


图 2-15　2021 年我国各省（区、市）及新疆兵团城市供水行业综合生产能力

数据来源：《中国城市建设统计年鉴 2021》，中国统计出版社。

图 2-16 进一步说明了 2021 年我国各省（区、市）供水行业综合生产能力相较上一年的变化情况，并将之与 2020 年相关数据进行对比。2021 年，广东城市供水行业综合生产能力实现连续两年提升幅度最大，2021 年共提升 282.64 万立方米/日，进一步拉大与其他地区的差距。其次是黑龙江、江苏和辽宁，增长量均超过 100 万立方米/日。北京继 2018 年城市供水行业综合生产能力增长量最大后，连续三年成为城市供水行业综合生产能力下降幅度最大的地区，2021 年再次下降一 1088.87 万立方米/日。除北京外，其他地区中仅有四川的城市供水综合生产能力下降超过 100 万立方米/日。2021 年共有 15 个省（区、市）城市供水行业综合生产能力相比 2020 年有所下降，其中 8 个省（区、市）来自西部地区，4 个省（区、市）来自中部地区，3 个省（区、市）来自东部地区。2021 年在我国城市供水行业综合生产能力总体下降的趋势下，中、西部地区城市供水综合生产能力的降幅大于东部地区，客观上造成了区域间城市供水行业综合生产能力不平衡的进一步加剧。

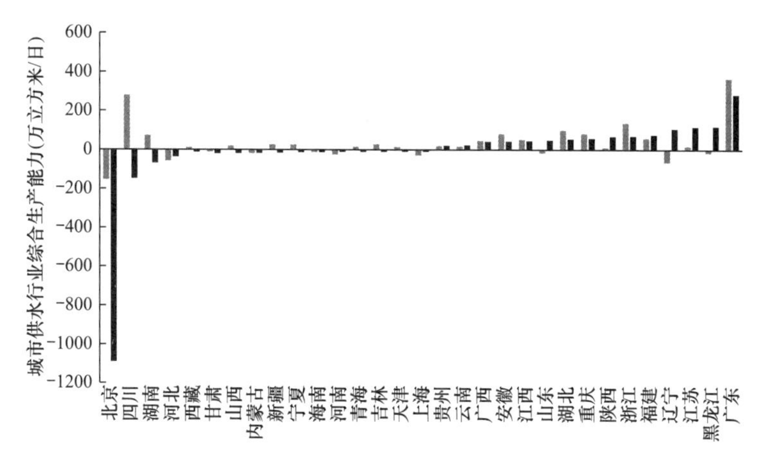


图 2-16 2021 年我国各省（区、市）城市供水行业综合生产能力相较上年变化

数据来源：《中国城市建设统计年鉴 2021》，中国统计出版社。

2021 年我国各省（区、市）和新疆兵团的单位用水人口供水行业综合生产能力如图 2-17 所示。所有地区单位用水人口供水行业综合生产能力全部低于 1 立方米/(日・人)，其中江苏单位用水人口供水行业综合生产能力最高，为 0.9944 立方米/(日・人)，此外宁夏和新疆兵团两地单位用水人口供水行业综合生产能力超过 0.8 立方米/(日・人)。共有 13 个地区单位用水人口供水行业综合生产能力高于全国平均水平，其中包括新疆、新疆兵团、宁夏、西藏、青海等用水人口较少的地区，同时也包括江苏、浙江、福建、广东等东部地区省份。在考虑了用水人口因素后，河北、北京和山西等地呈现出供水行业综合生产能力不足的问题。

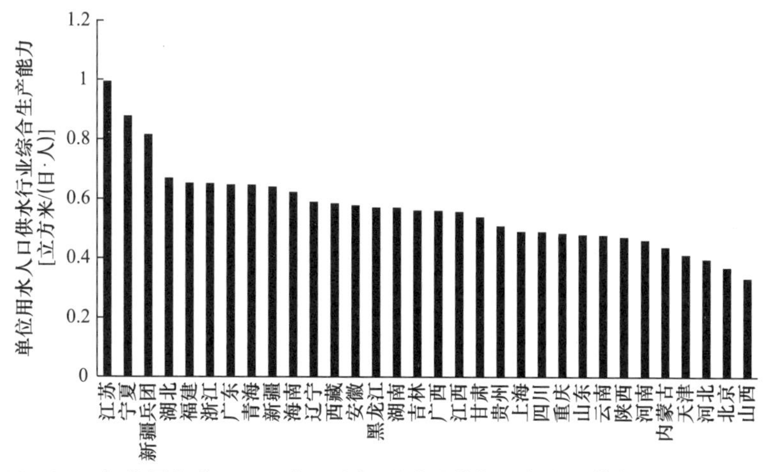


图 2-17 2021 年我国各省（区、市）和新疆兵团单位用水人口供水行业综合生产能力

数据来源：《中国城市建设统计年鉴 2021》，中国统计出版社。

# 第二节　供水行业生产与供应

本节首先从供水与用水量角度对我国城市供水行业的生产与供应能力予以分析，进而采用供水企业财务指标从供水企业的经营状况角度对我国城市供水行业的生产和供应情况做进一步分析。

## 一、供水行业生产和供应情况

随着我国城市供水行业的投资规模和建设水平不断提升，城市供水企业的生产供应能力也逐步提高。本节将分别从我国水资源情况、城市供水量总体情况、供水量的空间差异、供水量基本构成、用水情况以及供水的普及情况等角度对我国城市供水行业的生产和供应能力进行分析。

### （一）供水量总体情况

本节首先从我国水资源总量和人均占有水资源量出发，对我国城市供水行业生产和供应的资源基础予以分析。由图 2-18 可以看出，由于水资源量主要取决于地区自然条件禀赋，因此，2000～2021 年，我国水资源总量基本保持稳定。2000 年我国水资源总量为 27700.8 亿立方米，2020 年水资源总量增至 31605.2 亿立方米，2021 年水资源总量为 29638.2 亿立方米，2021 年水资源总量相比 2020 年略有下降。其中地表水资源量由 2000 年的 26561.9 亿立方米增长至 2021 年的 28310.5 亿立方米，2021 年地下水资源量为 8195.7 亿立方米，相比 2000 年的 8501.9 亿立方米略有回落，水资源总量的增长主要来自地表水资源。2020 年我国人均水资源量为 2098.5 亿立方米，相比 2000 年的 2193.9 亿立方米略有下降。

在水资源总量和人均水资源量保持稳定的情况下，城市供水总量反映出对现有水资源量的开发和利用能力。本节首先通过我国城市供水总量和城市人均供水量来反映城市供水行业的总体供给情况。如图 2-19 所示，改革开放以来我国城市供水总量实现了快速增长。1978 年我国城市供水总量为 787507 万立方米，到 2021 年增长至 6733442 万立方米。1978～2021 年间我国城市供水总量总体增长约 7.55 倍。与本书前文中我国单位人口供水行业综合生产能力呈现下降趋势相似的是，1978～2021 年以城市单位用水人口供水量衡量的我国城市人均供水量也呈现出下降趋势。自 1985 年统计口径调整后，我国城市单位用水人口供水量在1989年达到266.24立方米/人的峰值后，开始逐年下降，到2021年城市单位用水人口供水量已降至121.1467761立方米/人，2021年城市单位用水人口供水量相比2020年略有提升。这说明我国城市供水量的增长速度仍低于城市化和城市用水人口的增长速度，城市供水行业生产和供应能力的增长难以满足城市用水人口快速增长的需求。

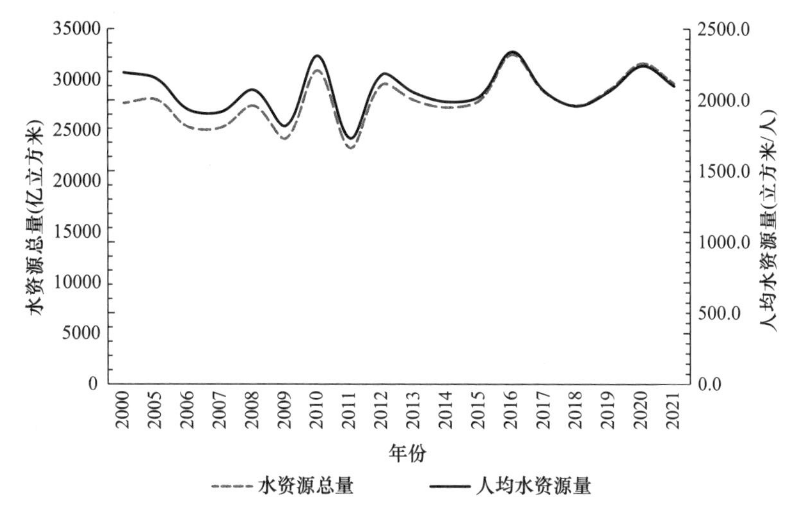


图2-18　2000～2021年我国水资源总量和人均水资源量

数据来源：《中国统计年鉴2021》，中国统计出版社。

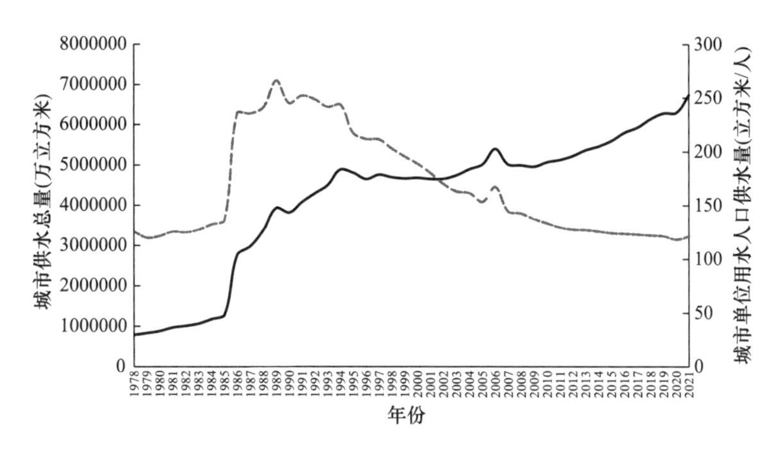


图2-19　1978～2021年我国城市供水行业供水量情况

数据来源：《中国城市建设统计年鉴2021》，中国统计出版社。

本节进一步通过将供水总量增长率与用水人口增长率、城市化率、GDP增长率对比来说明城市供水行业生产与供应能力与城市化、人口增长、经济增速的匹配情况。1979～2021 年我国城市用水人口增长率和城市供水总量增长率如图 2-20 所示。由图 2-20 可以看出，改革开放以来我国城市供水总量增长率基本与城市用水人口增长率保持一致的变化趋势，但多数年份中城市供水总量增长率略低于城市用水人口增长率。这也导致单位用水人口供水量呈现出下降趋势。随着城市人口的不断增长，各地也在不断提升供水生产能力以适应城市化需求，城市供水行业投资和建设也在针对城市人口和用水需求的增长不断进行动态调节，但城市供水总量的增长相比城市用水人口增长略有滞后。自 1995 年开始，我国城市供水总量开始多次出现负增长，此后我国城市供水量增速一直落后于城市用水人口增速，再次说明我国城市供水行业的建设仍无法完全满足城市用水需求，呈现出供给不足的趋势。

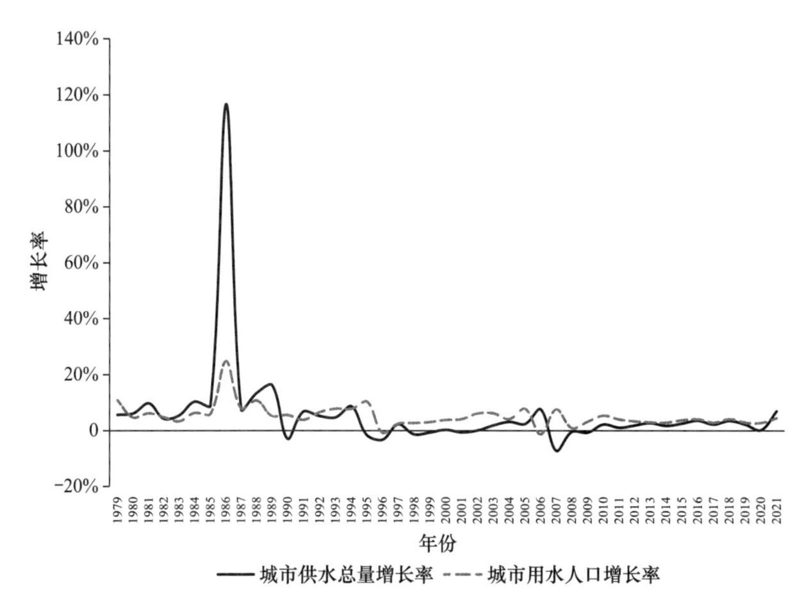


图 2-20　1979～2021 年我国城市用水人口增长率及城市供水总量增长率

数据来源：《中国城市建设统计年鉴 2021》，中国统计出版社。

1979～2021 年我国城市供水总量、GDP、城市化率增长率对比如图 2-21 所示。由图 2-21 可知，改革开放以来我国城市供水总量增长率基本与 GDP 增长率及城市化率增长率保持相近态势。三者相比，城市化率增长率总体较为稳定，波动并不明显，GDP 增长率总体水平最高，但波动幅度也相对最大，城市供水总量增长率则介于二者之间。1979 年我国城市化率增长率为 5.8%，为历年最高，2021 年城市化率增长率为 1.3%，40 余年来城市化率增长率平均为 3%，但近年来我国城市化率已经呈现放缓态势。1979 年我国 GDP 增长率为 11.46%，1994 年为历年最高，达到 36.34%，2021 年我国 GDP 增长率降至 1.26%，40

余年来平均增长率超过10%。城市供水总量增长率方面，1979年约为5.68%，1987～1994年城市供水总量一直保持较快增速，在此期间，我国城市供水总量增长率略高于城市化率增长率，但明显低于GDP增长率，说明此阶段中城市供水量相对充足，能够满足城市化需求。1994年以后，我国城市供水总量增长率整体放缓，许多年份出现城市供水总量负增长现象，甚至在2007年下降趋势最为明显，城市供水总量增长率为-7.14%，同时开始出现城市供水总量增长率长期低于城市化率增长率的情况，说明此阶段我国城市供水总量增长已逐渐难以满足城市化需求。2016年以后，我国城市供水总量增长率出现回升，此后连续4年超过城市化率增长率，在城市化和经济增速放缓的总体背景下，城市用水需求缺口有所缓解。

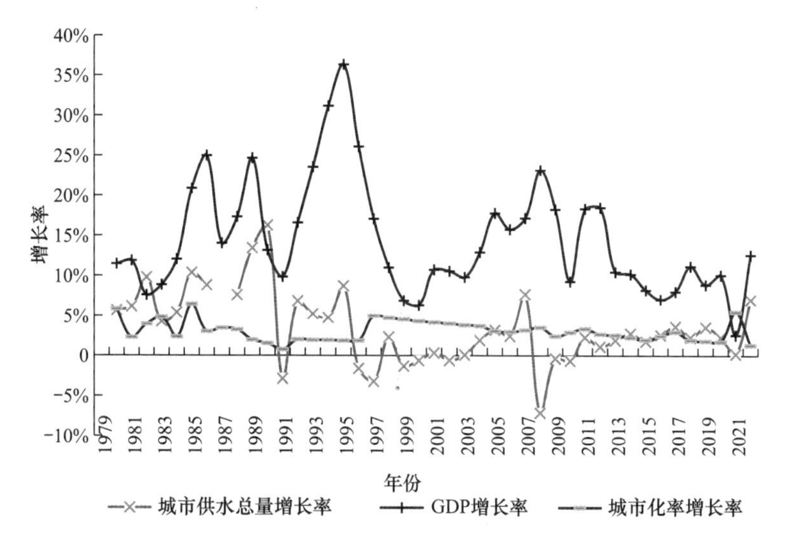


图2-21　1979～2021年我国城市供水总量、GDP、城市化率增长率对比

数据来源：《中国城市建设统计年鉴2021》《中国统计年鉴2021》，中国统计出版社。

注：由于1986年城市供水总量增长率变化程度较大，为合理维持图形比例，本图将该年数据去除。

### （二）供水量的省际区域间差异

供水行业投资和建设的力度的空间差异将导致供水行业生产和供应能力的空间分布有所不同，本节将对我国城市供水行业供水量的区域间差异进行分析。

首先从区域的水资源量和人均水资源量出发，图2-22呈现了2021年我国各省（区、市）的水资源总量和人均水资源量情况。我国水资源总量和人均水资源量最为丰富的省（区、市）均为西藏，水资源量为4408.9亿立方米，人均水资源量达到120461.7立方米/人。除西藏外，青海是唯一人均水资源量超过10000立方米的省份，达14190.4立方米/人。但由于用水人口较少，且城镇化程度相对较低，城市人口稀少，城市供水开发程度相对较低，西藏和青海尽管拥有丰富的水资源，城市供水行业供给总量仍位居全国最末。除西藏外，我国水资源总量超过 1000 亿立方米的省（区、市）还包括四川、湖南、云南、广西、江西、浙江、广东、黑龙江、湖北和贵州。人均水资源量方面，除西藏和青海人均水资源量超过 10000 立方米/人外，内蒙古、黑龙江、四川、云南、海南、江西、新疆、广西人均水资源量都在 3000 立方米/人以上。天津、北京、上海、宁夏等地人均水资源量较为匮乏，均低于 500 立方米/人，人均水资源量较低的省（区、市）或位于干旱地区，或为人口密度较大的地区。

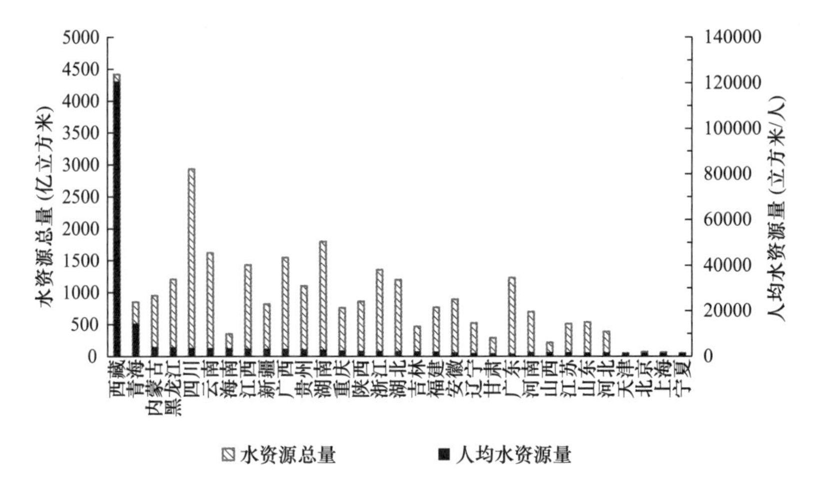


图 2-22　2021 年我国各省（区、市）水资源总量和人均水资源量

数据来源：《中国统计年鉴 2022》，中国统计出版社。

在分析我国各地水资源禀赋的基础上，本节首先从东、中、西部地区解析我国城市供水量的区域间差异，再进一步对我国各地的供水量差异进行对比。图 2-23、图 2-24 和图 2-25 分别展示了我国东、中、西部地区供水行业综合生产能力、供水总量以及人均供水量方面的差异。2021 年我国东部地区供水行业综合生产能力为 17593.88 万立方米/日，占全国的 56%，总量和占比相比上一年均略有下降；中部和西部地区 2021 年供水行业综合生产能力分别为 7662.78 万立方米/日和 6481.01 万立方米/日，占比分别为 24%和 20%，总量和占比相比上一年略有提升，因此从供水行业综合生产能力的角度而言，我国东、中、西部之间的区域不平衡略有缓解。2021 年东部地区供水总量为 3796316.15 万立方米，占全国的 56%，相比 2020 年在总量提升的前提下占比略有下降；中部地区和西部地区 2021 年供水总量分别为 1529793.10 万立方米和 1407333.20 万立方米，占比分别为 23%和 21%，总量和占比也均有所上升。因此，从供水总量的角度来看，东、中、西部区域间的差距也有进一步缩小的趋势。但总体来看，

2021 年我国东部地区供水行业综合生产能力以及供水总量仍超过中、西部地区总和。人均供水量方面，2021 年我国东部地区人均供水量为 130.62 立方米/人，相比 2020 年有所回升，终止了连续 4 年下滑的趋势；中部地区人均供水量为 108.83 立方米/人，相比 2020 年的 107.97 立方米/人也略有回升，但仍未达到 2019 年的水平；西部地区人均供水量为 112.96 立方米/人，相比 2020 年的 110.64 立方米/人有所回升，并超过 2019 年的水平。2021 年东、中、西部人均供水量相比上一年均有回升，且中、西部地区回升明显，因此，从人均供水量的角度而言，2021 年我国区域间供水行业生产和供应能力不平衡的现状得到一定的缓解。

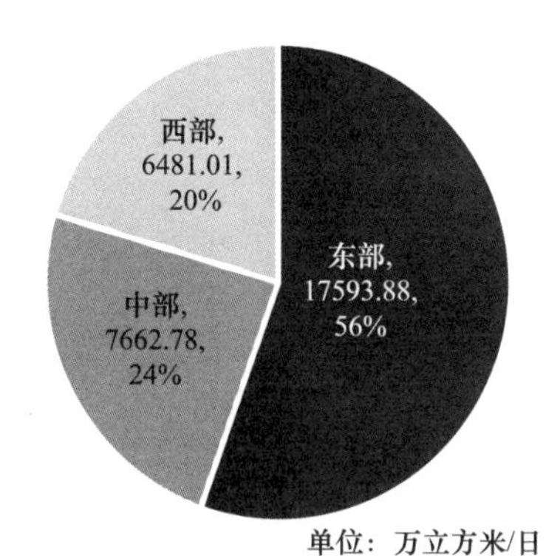


图 2-23 2021 年我国东、中、西部地区供水行业综合生产能力

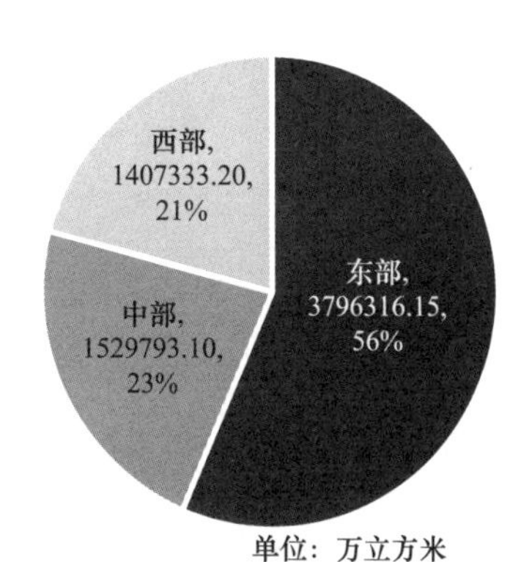


图 2-24 2021 年我国东、中、西部地区供水总量

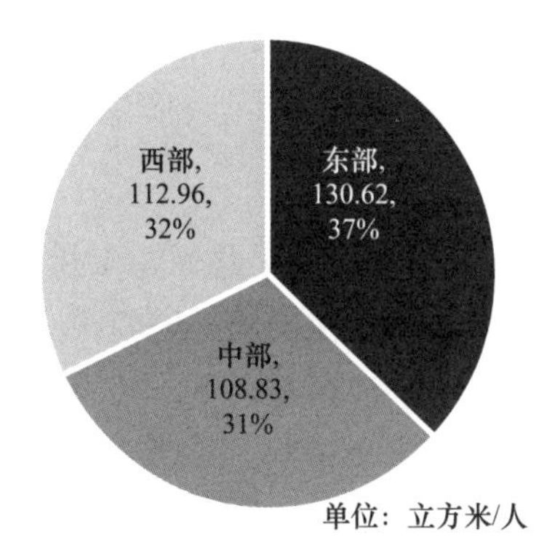


图 2-25 2021 年我国东、中、西部地区人均供水量

数据来源：《中国城市建设统计年鉴 2021》，中国统计出版社。

图 2-26 进一步呈现了 2021 年我国各省（区、市）和新疆兵团的供水量排名情况，广东、江苏、浙江和山东连续 6 年位居我国各地供水量排名前四位，

2021 年，我国供水量最多的省份仍为广东，供水量为 1044667.43 万立方米，成为我国首个供水总量超过 1000000 万立方米的省份。其后是江苏、浙江和山东，供水总量分别为 637701.93 万立方米、467101.58 万立方米和 398912.15 万立方，江苏年供水量首度超过 500000 万立方米。2021 年四川供水总量升至全国第五，为 340079.65 万立方米。2021 年供水总量在 300000 万立方米以上的省（区、市），除以上 5 省外，还包括湖北和上海，其中四川为西部地区省份，湖北来自中部地区，其余 4 省（区、市）均来自东部地区。更多的中、西部地区省（区、市）供水总量显著提升也说明我国东、中、西部地区间的供水生产能力的差距在进一步缩小。供水量排名后五的地区仍为甘肃、海南、宁夏、青海、新疆兵团和西藏，其中除海南人口较少外全部来自西部地区，基本与过去 4 年保持一致。

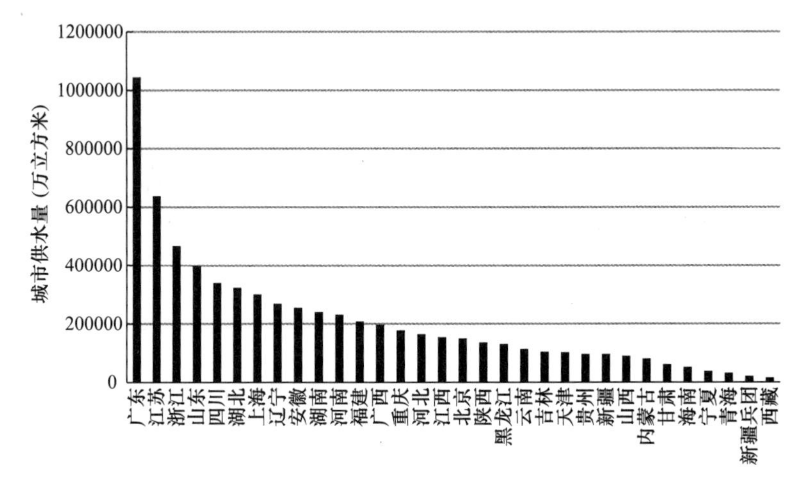


图 2-26　2021 年我国各省（区、市）和新疆兵团城市供水量情况

数据来源：《中国城市建设统计年鉴 2021》，中国统计出版社。

2020 年和 2021 年我国各省（区、市）供水总量相较上年变化如图 2-27 所示。由图 2-27 可以看出，2020 年全国各地供水量增幅最大的省份为广东，供水总量增长量达到 87800.86 万立方米。其次为江苏、四川和浙江，其中广东、浙江和四川已连续多年供水量增幅位居全国前列。黑龙江继 2020 年供水量大幅增长后，2021 年供水量有所回落，近年来年度供水量变化幅度较大，除黑龙江外，吉林和内蒙古年度供水量也出现负增长现象。

图 2-28 呈现了 2021 年我国各省（区、市）和新疆兵团单位用水人口供水量的情况。2021 年我国单位用水人口供水量最高的地区为新疆兵团，达到 200.31 立方米/人，其次为江苏、西藏、海南和广东。与单位用水人口供水行业综合生产能力的情况相似，除人口较为稀少的地区外，江苏和广东单位用水人口供水量

超过 150 立方米/日，均为我国供水和生产供应能力较强的东部地区省份，不仅总体供应能力雄厚，单位用水人口供水量也位居全国前列。全国平均单位用水人口供水量为 121.15 立方米/人，共有 14 个地区超过全国平均水平，18 个地区低于全国平均水平，其中 11 个地区单位用水人口供水量不足 100 立方米/人。

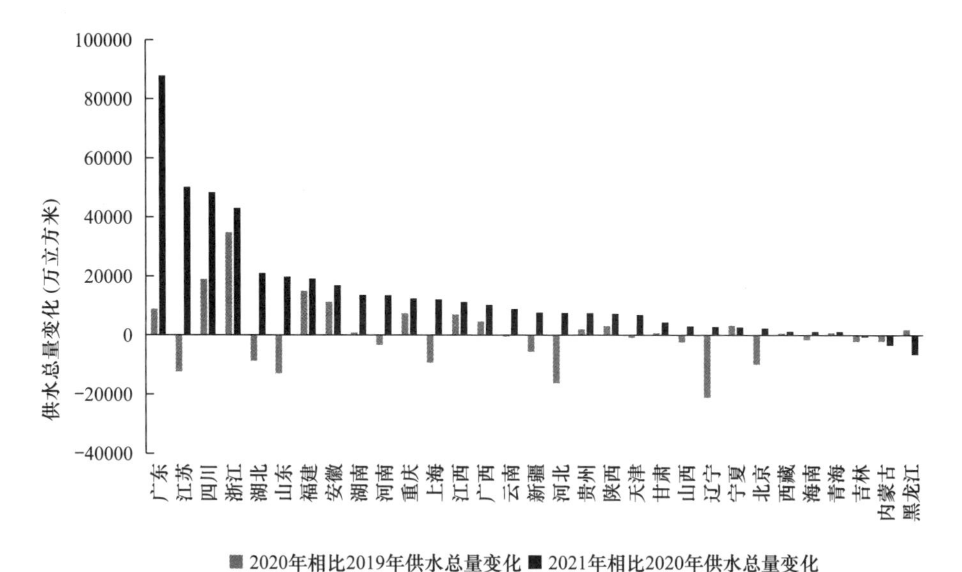


图 2-27　2020 年和 2021 年我国各省（区、市）供水总量相较上年变化

数据来源：《中国城市建设统计年鉴 2021》，中国统计出版社。

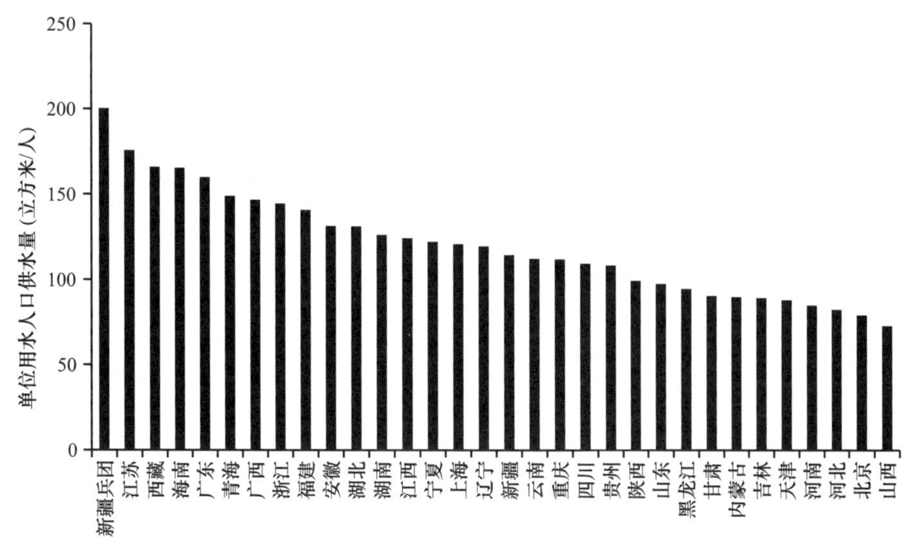


图 2-28　2021 年我国各省（区、市）和新疆兵团单位用水人口供水量

数据来源：《中国城市建设统计年鉴 2021》，中国统计出版社。

### （三）供水量基本构成情况

本节进一步从供水量构成这一角度对我国城市供水行业的生产和供应能力进行分析。城市供水按照供水设施一般可以划分为公共供水和自建供水，其中城市供水中公共供水的比例远高于自建供水。如图 2-29 所示，2021 年我国城市公共供水综合生产能力为 28254.81 万立方米/日，相比 2020 年增长 629.8 万立方米/日。2021 年我国城市公共供水供水总量为 6307552.32 万立方米，相比 2020 年增长 443010.42 万立方米。自建供水方面，2021 年我国城市自建供水综合生产能力为 3482.86 万立方米/日，相比 2020 年下降 964.78 万立方米/日，2018～2021 年连续 4 年我国城市自建供水综合生产能力有所下降。2021 年我国城市自建供水供水总量为 425890.13 万立方米，相比 2020 年下降 4987.53 万立方米。截至 2021 年，我国已连续多年城市自建供水的供水综合生产能力和供水量持续下降，说明我国城市供水设施仍在不断向公共供水倾斜，城市供水的集中化、规范化趋势更加明显。

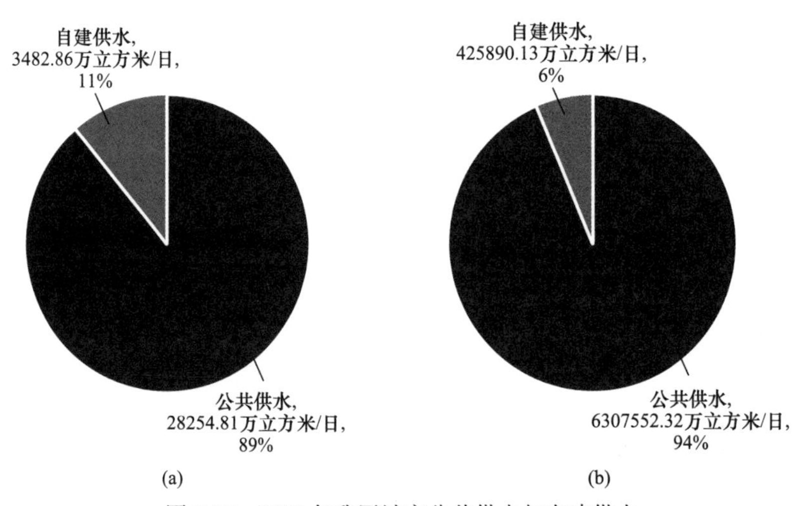


图 2-29　2021 年我国城市公共供水与自建供水

（a）综合生产能力；（b）供水总量

数据来源：《中国城市建设统计年鉴 2021》，中国统计出版社。

### （四）基本用水情况

图 2-30 呈现了 2000～2021 年我国用水总量和人均用水量情况。由图 2-30 可以看出，2000 年我国用水总量和人均用水量经历了先增长后下降的过程，用水总量和人均用水量的时序变化呈倒 U 形曲线，二者变化趋势接近。2000 年用水总量为 5497.6 亿立方米，此后逐年增长，在 2013 年达到峰值 6183.4 亿立方米，之后又逐年下降，2020 年降至 5812.9 亿立方米，2021 年用水总量回升至 5920.2 亿立

方米。人均用水量方面，2000 年为 435.4 立方米/人，此后逐年上升，至 2011 年达到最高值 454.1 立方米/人，2020 年降至 411.9 立方米/人，2021 年略有回升至 419.2 立方米/人。

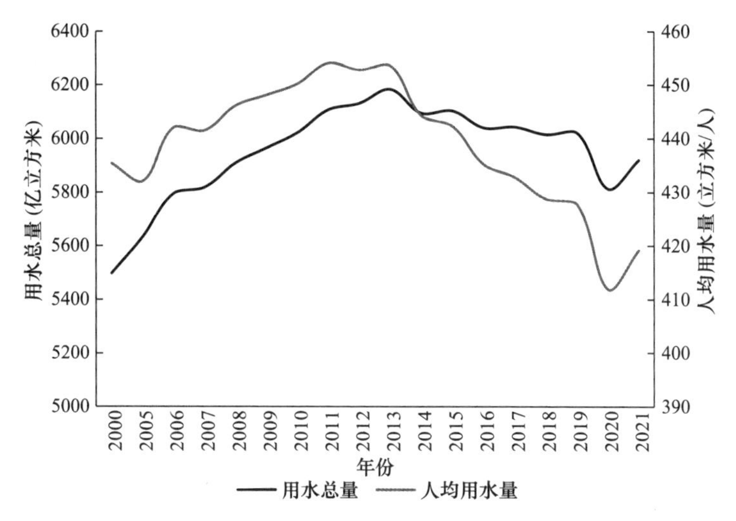


图 2-30　2000～2021 年我国用水总量和人均用水量情况

数据来源：《中国统计年鉴 2022》，中国统计出版社。

图 2-31 展示了 2020 年我国各省（区、市）人均用水量的差异，其中新疆人均用水量为 2216.3 立方米/人，仍位居全国第一，黑龙江、宁夏、西藏人均用水量均超过 800 立方米/人，北京人均用水量为 186.4 立方米/人，位居全国末位。本书后文中将进一步按照生产、生活用水的划分对用水情况进行分析。

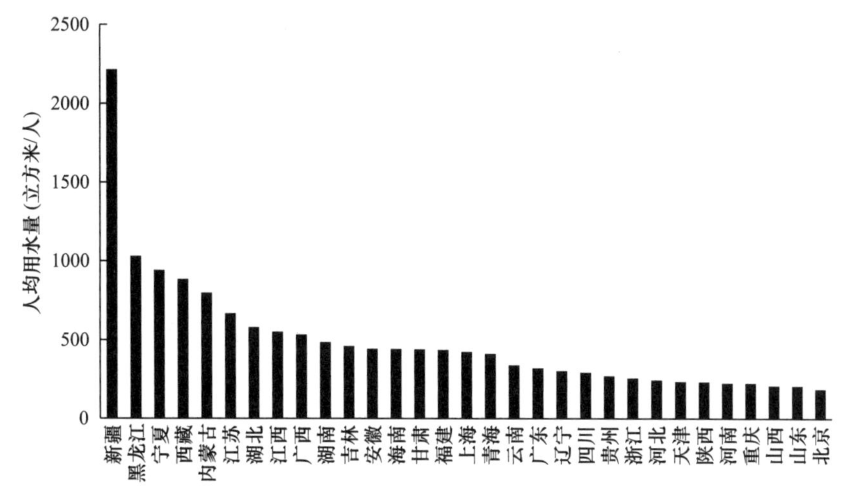


图 2-31　2021 年我国各省（区、市）人均用水量情况

数据来源：《中国统计年鉴 2022》，中国统计出版社。

城市供水按照用途可以划分为生活用水和生产用水，生活用水采用供水总量减去生产运营用水的方式来计算，生活用水同时包含了居民家庭用水和公共服务用水等用途。生活用水需求与用水人口高度相关，由于在城镇化的进程中城市人口不断增长，城市生活用水量一直呈现出持续增长的趋势，1978 年我国城市生活用水量为 275854 万立方米，2021 年已增长至 3753783 万立方米，总体增长超过 12.6 倍。城市生产用水量则与城市经济发展水平高度相关，其变化趋势也更为曲折。1978～1985 年，我国城市生产用水量基本保持平稳增长。1986 年开始，由于统计口径的差别，城市生产用水量大幅提升，此后其开始逐年下滑，直到 2006 年达到阶段性峰值，此后再度下降。近年来，我国城市生产用水量相对平稳，2021 年我国城市生产用水量为 2979659 万立方米，为近 15 年来新高。多年来，我国城市生产用水量一直高于城市生活用水量，自 2014 年开始，我国城市生活用水量超过城市生产用水量（图 2-32）。

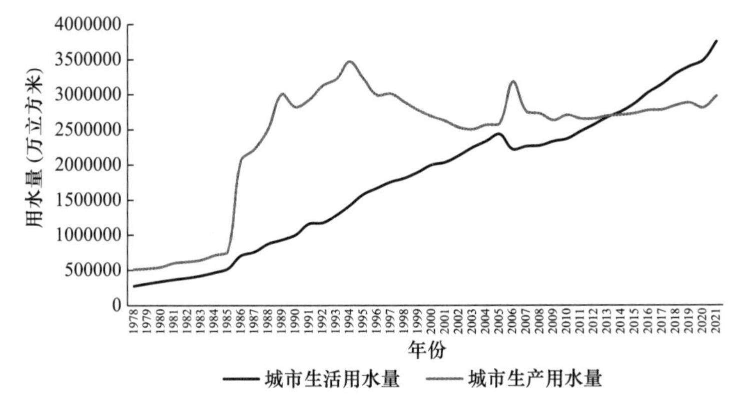


图 2-32　1978～2021 年城市生活用水量与城市生产用水量的变化情况

数据来源：《中国城市建设统计年鉴 2021》，中国统计出版社。

注：城市生活用水量约等于城市公共服务用水量和城市居民家庭用水量之和。

### （五）供水普及情况

保障民生是城市供水的重要功能，因此，用水普及率和人均日生活用水量可以反映城市供水对居民用水需求的满足程度。如图 2-33 所示，1979 年我国用水普及率为 82.3％，截至 2021 年已提高到 99.38％；1979 年我国人均日生活用水量为 121.8 升，截至 2021 年已增长至 185 升。1979～2020 年，我国用水普及率呈现出先降后升的 U 形曲线趋势，而人均日生活用水量呈现出先升后降而后再缓慢上升的倒 U 形曲线趋势。1979～1985 年，我国用水普及率呈下降趋势，由 82.3％下降至 45.1％，而同期人均日生活用水量则从 121.8 升增长至 151 升。1985 年后，我国用水普及率一直维持在 50％左右的相对较低水平，1996 年我国用水普及率再次突破60%，此后用水普及率开始显著上升，2007年开始用水普及率稳定超过90%，近年来用水普及率已经接近100%。而人均日生活用水量则从2000年的220.2升的最高点开始逐年下降，近年来略有回升。用水普及率的提升反映出城市供水行业生产和供给的发展成效，而人均日生活用水量的下降则与国家节水政策的推行和城市居民节水意识的提高密切相关。

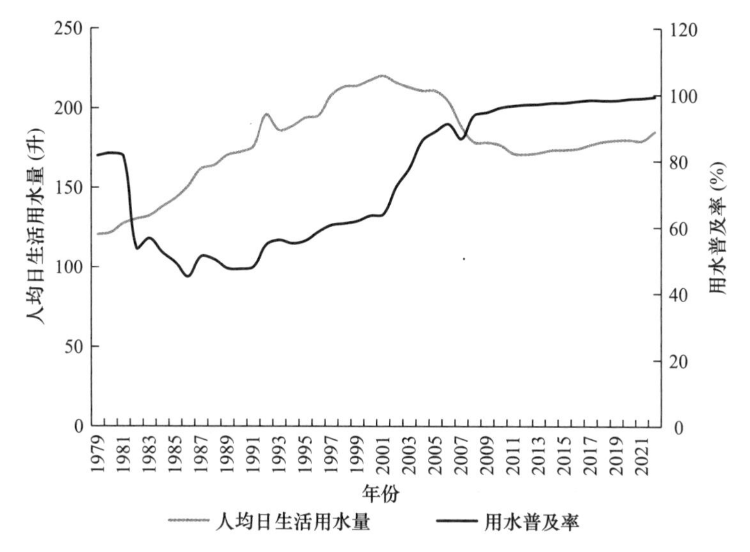


图2-33　1979～2021年城市供水中的人均日生活用水量与用水普及率的基本情况

数据来源：《中国城市建设统计年鉴2021》，中国统计出版社。

## 二、供水企业的基本经营情况

供水企业是城市供水行业生产和供应的经营主体，本节将从供水企业数量情况、供水企业资产和负债情况、供水企业流动资产情况等方面对我国当前供水企业的基本生产和经营情况进行分析，进而说明我国城市供水行业的生产与供应能力。

### （一）供水企业数量情况

2004～2021年，我国城市供水行业的企业数量总体上保持稳定。本书以《中国统计年鉴》（2005～2022）中规模及以上的水生产和供应企业为基准，对2004～2021年间我国供水企业的数量进行统计[①]。如图2-34所示，2004～2010年我国规

① 供水企业数量情况以2004年作为起点，其主要原因在于2003年是我国城市供水行业市场化开启、私营和外资供水企业大量进入的元年。

模及以上城市供水企业数量基本维持在 2000 家以上。此后，我国城市供水行业市场结构不断调整，部分企业开始进行并购重组，我国规模及以上城市供水企业数量开始下降。自 2011 年开始，更多民营资本和外资通过多种融资渠道进入城市供水行业，供水企业数量开始迎来新一轮增长，2019 年我国规模及以上城市供水企业数量相比上一年增加近 500 家，2021 年我国规模及以上城市供水企业数量再度相比上年增加 411 家，目前我国规模及以上城市供水企业数量已经明显超过 2004～2006 年的水平。

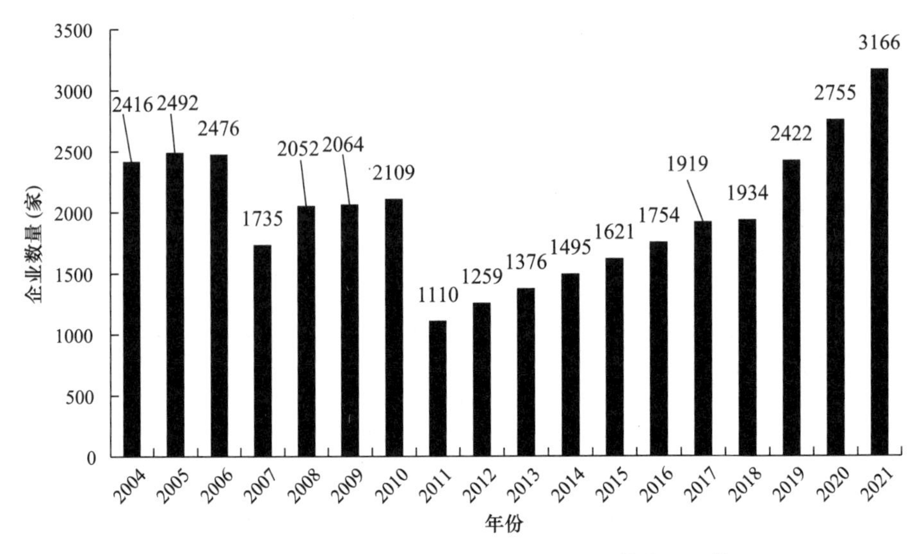


图 2-34　2004～2021 年我国规模及以上城市供水企业数量

数据来源：《中国统计年鉴》(2005～2022)，中国统计出版社。

### （二）供水企业资产和负债情况

随着我国城市供水行业的不断发展，尽管城市供水企业的数量经历了波动，但城市供水企业的规模和资产总量却在持续增长。如图 2-35 所示，2004 年我国规模及以上城市供水企业总资产为 2495.96 亿元，到 2021 年已增至 24077.29 亿元，10 余年间增长超过 8.6 倍，2019～2021 年我国规模及以上城市供水企业总资产一直保持较快增速，2019 年一年相比上年增长了近 30%，2020 年再度增长近 20%，2021 年增长 13.36%，增速有所放缓。在负债规模方面，2004 年我国规模及以上城市供水企业总负债为 1128.78 亿元，到 2021 年增至 14144.42 亿元。由此可见，资产总额和总负债指标均显示出我国城市供水企业规模在不断扩大。与此同时，2004～2021 年我国规模及以上城市供水企业保持相对稳定的资产负债率，2004 年我国规模及以上城市供水企业资产负债率为 45.22%，2021 年为 58.75%，资产负债率稳中有升，总体较为稳定（图 2-35）。

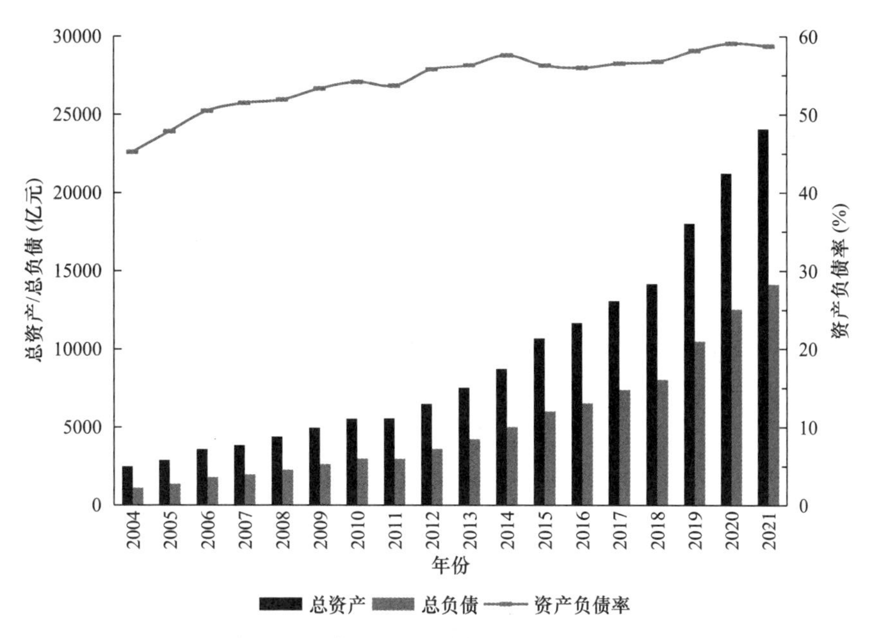


图 2-35　2004～2021 年我国规模及以上城市供水企业总资产、总负债和资产负债率

数据来源：《中国统计年鉴》（2005～2022），中国统计出版社。

### （三）供水企业流动资产情况

城市供水企业流动资产能够同时反映企业的经营规模和资金流动性。图 2-36 呈现了 2004～2021 年我国城市供水企业的流动资产情况，同时与企业总资产进行对比。可以看出，2004～2021 年，我国城市供水企业的流动资产也呈现快速增长趋势，2005 年我国城市供水企业流动资产仅为 692.5 亿元，截至 2021 年增至 7189.01 亿元，合计增长超过 9 倍。其中 2019 年我国城市供水企业流动资产增长 1212.11 亿元，增长率为 27%，2020 年增长 797.49 亿元，增长率 14.13%，2021 年增长 11.61%，与总资产规模相似，近年供水企业流动资产规模增速有所放缓。总体而言，我国城市供水行业企业资金流动性不断增强，企业经营情况良好。

### （四）供水企业营业收入情况

图 2-37 从企业营收角度报告了 2004～2021 年我国城市供水企业的经营变化情况。2004 年我国城市供水企业营业收入仅为 467.79 亿元，2021 年增至 4225.08 亿元，10 余年来增长超过 8 倍，2021 年增长 18.97%。总体而言，城市供水企业营业收入增速略低于城市供水企业总资产增速。10 余年来，我国城市供水企业在规模持续扩大的同时，企业营业收入也在持续增长。

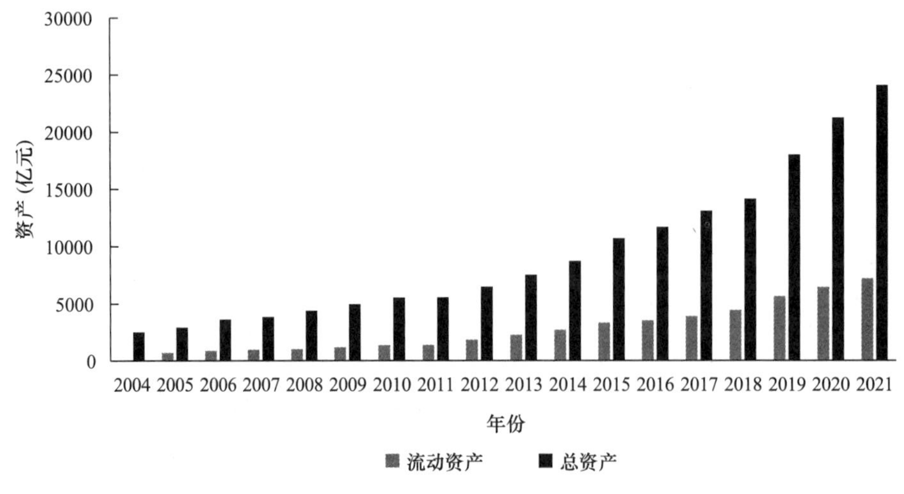


图 2-36　2004～2021 年我国城市供水企业资产情况

数据来源：《中国统计年鉴》（2005～2022），中国统计出版社。

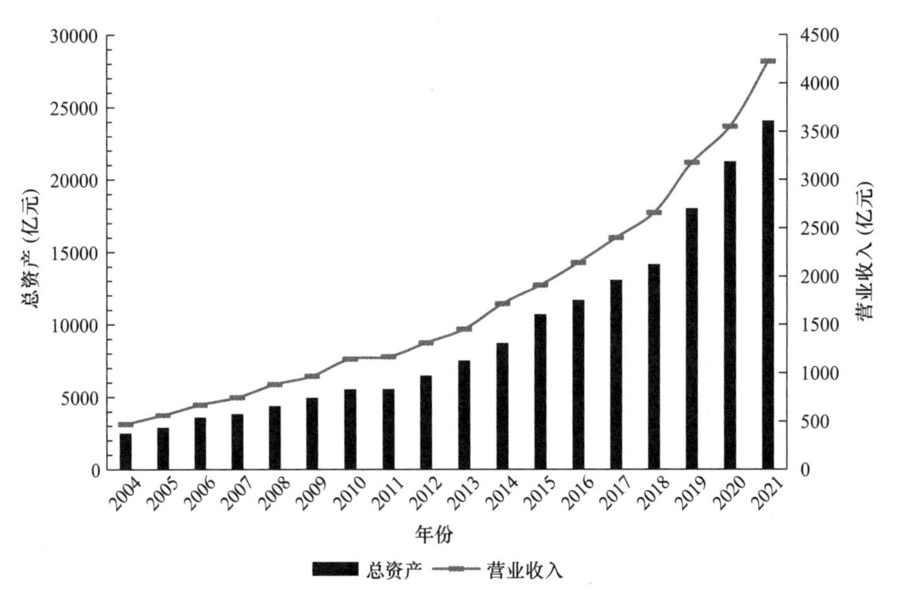


图 2-37　2004～2021 年我国城市供水企业经营变化情况

数据来源：《中国统计年鉴》（2005～2022），中国统计出版社。

## （五）供水企业盈利能力情况

图 2-38 进一步呈现了 2004～2021 年我国城市供水企业的盈利情况。2004 年我国城市供水企业利润总额仅为 5.09 亿元，此后城市供水企业利润总额于 2013 年突破 100 亿元，截至 2021 年已增长至 452.39 亿元，相比 2004 年增长超

过 87 倍，2020 年增幅尤其明显。由于初始基数相对较小，10 余年来我国城市供水行业利润总额增速明显高于总资产、流动资产和营业收入，盈利能力实现大幅飞跃，再次说明我国城市供水行业的发展成效。

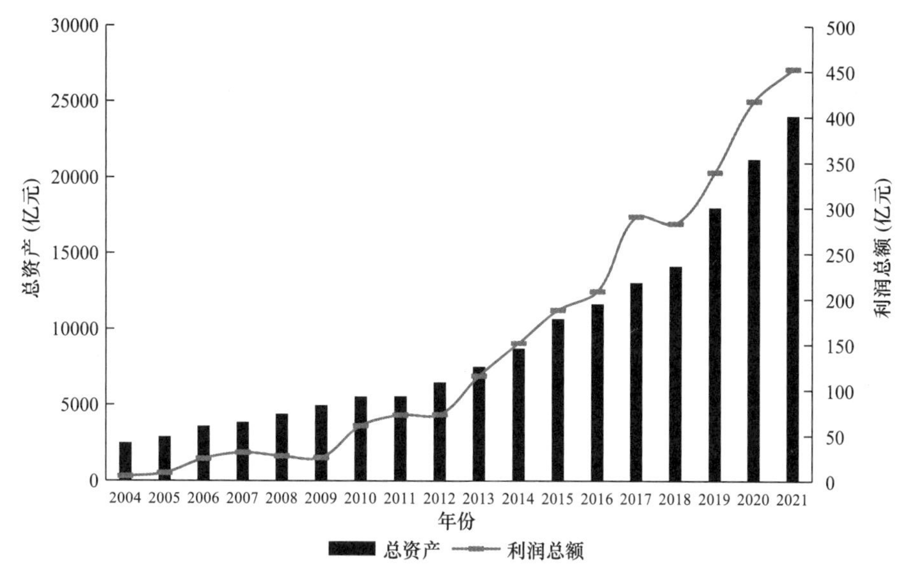


图 2-38　2004～2021 年我国城市供水企业盈利情况

数据来源：《中国统计年鉴》（2005～2022），中国统计出版社。

# 第三节　供水行业发展的基本成效

城市供水行业的市场化改革是推动行业发展的重要驱动力，二次供水改造是提升老旧小区供水质量、解决百姓急难愁盼问题的重要路径。为此，本节主要从供水行业民营化改革和二次供水改造两个方面，分析我国城市供水行业发展的基本成效。

## 一、供水行业民营化进程

近年来，伴随着我国城市供水行业发展，市场化改革和民营化推进在其中发挥了重要作用。目前我国已经确立了国有资本在城市供水行业中的主导地位，同时非国有控股企业的规模不断扩大，也为行业注入了新的活力。本节从企业数量、企业资产规模、企业经营收入以及企业盈利能力等多角度，对我国城市供水行业的民营化进程以及发展成效进行梳理。

### （一）供水行业不同所有制类型企业数量变化

将历年我国城市供水行业中国有控股企业、私营企业、外商投资和中国港澳台投资企业的企业数量及其占比进行了对比，如图 2-39 和图 2-40 所示。2004 年我国城市供水行业不同所有制企业数量为 2416 家，2020 年达到 3166 家。其中国有控股企业数量由 2004 年的 2136 家逐渐下降至 2020 年的 1650 家，在 2021 年回升至 1967 家，其中经历了 2007 年和 2011 年两次较大幅度的企业重组，2011 年国有控股供水企业减少至 708 家，为历史最低点，此后逐年缓慢上升，总体而言我国城市供水行业中国有控股企业的数量有所减少。2005 年，全国城市供水行业国有控股企业占所有规模及以上企业的比例约为 83.07%，截至 2021 年已下降至 62.13%。2005 年全国仅 67 家私营供水企业，此后私营供水企业数量快速增长，截至 2021 年，全国城市供水行业私营供水企业总数增长至 522 家。2005 年全国城市供水行业私营供水企业数量占比仅为 2.69%，截至 2021 年已增长至 16.49%，私营企业占比在几种所有制类型企业当中增幅最大。外商投资和中国港澳台投资的供水企业数量也由 2004 年的 33 家增长至 2021 年的 297 家。2005 年外商投资和中国港澳台投资的供水企业占比为 2.41%，2021 年增至 9.38%。城市供水行业中企业数量的变化趋势一定程度上反映了我国城市供水行业民营化的过程，尽管国有控股企业仍在我国城市供水行业中占据主导地位，但国有控股企业数量不断减少，私营、外商投资和中国港澳台投资企业不断增多，也表明我国城市供水行业所有制形式和融资渠道正在多样化。

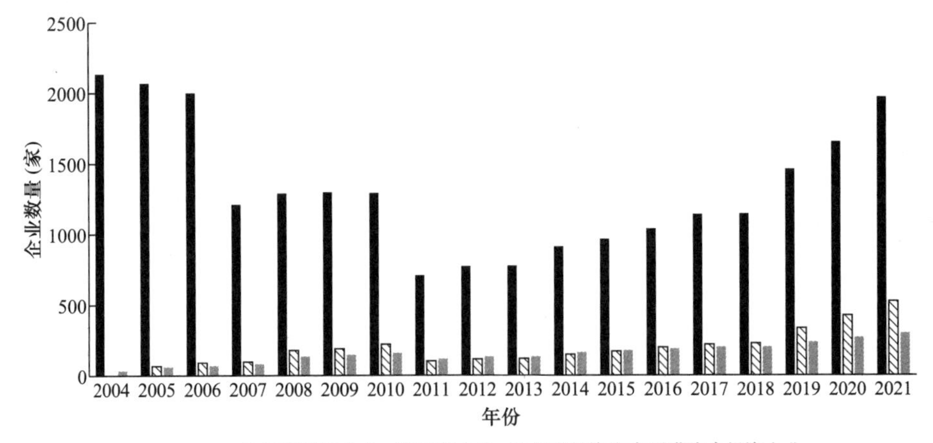


图 2-39　2004～2021 年我国城市供水行业不同所有制企业数量

数据来源：《中国统计年鉴》（2005～2022），中国统计出版社。

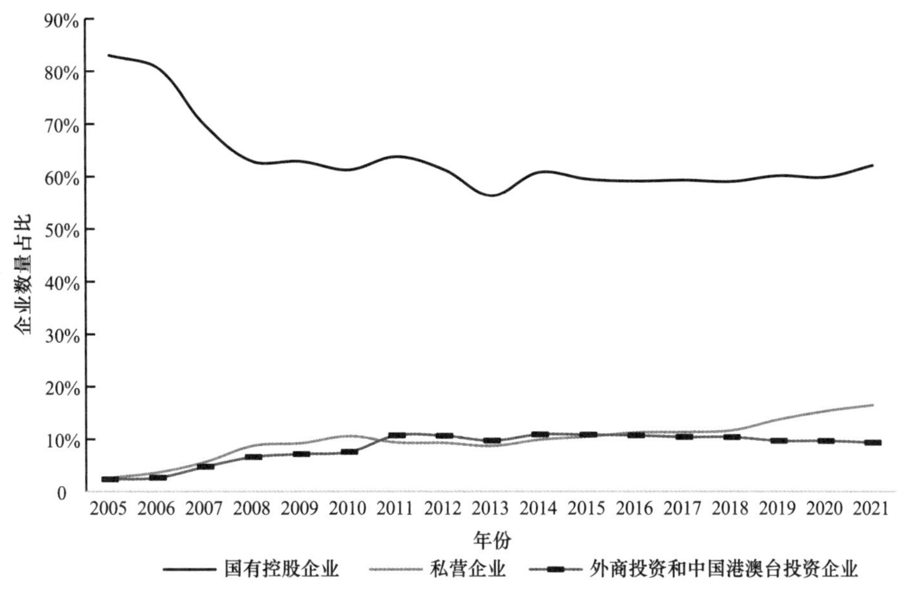


图 2-40 2005～2021 年我国城市供水行业不同所有制企业数量占比

数据来源：《中国统计年鉴》(2006～2022)，中国统计出版社。

## (二) 供水行业不同所有制企业规模变化趋势

本节分别从供水企业资产总计、流动资产等来分析我国不同所有制供水行业企业的规模情况。表 2-1 报告了 2004～2021 年我国供水行业不同所有制企业的总资产情况，可以看出尽管 10 余年来我国供水行业国有控股企业总资产一直持续增长，由 2004 年的 2199.66 亿元增至 2021 年的 19917.64 亿元，总体增长超过 8 倍。与国有控股企业相比，我国供水行业中私营企业与外商投资和中国港澳台投资企业总资产增速更快，私营企业总资产由 2005 年的 34.54 亿元增至 2021 年的 1012.77 亿元，增长超过 28 倍，其中 2020 年相比上年度增长了 43.66%，2021 年再次增长 22.67%，说明近年来我国供水行业民营化的进程持续加快；外商投资及中国港澳台投资企业总资产由 2004 年的 98.98 亿元，增长至 2021 年的 2579.20 亿元，增长超过 25 倍。

2004～2021 年我国供水行业不同所有制企业总资产情况 表 2-1

| 年份 | 国有控股企业总资产（亿元） | 私营企业总资产（亿元） | 外商投资和中国港澳台投资企业总资产（亿元） |
|---|---|---|---|
| 2004 | 2199.66 | — | 98.98 |
| 2005 | 2477.76 | 34.54 | 224.95 |
| 2006 | 2735.89 | 48.64 | 527.66 |

续表

| 年份 | 国有控股企业总资产（亿元） | 私营企业总资产（亿元） | 外商投资和中国港澳台投资企业总资产（亿元） |
|---|---|---|---|
| 2007 | 2910.05 | 57.92 | 649.59 |
| 2008 | 3514.05 | 103.05 | 711.22 |
| 2009 | 3748.86 | 121.76 | 841.98 |
| 2010 | 4280.25 | 133.68 | 934.51 |
| 2011 | 4495.65 | 113.90 | 973.00 |
| 2012 | 5238.29 | 120.65 | 1012.66 |
| 2013 | 5955.77 | 140.24 | 1083.65 |
| 2014 | 7080.39 | 179.81 | 1270.52 |
| 2015 | 8770.03 | 270.94 | 1416.64 |
| 2016 | 9570.63 | 324.1 | 1552.81 |
| 2017 | 10678.30 | 333.66 | 1658.93 |
| 2018 | 11607.20 | 369.10 | 1776.30 |
| 2019 | 14729.16 | 574.68 | 2005.34 |
| 2020 | 17303.20 | 825.59 | 2217.69 |
| 2021 | 19917.64 | 1012.77 | 2579.20 |

数据来源：《中国统计年鉴》（2005～2022），中国统计出版社。

图 2-41 进一步将我国城市供水行业三种不同所有制企业总资产占比的变化趋势进行对比。可以看出国有资本在我国城市供水行业中仍占据主导地位，国有控股企业总资产比例一直稳居 75％以上，但在城市供水行业民营化和市场化的进程中，国有控股企业资产占比也在逐步下降，其中 2006～2010 年降至 80％以下，此后仍略有回升，近年来我国城市供水行业中国有控股企业总资产占比虽然低于 2004～2005 年的峰值，但一直维持在 80％以上。城市供水行业中私营企业的规模与资产占比一直相对较低，但也由 2005 年的 1.19％增至 2021 年的 4.21％。在我国城市供水行业民营化和市场化的过程中，外商投资和中国港澳台投资企业资产规模的增速最快，2004 年时我国城市供水行业中外商投资和中国港澳台投资企业总资产占比仅为 3.97％，到 2011 年时已增至 17.51％，然后略有下降，2021 年约为 10.71％。我国城市供水行业中私营供水企业及外商投资和中国港澳台投资供水企业的资产占比低于其企业数量占比，说明我国城市供水行业私营及外商投资和中国港澳台投资企业平均规模明显小于国有控股供水企业。

表 2-2 呈现了 2005～2021 年我国城市供水行业中不同所有制企业的流动资

产情况。可以看出，10余年间我国城市供水行业中国有控股企业流动资产由587.4亿元增至5866.80亿元，共增长近10倍，增幅超过国有控股企业总资产的增长比例。供水行业中私营企业流动资产由8.06亿元增至353.59亿元，共增长近37倍，2020年相比上一年度增长45.34%，2021年增长30.21%，与总资产规模相似的，城市供水行业私营企业流动资产近年也经历了高速增长。外商投资和中国港澳台投资企业流动资产由2005年的55.45亿元增至2021年的730.18亿元，增长超过13倍，仅2021年就增长36.42%。可以看出，三种所有制企业中，私营企业增速最快，由于外商投资和中国港澳台投资企业的流动资产初始规模较大，资产流动性增幅不及私营企业。从流动资产占比来看，国有控股企业一直维持在80%左右的比例，私营企业占比由2005年的1.24%增至2021年的5.09%；外商投资和中国港澳台投资企业占比2005年为8.52%，2007年一度增至22.28%，到2021年又回落至10.51%。

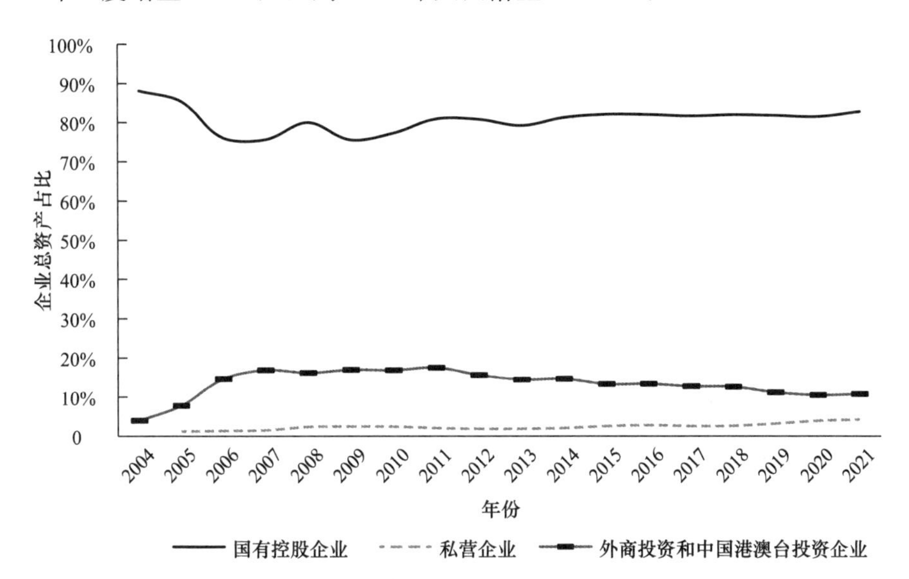


图2-41 2004～2021年我国城市供水行业不同所有制企业总资产占比

数据来源：《中国统计年鉴》(2005～2022)，中国统计出版社。

2005～2021年我国城市供水行业不同所有制企业流动资产情况 表2-2

| 年份 | 国有控股企业流动资产（亿元） | 私营企业流动资产（亿元） | 外商投资和中国港澳台投资企业流动资产（亿元） |
|---|---|---|---|
| 2005 | 587.40 | 8.06 | 55.45 |
| 2006 | 605.43 | 12.68 | 158.24 |
| 2007 | 674.95 | 17.95 | 198.65 |

续表

| 年份 | 国有控股企业<br>流动资产（亿元） | 私营企业<br>流动资产（亿元） | 外商投资和中国港澳台投资<br>企业流动资产（亿元） |
|---|---|---|---|
| 2008 | 777.31 | 40.55 | 137.27 |
| 2009 | 857.31 | 42.55 | 171.34 |
| 2010 | 988.36 | 45.71 | 207.83 |
| 2011 | 1041.30 | 41.34 | 231.95 |
| 2012 | 1446.94 | 49.56 | 235.24 |
| 2013 | 1736.77 | 59.35 | 272.69 |
| 2014 | 2194.08 | 53.26 | 352.94 |
| 2015 | 2678.22 | 85.44 | 438.55 |
| 2016 | 2818.68 | 110.26 | 487.39 |
| 2017 | 3125.35 | 102.11 | 438.32 |
| 2018 | 3636.40 | 115.80 | 466.70 |
| 2019 | 4595.97 | 186.84 | 506.48 |
| 2020 | 5248.27 | 271.55 | 535.24 |
| 2021 | 5866.80 | 353.59 | 730.18 |

数据来源：《中国统计年鉴》（2005～2022），中国统计出版社。

### （三）供水行业不同所有制企业经营收入变化趋势

本节采用不同所有制类型的城市供水企业营业收入的变化趋势来体现我国城市供水行业的民营化进程。如表 2-3 所示，在我国城市供水行业中国有控股企业 2004 年营业收入为 376.62 亿元，2021 年增至 3068.49 亿元，增长超过 7 倍。与此同时，私营企业营业收入由 2005 年的 11.82 亿元增至 2021 年的 378.87 亿元，增长超过 31 倍，2021 年当年增长 23.57%。外商投资和中国港澳台投资企业营业收入由 2004 年的 26.73 亿元增至 2021 年的 569.66 亿元，增长超过 20 倍。私营企业与外商投资和中国港澳台投资企业营业收入 10 余年间增速均超过国有控股企业，非国有资本经营能力的快速提升，进一步缩小与国有控股企业之间的差距。

2004～2021 年我国城市供水行业不同所有制企业的营业收入情况　　表 2-3

| 年份 | 国有控股企业<br>营业收入（亿元） | 私营企业<br>营业收入（亿元） | 外商投资和中国港澳台投资<br>企业营业收入（亿元） |
|---|---|---|---|
| 2004 | 376.62 | — | 26.73 |
| 2005 | 415.92 | 11.82 | 52.77 |

续表

| 年份 | 国有控股企业营业收入（亿元） | 私营企业营业收入（亿元） | 外商投资和中国港澳台投资企业营业收入（亿元） |
|---|---|---|---|
| 2006 | 476.60 | 16.93 | 88.10 |
| 2007 | 515.26 | 24.61 | 110.91 |
| 2008 | 607.40 | 34.23 | 151.21 |
| 2009 | 642.24 | 52.91 | 173.56 |
| 2010 | 781.36 | 70.47 | 207.25 |
| 2011 | 795.50 | 76.63 | 228.17 |
| 2012 | 907.01 | 95.23 | 221.81 |
| 2013 | 1003.75 | 114.12 | 234.44 |
| 2014 | 1178.36 | 114.85 | 271.28 |
| 2015 | 1307.16 | 130.63 | 298.66 |
| 2016 | 1461.99 | 163.69 | 337.14 |
| 2017 | 1654.59 | 190.86 | 372.35 |
| 2018 | 1934.30 | 155.30 | 441.20 |
| 2019 | 2281.52 | 247.97 | 478.16 |
| 2020 | 2528.68 | 306.60 | 511.54 |
| 2021 | 3068.49 | 378.87 | 569.66 |

数据来源：《中国统计年鉴》（2005～2022），中国统计出版社。

### （四）供水行业不同所有制企业盈利能力

本节进一步对我国城市供水行业中不同所有制企业的盈利能力进行分析。由图 2-42 可以看出，我国城市供水行业中国有控股企业盈利能力不足，2004～2009 年间一直处于亏损状态，其中 2005 年和 2009 年我国城市供水行业国有控股企业经营亏损均超过 10 亿元。国有控股企业规模较大，盈利能力不足。与国有控股企业相比，私营企业与外商投资和中国港澳台投资企业市场活力更加充足。私营企业 2004 年利润总额仅为 0.91 亿元，到 2021 年已增至 51.91 亿元，利润增长超过 56 倍，其中 2019 年利润总额相比 2018 年翻了一番，2020 年增长近 30%，2021 年再度增长 27.54%，连续多年实现高速增长。外商投资和中国港澳台投资企业 2004 年利润总额为 4.88 亿元，截至 2021 年利润总额已达 134.64 亿元，10 余年来增长超过 26 倍。尽管我国城市供水行业中私营企业与外商投资和中国港澳台投资企业规模明显小于国有控股企业，但却显示出了更强的盈利能力。

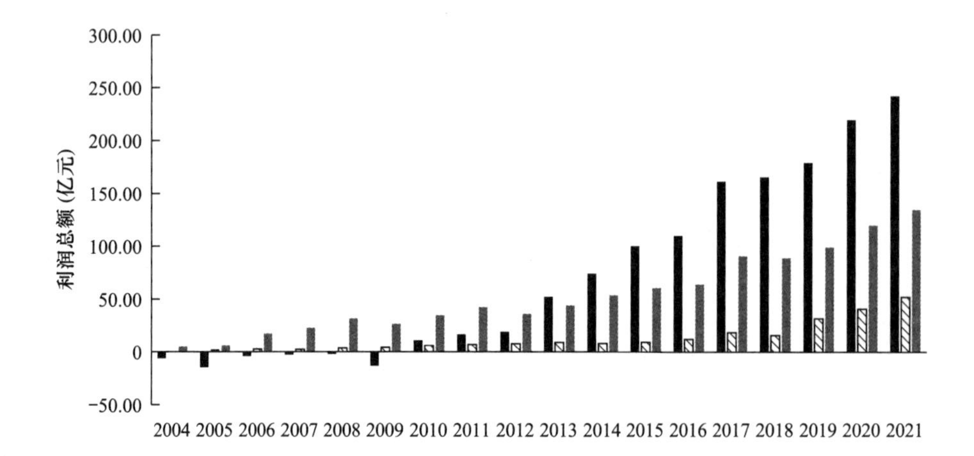


图 2-42　2004～2021 年我国城市供水行业不同所有制企业利润总额

数据来源：《中国统计年鉴》(2005～2022)，中国统计出版社。

## 二、二次供水的改造情况

### (一) 二次供水概况

二次供水主要指城市供水经由储存、加压，通过管道实现再次供水。二次供水的概念主要用以和集中式供水相区别，集中式供水是指从水源集中取水，经由供水设施统一净化处理和消毒后，再由供水管网送至用户的供水方式，而由于城镇供水管网压力有限，单纯通过集中式供水目前无法一次性满足城市供水需求，需要在民用或工业建筑用水对水压、水量的要求超过公共供水或自建设施供水能力时，通过储存、加压进行二次供水。因此二次供水主要为补偿城市供水管网压力不足，保障高层用户用水而建立。根据住房和城乡建设部发布的《城镇供水设施建设与改造技术指南》，当城镇供水管网不能满足用户对水压、水量的要求时，应建设二次供水系统。

随着二次供水的推广和大量应用，由于供水方式、设备质量、监管缺失等现实原因，又出现了“跑冒滴漏”、水质污染、供水服务不规范等诸多问题。为解决这些问题，二次供水方式逐渐由最初的“高位水箱二次供水系统”演变为“变频二次供水系统”再到“无负压二次供水系统”。目前，我国二次供水方式以变频二次供水和无负压二次供水为主，两者合计占比接近 90%①。

① 智研咨询“2021 年中国二次供水行业市场发展及趋势分析”。

### （二）二次供水改造的现实需求

随着城镇化的快速推进，城镇人口和用水需求也不断增长，截至2021年，我国城镇化率达到64%，城市用水人口达到5.32亿，与此同时，我国部分城市建筑用地容积率不断攀升，因集中供水水压不足而需要二次供水设备的高层、小高层建筑数量大幅度增加，从而对二次供水提出了迫切的现实需求。2020年7月，国务院办公厅发布了《国务院办公厅关于全面推进城镇老旧小区改造工作的指导意见》（以下简称《意见》），《意见》中提到，到"十四五"期末，结合各地实际，力争基本完成2000年底前建成的需改造城镇老旧小区改造任务。根据住房和城乡建设部初步统计，目前需要改造的2000年以前建成的老旧小区总面积约30亿平方米，如果进一步考虑二次供水设备的平均寿命（8年），则自2020年开始，2012年前安装的高层建筑二次供水设备也均已进入更换期，因此二次供水设备更换和设施改造也将面临巨大压力。

### （三）二次供水改造相关行业监管政策

目前我国二次供水设施的建设和运营管理权属尚有待进一步理顺，二次供水行业监管、供水设施建设、水质安全等相关政策文件如表2-4所示。

**二次供水相关政策文件**　　表2-4

| 发布时间 | 政策文件名称 | 发布部门 | 相关内容 |
| --- | --- | --- | --- |
| 2010年 | 《二次供水工程技术规程》 | 住房和城乡建设部 | 城镇建设工程行业标准，内容涉及二次供水工程的基本规定、水质、水量与水压，系统设计，设备与设施，控制与保护，施工、调试与验收以及设施维护与安全运行管理等多个方面 |
| 2011年 | 《全国城市饮用水卫生安全保障规划（2011—2020年）》 | 卫生部等多部门 | 指出供水污染和城市供水卫生监督监测合格率偏低等水质问题是我国城市饮用水卫生安全存在的主要问题，应加强对二次供水设施、自建供水单位、涉水产品的生产企业的卫生监管 |
| 2012年 | 《全国城镇供水设施改造与建设"十二五"规划及2020年远景目标》 | 住房和城乡建设部、国家发展改革委 | 指出二次供水问题突出，部分二次供水设施部分设施卫生防护条件差，疏于管理，二次污染风险突出，严重影响城镇供水安全。计划在"十二五"期间对供水安全风险隐患突出的二次供水设施进行改造，改造规模约0.08亿立方米/日，涉及城镇居民1390万户 |

续表

| 发布时间 | 政策文件名称 | 发布部门 | 相关内容 |
| --- | --- | --- | --- |
| 2015 年 | 《关于加强和改进城镇居民二次供水设施建设与管理确保水质安全的通知》 | 住房和城乡建设部、国家发展改革委、公安部、原国家卫生计生委 | 提出要提高城镇居民二次供水设施建设和管理水平，改善供水水质和服务质量，促进节能降耗，加强治安防范，更好地保障生活饮用水质量 |
| 2017 年 | 《全国城市市政基础设施建设“十三五”规划》 | 住房和城乡建设部、国家发展改革委 | 提出要推进二次供水设施的改造，打通市政基础设施的“最后一公里”，计划在“十三五”期间对不符合技术、卫生和安全防范要求的二次供水设施进行改造，总规模 1282 万户 |
| 2020 年 | 《国务院关于深入开展爱国卫生运动的意见》 | 国务院 | 提出要加强城市二次供水规范化管理，切实保障饮用水安全 |
| 2021 年 | 《关于加强城市节水工作的指导意见》 | 住房和城乡建设部、国家发展改革委、水利部、工业和信息化部 | 提出要结合实施城市更新行动、老旧小区改造、二次供水设施改造等，对超过合理使用年限、材质落后或受损失修的供水管网进行更新改造，采用先进适用、质量可靠的供水管网管材和柔性接口 |
| 2022 年 | 《住房和城乡建设部办公厅　国家发展改革委办公厅关于加强公共供水管网漏损控制的通知》 | 住房和城乡建设部办公厅、国家发展改革委办公厅 | 提出要结合城市更新、老旧小区改造、二次供水设施改造和一户一表改造等，对超过使用年限、材质落后或受损失修的供水管网进行更新改造，确保建设质量 |

此外，一些省份和城市针对二次供水设施建设和行业监管出台了相应政策，如湖南于 2020 年发布了《湖南省住房和城乡建设厅关于进一步加强城镇二次供水设施建设改造管理的通知》，浙江于 2021 年发布了《浙江省住房和城乡建设厅　浙江省发展和改革委员会　浙江省财政厅　浙江省公安厅　浙江省卫生健康委员会关于加强城市居民住宅二次供水设施建设与管理的指导意见》，提出了浙江居民住宅二次供水设施建设和管理的主要工作任务。

### （四）二次供水改造成效进展

住房和城乡建设部、国家发展改革委、公安部、国家卫生计生委四部委联合印发《住房城乡建设部　国家发展改革委　公安部　国家卫生计生委关于加强和改进城镇居民二次供水设施建设与管理确保水质安全的通知》（以下简称《通知》）后，各地纷纷出台或修订了本地的二次供水管理办法，有序推进二次供水设施建设、改造、接管与运维工作。在二次供水设施建设、改造、接管工作当中，由于各地基础不同，筹资机制和运维模式存在一定差异，导致各地二次供水改造的进度和成效存在一定的差别。

截至2021年，E20供水研究中心根据互联网上的公开信息对全国36个重点城市的二次供水设施改造进展进行了梳理，并按照7大区域对36个重点城市进行划分。其中，华东地区被列为第一梯队，二次供水改造进展最为顺利，区域内大部分城市已基本完成改造或工作进展过半。华北地区和华南地区被列为第二梯队，其中华北地区大部分城市二次供水改造已正式全面展开并取得一定进展，华南地区大部分也在推进过程中，但进展不一。华中地区、西北地区、西南地区和东北地区被列为第三梯队，仅有少部分城市正式全面开展二次供水改造或已完成改造，大部分城市尚未正式启动二次供水改造工作。导致二次供水改造进展不理想的原因是多方面的，一是筹资困难，由于在二次供水改造资金投入中政府为主要出资者，地方财政的资金以及支持力度直接决定了二次供水改造的工作进度；二是改造中各方权责未能划分清楚；三是改造的具体方案不易执行，需要循序渐进，重点突破。

总体而言，我国城市二次供水改造目前距离《通知》所提出的“对老旧落后的二次供水设施要制定改造计划并抓紧逐一落实技术方案，力争用5年时间完成改造任务”的目标尚有一定差距，各地也需相互借鉴成功的改造方案和先进经验，结合本地实际，进一步制定和完善改造计划，完成改造任务。

## 第四节 城乡供水一体化与激励性监管

城乡供水一体化是乡村振兴、扎实推进宜居宜业和美丽乡村建设、巩固拓展脱贫攻坚成果以及深化推进城乡区域协调发展的重要举措。城乡供水一体化的根本目标在于消除农村与城镇供水在基础设施建设投入、供水方式、水价、水质水量及运营维护等方面的差异，持续提升农村饮水安全保障水平，改善农村生产和生活条件，进而有力保障城乡供水安全，提升城乡水资源均衡利用效率和供水效能，促进城乡统筹发展。

推进城乡供水一体化重点在于乡村，2023年中央一号文件明确提出要推进农村规模化供水工程建设和小型供水工程标准化改造，开展水质提升专项行动。2022年，全国农村自来水普及率达到87%。然而，供水骨干网络建设能力较低、供水规模化程度不高、供水一体化工程运行力不足、农村供水并网积极性较低、部分水厂水质达标率低、供水保证率不高、配套设施不完善等问题仍然突出，迫切需要在现行监管机制中引入激励性监管举措，激发供水一体化中各市场主体的积极性，促进城乡供水基础设施互联互通，实现城乡供水在供水标准、供水管理、供水服务等方面的同等化，提升广大农民群众的获得感幸福感。本节在明晰城乡供水一体化目标、城乡供水一体化现状与问题基础上，剖析城乡供水一体化中激励性监管的内在需求以及潜在的激励性监管工具，并结合典型案例进行分析。

## 一、供水城乡一体化的基本现状

城乡供水一体化关键在乡村，农村饮用水安全是乡村振兴发展的重要内容，是实现共同富裕的民生基础，事关群众身体健康和社会稳定。《中共中央　国务院关于做好2022年全面推进乡村振兴重点工作的意见》中提出“扎实开展重点领域农村基础设施建设”“推进农村供水工程建设改造，配套完善净化消毒设施设备”，2023年中央一号文件进一步提出要“推进农村规模化供水工程建设和小型供水工程标准化改造，开展水质提升专项行动”。近年来，我国加速推进农村供水建设，通过城乡供水一体化建设，实现城乡供水同源、同网、同质、同服务、同监管。总体上，我国农村自来水普及率已经超过世界平均水平，在发展中国家属于领先水平。但与发达国家相比，我国的农村自来水普及率还比较低，且还存在城乡标准不统一、工程规模化不够以及工程运行管护薄弱等问题。

### （一）供水城乡一体化的国家层面政策文件

党中央、国务院多次强调要保障农村饮水安全，推进城乡供水一体化工程建设。2022年中央一号文件提出要推进农村供水工程建设改造，配套完善净化消毒设施设备，2023年中央一号文件进一步提出要推进农村规模化供水工程建设和小型供水工程标准化改造，开展水质提升专项行动。部分城乡供水一体化的政策/文件梳理详见表2-5。

**部分城乡供水一体化的政策/文件梳理　　表2-5**

| 发布时间 | 政策/文件 | 相关内容 |
| --- | --- | --- |
| 2016年 | 《中共中央　国务院关于落实发展新理念加快农业现代化　实现全面小康目标的若干意见》 | 加强农村饮用水保护；完善城镇供水基础设施并积极向农村地区延伸 |
| 2017年 | 《中共中央　国务院关于深入推进农业供给侧结构性改革　加快培育农业农村发展新动能的若干意见》 | 巩固农村饮水安全工程 |

续表

| 发布时间 | 政策/文件 | 相关内容 |
| --- | --- | --- |
| 2018年 | 《中共中央 国务院关于实施乡村振兴战略的意见》 | 推进节水供水、农村饮用水安全 |
| 2019年 | 《中共中央 国务院关于坚持农业农村优先发展做好“三农”工作的若干意见》 | 加速解决农村“吃水难”问题 |
| 2020年 | 《中共中央 国务院关于抓好“三农”领域重点工作确保如期实现全面小康的意见》 | 提高农村供水保障水平，统筹布局农村饮水基础设施建设，在人口相对集中的地区推进规模化供水工程建设，有条件的地区将城市管网向农村延伸，推进城乡供水一体化 |
| 2021年 | 《中共中央 国务院关于全面推进乡村振兴加快农业农村现代化的意见》 | 实施农村供水保障工程，有条件的地区推进城乡供水一体化，到2025年农村自来水普及率达到88% |
| 2021年 | 《“十四五”农村供水保障规划》 | 到2025年，全国农村自来水普及率达到88%，农村供水布局将进一步优化，工程长效运行管理体制机制进一步完善，水价水费机制进一步健全，农村供水保障水平进一步提高，到2035年，我国将基本实现农村供水现代化 |
| 2021年 | 《关于做好农村供水保障工作的指导意见》 | 按照全面推进乡村振兴的要求，适当提高农村供水标准，完善农村供水工程设施，稳步提升农村供水保障水平。到2025年，全国农村自来水普及率达到88%，提高规模化供水工程覆盖农村人口的比例；完善农村供水长效运行管理体制机制，提升工程运行管护水平；强化水源保护，完善水质净化消毒设施设备，不断提高水质达标率。到2035年，继续完善农村供水设施，提高运行管护水平，基本实现农村供水现代化 |
| 2022年 | 《中共中央 国务院关于做好2022年全面推进乡村振兴重点工作的意见》 | 推进农村供水工程建设改造，配套完善净化消毒设施设备 |
| 2022年 | 《水利部办公厅 国家发展改革委办公厅 财政部办公厅 国家乡村振兴局综合司关于加快推进农村规模化供水工程建设的通知》 | 加快建设农村规模化供水工程（包括城市供水管网延伸工程和千吨万人供水工程），提升农村供水保障水平，实现农村供水高质量发展 |
| 2023年 | 《中共中央 国务院关于做好2023年全面推进乡村振兴重点工作的意见》 | 推进农村规模化供水工程建设和小型供水工程标准化改造，开展水质提升专项行动 |

续表

| 发布时间 | 政策/文件 | 相关内容 |
|---|---|---|
| 2023 年 | 《关于加快推动农村供水高质量发展的指导意见》 | 力争通过 3～5 年时间，初步形成体系布局完善、设施集约安全、管护规范专业、服务优质高效的农村供水高质量发展格局。到 2035 年，农村供水工程体系、良性运行的管护机制进一步完善，基本实现农村供水现代化 |

资料来源：作者整理。

### （二）农村供水普及率与集中供应率仍有提升空间

如图 2-43 所示，2015 年以来，农村自来水普及率和集中供水率稳步提高，2021 年农村集中供水率达 89%，2022 年农村自来水普及率达 87%，打通农村供水“最后一公里”、实现城乡供水一体化任务依然艰巨。

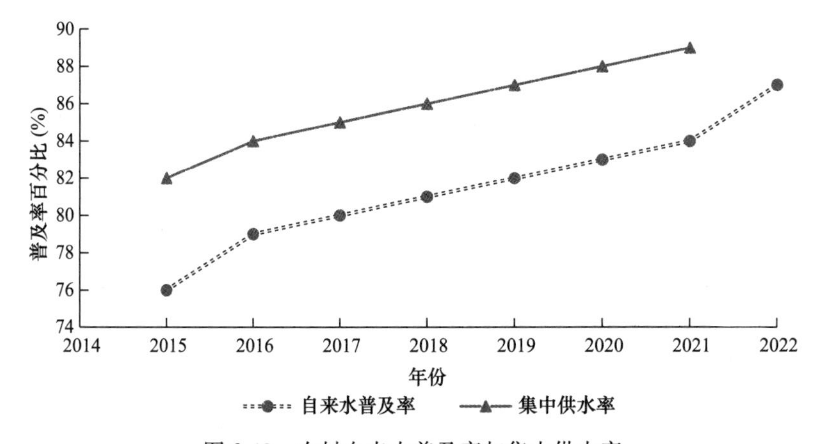


图 2-43　农村自来水普及率与集中供水率

数据来源：《中国城乡建设统计年鉴》（2015～2023），中国统计出版社。2022 年自来水普及率数据来自水利部。

图 2-44 进一步展示了建制镇、镇乡级特殊区域、乡以及村庄的自来水普及率情况。根据图 2-44 可知，自来水普及率的短板主要在乡和村庄，2019 年以后，乡和村庄的自来水普及率几乎达到一致水平，2021 年分别达到 84.16%、85.13%，建制镇的自来水普及率在 2021 年达到 90.27%。

图 2-45 展示了行政村、行政乡及建制镇的集中供水率情况。根据图 2-45 可知，相比于建镇制，行政村、行政乡集中供水率较低。2021 年，建制镇集中供水率达到 98.47%，行政乡集中供水率突破 90%，达 91.71%，由此可见，基数较大的行政村仍然是集中供水率提升的关键所在。

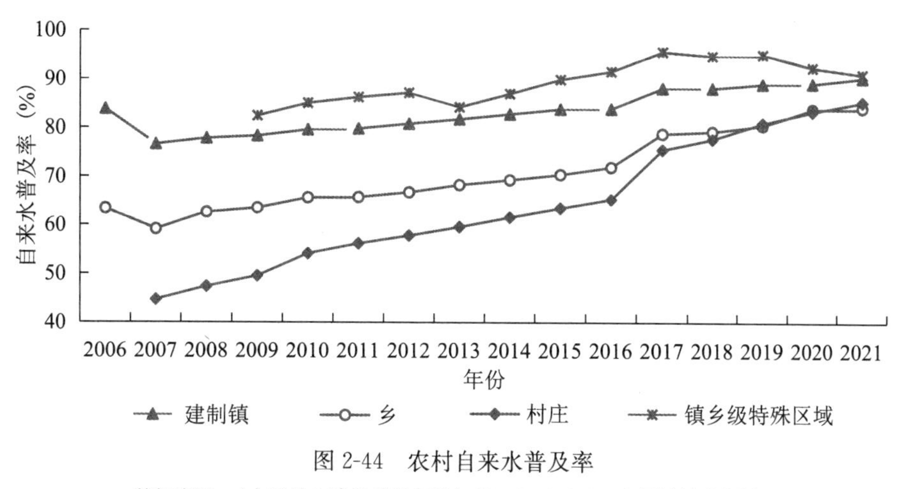


图 2-44　农村自来水普及率

数据来源：《中国城乡建设统计年鉴》（2007～2022），中国统计出版社。

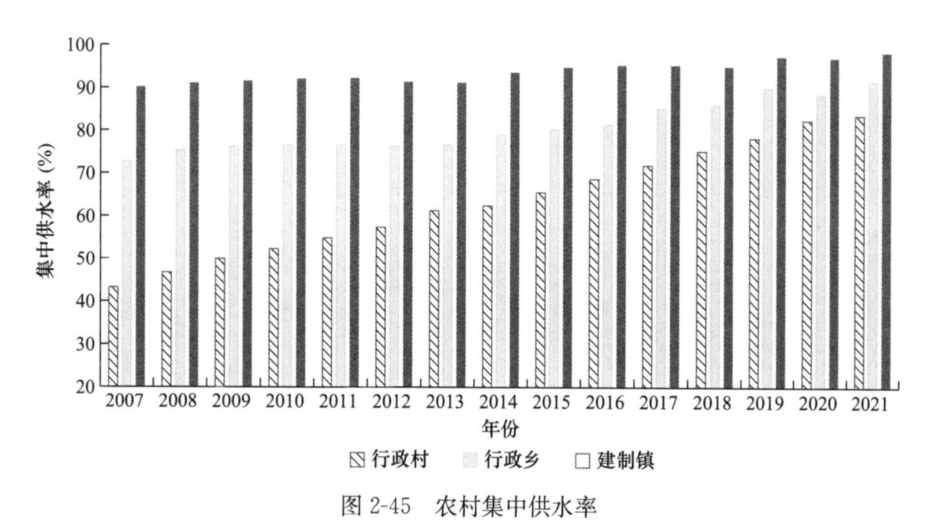


图 2-45　农村集中供水率

## （三）农村供水基础设施建设与城市存在较大差距

城乡供水差异的重要方面还体现在城乡供水基础设施方面。由图 2-46 可知，城市供水管道的长度远远高于建制镇区域和行政乡区域，乡镇区域供水管道的年增长率也几乎处于低位。在城市化进程和城乡融合不断加快的背景下，乡镇基础设施建设水平远低于城市。

在市政公用设施建设固定资产投资方面，城市供水建设固定资产投资总量远高于县城和建制镇，建制镇供水建设固定资产投资增长率远低于城市及县城供水建设固定资产投资增长率；且从 2010 年开始，城市供水建设固定资产投资增长率、县城供水建设固定资产投资增长率及建制镇供水建设固定资产投资增长率之间的差距呈现扩大趋势，这亦是城乡供水差异的具体体现（图 2-47）。

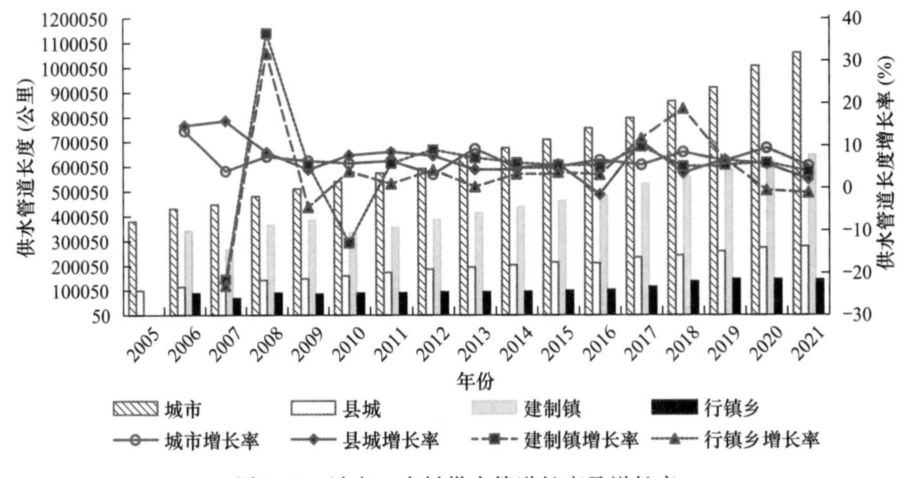


图 2-46　城市、农村供水管道长度及增长率

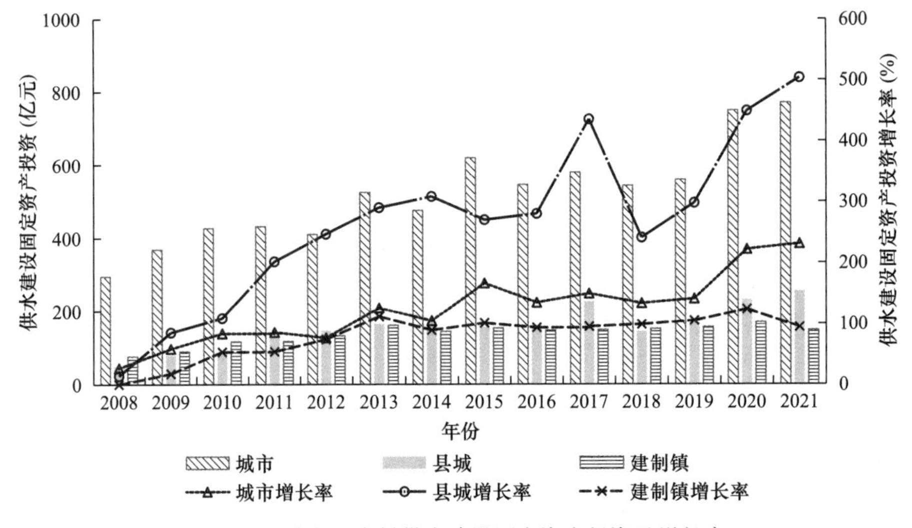


图 2-47　城市、农村供水建设固定资产投资及增长率

## 二、城乡供水一体化的主要目标

### （一）有效保障水源

通过城乡供水一体化相关举措，有效解决区域水资源分布不均的问题，提升区域内水资源配置和联合调度能力，确保城乡供水水源水量稳定，着力打通农村饮用水安全的“最后一公里”，提高农村饮水质量，让农村居民享受到与城

市居民同等的饮用水服务。

### （二）提高供水效能

统筹推进城乡供水一体化，形成以规模化供水为主、小型供水为辅、分散供水为补充的农村供水工程格局，大幅提高供水效能。通过城乡供水一体化建设，调整现有水厂的运行规模，扩容更新原有的输水设施和取水设施；提高水厂的供水能力，进一步优化管网设备、泵站设施，加强相邻供水片区间的联系，依托水厂、集中供水管网将各大水源点互联互通；最终实现城乡水资源均衡利用与供水效能的提升。

### （三）构建城乡“同源、同网、同质、同服务”供水格局

城乡供水一体化建设以统一规划、统一设计、统一标准、统一建设、统一运行为思路，以“农村供水城市化、城乡供水一体化”为目标，通过城乡供水网络统一规划，各级行政区划水厂建设、管网建设等统一设计，供水设施材质和水质等统一标准，供水工程建设方案统一编制、统一运维，避免农村各自为政、水源分散、管理粗放、水质无保障等问题，实现城乡供水“一盘棋、一张图、一张网、一碗水”，最终构建“同水源、同管网、同水质、同服务”的供水格局。

## 三、城乡供水一体化的三个问题

### （一）农村供水骨干网络建设及配套设施仍不完善

近年来，我国城乡供水一体化项目建设步伐不断加快，促进了当地城镇经济的全面发展，大部分农村用水安全和质量得到有效保证。但部分农村供水骨干网络总体建设水平比较低，现存的供水工程仍然是一村一水源的“碎片化”单村供水模式，供水规模化和城乡供水一体化覆盖率偏低。此外，城乡供水一体化配套设施仍不完善，污水导致的水源污染现象比较严重，信息化管理水平及运营监管体制机制滞后。

### （二）部分农村供水并网积极性较低

在城乡供水一体化建设中，相当一部分农村的村内管网并网积极性不高。一方面，部分农村的供水管网虽然处于“带病”工作状态，但由于乡村用水需求远低于城市，即便供水工程简陋、问题较多，但只要能够维持运转即可，对

水质要求关注度仍需进一步提升；另一方面，乡村供水工程大多具有公益性特征，投资源自政府拨款，日常相关费用由村集体承担，个人所支付的水费很低，村民担心城乡一体化供水并网之后，其用水费用会提高。

### （三）城乡供水一体化工程运行能力不足

在开展城乡供水一体化工程的过程中，乡村供水管大多由各个村庄自主建设，管网建设质量和用材不尽相同，甚至存在低于正常标准的现象，给水质保障带来一定风险。同时，城乡供水一体化需要将各个村庄供水管网进行连接，加大原有的供水管网运行压力。农村供水工程项目多采用私人承包制，城乡供水一体化管理机制仍不完善。此外，在财政压力下，部分农村供水工程的运行标准还需提升。

## 四、推动城乡供水一体化的激励性监管政策

城乡供水一体化根本在于乡村，旨在消除城乡供水在水源、水网、水质、服务等方面的差异，其关键在于加大农村供水设施规模化建设，提高农村供水质量与服务质量。供水行业的自然垄断特征以及“高沉淀性”和“高风险性”，需要在原有管制结构的基础上引入激励性监管，通过激励性举措提高供水服务质量和供水效能，助力城乡供水服务均等化。区别于以成本为基础的传统价格监管，激励性监管提供了提高效率、降低成本的激励机制，以激励企业降低成本、提高效率为导向，削弱被管制企业价格与其成本之间的联系，将风险和利益在企业和消费者之间的转移。

### （一）以特许经营权竞标为机制选择特许经营企业

在推进城乡供水一体化的过程中，优化选择特许经营企业是城乡供水“同源、同网、同质、同服务”的基本前提。在城乡供水一体化推进过程中，政府如何选择管网、水厂经营与运维企业成为关键。鉴于城市供水的自然垄断性特征，建议以“使用者付费＋可行性缺口补贴”机制为基础，保障城乡供水一体化服务有合理利润，建立以质量保障为基础的成本测算与利润形成机制，测算出可能的供水服务费用，以此供水服务费用为基础，以城乡供水水质标准为底线，实行保证质量基础上的最低供水服务费用竞标机制，甄选出最有活力、提供优质水供应、供水服务费用相对较低、企业业绩较好的企业获得特许经营权，并在特许经营期满后保障供水设施使用前提下实行无偿移交。该机制有助于降低地方政府的财政负担，同时有助于保障水质安全和供水效率。

### （二）以区域间比较竞争为机制激励供水企业提升效率

为保障城乡供水一体化运营主体进入供水行业后的竞争活力与效率动力，本书提出建立以区域间比较竞争为机制激励供水企业提升效率的基本思路。具体而言：一是甄选出与城乡供水一体化特许经营企业相类似、所在区域特征基本相同的城乡供水一体化企业作为比较对象，运用效率评价方法明确最优城乡供水一体化企业、平均效率下的城乡供水一体化企业，并作为拟比较的城乡供水一体化特许经营企业的标杆，确定运营期内对标城乡一体化企业的供水服务费用及其调整机制，通过供水服务费用杠杆驱动城乡供水一体化特许经营企业提升效率、降低成本、优化服务，从而实现保安全、增效率的城乡供水一体化企业目标。

# 第三章　排水与污水处理行业发展报告

2021年是“十四五”开局之年，国家明确了“十四五”时期城镇污水处理及资源化利用的主要发展目标。针对城镇污水处理发展不平衡不充分，设施建设和运行维护还存在较多短板弱项等问题，“十四五”期间城镇排水与污水处理行业将重点围绕提升收集效能和处理能力、推进资源化利用、实现污泥无害化处置等目标展开。本章分别从排水与污水处理行业的投资与建设、排水与污水处理行业的生产与供应、排水与污水处理行业的发展成效、排水与污水处理行业城乡一体化发展四个方面，对我国排水与污水处理行业的发展情况进行全面分析，并重点梳理排水与污水处理行业城乡一体化发展的制度、实践与成效，以推动排水与污水处理行业高质量发展。

# 第一节　排水与污水处理行业投资与建设

近年来，我国排水与污水处理行业投资与建设基本保持增长态势，特别是再生水设施和污泥处理设施的投资与建设增长迅猛。本节分析了我国在排水、污水处理和再生水利用等方面历年投资与建设的规模和总体情况，重点研究了东、中、西部地区和各省、自治区、直辖市在排水与污水处理行业的投资规模与增速变化趋势。

## 一、设施投资与建设总体情况

### （一）排水与污水处理设施的投资情况

自改革开放以来，我国国民经济建设和社会发展快速推进，城市化和工业化进程加速，对排水和污水处理的需求日益增加，党中央、国务院高度重视城镇生活污水处理设施等环境公共基础设施建设，按照建设资源节约型、环境友好型社会的总体要求，顺应人民群众提高环境质量的期望，中央和地方政府不断加大对城镇污水处理设施建设和运营的投资力度，我国排水与污水处理行业快速发展，设施投资稳步增长，具体如图 3-1 所示。

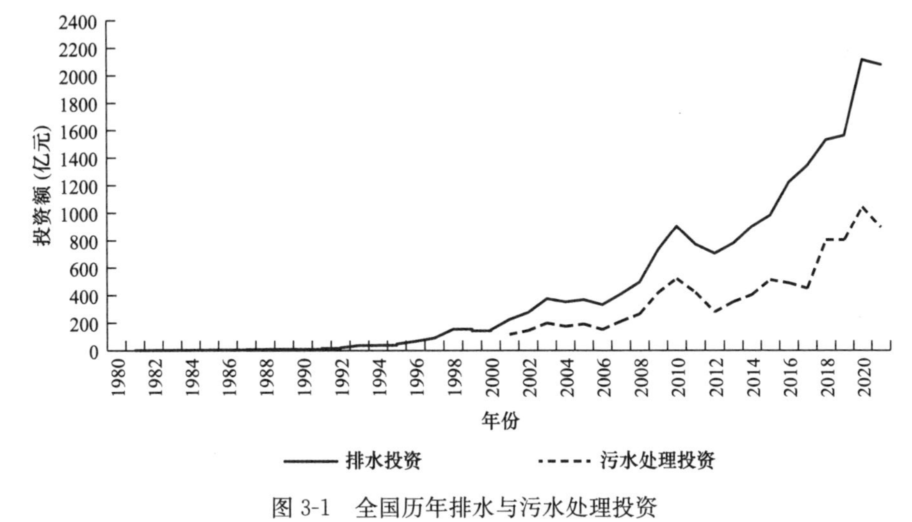


图 3-1　全国历年排水与污水处理投资

改革开放初期，我国城镇排水与污水处理以排水为主，而且主要是提倡利用污水进行农业灌溉，在城市排水设施方面的投资仅为 2 亿元，2021 年我国城市排水设施投资已达到 2078.76 亿元，是改革开放初期投资额的 1039 倍，相较于 2020 年，排水设施投资减少了 36.02 亿元。现代化的污水处理厂是从 20 世纪 80 年代以后才开始投资建设的，早期主要是利用郊区的坑塘洼地、废河道、沼泽地等稍加整修或围堤筑坝，建成稳定塘，对城市污水进行净化处理，日处理城市污水大约仅为 173 万立方米。在经历了“十五”“十一五”“十二五”“十三五”四个五年规划建设后，城市污水处理和再生水利用设施已基本覆盖了所有设市城市，“十三五”时期，污水处理设施投资基本稳定，甚至呈小幅下降趋势，设施投资也主要以改造更新为主。2021 年是“十四五”开局之年，城市污水处理和再生水利用设施投资总额达 893.8 亿元，较 2020 年末减少了 149.65 亿元，降幅为 14.34%。作为污水处理的“衍生品”，随着居民生活用水量和工业用水量的不断增加，污水处理量也随之上升，污泥产量随之不断增加，污泥问题逐步成为我国生态文明建设的工作重点。在污泥处理设施投资方面，从 2011 年至今，每年的投资规模都在 17 亿元以上，在 2013 年达到投资峰值约 24.54 亿元后，2014～2016 年之间逐年下降，基本稳定在 18.5 亿元左右。2017～2019 年污泥处理设施投资额的增速较快，2019 年投资额增长到约 58.12 亿元。然而，2020 年和 2021 年污泥处理设施投资额下降较快，2021 年投资额仅约为 29.12 亿元，较 2020 年下降了约 7.73 亿元，说明各地经过前期大幅度的投资，污泥处理设施已加快补齐短板，配备较为完善（图 3-2）。

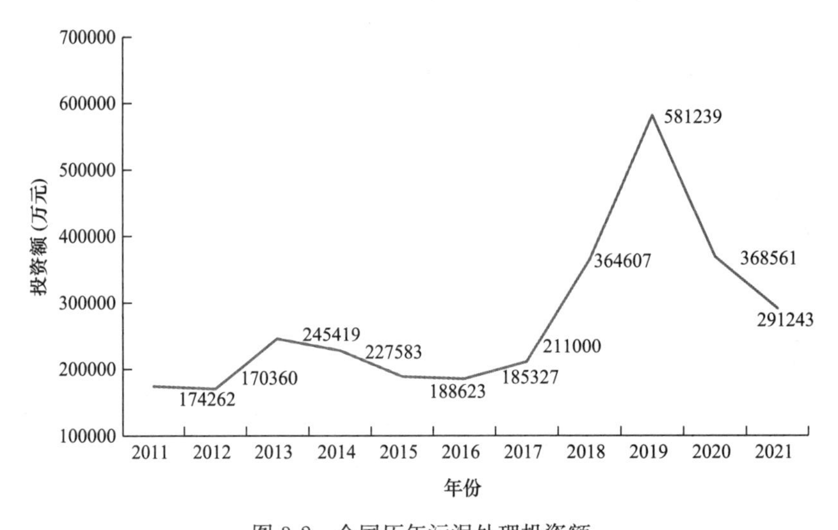


图 3-2　全国历年污泥处理投资额

2021 年，我国城市排水与污水处理行业的固定资产投资总额达 3001.6 亿元，其中排水投资占比最高，投资额达 2078.8 亿元，污水处理、污泥处理和再生水利用的固定资产投资额分别为 855.3 亿元、29.1 亿元和 38.4 亿元，分别占行业投资总额的 69.26％、28.49％、0.97％和 1.28％，如图 3-3 所示。

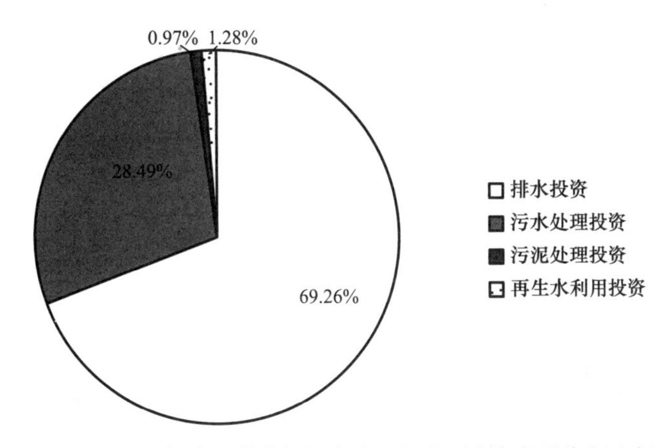


图 3-3　2021 年我国排水与污水处理行业固定资产投资额比例

## （二）排水与污水处理设施的建设情况

1980 年以后，我国在排水、污水处理及再生利用方面的建设稳步推进，污水处理能力快速增长，再生水利用规模不断扩大，成就斐然。1980 年，全国城市建成的排水管道只有 2.19 万公里，污水处理厂仅有 35 座，日均污水处理能力为 70 万立方米；到 2021 年，全国已建成排水管道 87.2 万公里，建成污水处理厂 2827 座，日均污水处理能力达 2.08 亿立方米，较 1980 年分别增长了约 39 倍、80 倍和 296 倍，如图 3-4、图 3-5 和图 3-6 所示。同时，2021 年全国再生水利用量达 161 亿立方米，较 2020 年增长了 10.27％。

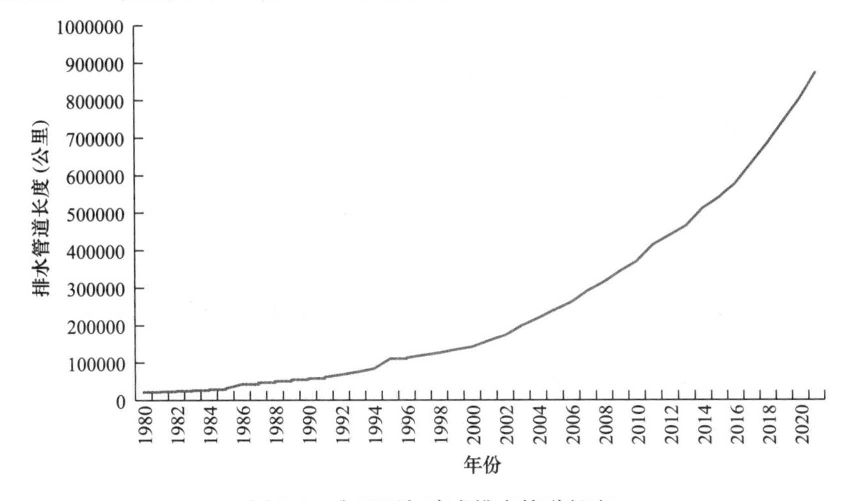


图 3-4　全国历年建成排水管道长度

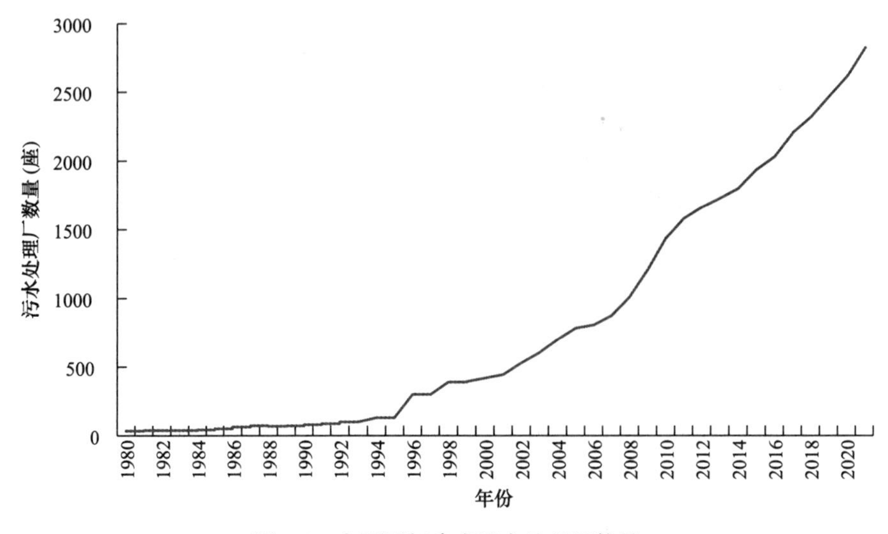


图 3-5 全国历年建成污水处理厂数量

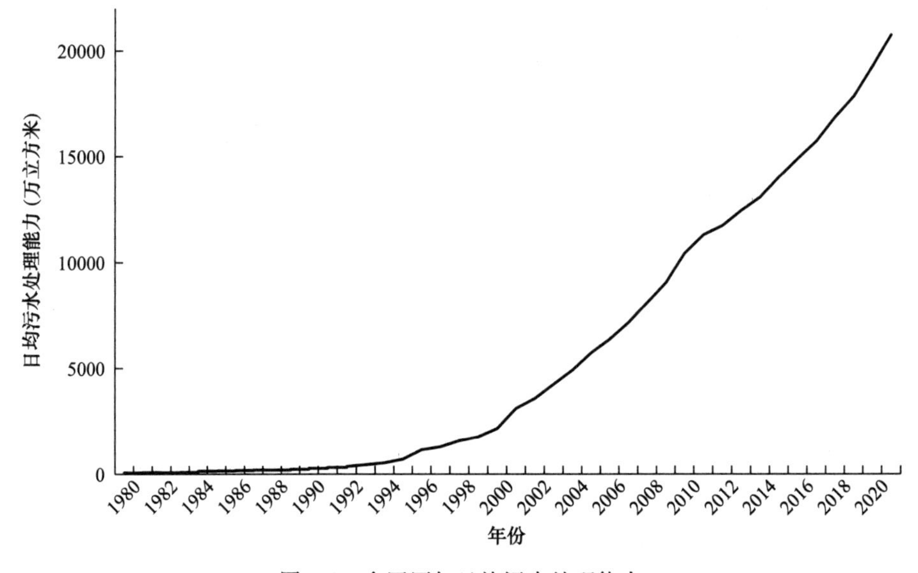


图 3-6 全国历年日均污水处理能力

## 二、东、中、西部地区设施投资与建设情况比较

自改革开放以来，尽管全国的城镇排水与污水处理设施建设有了质的飞跃，各项规划目标基本都圆满完成，但设施投资与建设仍存在着区域分布不均衡的问题，发达地区与欠发达地区的投资规模、增速和重点都不尽相同。为此，当前我国城镇排水与污水处理行业的投资建设应当从解决发展不平衡问题着手，

加快解决设施布局不均衡问题，着重提高新建城区及建制镇污水处理能力。

### （一）东、中、西部地区排水与污水处理设施投资情况

2021年，我国城市排水与污水处理行业的固定资产投资总额3001.63亿元，排水、污水处理、污泥处理和再生水利用方面的投资额分别为：2078.76亿元、855.31亿元、29.12亿元和38.44亿元。

从各类投资的地区间分布看，东部地区的固定资产投资遥遥领先，排水、污水处理、污泥处理、再生水利用方面的投资额分别为955.89亿元、462.74亿元、9.41亿元、9.15亿元，分别占到了全国各类投资总额的45.98%、54.1%、32.3%和23.81%，对比2020年，各项投资占比总体呈下降趋势，降幅分别为5.88%、6.77%、21.55%、11.37%。中部地区在排水、污水处理、污泥处理、再生水利用方面的投资额分别为605.29亿元、213.93亿元、12.24亿元、16.92亿元，分别占全国投资的29.12%、25.01%、42.01%、44.02%，对比2020年，各项投资占比总体呈上升趋势，增幅分别为2.66%、3.75%、28.74%、12.58%，这说明中部地区各项目呈稳步发展趋势。西部地区在排水、污水处理、污泥处理、再生水利用方面的投资额分别为517.58亿元、178.65亿元、7.48亿元和12.37亿元，占全国的24.9%、20.89%、25.69%和32.17%，对比2020年，各项投资占比总体趋势变化不大，其中排水和污水处理投资占比有不同程度的上升，增幅分别为3.22%、3.03%，污泥处理和再生水利用投资占比分别减少了7.19%、1.21%，说明西部地区各项目基本呈稳步发展趋势（图3-7）。

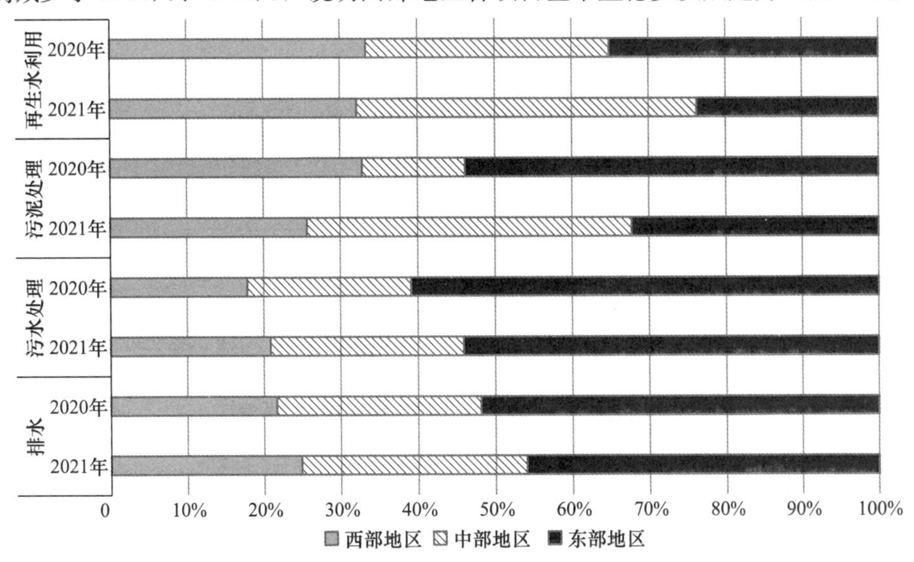


图3-7 2020年和2021年我国东、中、西部地区排水与污水处理设施投资比例

总体上，2021 年相较于 2020 年，我国东、中、西部的地区间的投资占比差异有所减小，如图 3-8 所示。在排水投资方面，东部地区投资占比下降，而中部和西部地区有增长趋势；在污水处理投资方面，东部地区投资占比下降，而中部和西部地区投资占比上升，地区间差异缩小；在污泥处理投资方面，东、西部地区投资占比下降，中部地区投资占比上升；在再生水利用投资方面，东、西部地区投资占比下降，中部地区投资占比上升，地区间差异进一步缩小。

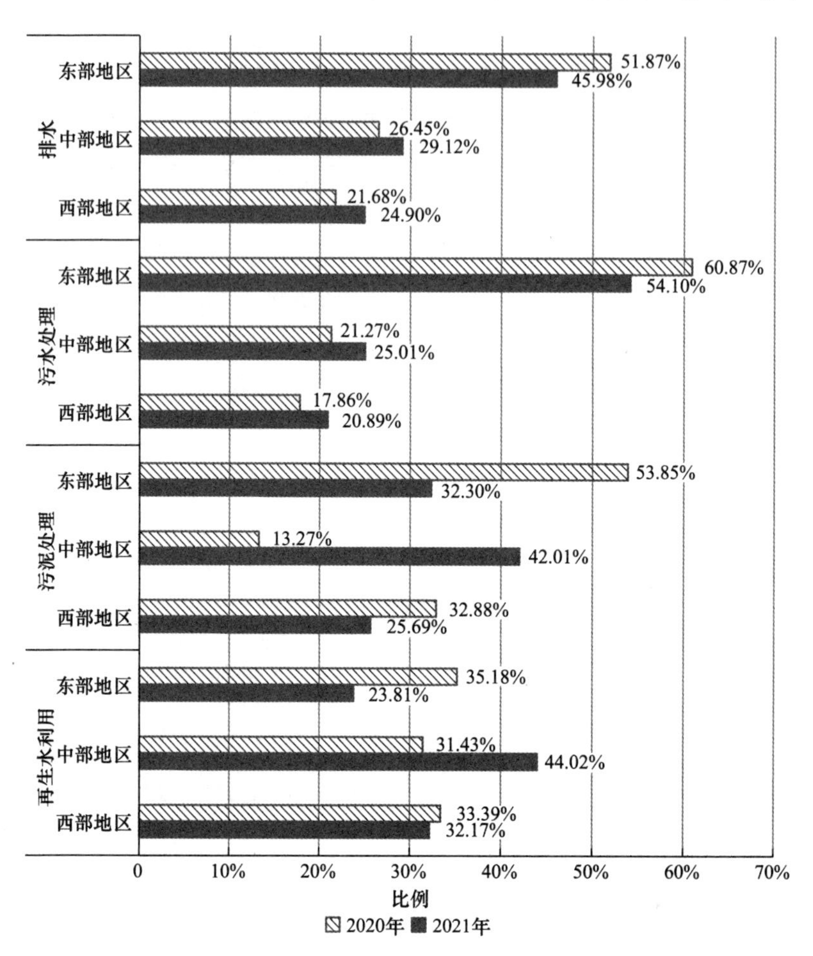


图 3-8　2020 年和 2021 年我国东、中、西部地区分类投资比例

### （二）东、中、西部地区排水与污水处理设施建设情况

2021 年，全国共建成排水管道总长 872282.42 公里，污水处理厂 2827 座。其中，东部地区为 502829.77 公里和 1386 座，中部地区为 206272.66 公里和 718 座，西部地区为 163179.99 公里和 723 座。与投资情况类似，城镇排水与污

水处理设施建设也是东部占比较大，中部和西部地区略少（表 3-1）。

2021 年东、中、西部地区排水与污水处理设施投资与建设情况　　表 3-1

| 地区 | 固定资产投资情况（万元） | | | | 各项建设情况 | | |
|---|---|---|---|---|---|---|---|
| | 排水 | 污水处理 | 污泥处理 | 再生水利用 | 排水管长度（公里） | 污水处理厂（座） | 处理能力（万立方米/日） |
| 东部地区 | 9558873 | 4627372 | 94084 | 91532 | 502829.77 | 1386 | 11525.58 |
| 中部地区 | 6052940 | 2139273 | 122350 | 169218 | 206272.66 | 718 | 5431.08 |
| 西部地区 | 5175806 | 1786452 | 74809 | 123698 | 163179.99 | 723 | 3810.56 |
| 全国 | 20787619 | 8553097 | 291243 | 384448 | 872282.42 | 2827 | 20767.22 |

考虑到各地区城市化水平和人口密度的差异，对比各地区城市排水管网密度和污水处理强度。2021 年，我国城市排水管网的密度达到了 12 公里/平方公里，东部地区达到 13.79 公里/平方公里，高于全国平均水平，中、西部地区分别为 10.27 公里/平方公里、10.16 公里/平方公里，均低于全国平均水平。可见，各地对排水与污水处理设施的投资建设，受经济和社会发展水平的影响，地区间差异比较明显。总体上，东部地区无论是从投资与建设的绝对数量、相对数量，还是覆盖程度与处理水平上，都处于领先水平，中、西部地区的投资与建设较为落后，需要进一步增加投资，加快建设。

## 三、各地区排水与污水处理设施投资与建设情况

我国幅员辽阔，改革开放以来，各地区经济和社会发展水平存在较大差异。城镇排水与污水处理设施的建设要与经济社会发展水平相协调，与城镇发展总体规划相衔接，因此各地区在排水与污水处理设施的投资建设方面的差异较大，如表 3-2 所示。

2021 年各地区排水与污水处理设施投资与建设情况　　表 3-2

| 地区 | 固定资产投资情况（万元） | | | | 建设情况 | |
|---|---|---|---|---|---|---|
| | 排水 | 污水处理 | 污泥处理 | 再生水利用 | 排水管长度（公里） | 污水处理厂（座） |
| 全国 | 20787619 | 8553097 | 291243 | 384448 | 872282 | 2827 |
| 北京 | 572900 | 85024 | 18479 | 21853 | 18926 | 75 |
| 天津 | 161886 | 66086 | — | 210 | 23402 | 44 |
| 河北 | 682137 | 125072 | — | 6215 | 22470 | 96 |
| 山西 | 201734 | 125609 | — | — | 12671 | 49 |

续表

| 地区 | 固定资产投资情况（万元） | | | | 建设情况 | |
|---|---|---|---|---|---|---|
| | 排水 | 污水处理 | 污泥处理 | 再生水利用 | 排水管长度（公里） | 污水处理厂（座） |
| 内蒙古 | 199136 | 60342 | 16946 | 11945 | 14806 | 40 |
| 辽宁 | 304869 | 155977 | 684 | 7 | 24142 | 137 |
| 吉林 | 190874 | 78181 | 320 | 2430 | 14114 | 51 |
| 黑龙江 | 245406 | 117080 | 1194 | — | 13797 | 73 |
| 上海 | 717799 | 348801 | 17205 | — | 23696 | 42 |
| 江苏 | 1490404 | 811696 | 24622 | 4612 | 92127 | 215 |
| 浙江 | 1103298 | 632420 | 16766 | 410 | 60698 | 115 |
| 安徽 | 968814 | 274298 | 12999 | 23091 | 36505 | 96 |
| 福建 | 834760 | 526859 | 1240 | 2122 | 22880 | 63 |
| 江西 | 1162697 | 469737 | 15574 | 1520 | 21577 | 79 |
| 山东 | 1134332 | 321021 | 13390 | 33385 | 72793 | 229 |
| 河南 | 901686 | 270778 | 7435 | 105734 | 31369 | 121 |
| 湖北 | 1177414 | 300757 | 10826 | — | 36069 | 110 |
| 湖南 | 1005179 | 442491 | 57056 | 24498 | 25364 | 99 |
| 广东 | 2475332 | 1496247 | 1646 | 18545 | 134422 | 343 |
| 广西 | 609193 | 138618 | 7660 | — | 20468 | 73 |
| 海南 | 81156 | 58169 | 52 | 4173 | 7275 | 27 |
| 重庆 | 819277 | 126194 | 2211 | 757 | 24604 | 85 |
| 四川 | 1902502 | 725468 | 1410 | 23610 | 46437 | 196 |
| 贵州 | 234379 | 113378 | 1020 | 1000 | 12605 | 103 |
| 云南 | 541288 | 141406 | 4700 | 2451 | 18953 | 71 |
| 西藏 | 7913 | 207 | — | — | 866 | 10 |
| 陕西 | 588998 | 290225 | 53061 | 6498 | 13946 | 67 |
| 甘肃 | 176587 | 137873 | 2279 | 14369 | 8499 | 30 |
| 青海 | 53249 | 28236 | — | — | 3601 | 14 |
| 宁夏 | 105783 | 20479 | 1500 | 59268 | 2427 | 23 |
| 新疆 | 91250 | 44903 | 718 | 12002 | 9428 | 39 |
| 新疆兵团 | 45387 | 19465 | 250 | 3743 | 1345 | 12 |

在排水设施投资方面，2021 年全国排水设施固定资产投资额为 2078.76 亿

元，地区间差异较大，如图 3-8 所示。其中，广东遥遥领先，当年排水设施投资达到了 247.53 亿元，四川次之，为 190.25 亿元。2021 年排水设施固定资产投资额超过 100 亿元的省（区、市）还有 6 个：江苏、湖北、江西、山东、浙江、湖南，投资额分别为 149.04 亿元、117.74 亿元、116.27 亿元、113.43 亿元、110.33 亿元、100.52 亿元，10 个省（区、市）排水设施的固定资产投资额在 20 亿～80 亿元之间，分别为广西、河北、上海、辽宁、山西、陕西、北京、黑龙江、云南、贵州；还有 9 个省（区、市）的排水投资额不足 20 亿元，分别是新疆、宁夏、甘肃、海南、青海、西藏、吉林、内蒙古、天津，其中海南、青海与西藏投资额少于 10 亿元，尤以西藏最少，固定资产投资额仅为 0.79 亿元，青海次之，为 5.32 亿元，海南为 8.12 亿元（图 3-9）。

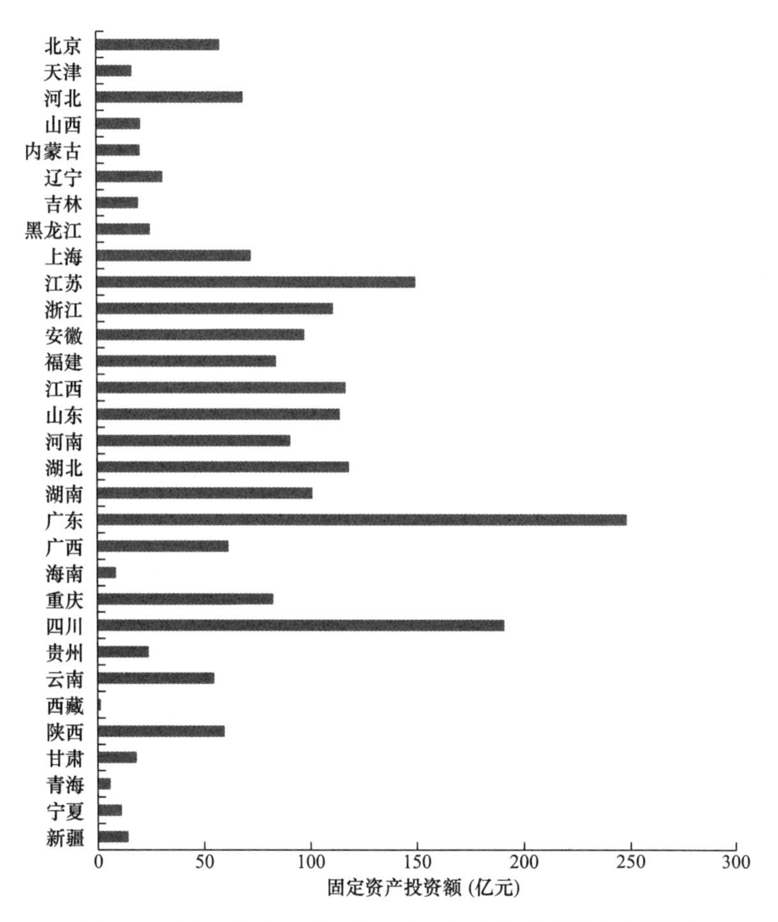


图 3-9　2021 年我国各省（区、市）排水设施固定资产投资额

在污水处理设施投资方面，2021 年全国共完成固定资产投资 855.31 亿元，如图 3-10 所示，地区差异仍十分明显。其中，广东的固定资产投资额远超其他

省（区、市），达 149.62 亿元，排名第二的江苏的污水处理设施固定资产投资额为 81.17 亿元。污水处理设施固定资产投资额投资在 20 亿元以上的还有河南、安徽、陕西、湖北、山东、上海、湖南、江西、福建、浙江、四川 11 个地区，固定资产投资额最少的地区是宁夏和西藏，投资额分别是 2.05 亿元和 0.02 亿元。

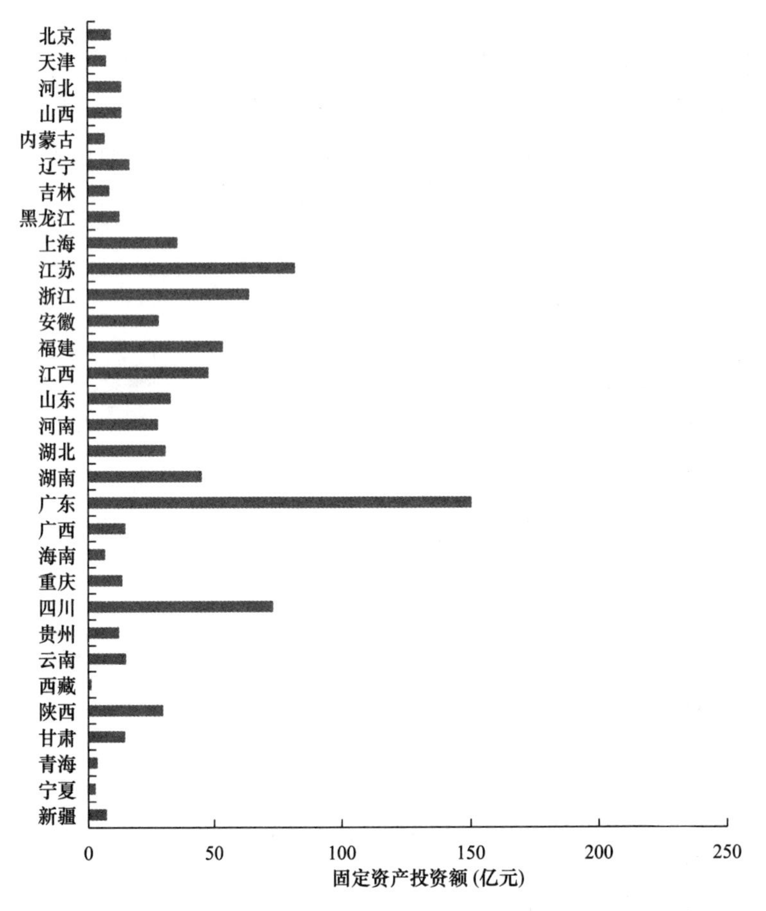


图 3-10 2021 年我国各省（区、市）污水处理设施固定资产投资额

在排水设施建设方面，截至 2021 年，全国共建成城市排水管道 872282.94 公里，城市排水管网密度达到了 12 公里/平方公里。截至 2021 年，在 31 个省（区、市）中，广东建成排水管道长度最长，达 134422.11 公里；其次为江苏、山东和浙江，分别为 92127.02 公里、72793.17 公里和 60697.86 公里；西藏、宁夏和青海三地的排水管道长度最短，分别为 866.22 公里、2426.93 公里和 3601.14 公里。从城市排水管网的密度来看，前五名依次是上海、天津、江苏、广东和海南，分别达 19.08 公里/平方公里、18.54 公里/平方公里、15.51 公里/平

方公里、15.23公里/平方公里和14.92公里/平方公里，说明这些地区的设施建设不仅着重地上，也着重地下；相对地，吉林、辽宁、黑龙江、宁夏和西藏的城市排水管网密度最小，分别为7.61公里/平方公里、7.55公里/平方公里、7.3公里/平方公里、4.62公里/平方公里和3.37公里/平方公里，具体如图3-11所示。

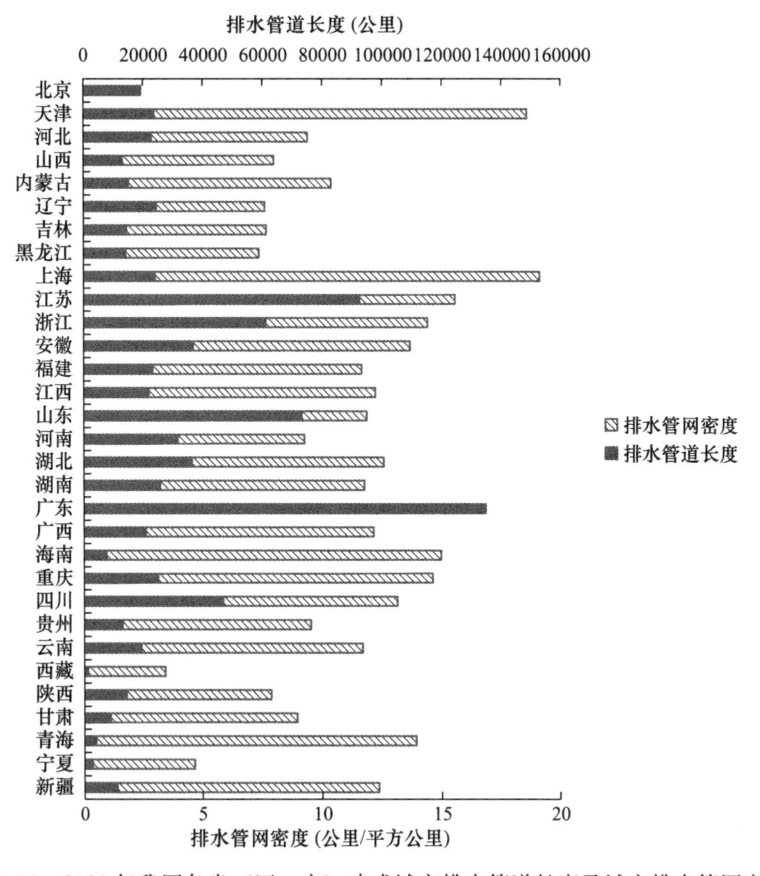


图3-11　2021年我国各省（区、市）建成城市排水管道长度及城市排水管网密度

在污水处理设施建设方面，截至2021年，我国共建成污水处理厂2827座，日均处理能力达2.08亿立方米。其中，广东拥有的污水处理厂数量最多，达343座，其次为山东和江苏，分别为229座和215座，西藏、青海、宁夏、海南拥有的污水处理厂数最少，分别为10座、14座、23座和27座，具体如图3-12所示。在污水处理能力方面，广东污水日均处理能力最强，达2889.2万立方米/日，江苏、山东、浙江、辽宁和河南日均处理能力也超1000万立方米/日，分别为1596.17万立方米/日、1444万立方米/日、1317.3万立方米/日、1029.45万立方米/日和1008.75万立方米/日，具体如图3-13所示。

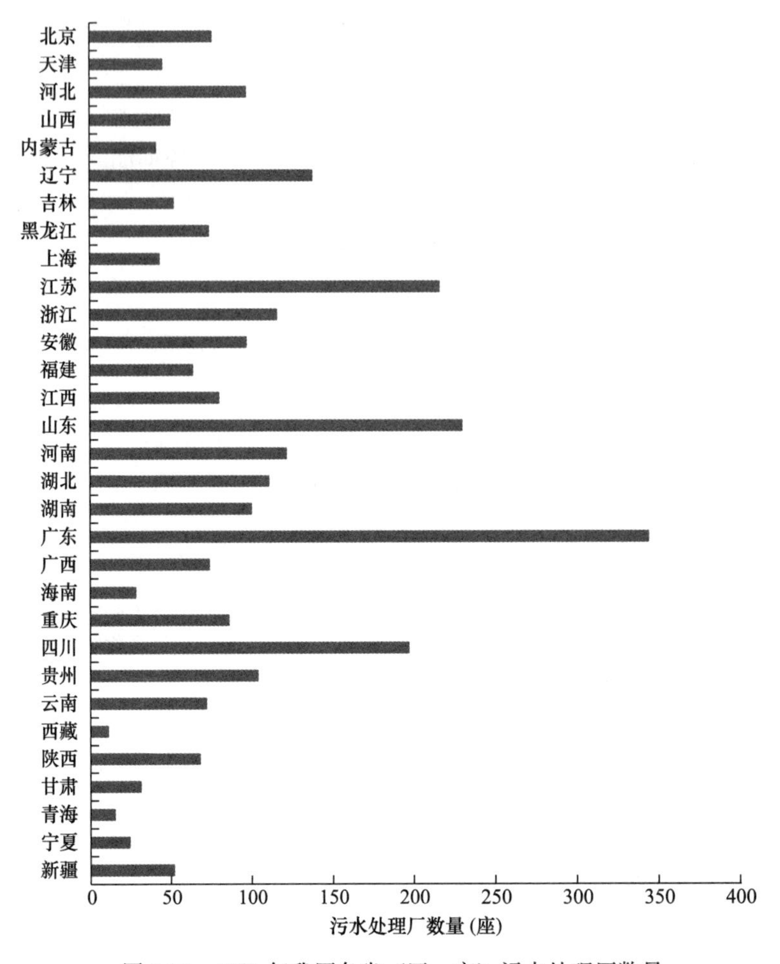


图 3-12　2021 年我国各省（区、市）污水处理厂数量

## 四、排水与污水处理设施投资增长情况

### （一）全国排水与污水处理设施投资增长的总体情况

全国排水与污水处理设施投资总体呈上升趋势，如表 3-3、图 3-14、图 3-15 所示。然而，在 2011 年，排水与污水处理设施的投资增长出现陡降，特别是污水处理设施投资，从 2010 年的 492 亿元降至 2011 年的 282 亿元。排水设施投资也出现下滑，从 2010 年的 902 亿元降至 770 亿元，降幅为 14.63%。2011 年后，全国城市基础设施总投资趋于平稳；自 2014 年起，城市排水与污水处理设施的投资保持较好的增长态势，2021 年排水与污水处理设施的投资稍有下滑。

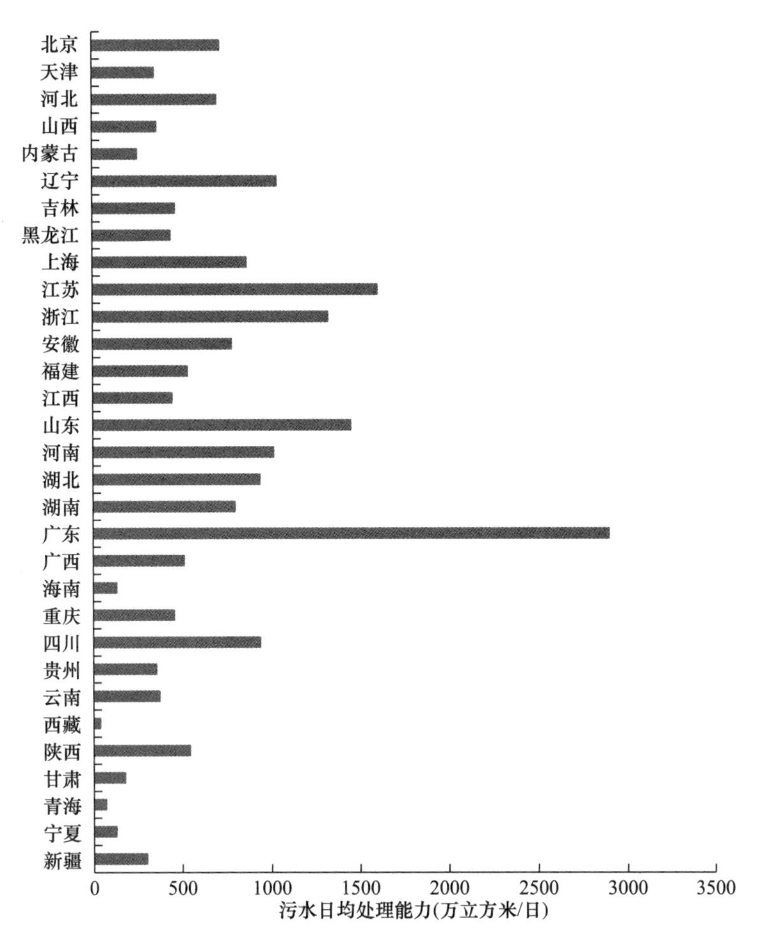


图 3-13 2021 年我国各省（区、市）污水日均处理能力

**2006～2021 年全国城市排水与污水处理设施投资额** 表 3-3

| 年份 | 排水设施投资额（亿元） | 污水处理设施投资额（亿元） |
|---|---|---|
| 2006 | 332 | 152 |
| 2007 | 410 | 212 |
| 2008 | 496 | 265 |
| 2009 | 730 | 389 |
| 2010 | 902 | 492 |
| 2011 | 770 | 282 |
| 2012 | 704 | 238 |
| 2013 | 779 | 316 |
| 2014 | 900 | 305 |
| 2015 | 983 | 379 |
| 2016 | 1223 | 409 |

续表

| 年份 | 排水设施投资额（亿元） | 污水处理设施投资额（亿元） |
|---|---|---|
| 2017 | 1344 | 421 |
| 2018 | 1530 | 760 |
| 2019 | 1562 | 756 |
| 2020 | 2115 | 1013 |
| 2021 | 2079 | 855 |

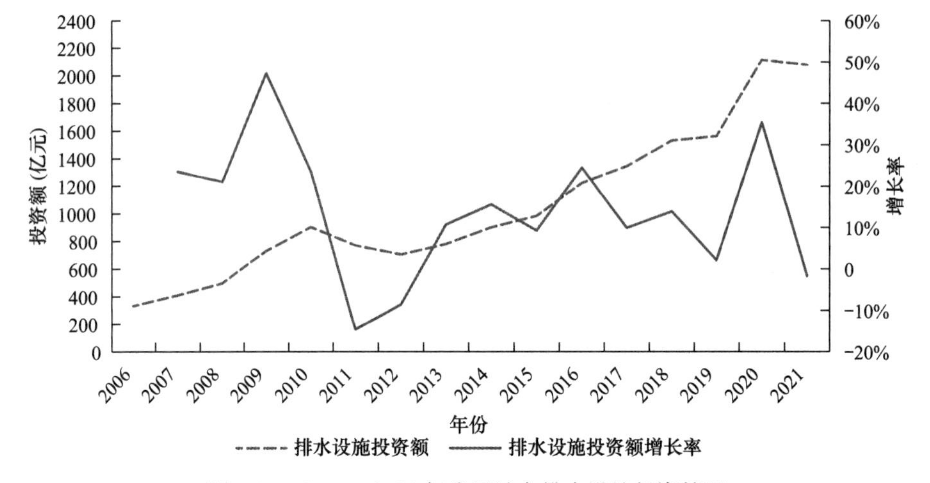


图 3-14　2006～2021 年我国城市排水设施投资情况

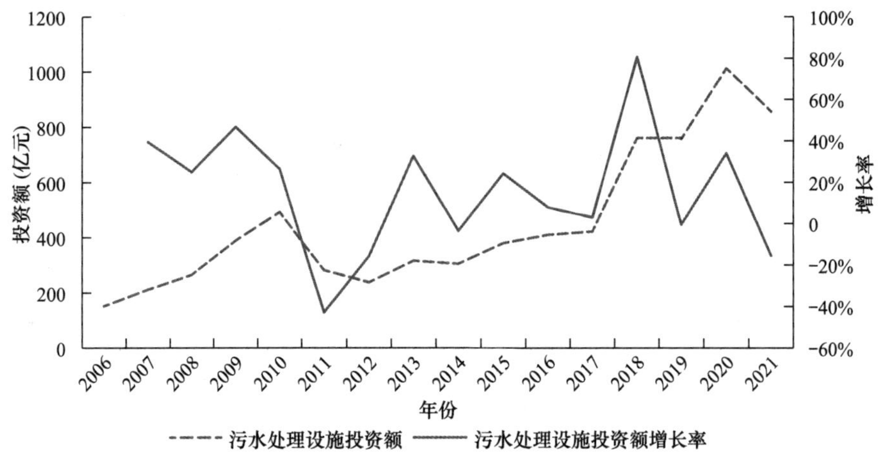


图 3-15　2006～2021 年我国城市污水处理设施投资情况

## （二）各地区城市排水设施投资增长比较

从全国各省（区、市）的情况看，各地城市水务设施投资尽管总体呈上升趋势，但也存在较大的地区差异和行业差异，根据东部、中部、西部和东北部 4 个地区，对城市供水、排水和污水处理设施逐一进行分类分析。从城市排水设施投资额上看，各个地区设施投资的平均水平差距依然不大，但地区内各个省（区、市）之间的差距较大。相对来说，东部地区的城市排水设施投资额略高于其他 3 个地区，如表 3-4 所示。

**2006～2021 年我国不同地区的排水设施投资额**（单位：亿元） **表 3-4**

| 地区 | 2006年 | 2007年 | 2008年 | 2009年 | 2010年 | 2011年 | 2012年 | 2013年 | 2014年 | 2015年 | 2016年 | 2017年 | 2018年 | 2019年 | 2020年 | 2021年 |
|---|---|---|---|---|---|---|---|---|---|---|---|---|---|---|---|---|
| 东部地区 | 166 | 223 | 294 | 386 | 541 | 399 | 300 | 381 | 479 | 511 | 710 | 685 | 856 | 819 | 1043 | 925 |
| 中部地区 | 76 | 60 | 92 | 163 | 166 | 187 | 224 | 214 | 243 | 249 | 308 | 407 | 372 | 446 | 500 | 562 |
| 西部地区 | 62 | 88 | 74 | 121 | 146 | 102 | 95 | 130 | 145 | 179 | 176 | 200 | 242 | 254 | 458 | 518 |
| 东北部地区 | 29 | 41 | 37 | 59 | 48 | 84 | 86 | 53 | 32 | 41 | 30 | 54 | 60 | 42 | 112 | 74 |

城市排水设施投资的地区间差异具体如图 3-16～图 3-19 所示。在东部地区，各地的城市排水设施投资近年基本保持增长态势。其中，广东、四川的城市排水设施投资额显著高于其他省（区、市），且均超过 150 亿元。

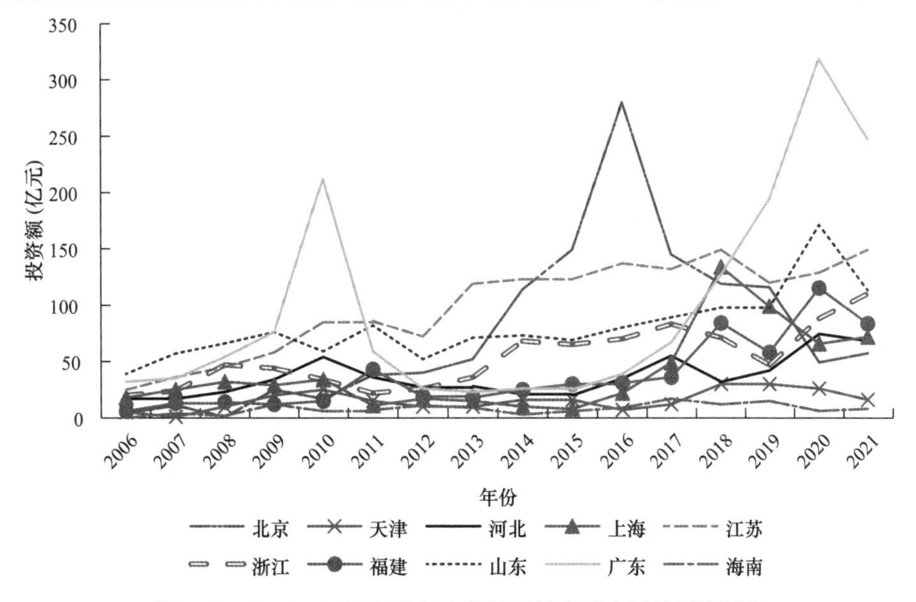


图 3-16 2006～2021 年我国东部地区城市排水设施投资情况

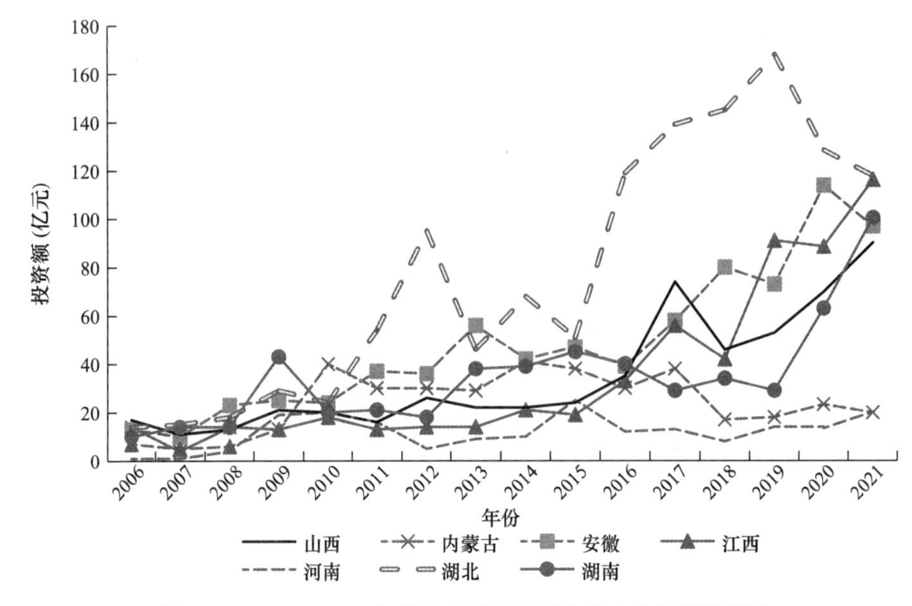


图 3-17　2006～2021 年我国中部地区城市排水设施投资情况

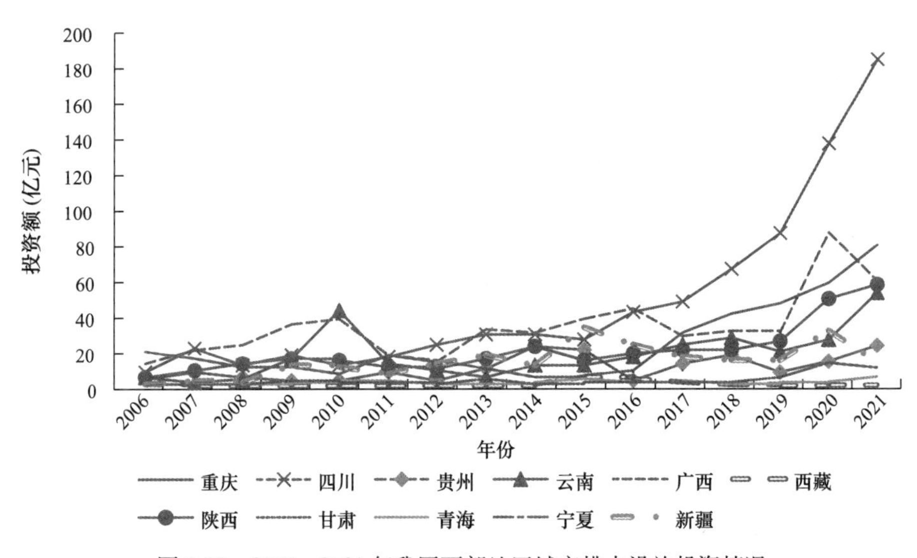


图 3-18　2006～2021 年我国西部地区城市排水设施投资情况

从 2021 年的投资涨幅来看，西藏、青海、云南增长幅位居前三，涨幅超过 100%，而湖北、河北、内蒙古、安徽、宁夏、广东、黑龙江、吉林、福建、广西、山东、甘肃、天津、辽宁和新疆 15 个省（区、市）排水投资额下降，其中新疆降幅超过 50%。从地区分布上看，中部和西部地区投资额呈上升趋势，而东部和东北部地区投资额呈下降趋势。

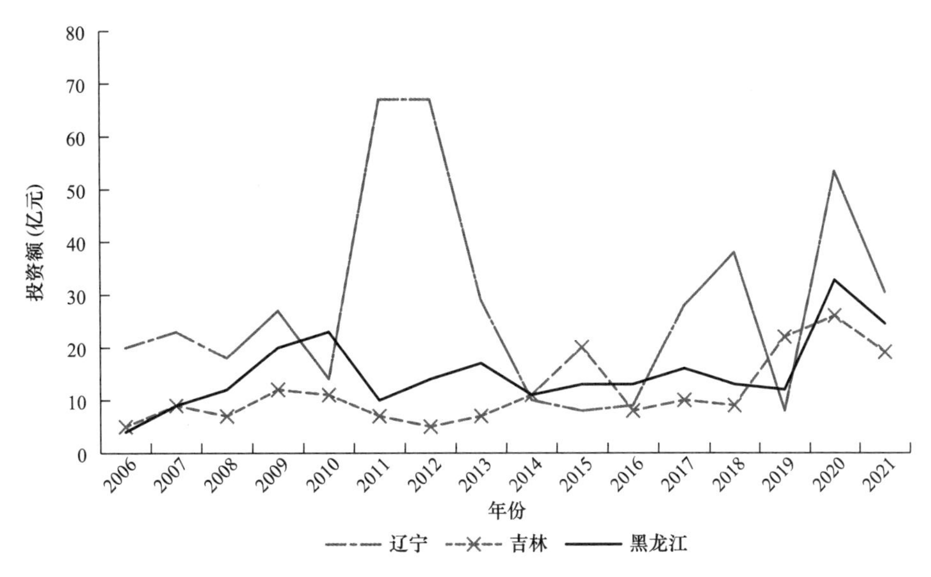


图 3-19 2006～2021 年我国东北地区城市排水设施投资情况

东部地区中，广东在 2010 年达到小高峰后投资额波动下降，2017 年到 2020 年涨幅陡增，2021 年有所回落；天津增长率较高，但是绝对值数额小；河北前两年投资额增长迅猛，速度保持在 50％以上，然而 2018 年下降接近 50％，2019～2020 年又有所上涨，2021 年降幅为 8.10％；福建和山东均在 2020 年投资额达到最大，2021 年分别下降了 27.57％和 33.66％；海南 2017 年投资额达到最大，之后呈现波动态势，2021 年增幅达到 30.16％；北京和上海 2021 年排水设施投资额均有所增加，增幅分别为 16.37％和 9.29％；其他省（区、市）在 2021 年投资额均有增长。中部地区中，湖北在 2012 年后波动很大，在三个年份中增长幅度超过 50％，但在近两年投资额有所回落，2021 年降低了 8.32％；此外，除安徽和内蒙古的投资额在 2021 年下降，其他省（区、市）投资额均上升。西部地区中，西藏、云南和青海的投资额在 2021 年增长超过 100％，形势喜人；贵州增长率在 50％以上；广西、甘肃、宁夏和新疆 4 个地区呈下降趋势，其余地区 2021 年的投资额均呈上升趋势。东北三省投资额均呈下降趋势，辽宁下降最为明显，降幅为 42.92％，黑龙江与吉林的降幅分别为 25.14％和 26.69％。

从城市排水设施投资年均复合增长率来看，四川的城市排水设施投资增长最快，年均复合增长率为 23.52％，西藏的排水设施投资增长最慢，年均复合增长率为－1.55％。具体如表 3-5 所示。其中，海南数据缺失，山西和江西的城市排水设施投资增速超过了 20％，北京、福建、新疆、陕西、云南、宁夏、湖南和湖北的排水设施投资年均复合增长率处于 15％～20％。

2006～2021 年我国各省（区、市）城市排水设施投资年均复合增长率 表 3-5

| 排名 | 地区 | 年均复合增长率 | 排名 | 地区 | 年均复合增长率 |
|---|---|---|---|---|---|
| 1 | 四川 | 23.52% | 17 | 贵州 | 12.51% |
| 2 | 山西 | 22.18% | 18 | 浙江 | 12.06% |
| 3 | 江西 | 20.60% | 19 | 青海 | 11.79% |
| 4 | 北京 | 19.42% | 20 | 河南 | 11.77% |
| 5 | 福建 | 19.19% | 21 | 广西 | 10.85% |
| 6 | 新疆 | 19.04% | 22 | 重庆 | 9. 86% |
| 7 | 陕西 | 17.87% | 23 | 河北 | 9. 71% |
| 8 | 云南 | 17.21% | 24 | 上海 | 9.66% |
| 9 | 宁夏 | 17.03% | 25 | 吉林 | 9.34% |
| 10 | 湖南 | 16.63% | 26 | 天津 | 8.15% |
| 11 | 湖北 | 15.25% | 27 | 山东 | 7.38% |
| 12 | 广东 | 14.61% | 28 | 辽宁 | 2.85% |
| 13 | 安徽 | 14.33% | 29 | 内蒙古 | 2.38% |
| 14 | 黑龙江 | 12.86% | 30 | 西藏 | −1.55% |
| 15 | 江苏 | 12.64% | 31 | 海南 | — |
| 16 | 甘肃 | 12.54% | | | |

分地区看各地城市排水设施投资复合增长的情况，中部地区的城市排水设施投资年均复合增长率最高，西部地区次之，东部地区再次，东北地区最低，如图 3-20 所示。

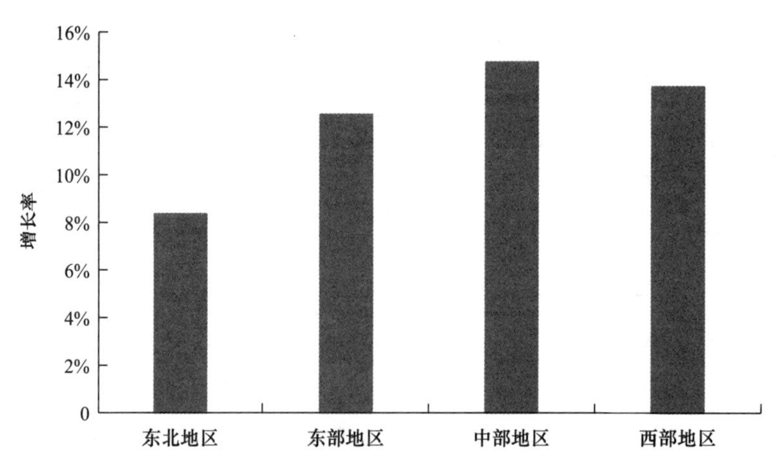


图 3-20　2006～2021 年我国各地区城市排水设施投资年均复合增长率

与城市排水设施投资持续增长相对应的，各地区的排水管道长度也在持续增长，而且东部地区的管道长度占比始终稳定在 50%以上，中部地区次之，西部地区的排水管道长度最短（图 3-21）。从管道长度的占比来看，地区间的差异在逐步缩小，2021 年东部地区的排水管道长度占比较 2006 年下降了 7 个百分点，但总体稳定在五成以上；中部地区占比非常稳定，为 22%～25%；西部地区情况则与东部地区恰好相反，10 余年来占比上升了近 6%。

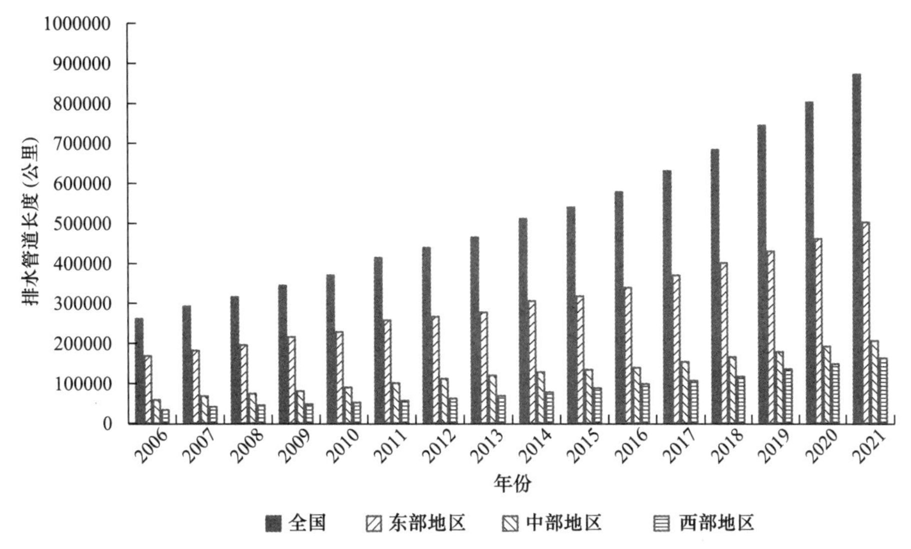


图 3-21　2006～2021 年全国及各地区城市排水管道长度

## （三）各地区城市污水处理设施投资增长比较

从城市污水处理设施投资总额上看，东部地区高于其他三个地区，其次是中部地区、西部地区与东北地区，如表 3-6 所示。

**2006～2021 年我国各省（区、市）城市污水处理设施投资额（亿元）　表 3-6**

| 省（区、市） | 2006年 | 2007年 | 2008年 | 2009年 | 2010年 | 2011年 | 2012年 | 2013年 | 2014年 | 2015年 | 2016年 | 2017年 | 2018年 | 2019年 | 2020年 | 2021年 |
|---|---|---|---|---|---|---|---|---|---|---|---|---|---|---|---|---|
| 北京 | 2 | 11 | 0 | 4 | 5 | 6 | 7 | 6 | 10 | 14 | 90 | 71 | 34 | 60 | 12 | 9 |
| 天津 | 1 | 0 | 2 | 7 | 8 | 3 | 0 | 0 | 0 | 5 | 2 | 10 | 22 | 13 | 12 | 7 |
| 河北 | 9 | 8 | 12 | 21 | 15 | 11 | 15 | 10 | 4 | 4 | 7 | 13 | 11 | 12 | 21 | 13 |
| 山西 | 1 | 1 | 2 | 6 | 18 | 1 | 3 | 5 | 7 | 20 | 4 | 2 | 4 | 10 | 6 | 13 |
| 内蒙古 | 8 | 3 | 3 | 3 | 8 | 17 | 7 | 14 | 21 | 13 | 20 | 3 | 5 | 6 | 3 | 6 |
| 辽宁 | 3 | 7 | 9 | 18 | 9 | 18 | 20 | 15 | 2 | 3 | 1 | 3 | 5 | 4 | 12 | 16 |
| 吉林 | 3 | 7 | 6 | 8 | 7 | 4 | 4 | 3 | 8 | 17 | 3 | 5 | 4 | 12 | 10 | 8 |
| 黑龙江 | 2 | 5 | 8 | 13 | 19 | 6 | 7 | 7 | 6 | 10 | 5 | 7 | 7 | 5 | 17 | 12 |

续表

| 省（区、市） | 2006年 | 2007年 | 2008年 | 2009年 | 2010年 | 2011年 | 2012年 | 2013年 | 2014年 | 2015年 | 2016年 | 2017年 | 2018年 | 2019年 | 2020年 | 2021年 |
|---|---|---|---|---|---|---|---|---|---|---|---|---|---|---|---|---|
| 上海 | 2 | 12 | 14 | 11 | 10 | 4 | 0 | 0 | 0 | 3 | 4 | 37 | 107 | 64 | 61 | 35 |
| 江苏 | 10 | 29 | 27 | 39 | 33 | 53 | 30 | 52 | 25 | 45 | 40 | 38 | 76 | 48 | 66 | 81 |
| 浙江 | 12 | 11 | 28 | 27 | 20 | 12 | 9 | 14 | 25 | 40 | 40 | 36 | 37 | 27 | 59 | 63 |
| 安徽 | 5 | 4 | 12 | 13 | 12 | 11 | 12 | 16 | 14 | 15 | 9 | 13 | 37 | 29 | 40 | 27 |
| 福建 | 4 | 7 | 7 | 8 | 12 | 17 | 8 | 10 | 16 | 19 | 6 | 11 | 50 | 28 | 78 | 53 |
| 江西 | 5 | 3 | 3 | 8 | 5 | 6 | 6 | 8 | 12 | 9 | 4 | 10 | 20 | 42 | 31 | 47 |
| 山东 | 20 | 22 | 23 | 23 | 23 | 17 | 21 | 25 | 20 | 17 | 19 | 13 | 31 | 42 | 54 | 32 |
| 河南 | 7 | 6 | 9 | 14 | 12 | 7 | 12 | 12 | 11 | 14 | 7 | 24 | 10 | 19 | 27 | 27 |
| 湖北 | 5 | 8 | 10 | 13 | 9 | 7 | 12 | 34 | 15 | 26 | 23 | 48 | 72 | 43 | 30 | 30 |
| 湖南 | 8 | 12 | 10 | 38 | 12 | 13 | 8 | 24 | 26 | 29 | 26 | 8 | 18 | 16 | 51 | 44 |
| 广东 | 28 | 26 | 45 | 59 | 190 | 26 | 20 | 13 | 15 | 18 | 33 | 9 | 102 | 151 | 240 | 150 |
| 广西 | 4 | 9 | 13 | 16 | 13 | 11 | 6 | 7 | 9 | 12 | 1 | 6 | 11 | 5 | 9 | 14 |
| 海南 | 0 | 0 | 0 | 9 | 2 | 1 | 2 | 3 | 2 | 2 | 7 | 8 | 10 | 14 | 2 | 6 |
| 重庆 | 1 | 7 | 4 | 4 | 1 | 9 | 6 | 4 | 2 | 3 | 5 | 6 | 18 | 15 | 9 | 13 |
| 四川 | 2 | 8 | 6 | 8 | 5 | 5 | 6 | 11 | 14 | 13 | 28 | 15 | 37 | 57 | 75 | 73 |
| 贵州 | 2 | 2 | 2 | 1 | 1 | 1 | 1 | 2 | 17 | 6 | 1 | 5 | 6 | 3 | 3 | 11 |
| 云南 | 3 | 0 | 1 | 6 | 28 | 2 | 3 | 3 | 4 | 3 | 2 | 1 | 5 | 9 | 11 | 14 |
| 西藏 | 0 | 0 | 0 | 0 | 0 | 0 | 0 | 0 | 1 | 4 | 4 | 1 | 0 | — | — | 0 |
| 陕西 | 0 | 1 | 5 | 4 | 4 | 5 | 4 | 5 | 15 | 9 | 9 | 3 | 8 | 12 | 22 | 29 |
| 甘肃 | 2 | 4 | 0 | 3 | 8 | 5 | 3 | 1 | 1 | 4 | 3 | 4 | 4 | 6 | 24 | 14 |
| 青海 | 0 | 0 | 0 | 1 | 2 | 2 | 0 | 0 | 0 | 1 | 1 | 3 | 1 | 0.3 | 1 | 3 |
| 宁夏 | 0 | 0 | 1 | 3 | 0 | 1 | 0 | 1 | 0 | 0 | 1 | 0 | 0 | 0.5 | 8 | 2 |
| 新疆 | 0 | 1 | 1 | 1 | 1 | 1 | 4 | 8 | 4 | 3 | 4 | 7 | 7 | 6 | 19 | 6 |

城市污水处理设施投资的地区间差异具体如图 3-22～图 3-25 所示。在东部地区，北京在 2016 年增长迅猛，2017 年至 2018 年污水处理设施投资持续下降，2019 年有所上升，增幅为 76%，近两年又迅速回落，2021 年降幅为 28.04%；广东在 2010 年出现小高峰之后陡降，连续 7 年处于较低水平，2018 年开始迅速增长，2021 年下降了 37.58%；上海在 2011～2016 年一直保持在 5 亿元以内，但在 2017 年翻了 7 倍多，2018 年持续增长，增幅达到 188.57%，2019～2021 年又持续回落；福建 2020 年投资额陡增，增幅达 180.08%，2021 年有所回落，降幅为 32.82%；河北投资额 2020 年达到最高峰，2021 年降幅为 39.1%。在中部地区，除安徽和湖南 2021 年污水处理设施投资有所下降，其余省（区、市）

2021 年污水处理设施投资均有所增加，山西投资额的增长较其他省市增长较快，增幅在 100%以上。在西部地区，四川、甘肃、宁夏和新疆 2021 年的投资额相较于 2020 年有所回落，其中宁夏和新疆降幅超过 50%，其他省（区、市）的投资额均呈现增长态势。对于东北三省，辽宁 2021 年投资额保持增长，增幅为 29.65%，其余两省均呈下降趋势。

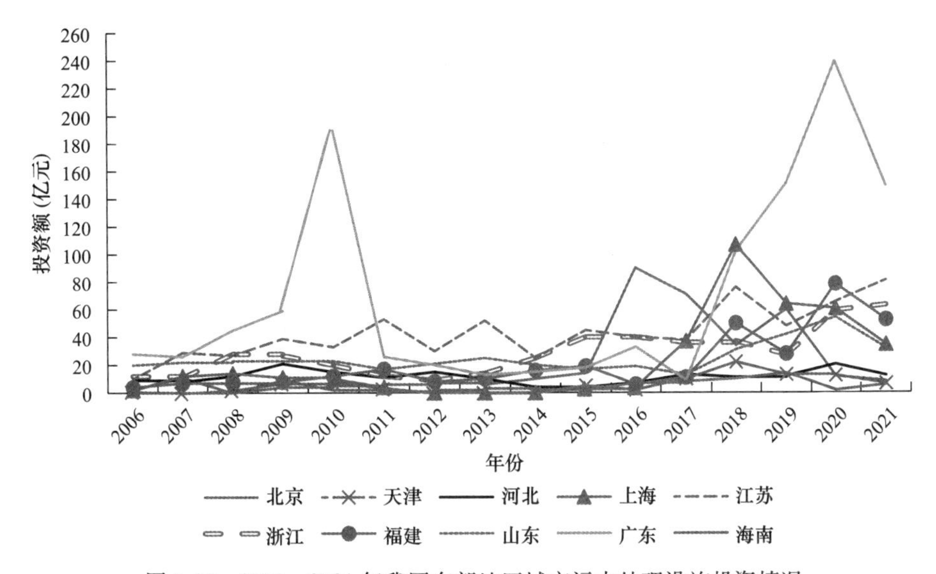


图 3-22　2006～2021 年我国东部地区城市污水处理设施投资情况

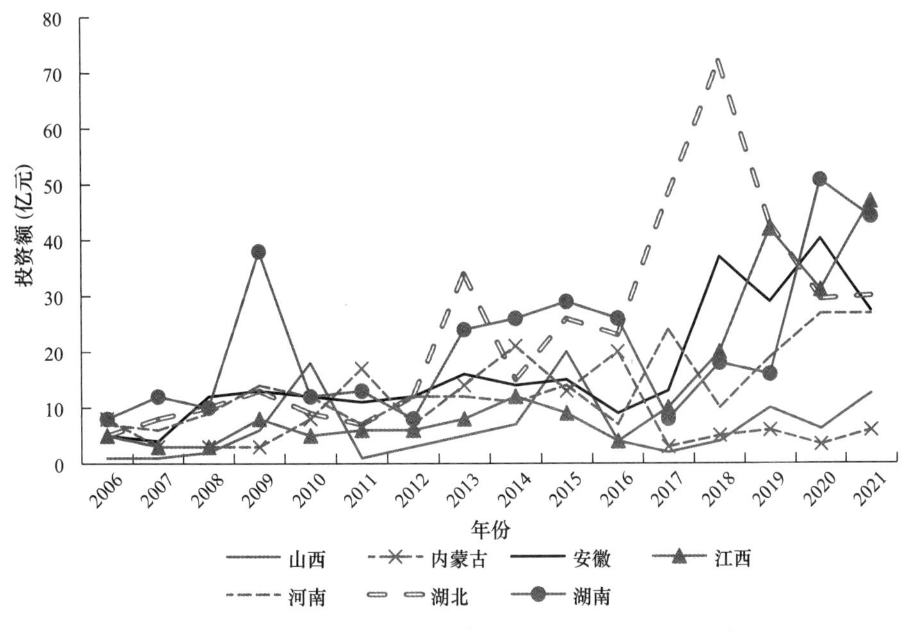


图 3-23　2006～2021 年我国中部地区城市污水处理设施投资情况

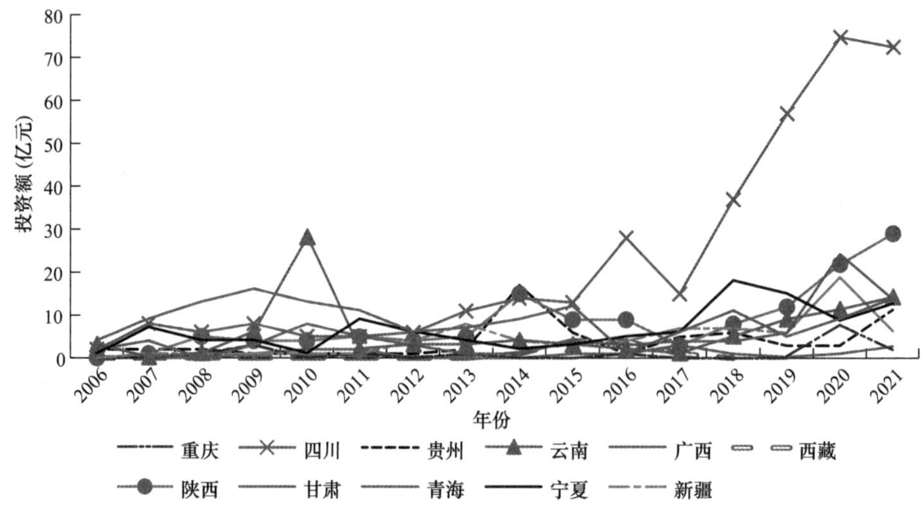


图 3-24 2006～2021 年我国西部地区城市污水处理设施投资情况

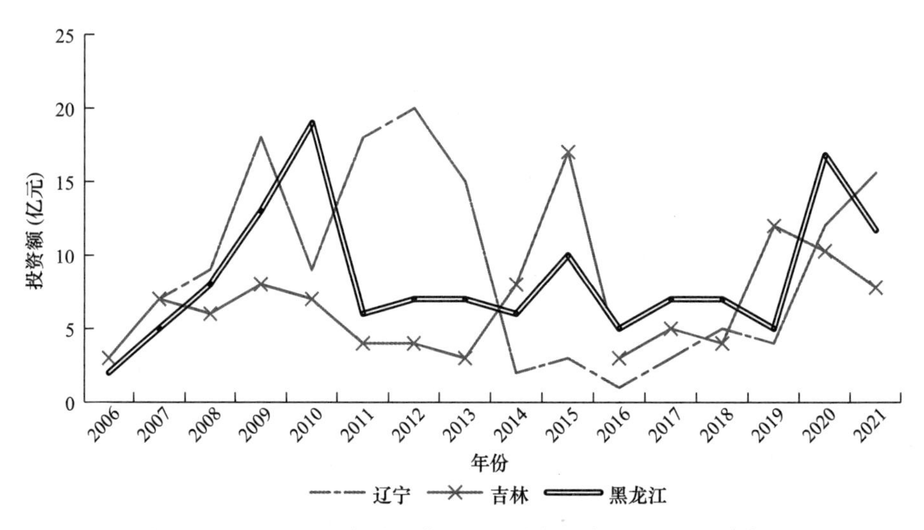


图 3-25 2006～2021 年我国东北地区城市污水处理设施投资情况

从城市污水处理设施投资年均复合增长率来看，四川的城市污水处理设施投资增长最快，年均复合增长率为 27.05％，内蒙古的污水处理设施投资增长最慢，年均复合增长率为－1.86％，不增反降，具体如表 3-7 所示。其中，城市污水处理设施投资增速最快的分别是四川和上海，年均复合增长率都超过了 20％。

2006～2021 年我国各省（区、市）城市污水处理设施投资年均复合增长率 表 3-7

| 排名 | 地区 | 年均复合增长率 | 排名 | 地区 | 年均复合增长率 |
|---|---|---|---|---|---|
| 1 | 四川 | 27.05% | 17 | 辽宁 | 11.62% |
| 2 | 上海 | 21.00% | 18 | 云南 | 10.89% |
| 3 | 福建 | 18.75% | 19 | 北京 | 10.13% |
| 4 | 重庆 | 18.41% | 20 | 河南 | 9.44% |
| 5 | 山西 | 18.38% | 21 | 广西 | 8.64% |
| 6 | 江西 | 16.11% | 22 | 吉林 | 6.59% |
| 7 | 江苏 | 14.98% | 23 | 山东 | 3.20% |
| 8 | 甘肃 | 13.74% | 24 | 河北 | 2.22% |
| 9 | 天津 | 13.42% | 25 | 内蒙古 | −1.86% |
| 10 | 湖北 | 12.71% | 26 | 海南 | — |
| 11 | 黑龙江 | 12.50% | 27 | 西藏 | — |
| 12 | 贵州 | 12.26% | 28 | 陕西 | — |
| 13 | 湖南 | 12.08% | 29 | 青海 | — |
| 14 | 安徽 | 12.02% | 30 | 宁夏 | — |
| 15 | 广东 | 11.82% | 31 | 新疆 | — |
| 16 | 浙江 | 11.72% | | | |

分地区看各地城市污水处理设施投资复合增长的情况，西部地区的投资年均复合增长率最高，东部地区次之，中部地区再次，东北地区最低（图 3-26）。西部地区增长最高原因可能是前期投资水平较低、设施不够完备，后续的设施投资增幅相比较大。

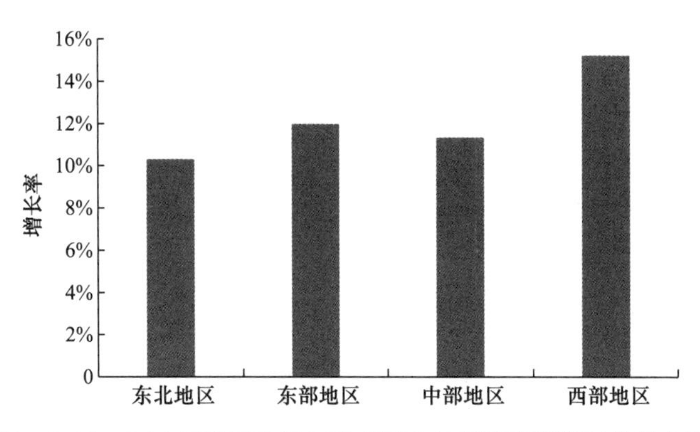


图 3-26　2006～2021 年我国各地区城市污水处理设施投资年均复合增长率

由以上分析可知，快速增长的城镇化和工业化对城市排水与污水处理设施建设提出了更高要求。为了适应不断加快的城镇化进程的需求，我国城市排水与污水处理设施需要持续投入大量的资金，巨大的投资需求客观要求必须拓宽现有的设施投融资渠道、创新投融资模式，以保障充裕的投资资金。

# 第二节　排水与污水处理行业生产与供应

随着我国污水处理厂数量的急剧攀升，污水处理能力取得了巨大突破，扭转了城镇污水处理设施建设滞后于城市化发展的局面，我国是全世界短时间内污水处理能力增长最快的国家，污水处理企业的处理能力和处理技术水平都得到了稳步提升，行业的生产效率和减排效益不断提升。

## 一、污水处理能力

截至 2021 年底，全国设市城市建成投入运行污水处理厂 2827 座，其中二、三级污水处理厂 2640 座；全国污水处理率高达 97.89%，污水处理能力达到了 20767.22 万立方米/日，处理量为 6118956.1 万立方米。

从 20 世纪 90 年代开始，我国污水处理设施建设开始稳步增长，全国城市污水处理厂的数量从 1991 年的 87 座增加到 2021 年的 2827 座。其中，增速最快的阶段是 2008～2010 年，恰逢世界金融危机，全国经济增长放缓、投资下滑，国家投入 4 万亿用于基础设施建设以促进经济复苏，污水处理设施得益于此，各地纷纷投资兴建污水处理厂。随着污水处理厂数量的不断增加，我国污水处理能力也逐年提升，从 1991 年的 317 万立方米/日，增加至 2021 年 20767.22 万立方米/日，如图 3-27 所示。

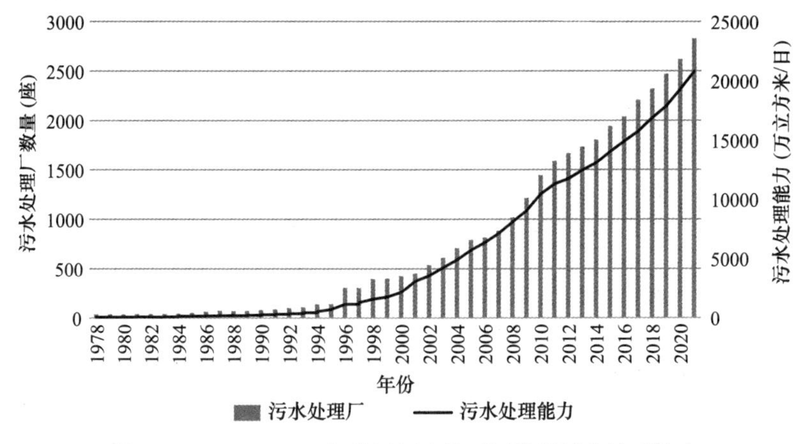


图 3-27　1991～2021 年我国污水处理厂数量污水处理能力

相应地，全国城市平均污水处理率从 1991 年的 14.86%增长到 2021 年的 97.89%。从图 3-28 可以发现，从 1991 年至 2010 年，全国城市污水处理率一直处于平稳上升期，2010 年之后增速趋于平缓，我国污水处理能力已经达到相当高的水平。

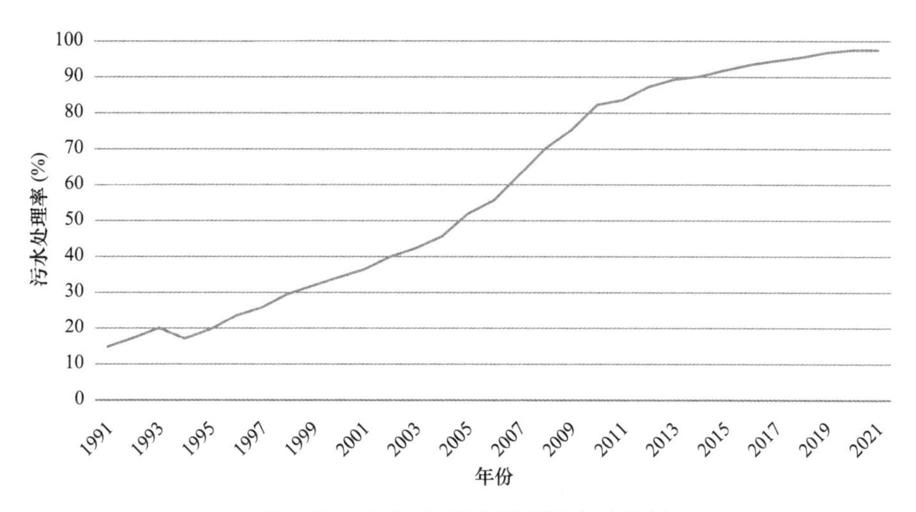


图 3-28　1991～2021 年我国污水处理率

1991～2021 年，我国污水处理能力和污水处理量不断提高。如图 3-29 所示，在 2003 年，我国污水处理能力开始超过日污水日处理量，数值为 4254 万立方米/日，此后二者差距逐年扩大。

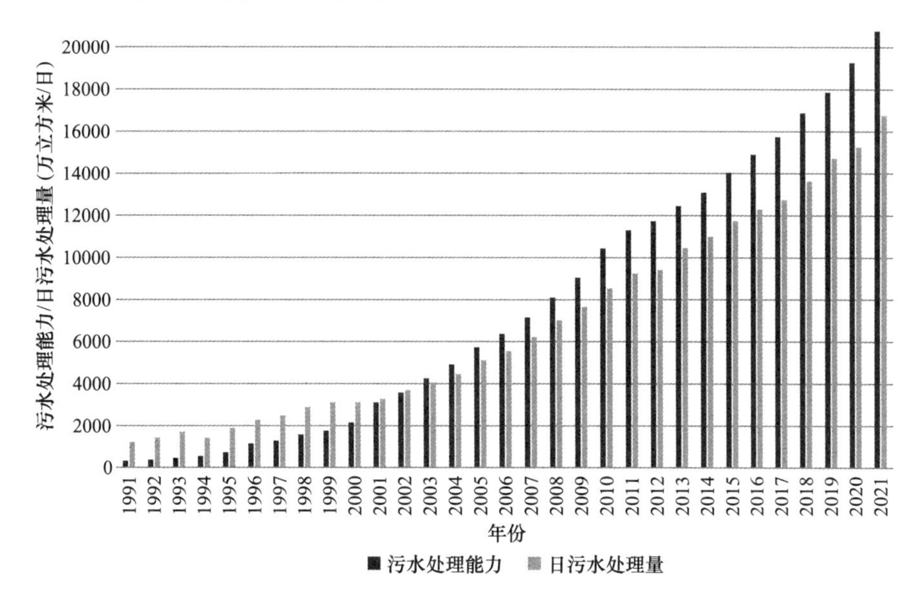


图 3-29　1991～2021 年我国污水处理能力和日污水处理量比较图

分地区看，东、中、西部地区污水处理厂的分布极不均衡，如表 3-8 所示。截至 2021 年底，东部地区各省（区、市）拥有的污水处理厂数量平均超 120 座，但中、西部地区各省（区、市）平均拥有的污水处理厂数量分别为 92 座和 58 座。

**2021 年各地区污水处理厂平均数量　　表 3-8**

| 地区 | 污水处理厂平均数量（座） |
|---|---|
| 全国 | 86.48 |
| 东部地区 | 124.9 |
| 中部地区 | 92 |
| 西部地区 | 58 |

从各省（区、市）的情况来看，目前已建成的污水处理厂数量最多的省（区、市）是广东，共 343 座，其次是山东、江苏、四川、辽宁和河南，分别为 229 座、215 座、196 座、137 座和 121 座，这也是目前我国已建成污水处理厂不低于 120 座的 6 个省（区、市）。西藏、新疆和青海的污水处理厂数量最少，每地不足 20 座，特别是西藏，只有 10 座污水处理厂。尤为值得一提的是海南，作为东部地区的省份，其污水处理厂也只有 27 座，主要是由于海南以农业和旅游业为主，工业占比小，全省自身的环境容量较大、水污染较少，因此污水处理厂建设的迫切性远小于东部地区其他省（区、市），具体如表 3-9 和图 3-30 所示。

**2021 年全国及各省（区、市）建成污水处理厂数量　　表 3-9**

| 地区 | 污水处理厂数量（座） | 地区 | 污水处理厂数量（座） |
|---|---|---|---|
| 全国 | 2827 | 黑龙江 | 73 |
| 北京 | 75 | 安徽 | 96 |
| 天津 | 44 | 江西 | 79 |
| 河北 | 96 | 河南 | 121 |
| 辽宁 | 137 | 湖北 | 110 |
| 上海 | 42 | 湖南 | 99 |
| 江苏 | 215 | 重庆 | 85 |
| 浙江 | 115 | 四川 | 196 |
| 福建 | 63 | 贵州 | 103 |
| 山东 | 229 | 云南 | 71 |
| 广东 | 343 | 西藏 | 10 |
| 广西 | 73 | 陕西 | 67 |
| 海南 | 27 | 甘肃 | 30 |
| 山西 | 49 | 青海 | 14 |
| 内蒙古 | 40 | 宁夏 | 23 |
| 吉林 | 51 | 新疆 | 51 |

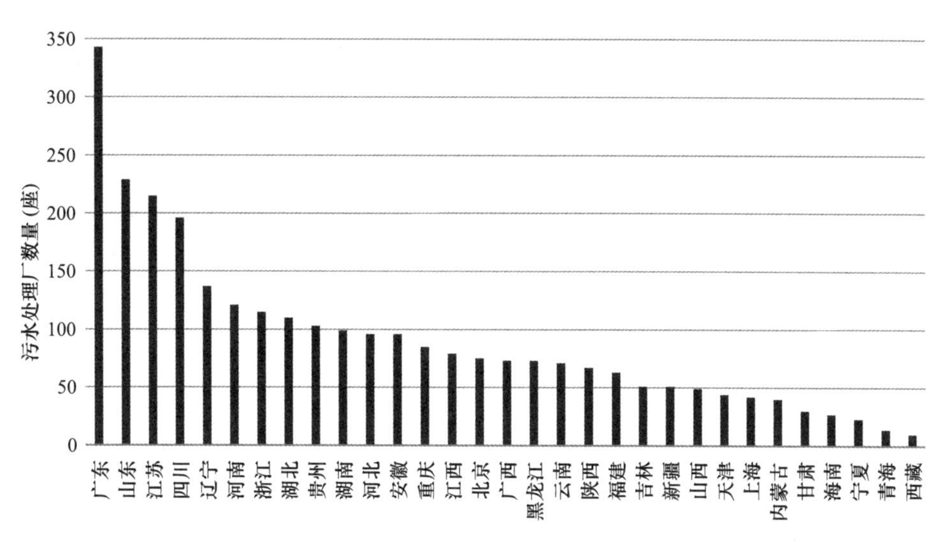


图 3-30 2021 年我国各省（区、市）建成污水处理厂数量

从表 3-10 和图 3-31 统计的污水处理量情况来看，污水处理量最大的省（区、市）是广东，为 904175.53 万立方米，其次是江苏、山东、浙江、辽宁，分别为 472710.05 万立方米、358254.06 万立方米、375014.65 万立方米、318013.43 万立方米，污水处理量均超过了 30 万立方米。青海和西藏的污水处理量最少，不足两万立方米，其中西藏的污水处理量仅 9106.31 万立方米。作为东部省份之一的海南，也因为该地区以农业和旅游业为主导产业，污水处理量也较小，仅 40862.10 万立方米。

2021 年全国及各省（区、市）污水处理量　　表 3-10

| 地区 | 污水处理量（万立方米） | 地区 | 污水处理量（万立方米） |
|---|---|---|---|
| 全国 | 6015749.44 | 江西 | 122516.13 |
| 安徽 | 219406.56 | 辽宁 | 318013.43 |
| 北京 | 202580.69 | 内蒙古 | 62830.31 |
| 福建 | 154055.91 | 宁夏 | 28829.49 |
| 甘肃 | 47417.83 | 青海 | 17314.96 |
| 广东 | 904175.53 | 山东 | 358254.06 |
| 广西 | 152007.67 | 山西 | 105739.44 |
| 贵州 | 100159.63 | 陕西 | 162416.92 |
| 海南 | 40862.10 | 上海 | 225939.35 |
| 河北 | 152424.98 | 四川 | 272219.10 |
| 河南 | 252084.30 | 天津 | 114038.00 |

续表

| 地区 | 污水处理量（万立方米） | 地区 | 污水处理量（万立方米） |
|---|---|---|---|
| 黑龙江 | 121635.83 | 西藏 | 9106.31 |
| 湖北 | 292766.92 | 新疆 | 74946.13 |
| 湖南 | 255239.02 | 云南 | 118415.13 |
| 吉林 | 134477.90 | 浙江 | 375014.65 |
| 江苏 | 472710.05 | 重庆 | 148151.11 |

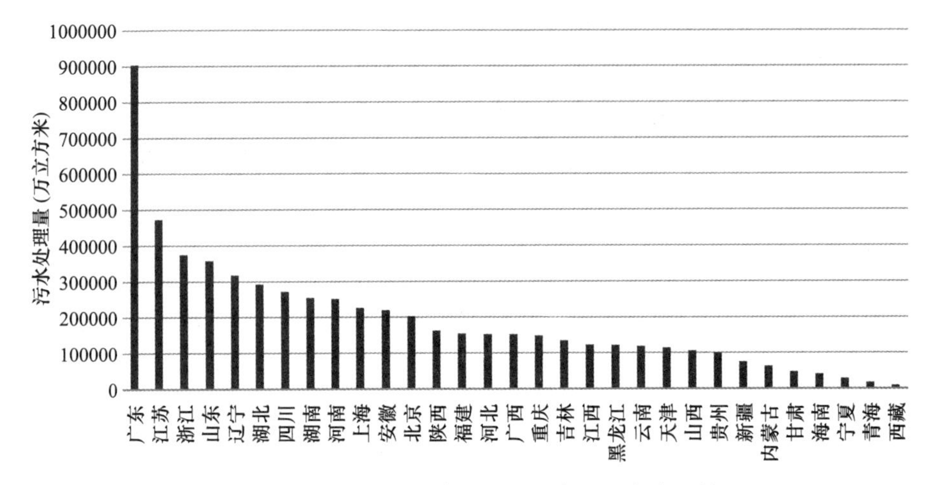


图 3-31　2021 年我国各省（区、市）污水处理量

全国各地区的污水处理率均已达到较高水平，如表 3-11 所示。2021 年全国各地区的污水处理率均在 97%左右，其中东部地区最低，为 97.35%，中、西部地区的污水处理率都超过了 97%，分别为 98.20%和 97.42%。

**2021 年各地区污水处理率**　　　　**表 3-11**

| 地区 | 污水处理率（%） |
|---|---|
| 全国 | 97.39 |
| 东部地区 | 97.35 |
| 中部地区 | 98.20 |
| 西部地区 | 97.42 |

从各省（区、市）的污水处理率情况来看，大部分省（区、市）的污水处理率均超过了 90%。2021 年污水处理率最高的是海南，为 99.64%，其次是河南、广西、河北、重庆，分别为 99.21%、99.14%、99.07%、98.88%。具体如表 3-12 和图 3-32 所示。

2021年全国及各省（区、市）污水处理率 表3-12

| 地区 | 污水处理率 | 地区 | 污水处理率 |
|---|---|---|---|
| 全国 | 97.89% | 江西 | 98.10% |
| 安徽 | 97.14% | 辽宁 | 98.46% |
| 北京 | 97.19% | 内蒙古 | 97.87% |
| 福建 | 98.28% | 宁夏 | 98.24% |
| 甘肃 | 97.27% | 青海 | 95.72% |
| 广东 | 98.39% | 山东 | 98.39% |
| 广西 | 99.14% | 山西 | 98.40% |
| 贵州 | 98.47% | 陕西 | 97.10% |
| 海南 | 99.64% | 上海 | 96.89% |
| 河北 | 99.07% | 四川 | 96.41% |
| 河南 | 99.21% | 天津 | 96.82% |
| 黑龙江 | 96.82% | 西藏 | 83.51% |
| 湖北 | 97.75% | 新疆 | 97.32% |
| 湖南 | 98.63% | 云南 | 98.13% |
| 吉林 | 97.60% | 浙江 | 97.92% |
| 江苏 | 96.97% | 重庆 | 98.88% |

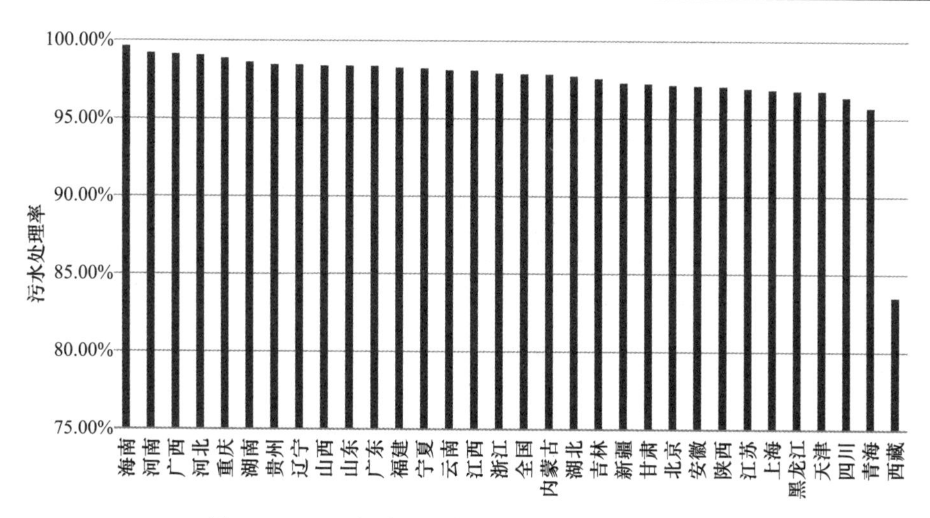


图3-32 2021年全国及各省（区、市）污水处理率

然而，不能简单地以污水处理率的高低来判断一个地区的污水是否达到全收集全处理，因为一些地区的污水处理厂处理的并不是排水管网收集的生活或工业污水，而是大量的雨水甚至是溢流的河水，导致污水处理量虚高，表现出

来的结果就是污水处理率较高。

## 二、污泥无害化处理处置

近年来，我国先后颁布了城镇污水处理厂污泥处理处置的一系列国家和行业标准，发布了《城镇污水处理厂污泥处理处置及污染防治技术政策（试行）》《城镇污水处理厂污泥处理处置技术指南（试行）》，明确了污泥处理处置“减量化、稳定化、无害化、资源化”的原则。

从表 3-13 来看，随着我国污水处理量的增加，从 2007 年开始，我国干污泥产生量和干污泥处置量快速上升，并在 2010 年都达到了较高的水平，首次超过了 1000 万吨，而 2011 年干污泥产生量和干污泥处置量又回落到 600 多万吨，此后呈现出整体上升的趋势。每万立方米污水的干污泥产生量在 2010 年达到最高点（3.31 吨/万立方米），2011 年迅速下降到 2 吨/万立方米以下，直至 2017 年才重新回升。我国干污泥处置率总体基本保持在 95%以上，最高水平为 2010 年的 98.45%，仅 2013 年、2015 年和 2017 年在 95%以下，分别为 94.27%，94.98%和 90.34%，如图 3-33 所示。2021 年，我国累计产生干污泥 14229014.63 吨，每万立方米污水的干污泥产生量为 2.32 吨/万立方米，干污泥处置量为 13773922.87 吨，干污泥处置率为 96.8%。与 2020 年相比，2021 年污水处理量、干污泥产生量和干污泥处置量均有所提高，分别增长了 546174.08 万立方米、2601336.48 吨和 2613701.19 吨。每万立方米污水的干污泥产生量从 2020 年的 2.10 吨/万立方米增加为 2020 年的 2.32 吨/万立方米，2021 年干污泥处置率较 2020 年上升了 0.82%，从 95.98%变为 96.8%。

2007～2021 年全国干污泥处理总体情况　　表 3-13

| 年份 | 污水处理量（万立方米） | 干污泥产生量（吨） | 干污泥处置量（吨） |
|---|---|---|---|
| 2007 | 2269847 | 5414316 | 5148040 |
| 2008 | 2560041 | 6601709 | 6392444 |
| 2009 | 2793457 | 8926100 | 8734903 |
| 2010 | 3117032 | 10322692 | 10162455 |
| 2011 | 3376104 | 6500366 | 6357094 |
| 2012 | 3437868 | 6550551 | 6391019 |
| 2013 | 3818948 | 6555644 | 6180004 |
| 2014 | 4016198 | 7115301 | 6812987 |
| 2015 | 4288251 | 7462862 | 7087960 |

续表

| 年份 | 污水处理量（万立方米） | 干污泥产生量（吨） | 干污泥处置量（吨） |
|---|---|---|---|
| 2016 | 4487944 | 7997232 | 7606166 |
| 2017 | 4654910 | 10530970 | 9513973 |
| 2018 | 4976126 | 11758781 | 11290401 |
| 2019 | 5258499 | 11027271 | 10638201 |
| 2020 | 5572782.02 | 11627678.15 | 11160221.68 |
| 2021 | 6118956.1 | 14229014.63 | 13773922.87 |

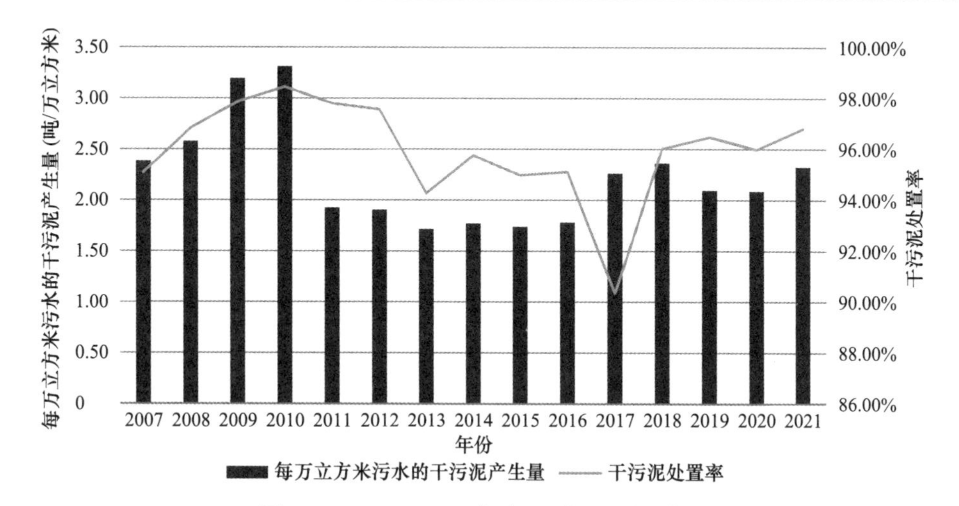


图 3-33　2007～2021 年全国干污泥处理能力

从地区情况看，东、中、西部地区干污泥产生量和干污泥处置量极不平衡，如表 3-14 所示。截至 2021 年底，东部地区干污泥产生量为 7458173.03 吨，约为中部地区的 2.76 倍和西部地区的 2.45 倍。而东部地区的干污泥处置量为 7431455.81 吨，约为中、西部地区的 2.78 倍和 2.73 倍。

**2021 年全国各地区干污泥产生量和干污泥处置量　　表 3-14**

| 地区 | 干污泥产生量（吨） | 干污泥处置量（吨） |
|---|---|---|
| 东部地区 | 7458173.03 | 7431455.81 |
| 中部地区 | 2697741.58 | 2676618.77 |
| 西部地区 | 3049120.21 | 2720326.43 |

由于发展水平的差异，我国各省（区、市）的干污泥产生量和干污泥处置量存在一定的差距，如表 3-15、图 3-34 及图 3-35 所示。在干污泥产生量方面，北京位居第一，产生了 1824599.81 吨，广东、江苏、浙江位居第二、第三、第四名，都在 100 万吨以上，而西藏是所有省（区、市）中干污泥产生量最少的，

仅 7313.34 吨。在干污泥处置量方面，北京仍遥遥领先，处置量为 1825128.00 吨，广东、江苏、浙江紧随其后，仅有两个省（区、市）干污泥处置量没有达到 1 万吨，即重庆和西藏，分别处置了 1754.00 吨和 7255.34 吨。

2020 年我国各省（区、市）干污泥产生量和干污泥处置量　　表 3-15

| 省（区、市） | 干污泥产生量（吨） | 干污泥处置量（吨） |
|---|---|---|
| 安徽 | 309734.47 | 301246.37 |
| 北京 | 1824599.81 | 1825128.00 |
| 福建 | 273090.80 | 266781.96 |
| 甘肃 | 126547.76 | 119798.06 |
| 广东 | 1353302.12 | 1356895.01 |
| 广西 | 339198.97 | 338018.90 |
| 贵州 | 162459.66 | 165009.03 |
| 海南 | 71885.03 | 71852.43 |
| 河北 | 364742.32 | 362078.07 |
| 河南 | 783822.78 | 778875.10 |
| 黑龙江 | 236167.19 | 227383.79 |
| 湖北 | 425690.47 | 425384.06 |
| 湖南 | 786078.97 | 781670.85 |
| 吉林 | 209873.64 | 208111.69 |
| 江苏 | 1140520.87 | 1125673.21 |
| 江西 | 157012.11 | 154800.42 |
| 辽宁 | 547134.83 | 485175.23 |
| 内蒙古 | 277871.81 | 246097.67 |
| 宁夏 | 54392.65 | 53883.37 |
| 青海 | 28146.75 | 28145.75 |
| 山东 | 832044.65 | 828883.60 |
| 山西 | 235402.78 | 234641.97 |
| 陕西 | 910368.66 | 905287.28 |
| 上海 | 446661.50 | 446661.40 |
| 四川 | 469357.67 | 459429.87 |
| 天津 | 171478.00 | 170212.00 |
| 西藏 | 7313.34 | 7255.34 |
| 新疆 | 226412.70 | 222752.06 |
| 云南 | 175375.47 | 172895.10 |
| 浙江 | 979847.93 | 977290.13 |
| 重庆 | 271674.77 | 1754.00 |

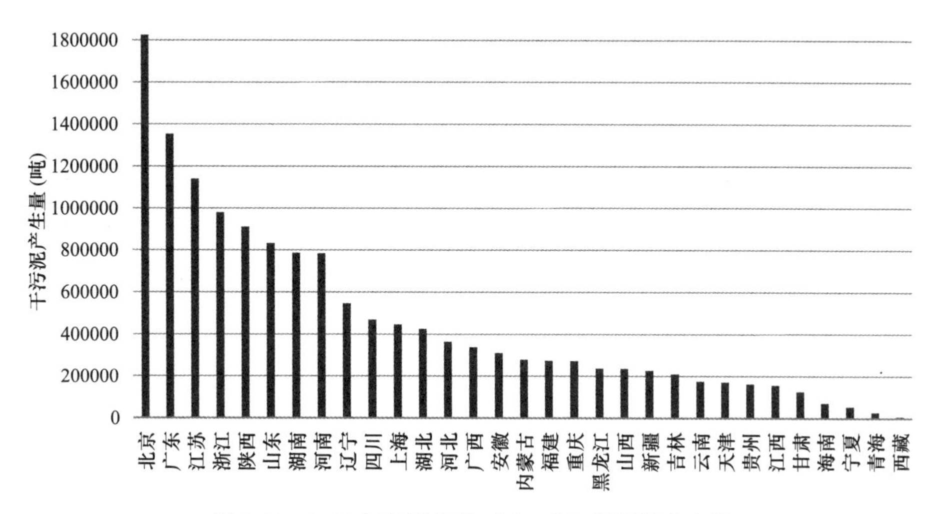


图 3-34　2021 年我国各省（区、市）干污泥产生量

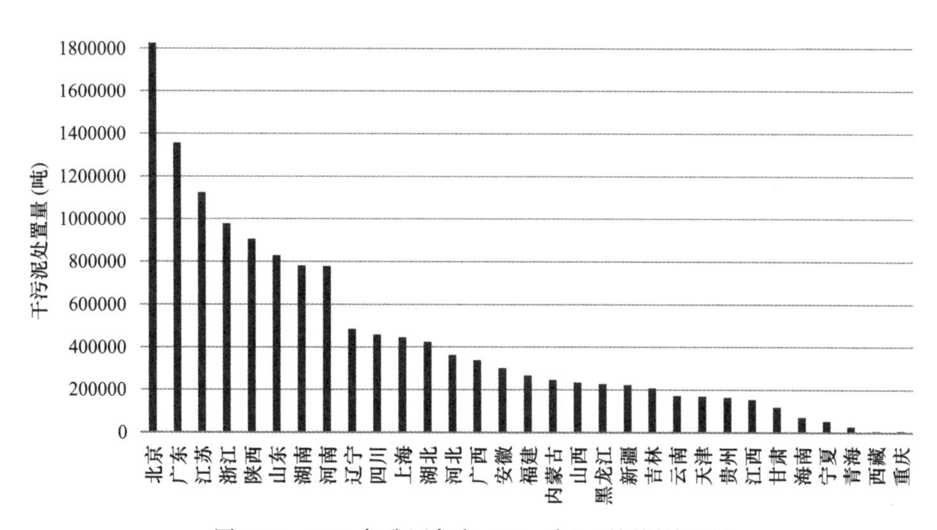


图 3-35　2021 年我国各省（区、市）干污泥处置量

从图 3-36 来看，我国各省（区、市）的干污泥处置能力也存在明显差距。北京每万立方米污水的干污泥产生量位列第一，高达 8.86 吨/万立方米，其余省（区、市）均在 6 吨/万立方米以下，湖北、江西、西藏的每万立方米污水的干污泥产生量均低于 1.4 吨/万立方米，分别为 1.35 吨/万立方米、1.27 吨/万立方米、0.8 吨/万立方米，位于全国各省（区、市）的最后三位。全国大部分省（区、市）的干污泥处置率都在 90%以上，其中广西、广东、海南、上海、浙江 5 个省（区、市）的干污泥处置率均在 100%左右。

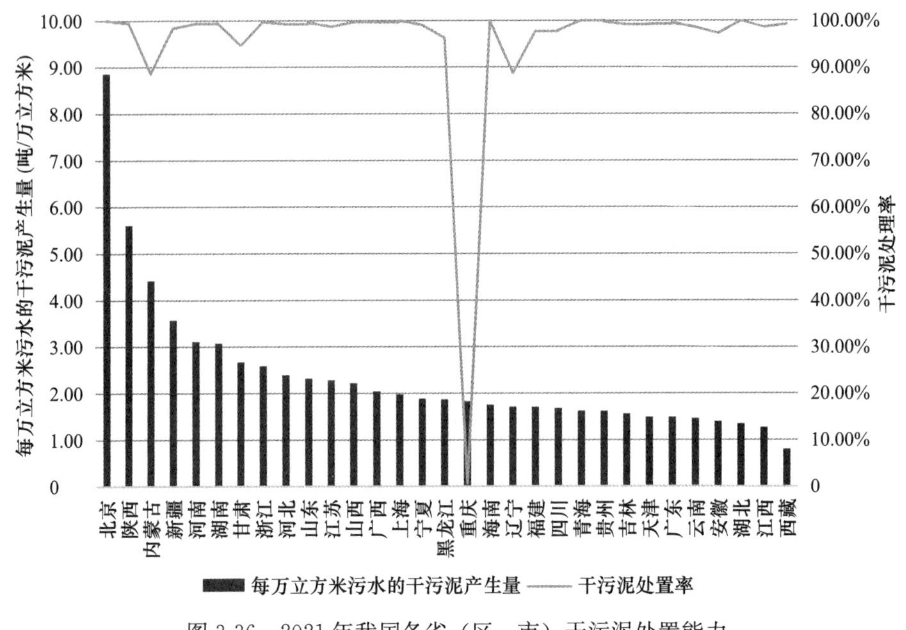


图 3-36　2021 年我国各省（区、市）干污泥处置能力

## 三、污水再生利用

污水经深度处理后再生利用，不仅是节约水资源的重要手段，也是促进源头减排的重要措施，我国污水再生利用规模不断扩大。2021 年，全国污水再生利用规模已增至 7134.9 万立方米/日，较 2020 年的 6095.2 万立方米/日增长了约 17.06%，再生利用量增长至约 161.05 亿立方米，较 2019 年增长了约 18.96%，如表 3-16 和图 3-37 所示。尽管再生水利用规模和再生水利用量近年来有了一定增长，但由于再生水管线等配套设施建设不完善、运营经验缺乏导致再生水水质稳定性和可靠性不足、加之尚未形成有效的激励机制，导致我国污水再生利用工作尚处于起步阶段，工程建设和运行规模有待进一步提高。

2007～2021 年我国再生水利用规模及再生水利用量　　表 3-16

| 年份 | 再生水利用规模（万立方米/日） | 再生水利用量（万立方米） |
|---|---|---|
| 2007 | 970.2 | 158630 |
| 2008 | 2020.2 | 336195 |
| 2009 | 1153.1 | 239951 |
| 2010 | 1082.1 | 337469 |

续表

| 年份 | 再生水利用规模（万立方米/日） | 再生水利用量（万立方米） |
|---|---|---|
| 2011 | 2193.5 | 268340 |
| 2012 | 1452.7 | 320796 |
| 2013 | 1760.7 | 354181 |
| 2014 | 2065.3 | 363460 |
| 2015 | 2316.7 | 444943 |
| 2016 | 2762.4 | 452698 |
| 2017 | 3587.9 | 713421 |
| 2018 | 3578.0 | 854507 |
| 2019 | 4428.9 | 1160784 |
| 2020 | 6095.2 | 1353832 |
| 2021 | 7134.9 | 1610515 |

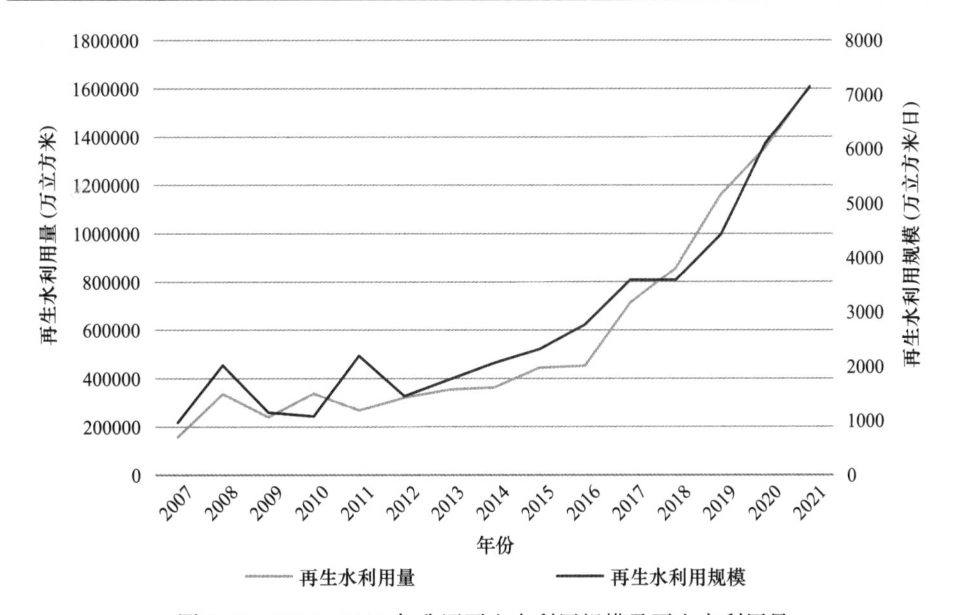


图 3-37　2007～2020 年我国再生水利用规模及再生水利用量

从不同地区再生水利用规模和再生水利用量的情况来看，（表 3-17）2021 年东部地区的再生水利用规模和再生水利用量明显优于中、西部地区。其中，东部地区的再生水利用规模约为中部地区的 2.79 倍，是西部地区的 4.13 倍；在再生水利用量上，东部地区更是远高于中、西部地区，其再生水利用量是中部地区的 2.89 倍，是西部地区的 3.83 倍。

2021 年我国东、中、西部地区再生水利用规模及再生水利用量　　表 3-17

| 地区 | 再生水利用规模（万立方米/日） | 再生水利用量（万立方米） |
|---|---|---|
| 东部地区 | 4163.06 | 932123.48 |
| 中部地区 | 1489.80 | 322289.91 |
| 西部地区 | 1007.70 | 243313.00 |

我国各省（区、市）受自身发展水平影响，再生水利用规模和再生水利用量有较大差异。除上海和西藏未统计再生水利用规模和再生水利用量的数据、江西未统计再生水利用规模的数据以外，其余地区的数据如表 3-18、图 3-38 及图 3-39 所示。在再生水利用规模方面，广东位居第一，为 1024.69 万立方米/日，山东、北京、江苏分别位居第二、第三、第四名，都在 500 万立方米/日以上。在再生水利用量方面，广东遥遥领先，再生水利用量为 373255.72 吨，是第二名的 2.19 倍，山东、江苏、河南紧随其后，4 个省份的再生水利用量均超过了 100000 万立方米。在参与统计的地区中，仅重庆的再生水利用量为 1594.83，是唯一一个再生水利用量没有达到 2000 万立方米的地区。

2021 年我国各地区再生水利用规模和再生水利用量　　表 3-18

| 地区 | 再生水利用规模（万立方米/日） | 再生水利用量（万立方米） |
|---|---|---|
| 安徽 | 340.32 | 99882.06 |
| 北京 | 707.90 | 55158.96 |
| 福建 | 206.66 | 35148.84 |
| 甘肃 | 61.40 | 7327.95 |
| 广东 | 1024.69 | 373255.72 |
| 广西 | 89.00 | 30069.57 |
| 贵州 | 37.60 | 4457.39 |
| 海南 | 21.83 | 2942.30 |
| 河北 | 488.18 | 75968.67 |
| 河南 | 551.80 | 107241.46 |
| 黑龙江 | 48.60 | 18216.51 |
| 湖北 | 252.41 | 56187.83 |
| 湖南 | 100.56 | 31477.67 |
| 吉林 | 103.76 | 22808.99 |
| 江苏 | 592.42 | 140597.53 |

续表

| 地区 | 再生水利用规模（万立方米/日） | 再生水利用量（万立方米） |
| --- | --- | --- |
| 江西 | — | 2965.13 |
| 辽宁 | 284.52 | 65135.67 |
| 内蒙古 | 175.31 | 27708.70 |
| 宁夏 | 58.75 | 9017.62 |
| 青海 | 19.08 | 4040.62 |
| 山东 | 757.38 | 170527.76 |
| 山西 | 244.71 | 24535.76 |
| 陕西 | 142.78 | 39727.62 |
| 上海 | — | — |
| 四川 | 196.09 | 50810.65 |
| 天津 | 172.20 | 38772.20 |
| 西藏 | — | — |
| 新疆 | 170.58 | 29112.28 |
| 新疆兵团 | 37.50 | 6627.93 |
| 云南 | 43.10 | 39445.77 |
| 浙江 | 191.80 | 39751.50 |
| 重庆 | 14.01 | 1594.83 |

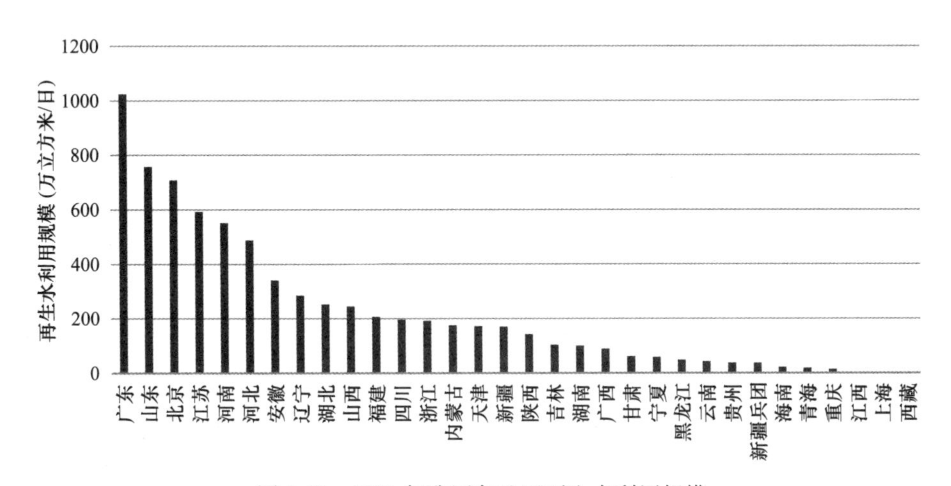


图 3-38　2021 年我国各地区再生水利用规模

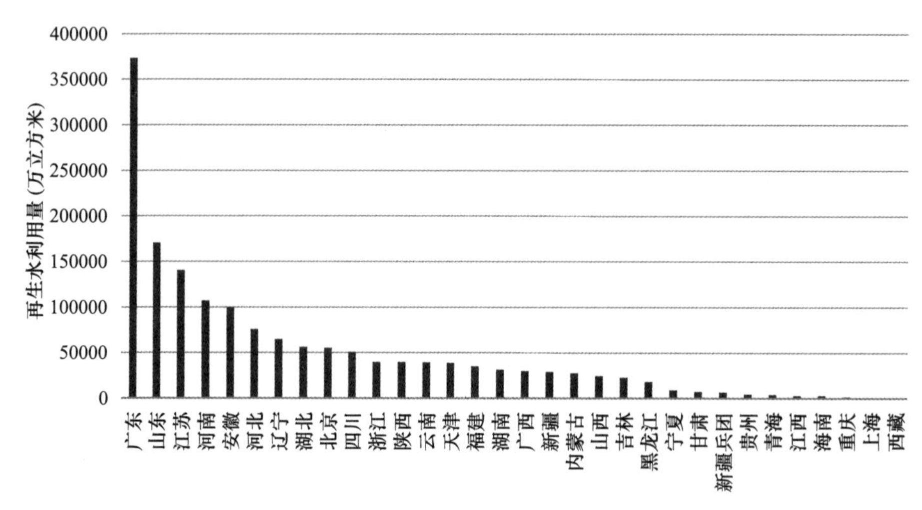


图 3-39　2021 年我国各地区再生水利用量

# 第三节　排水与污水处理行业发展成效

近年来，我国污水处理行业持续、稳定发展，不仅是污水处理能力和规模得到了稳步增长，而且污水处理技术不断更新迭代，对于 COD（化学需氧量）、氨、氮等主要污染物的削减能力和效率不断提升，出水水质标准不断提高，人均污水处理能力不断增长，资产产出比虽然近几年有所下降，但行业的盈利能力总体向好，污水处理企业竞争力逐步增强。

## 一、污水处理技术

进入 21 世纪，我国污水处理技术迅猛发展，由一线城市带领二、三线城市一起发展，淘汰掉高消耗、高污染的落后生产力，污水处理工程技术和设计从最初的全面引进国外到目前的拥有复杂污水处理工程技术自主知识产权，而且装备水平不断提高。特别是国家通过设立水体污染控制与治理科技重大专项、973、863 等重大科技计划的研发投入和支持，不断完善城镇污水处理及污泥处置技术标准体系，积极推动污水处理及再生利用、污泥处理处置及资源化利用等关键技术的研发、示范和推广，在污水处理、污泥处理、黑臭水体治理、海绵城市等领域不断取得新的技术创新与突破。行业主管部门通过加快制定有关技术的评价标准体系和方法、加强技术指导等多种方式，围绕提高城镇污水处理设施建设及运营管理的需要，不断加强污水处理相关专业技术人才、管理人才的建设和培养。

2010年以来，我国采用二、三级污水处理技术的污水处理厂占比逐渐增加，特别是一些水环境敏感地区和经济发达地区，加强了对部分已建污水处理设施的升级改造，大力改造除磷脱氮功能欠缺、不具备生物处理能力的污水处理厂，重点改造设市城市和发达地区、重点流域以及重要水源地等敏感水域地区的污水处理厂，进一步提高对主要污染物的削减能力。目前，我国九成左右污水处理厂是二、三级污水处理厂，九成左右污水处理厂出水水质达到一级以上标准。

根据《中国城市建设统计年鉴 2022》，2006～2021年我国二、三级污水处理厂的数量和处理能力双双大幅增长，二、三级污水处理厂的数量从2006年的689座增加到2021年的2640座，增幅达283.16％，污水处理能力也相应地从2006年的5424.9万立方米/日增长至2021年的19733.21万立方米/日，增幅达263.75％，如图3-40所示。

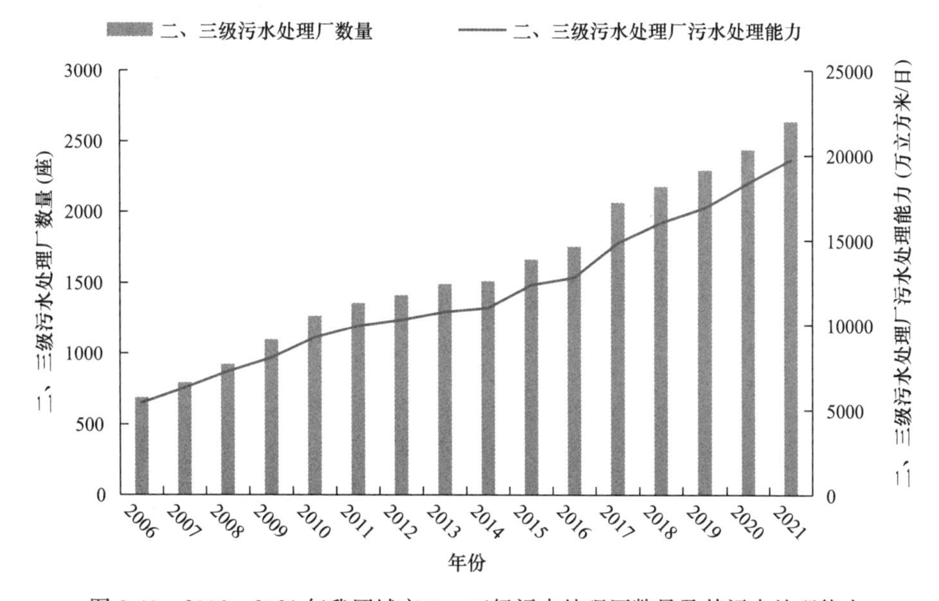


图3-40 2006～2021年我国城市二、三级污水处理厂数量及其污水处理能力

如图3-41所示，2006～2008年，二、三级污水处理厂数量占比增长了将近7个百分点，而之后占比逐年下降，2010～2016年，二、三级污水处理厂的数量占比基本稳定在85％左右，2018年数量占比最高，达到93.88％，2019年小幅下滑后2021年又达到93.39％；二、三级污水处理厂污水处理量与污水处理能力的占比变化趋势相似，2020年二、三级污水处理厂的污水处理量和污水处理能力的占比最高，达到95.27％和95.21％，2021年污水处理量和污水处理能

力占比小幅下降，分别为95.10%和95.02%，污水处理能力近3年的占比较稳定，均处于94%到95%。

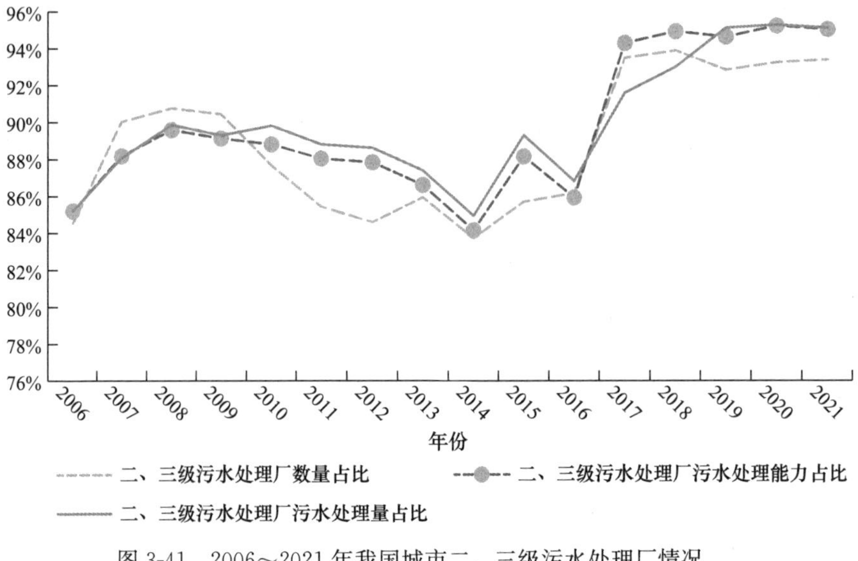


图 3-41　2006～2021 年我国城市二、三级污水处理厂情况

比较2021年我国各省（区、市）的二、三级污水处理厂的数量，如图3-42所示，广东的二、三级污水处理厂数量位于全国之首，为327座，山东、江苏、四川、浙江、河南、湖北以及贵州的二、三级污水处理厂数量均超过100座，位于全国前列；甘肃、海南、宁夏、青海和西藏这几个省（区、市）的二、三级污水处理厂数量均少于30座，数量较少；其余省（区、市）的二、三级污水处理厂数量处于30～100座。

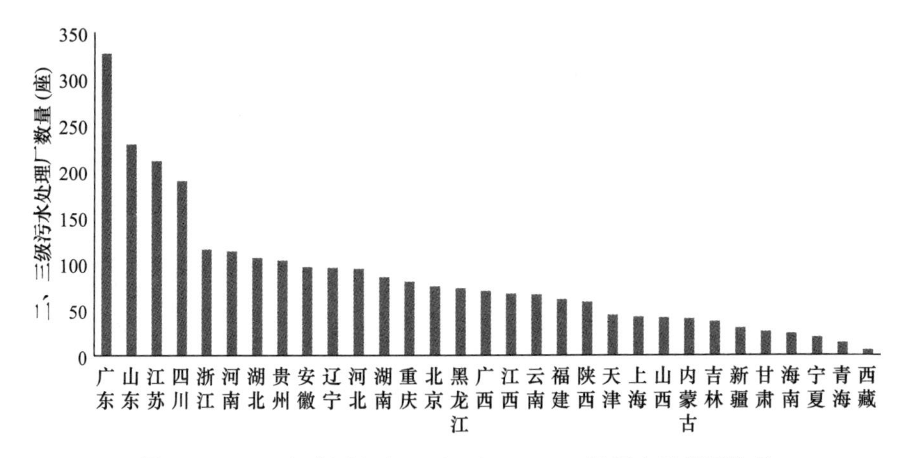


图 3-42　2021 年我国各省（区、市）二、三级污水处理厂数量

如图 3-43 所示，从我国各个省（区、市）的二、三级污水处理厂的污水处理能力来看，广东的二、三级污水处理厂的污水处理能力远超其他省（区、市），以 2790.17 万立方米/日位居全国第一；江苏、山东、浙江、河南、四川、湖北、上海和辽宁的二、三级污水处理厂的污水处理能力均超过 800 万立方米/日，位于全国前列；新疆、甘肃、海南、宁夏、青海和西藏的二、三级污水处理厂的污水处理能力较弱，低于 200 万立方米/日；其余省（区、市）的二、三级污水处理厂的污水处理能力在 200～800 万立方米/日之间，处于全国中等水平。

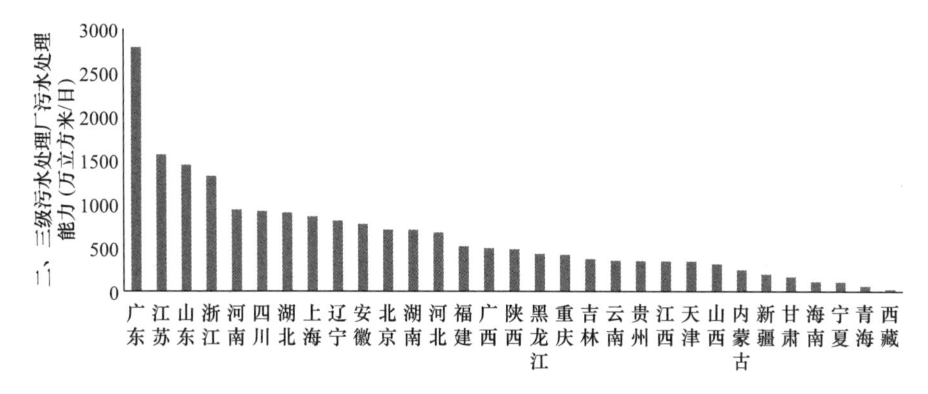


图 3-43　2021 年我国各省（区、市）二、三级污水处理厂污水处理能力

## 二、人均污水处理能力

人均污水处理量是污水处理企业处理能力与城市用水人口数的比值，反映的是以城市人口数量为基数的城市相对污水处理能力。如图 3-44 所示，近些年我国人均污水处理能力基本呈增长趋势，2001 年人均污水处理能力为 0.07［立方米/(日・人)］，到 2021 年已增长至 0.18［立方米/(日・人)］，总体增长了 157%。由此来看，相比于不断增长的城市人口，我国污水处理行业的处理能力呈现出明显的增强。

比较 2021 年我国各省（区、市）的人均污水处理能力，如图 3-45 所示。由图 3-45 可知，北京、辽宁、上海、天津、广东、吉林、湖北、浙江和江苏地区的人均污水处理能力超过 0.2［立方米/(日・人)］，位于全国前列，其中北京市以 0.29［立方米/(日・人)］居全国之首，除了甘肃、河北的人均污水处理能力分别为 0.1［立方米/(日・人)］、0.09［立方米/(日・人)］，其他省（区、市）的人均污水处理能力均处于 0.1～0.2［立方米/(日・人)］。

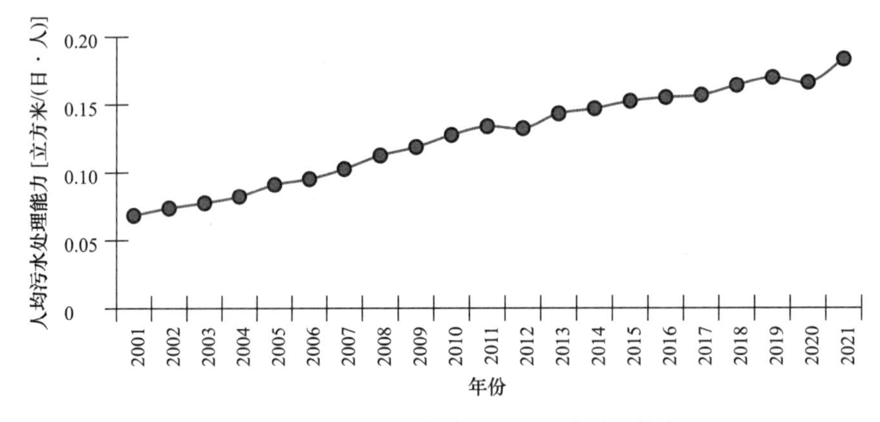


图 3-44　2001～2021 年我国人均污水处理能力

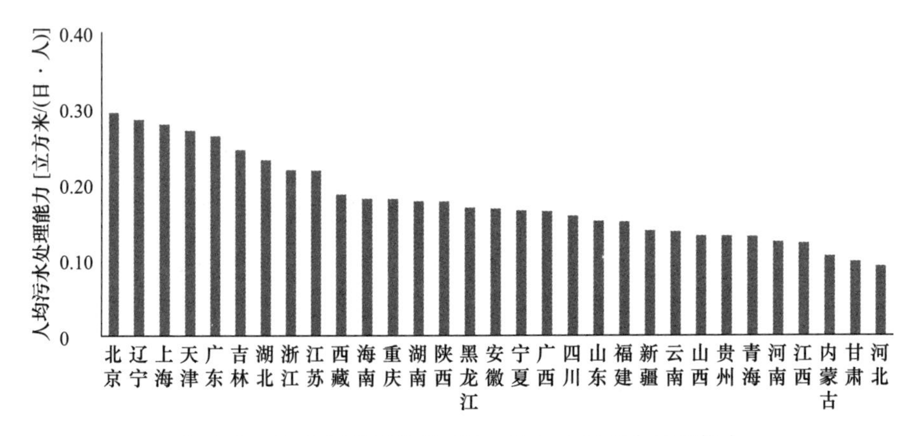


图 3-45　2021 年我国各省（区、市）人均污水处理能力

## 三、污水处理厂出水水质

从污水处理厂的出水水质来看，氧化沟、AAO、SBR 等处理工艺在全国得到了普遍应用，部分发达地区污水处理厂的出水水质不断提高，尤其是 2014 年以前，出水水质标准为一级的污水处理厂数量占比逐年增大，2014 年达到 16.27%，相对地，出水水质标准为二、三级的污水处理厂数量占比逐年下降。由于统计口径的差异，《中国城市建设统计年鉴（2021）》中不再区分一级 A 和一级 B 污水处理厂，仅统计二级和三级污水处理厂，因此将污水处理厂总数减去二、三级污水处理厂数量视为一级污水处理厂数量。2021 年，出水水质标准为一级的污水处理厂数量占比仅有 6.61%，出水水质标准为二、三级的污水处理厂数量占比达到 93.39%。具体如表 3-19 所示。

2007～2021年各类出水标准的污水处理厂数量与比例　　表3-19

| 年份 | 一级污水处理厂 | | 二、三级污水处理厂 | |
|---|---|---|---|---|
| | 数量（座） | 比例 | 数量（座） | 比例 |
| 2007 | 88 | 9.97% | 795 | 90.03% |
| 2008 | 100 | 9.82% | 918 | 90.18% |
| 2009 | 116 | 9.56% | 1098 | 90.44% |
| 2010 | 178 | 12.33% | 1266 | 87.67% |
| 2011 | 231 | 14.55% | 1357 | 85.45% |
| 2012 | 257 | 15.39% | 1413 | 84.61% |
| 2013 | 244 | 14.06% | 1492 | 85.94% |
| 2014 | 294 | 16.27% | 1513 | 83.73% |
| 2015 | 278 | 14.30% | 1666 | 85.7% |
| 2016 | 282 | 13.83% | 1757 | 86.17% |
| 2017 | 144 | 6.52% | 2065 | 93.48% |
| 2018 | 142 | 6.12% | 2179 | 93.88% |
| 2019 | 177 | 7.16% | 2294 | 92.84% |
| 2020 | 177 | 6.76% | 2441 | 93.24% |
| 2021 | 187 | 6.61% | 2640 | 93.39% |

# 第四节　排水与污水处理行业城乡一体化发展

## 一、排水与污水处理行业城乡一体化发展的政策导向

### （一）县城和建制镇污水处理的政策导向

随着以人为核心的新型城镇化的稳步推进，“十三五”以来，中国新型城镇化取得重大进展，城镇化水平和质量大幅提升，2020年末全国常住人口城镇化率达到63.89%，排水与污水处理设施覆盖范围和均等化水平显著提高，水生态环境质量不断提高。然而，我国即使基本实现城镇化，仍将有4亿左右的人口生活在农村。促进城乡融合发展，任重道远。

根据《“十四五”新型城镇化实施方案》，“十四五”期间，将深入推进以县城为重要载体的城镇化建设，推进市政公用设施提档升级，推进县乡村功能衔接互补，促进县城基础设施和公共服务向乡村延伸覆盖，增强县城对乡村的辐

射带动能力。对于远离城市的小城镇，要进一步完善基础设施和公共服务，增强服务乡村、带动周边功能，发展成为综合性小城镇。同时，要以县域为基本单元推动城乡融合发展，推进城镇基础设施向乡村延伸、公共服务和社会事业向乡村覆盖。通过推动城乡基础设施统一规划、统一建设、统一管护，促进城镇基础设施向城郊乡村和规模较大中心镇延伸。在有条件地区推进城乡一体化。推进城镇基础设施建设运营单位开展统一管护，鼓励引入市场化管护企业。

城镇污水处理设施作为推进新型城镇化建设中的一项重要内容，国家在2021年印发的《"十四五"城镇污水处理及资源化利用发展规划》中，对县城和建制镇的污水处理设施建设提出了具体的发展方向和目标。要求到2025年，县城污水处理率达到95%以上；水环境敏感地区污水处理基本达到一级A排放标准；县城污泥无害化、资源化利用水平进一步提升，长江经济带、黄河流域、京津冀地区建制镇污水收集处理能力、污泥无害化处置水平明显提升。到2035年，城镇污水处理能力全覆盖，全面实现污泥无害化处置，污水污泥资源化利用水平显著提升，城镇污水得到安全高效处理，全民共享绿色、生态、安全的城镇水生态环境。

在污水处理管网建设方面，要加快建设城中村、老旧城区、建制镇、城乡结合部和易地扶贫搬迁安置区生活污水收集管网，填补污水收集管网空白区。大力实施长江干流沿线城市、县城污水管网改造更新。在污水处理设施建设方面，要统筹规划、有序建设，稳步推进建制镇污水处理设施建设，适当预留发展空间，宜集中则集中，宜分散则分散。加快推进长江经济带重点镇污水收集处理能力建设。在污泥无害化处置设施建设方面，现有污泥处置能力不能满足需求的县城，要加快补齐缺口，建制镇与县城污泥处置应统筹考虑。

对于县城和建制镇污水处理设施布局和技术标准，《"十四五"城镇污水处理及资源化利用发展规划》中也提出了明确的指导意见。要求各地要充分考量城镇人口规模、自然和地理条件、空间布局和产业发展，以及污水收集管网建设和污水资源化利用需求，合理规划城镇污水处理厂布局、规模及服务范围。人口密集、污水排放量大的地区宜以集中处理方式为主，人口少、相对分散，以及短期内集中处理设施难以覆盖的地区，合理建设分布式、小型化污水处理设施。建制镇因地制宜采取就近集中联建、城旁接管等方式建设污水处理设施，推广"生物+生态"污水处理技术。同时，长三角和粤港澳大湾区城市，京津冀、长江干流和南水北调工程沿线地级及以上城市，黄河流域省会城市，计划单列市可对城镇污水处理厂提出更严格的污染物排放管控要求。

### （二）农村生活污水处理的政策导向

农村生活污水治理是当前农村人居环境治理的重点、难点和关键点，事关乡村振兴和美丽乡村建设。与城镇地区生活污水直接纳入市政管道归集到城镇污水处理厂处理不同，农村地区的生活污水具有分布零散、排放量小、水质水量波动大等特点，难以进行集约化处理，无法产生规模效益。加上农村地区经济基础相对薄弱，农村生活污水处理设施的建设长期落后于城镇化地区。据原建设部2005年抽样调查结果，96%的村庄没有排水渠道和污水处理系统，生产和生活污水随意排放，严重危害农民健康。相对于城市污水处理，农村生活污水处理起步较晚、基础薄弱，国家也尚未对农村生活污水治理进行专门立法，相关规范主要散见于《中华人民共和国环境保护法》《中华人民共和国水法》《中华人民共和国水污染防治法》《中华人民共和国乡村振兴促进法》等法律法规中。

自2005年以来，国家开始重视农村环境保护问题，并开始制定相应的政策推进农村环境保护。但是，相对于城市水污染控制，农村污水治理一直处于严重滞后状态。党的十六届五中全会提出推进社会主义新农村建设，要求加大环境保护力度，积极防治农村面源污染。2007年，国务院印发《国家环境保护"十一五"规划》，明确开展农村环境综合整理。同年，原国家环保总局发布《关于加强农村环境保护工作的意见》，要求大力推进农村生活污染治理，因地制宜开展农村污水治理行动，逐步推进县域污水和垃圾处理设施的统一规划、统一建设、统一管理。2008年，国务院首次召开全国农村环境保护工作会议，表明了要把农村环境保护与城市环境保护统筹考虑且全面推进的决心。2009年，原环境保护部、财政部、国家发展改革委联合印发《关于实行"以奖促治"加快解决突出的农村环境问题实施方案》，提出对淮河、海河、辽河、太湖、巢湖、滇池、松花江、三峡库区及其上游、南水北调水源地及沿线等水污染防治重点流域的农村生活污水治理实行"以奖促治"，并设立了中央农村环境保护专项补助资金，通过"以奖促治"的方式重点支持农村生活污水治理。同年，住房和城乡建设部组织编制了东北、华北、东南、中南、西南、西北六个地区的《农村生活污水处理技术指南》，总结各地区农村生活污水特征与排放要求，排水系统、农村生活污水处理技术及选择、处理设施管理、工程实例。2010年，原环境保护部颁布《农村生活污染防治技术政策》，指导各地制订农村生活污水的防治规划和设施建设，要求在源头削减、污染控制与资源化利用的基础上，遵循分散处理为主、分散处理与集中处理相结合的原则，对粪便和生活杂排水实行分离并进行处理。同年，原环境保护部发布《农村生活污染控制技术规范》HJ 574—2010，规范了低能耗分散式污水处理、集中污水处理、雨污水收集和排放几大技术。

"十二五"期间，统筹城乡发展成为全面建成小康社会的根本要求，农村生活污水治理受到更广泛关注。修订的《中华人民共和国环境保护法》第一次以法律形式确定，应当在财政预算中安排资金支持农村生活污水处理。《国家环境保护“十二五”规划》明确要求提高农村生活污水处理水平，鼓励乡镇和规模较大村庄建设集中式污水处理设施，将城市周边村镇的污水纳入城市污水收集管网统一处理，居住分散的村庄要推进分散式、低成本、易维护的污水处理设施建设。国务院办公厅印发《国务院办公厅关于改善农村人居环境的指导意见》，要求应循序渐进改善农村人居环境，加快农村环境综合整治，重点治理农村垃圾和污水。国务院印发《水污染防治行动计划》，提出农村污水治理要统一规划、统一建设、统一管理，要建立污水处理等公用设施的长效管护制度，逐步实现城乡管理一体化，要探索提炼农村生活污水处理工程技术方案。

“十三五”期间，农村生活污水处理加速推进，相关政策密集出台。2016年，国务院印发《“十三五”生态环境保护规划》，要求到2020年，全国所有县城和重点镇具备污水收集处理能力；整县推进农村污水处理统一规划、建设、管理；积极推进城镇污水、垃圾处理设施和服务向农村延伸。2017年，原环境保护部、财政部联合印发了《全国农村环境综合整治“十三五”规划》，提出要因地制宜选取农村生活和垃圾污水治理技术和模式。2018年，以深入学习浙江“千村示范、万村整治”工程经验为引领，中央出台了《农村人居环境整治三年行动方案》，要求因地制宜、梯次推进农村生活污水治理，着力解决农村污水横流、水体黑臭等问题。同年，生态环境部、农业农村部联合印发《农业农村污染治理攻坚战行动计划》，提出各省（区、市）要区分排水方式、排放去向等，加快制修订农村生活污水处理排放标准，筛选农村生活污水治理实用技术和设施设备，采用适合本地区的污水治理技术和模式，保障农村污染治理设施长效运行。2019年，生态环境部会同水利部、农业农村部印发《关于推进农村黑臭水体治理工作的指导意见》，在农村地区启动黑臭水体治理工作，开展排查摸清底数，选择典型区域先行先试，按照“分类治理、分期推进”的工作思路，充分调动农民群众的积极性、主动性，补齐农村水生态环境保护的突出短板。同年，中央农村工作领导小组办公室、农业农村部、生态环境部等9部门联合印发《关于推进农村生活污水治理的指导意见》，这是第一部专门针对农村生活污水治理的指导意见，确立了推进农村生活污水治理的总体要求、遵循的基本原则，确定了全面摸清现状、科学编制行动方案、合理选择技术模式、促进生产生活用水循环利用、加快标准制修订、完善建设和管护机制、统筹推进农村厕所革命和推进农村黑臭水体治理的八项重点任务等一系列规划方案指导意见和技术标准。在技术层面，2019年9月，生态环境部出台《县域农村生活污水治理专项规划编制指南（试行）》，指导各地以县级行政区域为单元，科学规划和统筹管理农村生活污水，提高了规划编制的科学性、系统性和可操作性。同年，住房和城乡建设部发布《农村生活污水处理工程技术标准》，规范了农村生活污水处理工程建设、运行、维护及管理等各项技术标准，为农村生活污水处理工程选用适用技术、开展监督管理提供了相关依据和技术规范。

进入“十四五”期间，农村生活污水处理持续向纵深推进。2021年，《中共中央　国务院关于全面推进乡村振兴加快农业农村现代化的意见》印发，提出实施农村人居环境整治提升五年行动，统筹农村改厕和污水、黑臭水体治理，因地制宜建设污水处理设施。同年，《中共中央　国务院关于深入打好污染防治攻坚战的意见》印发，提出持续打好农业农村污染治理攻坚战，要求注重统筹规划、有效衔接，因地制宜推进生活污水治理，基本消除较大面积的农村黑臭水体，改善农村人居环境。农村生活污水治理的污染防治攻坚战也从“坚决打好”到“深入打好”。为接续推进新发展阶段农村人居环境整治提升，同年中共中央办公厅、国务院办公厅印发了《农村人居环境整治提升五年行动方案（2021—2025年）》，区分了有较好基础、基本具备条件的地区和地处偏远、经济欠发达的地区等，提出分区分类推进治理的目标，要求重点整治水源保护区和城乡结合部、乡镇政府驻地、中心村、旅游风景区等人口居住集中区域农村生活污水。针对农村污水处理资金不足的问题，国家先后出台《农村环境整治资金管理办法》《关于推进开发性金融支持县域生活垃圾污水处理设施建设的通知》等文件，旨在吸引各类社会资本投入城乡基础设施建设，力争补足长期以来农村生活垃圾污水收集处理设施存在的欠账。可以预期，今后一段时期是农村生活污水处理加速发展的关键期，更是建设质量提升的黄金期。

据《2020年中国生态环境统计年报》公布数据显示，全国农村生活污水治理率达到25.5%，相比2016年22%的治理率有了明显提升，其中东、中、西部地区分别达到36.3%、19.3%和16.8%。但是，我国农村生活污水治理存在总体发展水平不高、区域发展不平衡、设施建设不完善、管护机制不健全、政策法律有待加强、规范标准有待完善等问题，市场也缺乏成熟稳定的商业模式，与农业农村现代化的要求和农民群众对美好生活的向往还有较大的差距。“十四五”期间，国家提出2025年全国农村生活污水治理率要达到40%的总体目标，任务艰巨，需要尽快探索出一条可复制的模式以供相关地区参照。

针对各地农村经济社会发展不均衡、农村污水处理情况各异的问题，国家确立了“因地制宜、尊重习惯，应治尽治、利用为先，就地就近、生态循环，梯次推进、建管并重，发动农户、效果长远”的农村生活污水治理基本思路。各地立足我国农村实际，以污水减量化、分类就地处理、循环利用为导向，加强统筹规划，突出重点区域，选择适宜模式，完善标准体系，强化管护机制，走出了善作善成、久久为功的中国特色农村生活污水治理之路。全国绝大多数省（区、市）出台了地方农村生活污水排放标准。农村生活污水处理排放标准逐渐成为农村环境管理、选择农村污水处理技术和工艺、指导污水处理设施建设和核算运行维护成本的重要依据。其中，以浙江省农村污水治理的举措和成效最为显著。

浙江从 2003 年开始结合“千村示范、万村整治”推广农村污水处理工程，在“千万工程”的引领下，浙江经过 20 余年的探索发展，基本实现农村生活污水处理设施行政村全覆盖，污水治理运行维护走在全国前列。2021 年 7 月，《浙江省农村生活污水治理“强基增效双提标”行动方案（2021—2025 年）》印发，要求到 2025 年底，浙江全省所有农村地区生活污水治理实现行政村覆盖率和出水水质达标率均达到 95%。截至 2022 年底，浙江 88 个县（市、区）、功能区编制完成了县域农村生活污水治理近期建设规划，全省共建有农村生活污水处理设施 59748 个，覆盖行政村 17083 个、覆盖率 84.81%，受益农村家庭 900 多万户、受益率 85.80%，处理设施运行维护率 100%，出水达标率 82.84%。杭州市西湖区等 14 个县（市、区）成功创建全国农村生活污水治理示范县（市、区）。

在具体举措上，浙江率先颁布实施了新的农村污水排放标准，浙江省住房和城乡建设厅、浙江省生态环境厅联合部署开展了新排放标准确标行动，明确了全省农村生活污水治理行政村覆盖率和出水水质达标率的计算方法，并开展了监督性水质监测工作。同时，建设、财政、生态、农业等相关部门联合印发了“十四五”期间农污治理工作相关考核办法，规范了农污治理工作体系。浙江省治水办将农村生活污水治理工作作为“五水共治”考核的重点，考核比重占单项工作第一。为响应国家“双碳”目标，浙江出台全国首个关于农村生活污水绿色处理设施的建设评价导则——《浙江省农村生活污水绿色处理设施评价导则》，为浙江省农村生活污水处理设施绿色发展提供了强有力的技术支撑，推动浙江农村生活污水治理从“有”到“好和美”的转变。在资金保障方面，浙江各地积极对接中央生态环境资金项目储备库、县域生活垃圾污水处理设施建设项目储备库等金融支持政策，拓宽了多类型的资金渠道。

在数字赋能、提升质效方面，浙江各地积极推动全省农污治理多跨协同“一张网”。围绕农村生活污水处理设施规划、建设、运维的全生命周期，建设运行全省一体化的农村生活污水处理设施管理服务系统，贯通全省 85 个县（市、区）、8 个功能区和 113 家运维企业等，形成了省、市、县、乡、村、运维单位一体联动，住房和城乡建设、生态环境、财政、行政执法等相关部门多跨协同的数字化管理体系。实现治理现状“一张图”。迭代升级管理服务系统，归集 20142 个行政村（社区）、1061 万户农村家庭、59748 个管理服务处理设施、1.2 万个建设改造项目等信息，使农村生活污水治理关键数据能够在管理服务系统中一图展示，按需抓取，有效提高工作效率。

# 二、县城排水与污水处理行业发展情况

## (一) 县城排水与污水处理设施的投资情况

随着我国国民经济建设和社会发展，排水和污水处理的需求日益增加，党中央、国务院高度重视县城生活污水处理设施等环境公共基础设施建设，按照建设资源节约型、环境友好型社会的总体要求，顺应人民群众改善环境质量的期望，中央和地方政府不断加大对县城污水处理设施建设和运营的投资力度，排水与污水处理行业快速发展，设施投资稳步增长，具体如图 3-46 所示。

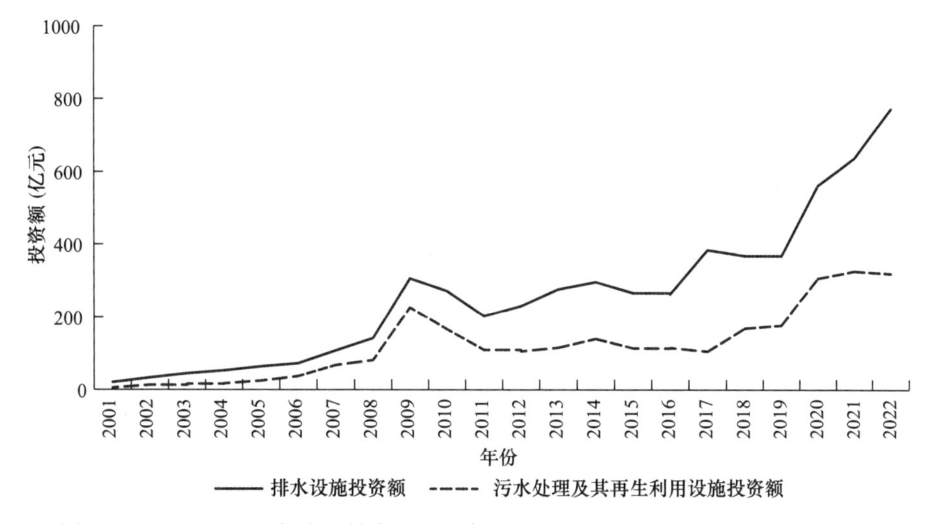


图 3-46　2001～2022 年全国排水设施投资额与污水处理及其再生利用设施投资额

21 世纪初我国县城排水与污水处理以排水为主，2001 年在排水设施方面的投资额仅为 20.4 亿元，2022 年中国县城排水设施投资额已达到 771.7 亿元，投资额翻了将近 38 倍，相较于 2021 年，排水设施投资额增加了 135.7 亿元。污水处理及其再生利用设施投资也稳定增长，2001 年在污水处理及其再生利用设施方面的投资额仅为 5.3 亿元，2022 年投资额已达到 319.3 亿元，2022 年较 2021 年有小幅下降，降幅为 2%。2022 年这两项设施投资总额达 1091 亿元，较 2021 年增加了 129.2 亿元，增幅为 13.43%。

2022 年，我国县城排水与污水处理行业的固定资产投资额达 1096.7 亿元，其中排水投资占比最高，达 771.7 亿元，污水处理、污泥处理和再生水利用的固定资产投资额分别为 311.1 亿元、5.7 亿元和 8.3 亿元，分别占行业投资总额的 70.37%、28.36%、0.52%和 0.75%，如图 3-47 所示。

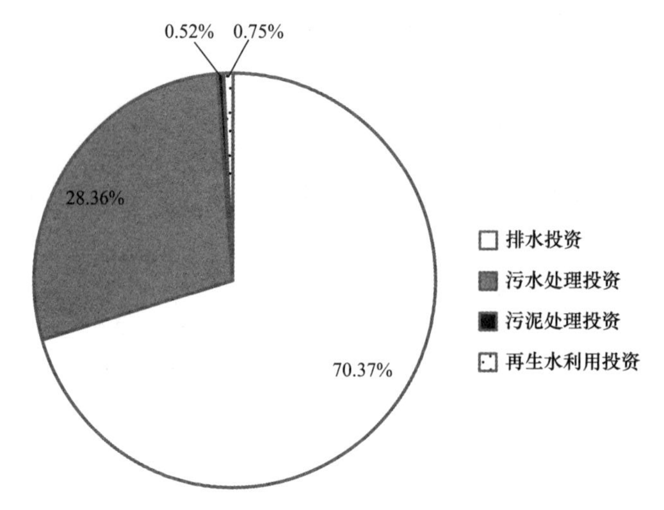


图 3-47　2022 年我国县城排水与污水处理行业固定资产投资额比例

## （二）县城排水与污水处理设施的建设情况

2000 年以后，我国在排水、污水处理及再生利用方面的建设稳步推进，污水处理能力快速增长，再生水利用规模不断扩大，成就斐然。2000 年，全国县城建成的排水管道只有 4 万公里，污水处理厂仅有 54 座；到 2022 年，全国已建成排水管道 25.2 万公里，建成污水处理厂 1801 座，较 2000 年分别增长了 6 倍和 33 倍，如图 3-48、图 3-49 所示。

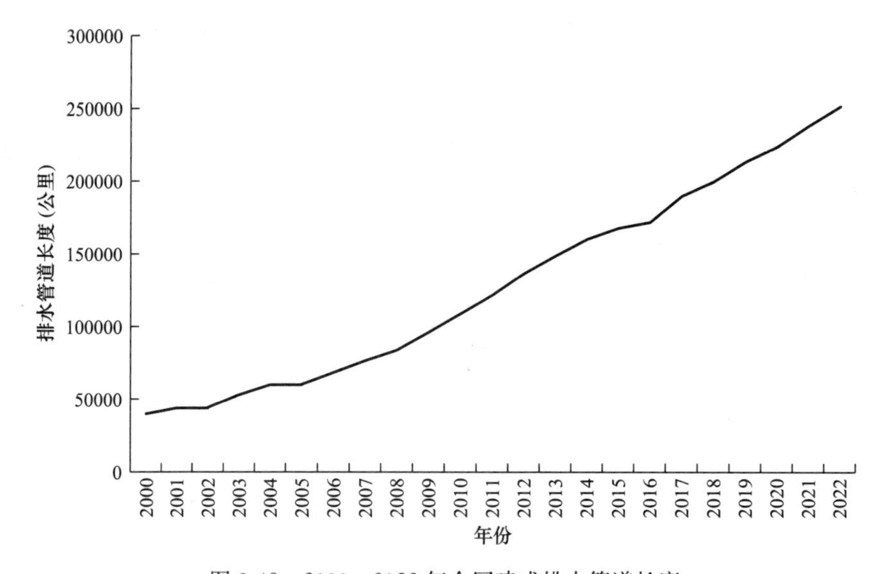


图 3-48　2000～2022 年全国建成排水管道长度

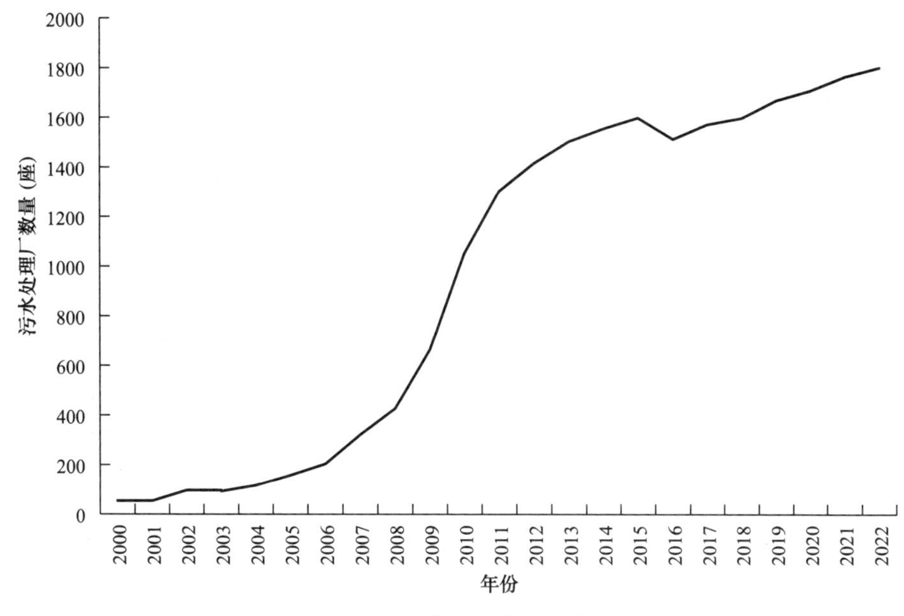


图 3-49 2000～2022 年全国建成污水处理厂数量

### （三）东、中、西部地区县城设施投资与建设情况比较

自改革开放以来，尽管全国的城镇排水与污水处理设施建设有了质的飞跃，各项规划目标基本都圆满完成，但设施投资与建设仍存在着区域分布不均衡的问题，发达地区与欠发达地区的投资规模、增速和重点都不尽相同。为此，当前中国城镇排水与污水处理行业的投资建设应当从解决发展不平衡问题着手，加快解决设施布局不均衡问题，着重提高新建城区及建制镇污水处理能力。

1. 东、中、西部地区县城排水与污水处理设施投资情况

2022 年，我国县城排水与污水处理行业的固定资产投资额为 1096.7 亿元，排水、污水处理、污泥处理和再生水利用方面的投资额分别为 771.7 亿元、311.1 亿元、5.7 亿元和 8.3 亿元。

从各类投资的地区间分布看，2022 年西部地区的固定资产投资最多，排水、污水处理、污泥处理、再生水利用方面的投资额分别为 264.1 亿元、127.3 亿元、2.4 亿元和 5.3 亿元，分别占到了全国各类投资总额的 34.22%、40.91%、42.29%和 64.4%，对比 2021 年，除排水投资占比下降了 1.44% 外，其余各项投资占比均上升，增幅分别为 2.72%、8.52%、2.53%，说明西部地区各项目呈稳步发展趋势。中部地区在排水、污水处理、污泥处理、再生水利用方面的投资额分别为 266.59 亿元、110.78 亿元、2.3 亿元、2.1 亿元，分别占全国各类投资总额的 34.55%、35.61%、40.63%和 25.03%，对

比 2021 年，各项投资占比总体呈下降趋势，降幅分别为 3.34%、1.3%、21.86%、8.46%。东部地区在排水、污水处理、污泥处理、再生水利用方面的投资额分别为 241 亿元、73 亿元、5.68 亿元和 8.26 亿元，占全国的 31.23%、23.48%、17.08%和 10.57%，对比 2021 年，除污水处理投资占比下降了 1.41%，排水、污泥处理、再生水利用投资占比均有不同程度的上升，增幅分别为 4.78%、13.34%、5.92%（图 3-50）。

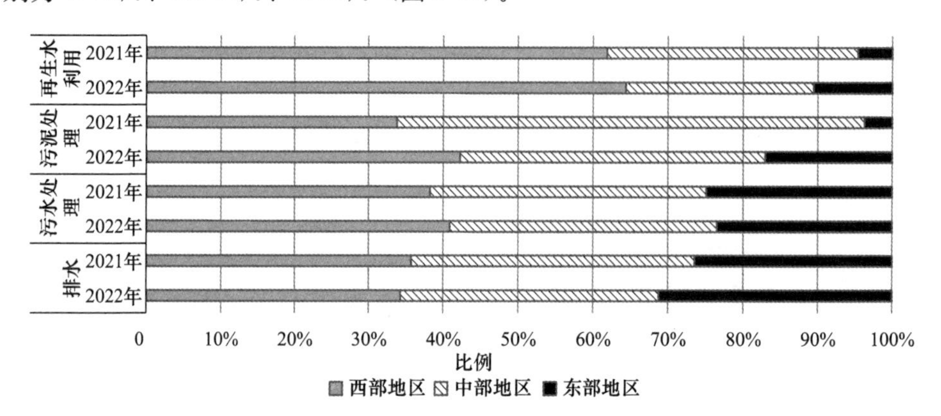


图 3-50　2021 年和 2022 年我国东、中、西部地区排水与污水处理设施投资比例

总体上，相较于 2021 年，2022 年东、中、西部的地区间的投资占比差异有所减小，如图 3-51 所示。在排水方面，东部地区投资占比上升，而中、西部地区有下降趋势；在污水处理方面，东、中部地区投资占比下降，西部地区投资占比上升，地区间差异缩小；在污泥处理和再生水利用方面，东、西部地区投资占比均上升，中部地区投资占比下降，地区间差异进一步缩小。

2. 东、中、西部地区排水与污水处理设施建设情况

2022 年，全国县城共建成排水管道总长 251695.78 公里，污水处理厂 1801 座。其中，东部地区为 75223.04 公里和 401 座，中部地区为 102749.52 公里和 635 座，西部地区为 73723.22 公里和 765 座（表 3-20）。

2022 年全国东、中、西部地区县城排水与污水处理设施投资与建设情况　表 3-20

| 地区 | 固定资产投资情况（万元） | | | | 各项建设情况 | | |
|---|---|---|---|---|---|---|---|
| | 排水 | 污水处理 | 污泥处理 | 再生水利用 | 排水管道长度（公里） | 污水处理厂数量（座） | 处理能力（万立方米/日） |
| 东部地区 | 2410090 | 730395 | 9700 | 8725 | 75223.04 | 401 | 1480.5 |
| 中部地区 | 2665856 | 1107820 | 23074 | 20668 | 102749.52 | 635 | 1708 |
| 西部地区 | 2641174 | 1272533 | 24014 | 53183 | 73723.22 | 765 | 996 |
| 全国 | 7717120 | 3110748 | 56788 | 82576 | 251695.78 | 1801 | 4185 |

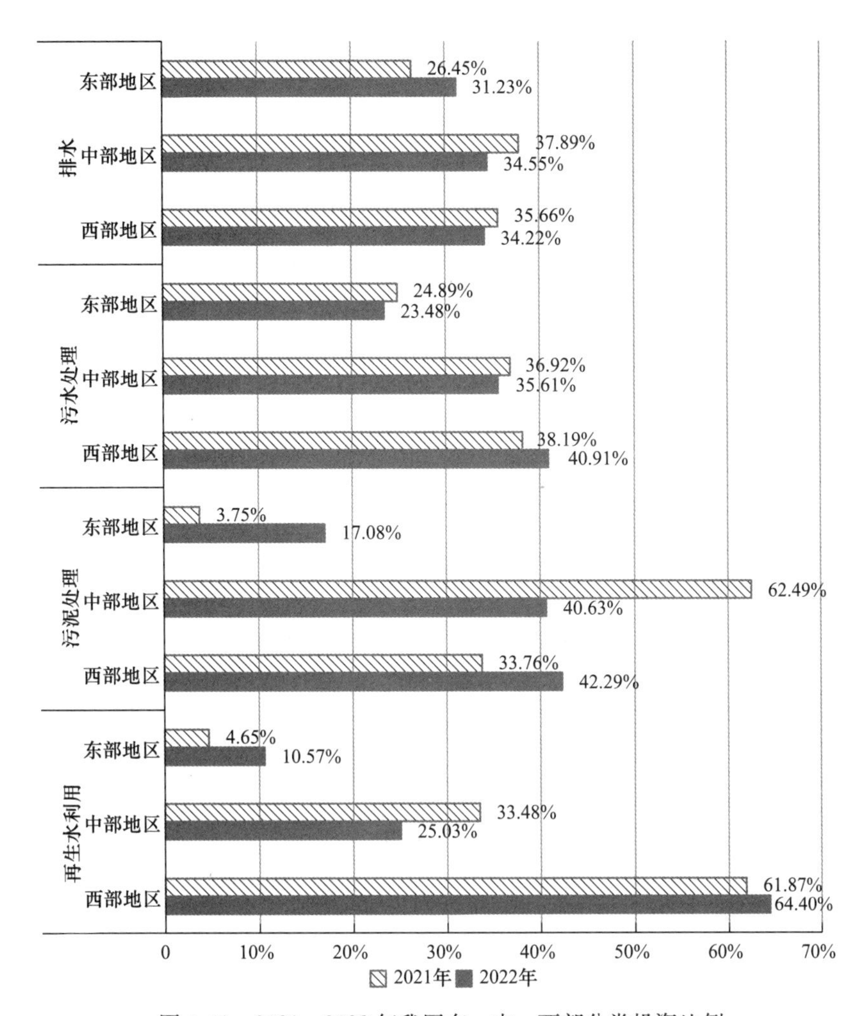


图 3-51　2021～2022 年我国东、中、西部分类投资比例

## （四）各省（区、市）县城排水与污水处理设施投资与建设情况

我国幅员辽阔，各省市经济和社会发展水平存在较大差异，因此各地区在排水与污水处理设施的投资建设方面的差异较大，如表 3-21 所示。

2022 年我国及各省（区、市）县城排水与污水处理设施投资与建设　表 3-21

| 地区 | 固定资产投资情况（万元） | | | | 建设情况 | |
|---|---|---|---|---|---|---|
| | 排水 | 污水处理 | 污泥处理 | 再生水利用 | 排水管道长度（公里） | 污水处理厂数量（座） |
| 全国 | 7717120 | 3110748 | 56788 | 82576 | 251696 | 1801 |
| 河北 | 732140 | 168435 | 3166 | 8445 | 15147 | 107 |
| 山西 | 191119 | 90829 | 303 | 705 | 8844 | 87 |

续表

| 地区 | 固定资产投资情况（万元） | | | | 建设情况 | |
|---|---|---|---|---|---|---|
| | 排水 | 污水处理 | 污泥处理 | 再生水利用 | 排水管道长度（公里） | 污水处理厂数量（座） |
| 内蒙古 | 119230 | 38919 | 4164 | 6812 | 9534 | 68 |
| 辽宁 | 46367 | 14511 | — | — | 2717 | 30 |
| 吉林 | 38600 | 4313 | — | 4100 | 2454 | 19 |
| 黑龙江 | 146145 | 59638 | — | — | 4174 | 51 |
| 江苏 | 374401 | 133934 | 3518 | — | 10676 | 31 |
| 浙江 | 277120 | 162230 | — | — | 12407 | 48 |
| 安徽 | 554791 | 216094 | 1709 | 4623 | 19236 | 68 |
| 福建 | 191987 | 106622 | 16 | — | 8842 | 46 |
| 江西 | 375516 | 169947 | 7043 | — | 16976 | 78 |
| 山东 | 673406 | 78433 | 3000 | 280 | 18582 | 86 |
| 河南 | 486881 | 179217 | 6755 | 4428 | 20034 | 134 |
| 湖北 | 382500 | 94460 | — | — | 6677 | 42 |
| 湖南 | 371074 | 254403 | 3100 | — | 14821 | 88 |
| 广东 | 88501 | 47660 | — | — | 5320 | 41 |
| 广西 | 150131 | 47813 | — | — | 9226 | 67 |
| 海南 | 26168 | 18570 | — | — | 1531 | 12 |
| 重庆 | 74010 | 25316 | 430 | — | 3269 | 25 |
| 四川 | 957080 | 476889 | 11967 | 4018 | 15240 | 147 |
| 贵州 | 389799 | 243352 | 3200 | 1520 | 9493 | 121 |
| 云南 | 306777 | 135216 | 1340 | — | 12833 | 102 |
| 西藏 | 6839 | 2787 | — | — | 1531 | 49 |
| 陕西 | 440761 | 185714 | — | 8000 | 6408 | 72 |
| 甘肃 | 188684 | 104689 | 3577 | 10675 | 5883 | 66 |
| 青海 | 15079 | 7351 | — | — | 2112 | 37 |
| 宁夏 | 15849 | 6302 | 500 | 2290 | 1903 | 14 |
| 新疆 | 96165 | 37104 | 3000 | 26680 | 5826 | 65 |

在排水设施投资方面，2022 年全国县城排水固定资产投资额为 771.71 亿元，地区间差异较大，如图 3-52 所示。其中，四川的县城的排水固定资产投资遥遥领先，当年排水固定资产投资额达到了 95.71 亿元，河北次之，为 73.21 亿元。2022 年县城排水固定资产投资总额超过 50 亿元的省（区、市）还有山东和安徽，投资额分别为 67.34 亿元、55.48 亿元，15 个省（区、市）的县城排水固定资产投资额处于 10 亿～50 亿元，分别为河南、陕西、贵州、湖北、江西、江苏、湖南、云南、浙江、福建、山西、甘肃、广西、黑龙江、内蒙古；还有 9

个省（区、市）的县城排水固定资产投资额不足10亿元，分别是新疆、广东、重庆、辽宁、吉林、海南、宁夏、青海、西藏，其中尤以西藏最少，仅0.68亿元。

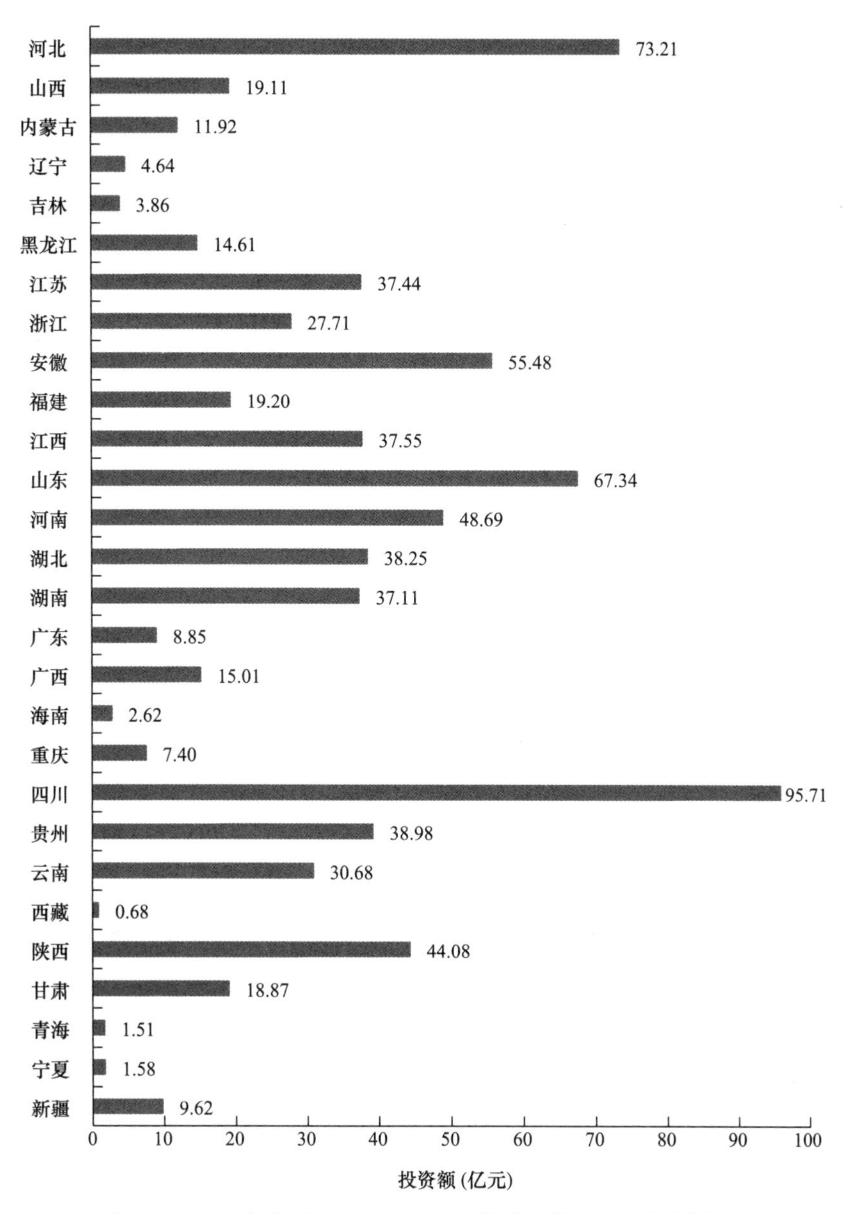


图3-52 2022年我国各省（区、市）的县城排水固定资产投资额

在污水处理设施投资方面，2022年全国县城共完成污水处理固定资产投资311.06亿元，如图3-53所示，地区差异仍十分明显。其中，四川的县城污水处理固定资产投资额远超其他省（区、市），达47.69亿元，排名第二的湖南的县城污

水处理固定资产投资额为 25.44 亿元。县城污水处理固定资产投资额在 10 亿元以上的省（区、市）还有贵州、安徽、陕西、河南、江西、河北、浙江、云南、江苏、福建、甘肃，有 4 个省（区、市）的县城污水处理固定资产投资额不足 1 亿元，分别是青海（0.74 亿元）、宁夏（0.63 亿元）、吉林（0.43 亿元）、西藏（0.28 亿元）。

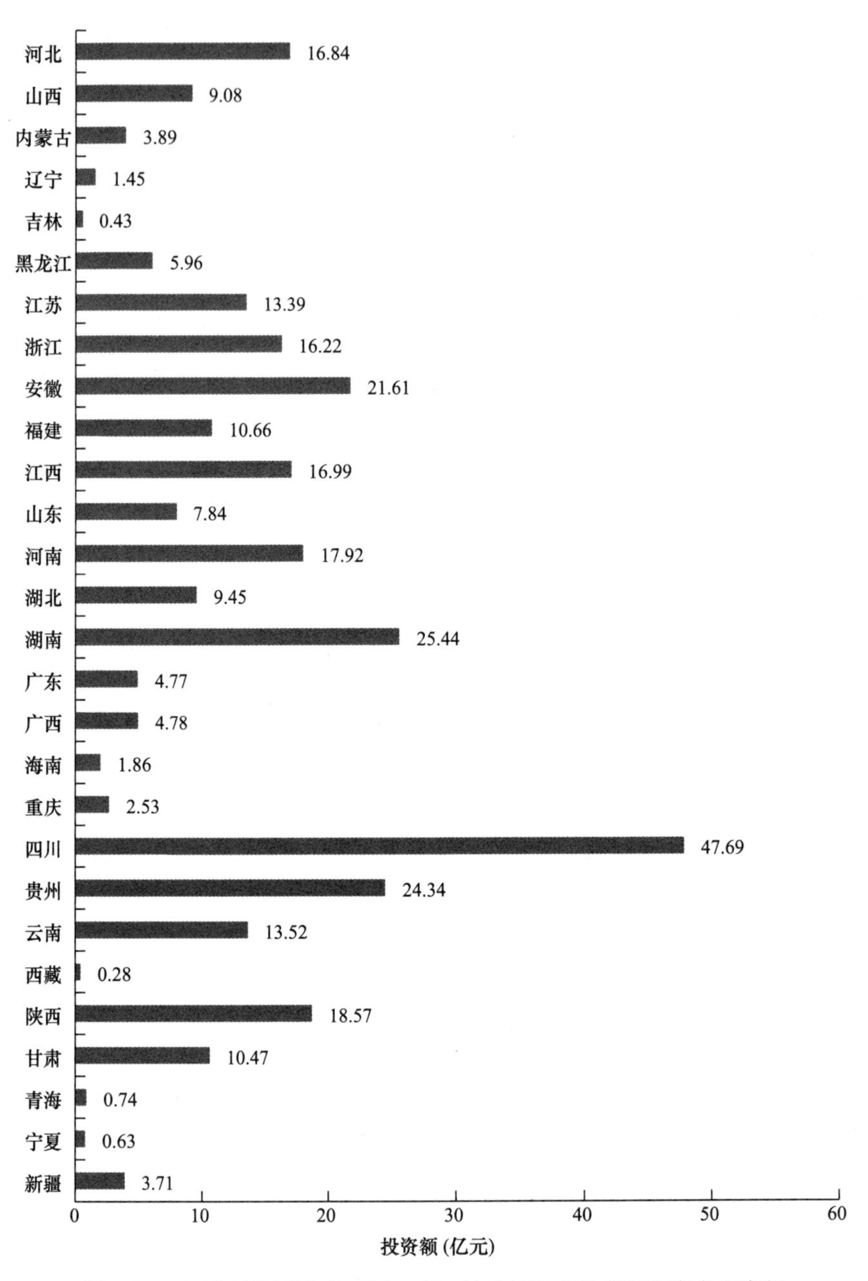


图 3-53　2022 年我国各省（区、市）的县城污水处理固定资产投资额

在排水设施建设方面，截至 2022 年，全国县城共建成排水管道 251696 公里，建成区排水管道覆盖密度达到了 10.66 公里/平方公里。截至 2022 年，在 28 个省（区、市）中，河南的县城建成排水管道最长，达 20033.65 公里；其次为安徽、山东和江西，分别为 19235.7 公里、18582.38 公里和 16976.48 公里；宁夏、海南、西藏的县城建成排水管道最短，分别为 1903.34 公里、1531.03 公里和 1530.89 公里。从县城建成区排水管网的密度来看，前五名依次是浙江、重庆、云南、福建和江西，分别达 16.88 公里/平方公里、16.42 公里/平方公里、15.72 公里/平方公里、14.51 公里/平方公里和 14.06 公里/平方公里，说明这些地区的设施建设不仅着重地上，也着重地下；相对地，黑龙江、西藏、广东、辽宁和海南的县城排水管网密度最低，分别为 7.2 公里/平方公里、7.13 公里/平方公里、7.09 公里/平方公里、6.08 公里/平方公里和 6.08 公里/平方公里，具体如图 3-54 所示。

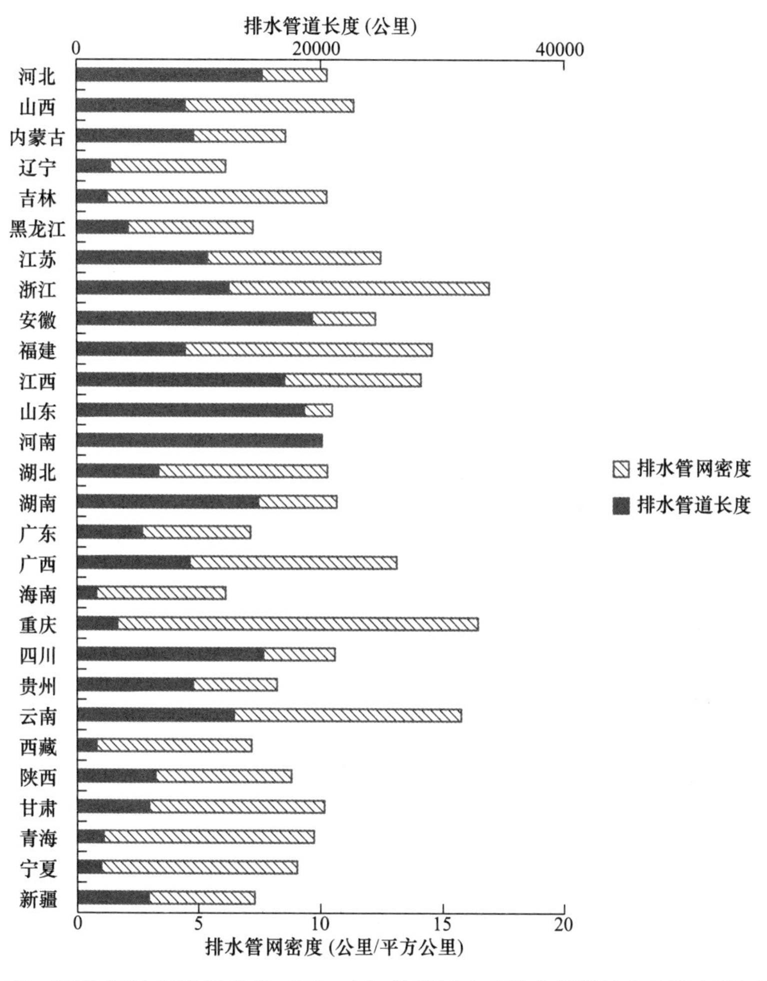


图 3-54　截至 2022 年我国各省（区、市）的县城建成排水管道长度及排水管网密度

在污水处理设施建设方面，截至 2022 年，我国县城共建成污水处理厂 1801 座，日均处理能力达 4184.7 万立方米。其中，四川的县城拥有的污水处理厂数量最多，达 147 座，河南、贵州、河北和云南的县城的污水处理厂数量也均超过了 100 座，分别为 134 座、121 座、107 座和 102 座，吉林、宁夏和海南的县城拥有的污水处理厂数量最少，分别为 19 座、14 座和 12 座，具体如图 3-55 所示。在污水处理能力方面，河南的县城的污水日均处理能力最强，达 468.8 万立方米/日，山东、河北、湖南、安徽和四川的县城的污水日均处理能力也超 200 万立方米/日，分别为 398 万立方米/日、366.7 万立方米/日、291.1 万立方米/日、258.6 万立方米/日和 235.3 万立方米/日，具体如图 3-56 所示。

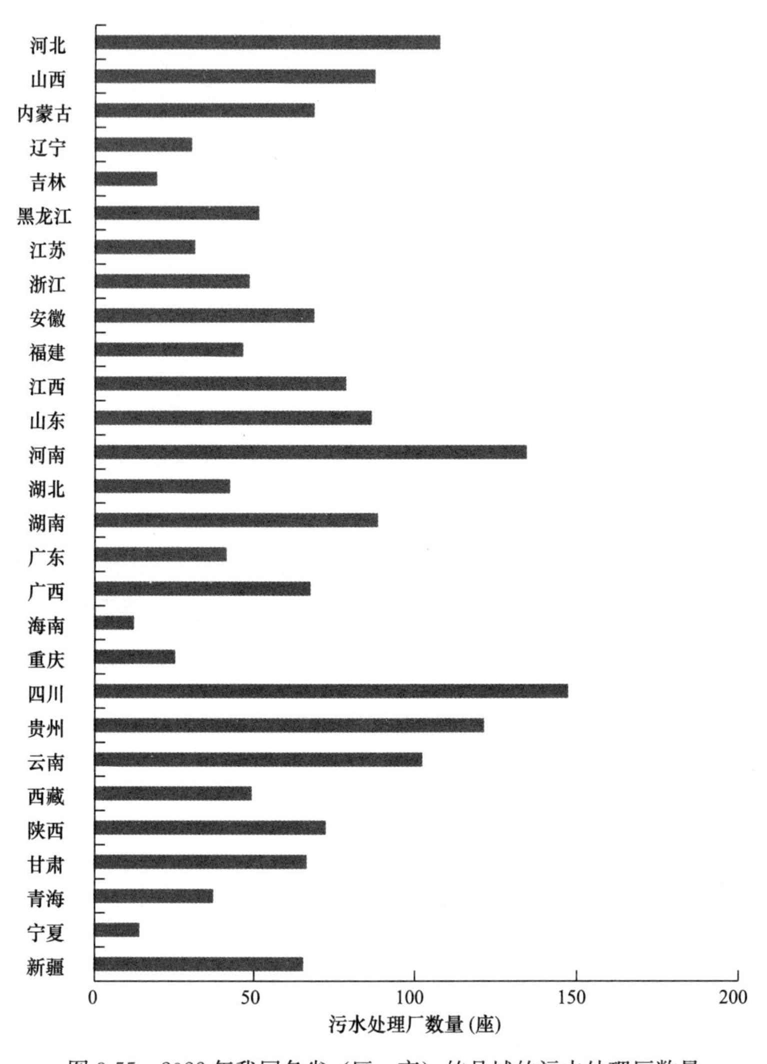


图 3-55　2022 年我国各省（区、市）的县城的污水处理厂数量

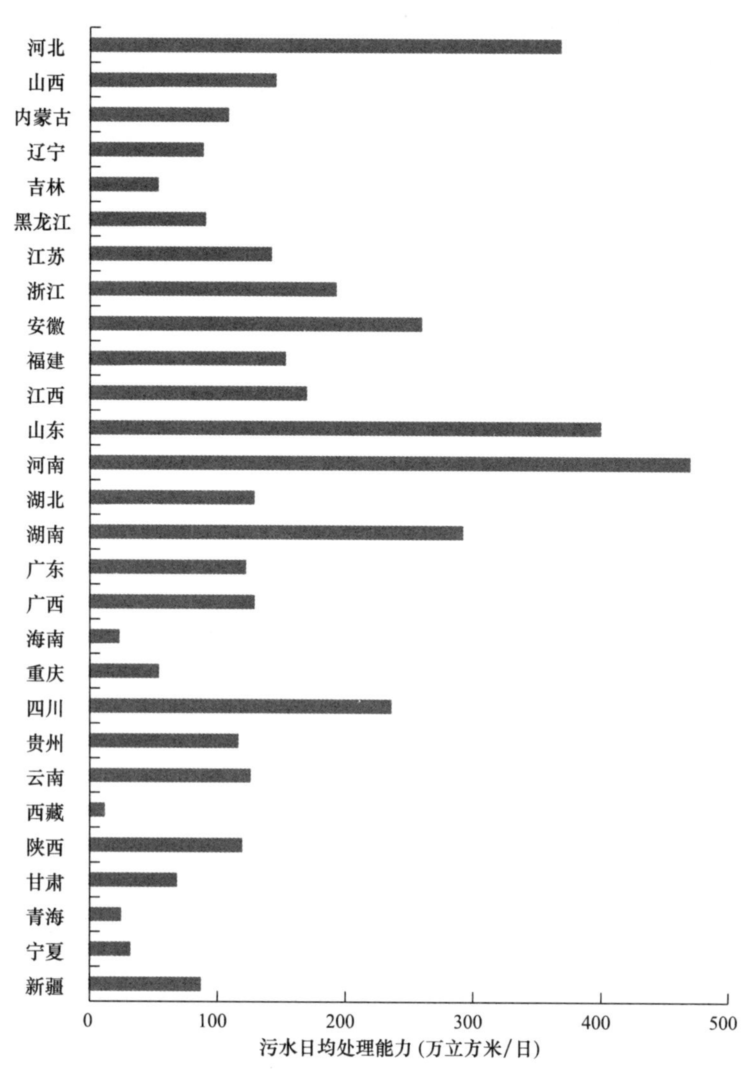


图 3-56 2022 年我国各省（区、市）的县城的污水日均处理能力

### （五）全国县城排水与污水处理设施投资增长情况

全国县城排水与污水处理设施投资总体呈上升趋势，如表 3-22、图 3-57、图 3-58 所示。然而，在 2011 年，全国县城排水与污水处理设施的投资额出现下降，特别是污水处理设施投资额，从 2010 年的 165.7 亿元降至 2011 年的 108.8 亿元，投资额下降了约三成。排水设施投资额也出现下滑，从 2010 年的 271.1 亿元降至 201.6 亿元，降幅为 25.64%。2011 年后，排水与污水处理设施的投资额基本保持增长态势，2022 年污水处理设施的投资额稍有下滑。

**2001～2022 年全国县城排水与污水处理设施投资额　　表 3-22**

| 年份 | 排水设施投资额（亿元） | 污水处理设施投资额（亿元） |
|---|---|---|
| 2001 | 20.42 | 5.31 |
| 2002 | 32.97 | 12.88 |
| 2003 | 44.56 | 16.09 |
| 2004 | 52.47 | 17.21 |
| 2005 | 63.5 | 24.6 |
| 2006 | 72.1 | 37 |
| 2007 | 107.1 | 67.2 |
| 2008 | 141.2 | 80.8 |
| 2009 | 305.74 | 225.65 |
| 2010 | 271.1 | 165.7 |
| 2011 | 201.6 | 108.8 |
| 2012 | 229.6 | 105 |
| 2013 | 276.1 | 114.9 |
| 2014 | 296.06 | 139.25 |
| 2015 | 265.8 | 113 |
| 2016 | 262.98 | 114.57 |
| 2017 | 383.9 | 104.66 |
| 2018 | 367.66 | 168 |
| 2019 | 366.63 | 176 |
| 2020 | 560.9 | 306.16 |
| 2021 | 635.98 | 325.86 |
| 2022 | 771.71 | 319.33 |

图 3-57　2001～2022 年全国县城排水设施投资情况

图 3-58 2001～2022 年全国县城污水处理设施投资情况

### (六) 全国县城排水与污水处理行业发展成效

2000～2022 年，全国县城污水处理率从 7.55%提升至 96.94%。从各个省(区、市)的污水处理水平来看，有 25 个省(区、市)的县城污水处理率在 95%以上，污水处理率最低的三个地区为：青海、江苏、西藏，分别为 92.49%、88.39%和 64.3%(图 3-59、图 3-60)。

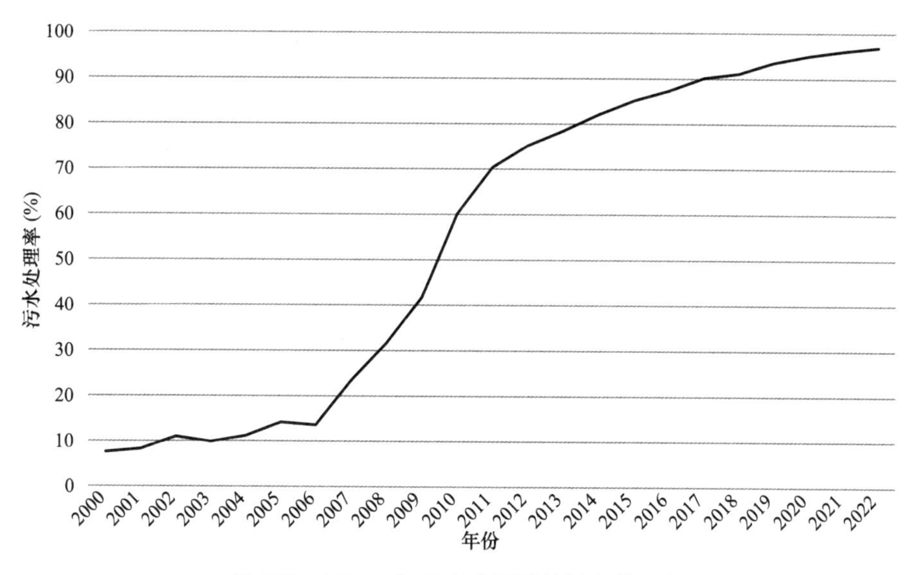


图 3-59 2000～2022 年全国县城污水处理率

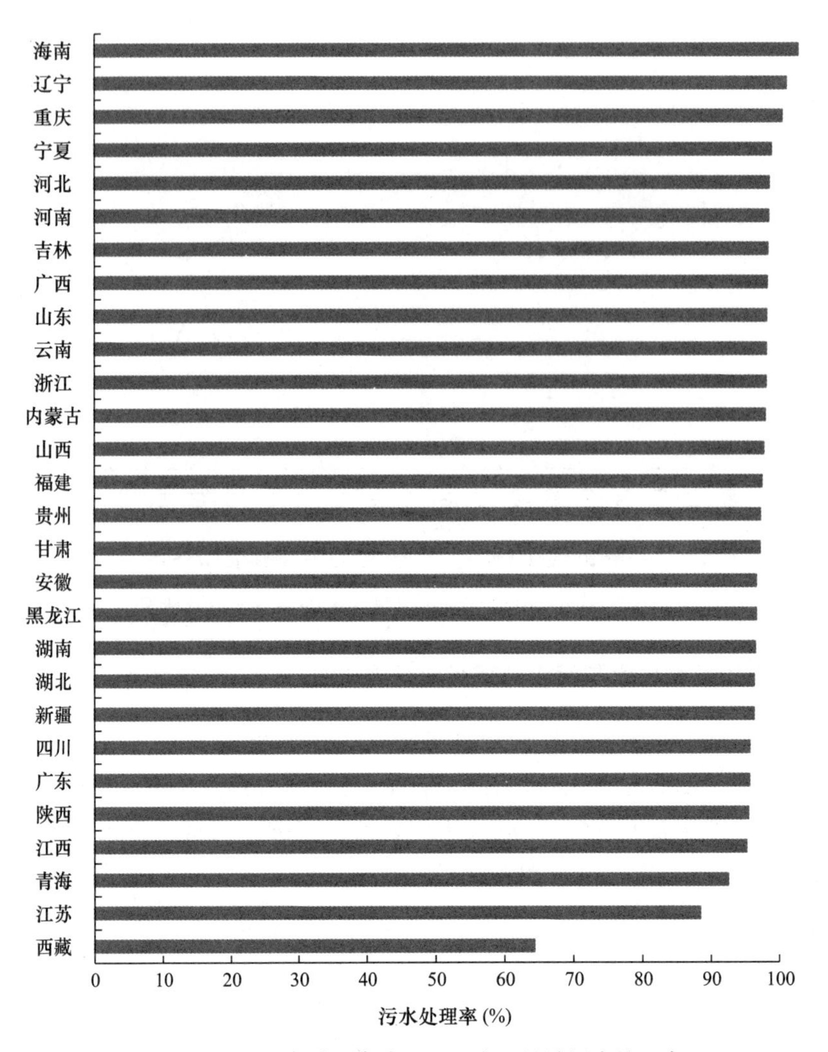


图 3-60　2022 年我国各省（区、市）县城污水处理率

2022 年我国县城二级以上污水处理厂的数量已达到 1509 座，二级以上污水处理厂的污水处理能力达到 3587.6 万立方米/日。比较 2022 年全国各省份县城二级以上污水处理厂的数量，贵州的县城的二级以上污水处理厂数量位于全国之首，为 121 座，其次是四川，111 座，位于全国前列；吉林、辽宁、宁夏和海南这几个地区的县城的二级以上污水处理厂数量均少于 20 座，数量较少；其余地区的县城的二级以上污水处理厂数量处于 20～100 座（图 3-61）。

从各个省（区、市）的县城的二级以上污水处理厂的污水处理能力来看，如图 3-62 所示，山东的县城的二级以上污水处理厂的污水处理能力以 394 万立方米/日位居全国第一；河南、河北、安徽和湖南地区的县城的二级以上污水处理厂的污水处理能力均超过200万立方米/日，位于全国前列；新疆、辽宁、重庆、宁夏、青海、海南和西藏的县城的二级以上污水处理厂的污水处理能力较弱，低于50万立方米/日；其余省（区、市）的县城的二级以上污水处理厂的污水处理能力处于50万～200万立方米/日，处于全国中等水平。

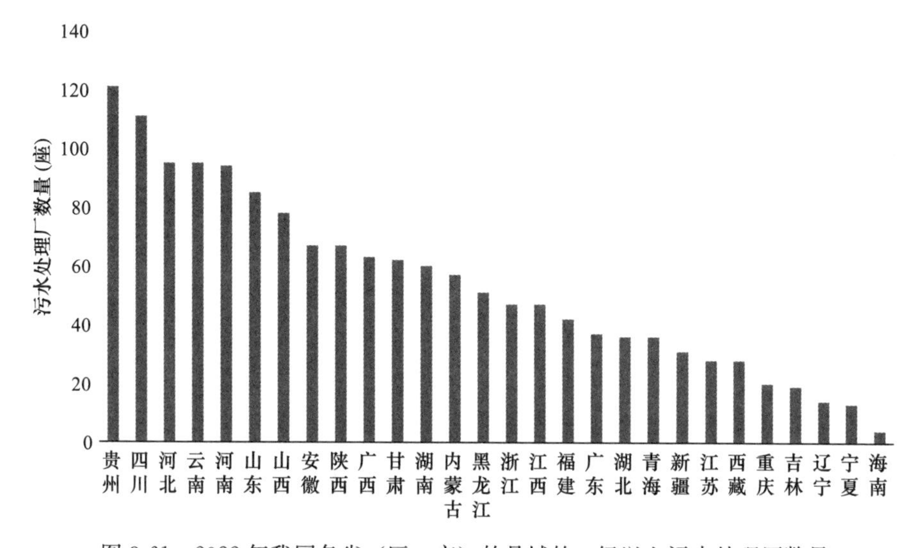


图3-61 2022年我国各省（区、市）的县城的二级以上污水处理厂数量

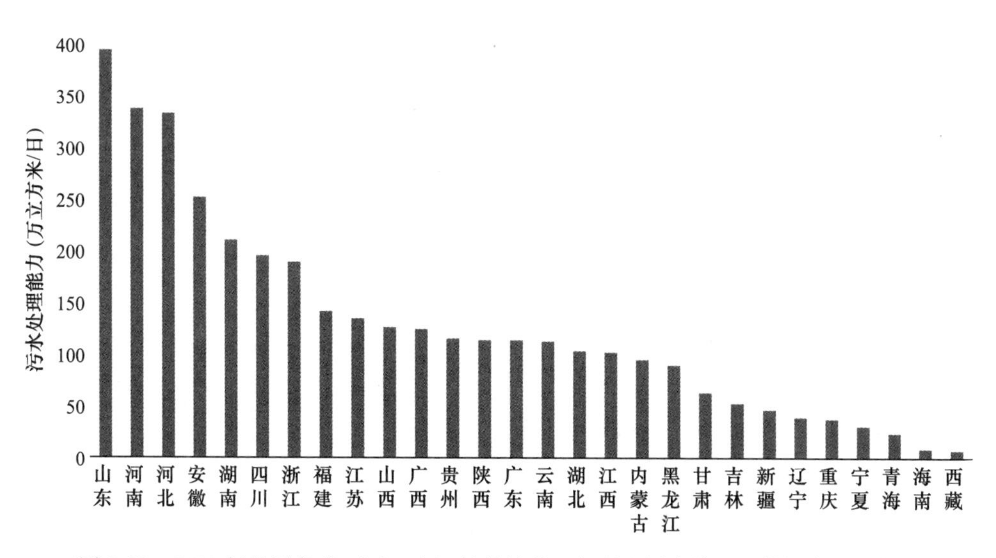


图3-62 2022年我国各省（区、市）的县城的二级以上污水处理厂的污水处理能力

# 三、乡镇排水与污水处理行业发展情况

## （一）建制镇排水与污水处理设施建设情况

近年来随着我国县域乡镇经济的发展，建制镇基础设施建设迈入快车道，推动作为重要民生工程的供水排水基础设施建设逐步完善，随着城市化进程的加速和基础设施投资的增加，一些建制镇的排水设施得到了更新和扩建。这些设施在一定程度上满足了当地居民的生产生活需求，提高了供水的安全性和可靠性，同时也促进了污水的有效处理。我国建制镇历年排水管道长度变化情况如图 3-63 所示。我国建制镇排水管道长度自 2007 年平稳上升，建制镇排水管道总长度由 2007 年 8.8 万公里增长至 2022 年 21.8 万公里。

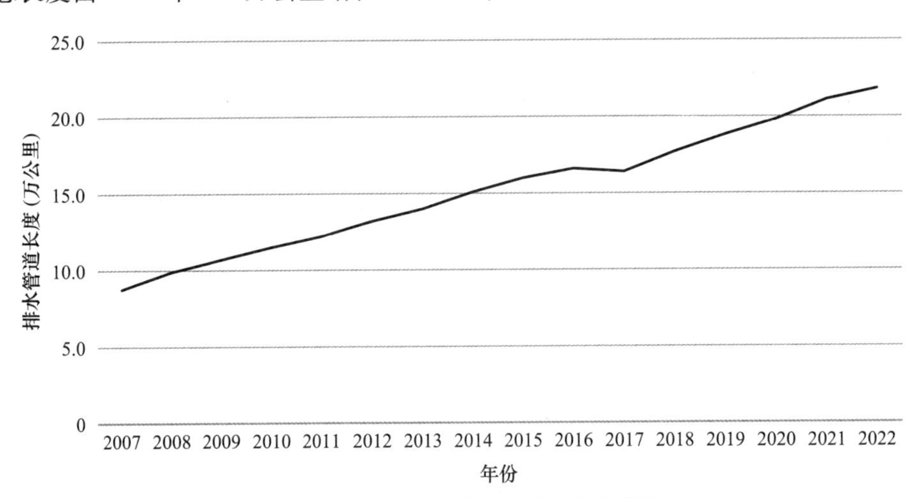


图 3-63　2007～2022 年我国建制镇排水管道长度

如图 3-64 所示，展示了 2022 年我国各省（区、市）建制镇排水管道密度的情况，其中建制镇排水管道密度最大的省（区、市）为江苏，达到 11.4 公里/平方公里，而内蒙古建制镇排水管道密度最小，仅有 3.16 公里/平方公里。我国各省（区、市）的建制镇排水管道密度情况呈现出一定的地域差异，东部沿海地区由于经济较为发达，城镇基础设施较为完善，建制镇排水管道密度普遍较大。相比之下，中、西部地区由于经济发展相对滞后，城镇基础设施建设相对薄弱，建制镇排水管道密度普遍较小。造成这种差异的原因有多方面，一方面东部沿海地区由于地理位置优越，经济发展较快，地方政府有更多的财力投入城镇基础设施建设中；另一方面，中、西部地区由于地形复杂、气候多变等因素，给排水管道建设带来了一定的难度。

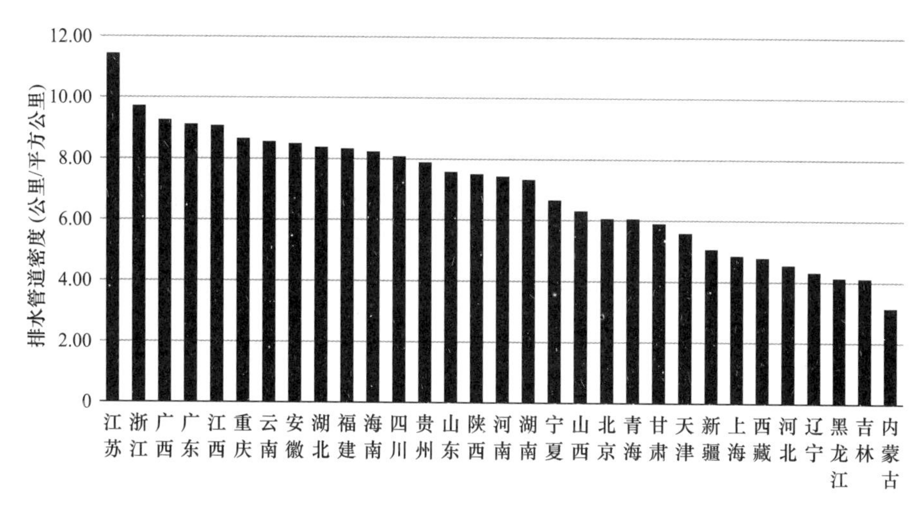


图 3-64 2022 年我国各省（区、市）建制镇排水管道密度

污水处理厂作为环境保护的重要设施，其建设数量直接影响到一个地区的生态环境质量和人民生活水平高低。污水处理厂数量较多的地区，一般与其较高的城市化水平和工业发展程度有关。如图 3-65 所示，展示了 2022 年我国各省（区、市）建制镇污水处理厂数量的情况，其中建制镇污水处理厂数量最多的省（区、市）为四川，达到 2577 个；而西藏建制镇污水处理厂数量最少，仅有 11 个。

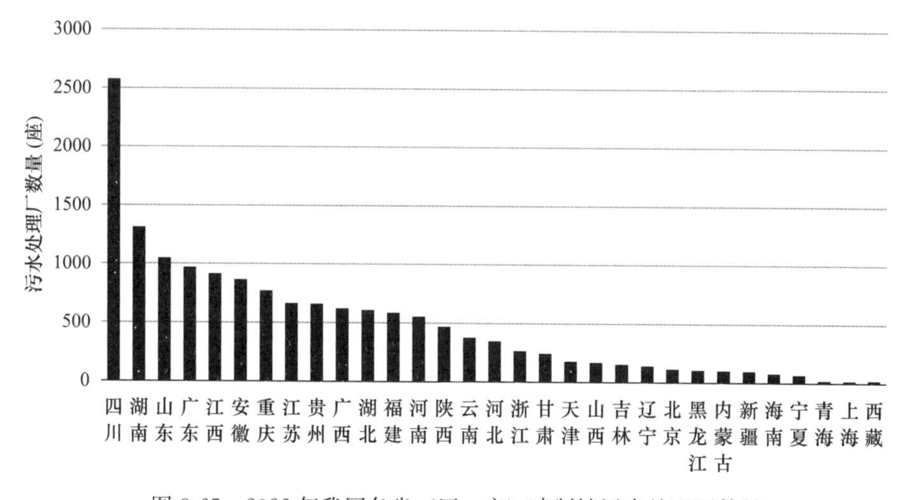


图 3-65 2022 年我国各省（区、市）建制镇污水处理厂数量

如图 3-66 所示，展示了 2022 年我国各省（区、市）建制镇排水投入的情况，其中建制镇排水投入最多的省（区、市）为广东，达到 418820.7 万元；而西藏投入最少，仅为 2091 万元。总体来看，各地对建制镇排水设施的投入呈现

差异化态势。东部沿海发达地区由于经济基础较好，对排水设施的投入力度较大，而中、西部地区由于经济发展水平相对较低，投入力度也相应较小。部分地区还存在重建设轻维护的现象，导致设施使用效果不佳。针对这些问题，建议政府加大对中、西部地区的支持力度，提高排水设施的建设和维护水平；也应强化设施的运营管理，确保其长期稳定运行。还需加强宣传教育，提高居民对排水设施的认知度和保护意识。

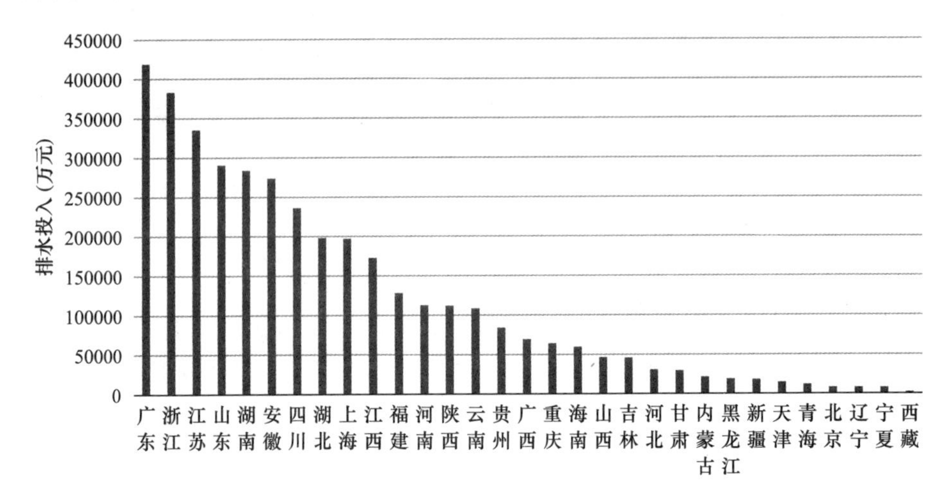


图 3-66 2022 年我国各省（区、市）建制镇排水投入

如图 3-67 所示，展示了 2022 年我国各省（区、市）建制镇污水处理投入的情况，其中建制镇污水处理投入最多的省（区、市）为广东，达到 311151.23 万元；而青海投入最少，仅为 985.5 万元。

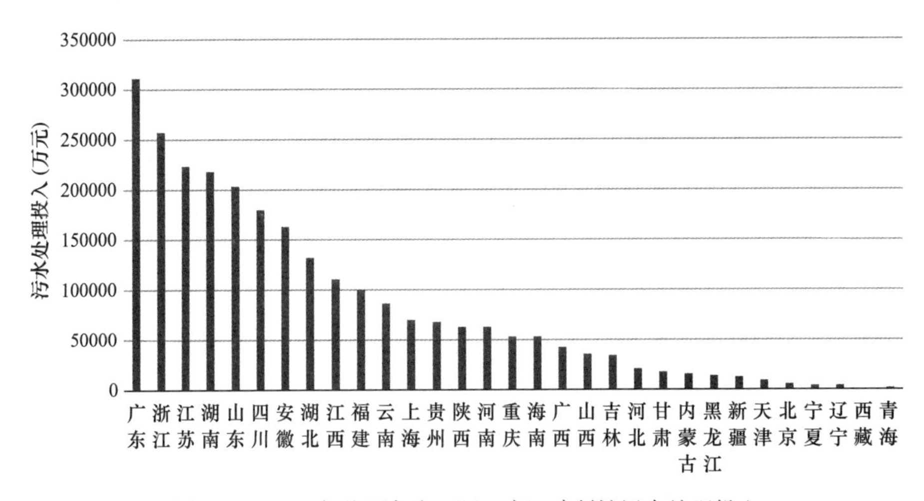


图 3-67 2022 年我国各省（区、市）建制镇污水处理投入

我国各省（区、市）在建制镇污水处理方面投入了大量的人力、物力和财力，以提升污水处理能力和效率。从整体上看，东部地区的投入力度较大，中、西部地区也在逐步加大投入。东部地区由于经济较为发达，对环保要求更高，因此在建制镇污水处理方面的投入也相应较大。中、西部地区由于历史原因和地理环境等因素的影响，污水处理设施建设相对滞后，但随着国家对环保的重视和资金的投入，中、西部地区的污水处理能力也在逐步提升。

2021～2022 年我国东、中、西部地区建制镇排水和污水投入占比如图 3-68 所示。在建制镇排水和污水投入方面，2022 年东部地区建制镇排水和污水投入走在我国前列，排水投入占全国总投入 48.84％，西部地区排水投入在 3 个地区中最少，仅占全国排水投入的 18.37％。相较于 2021 年，2022 年东、西部地区排水和污水投入占比有所上升（2022 年西部地区排水投入占比较 2021 年基本不变），而中部地区相较于 2021 年排水投入污水投入占比均有所下降。

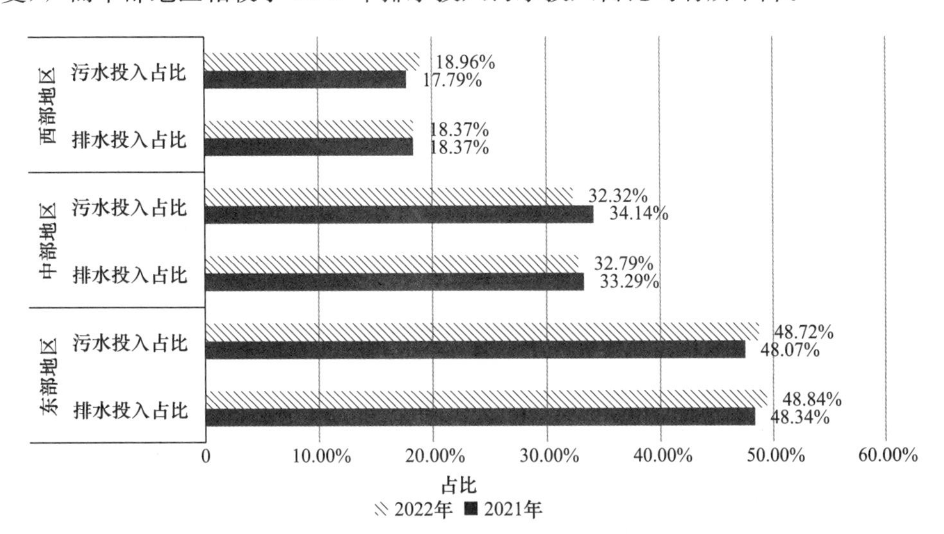


图 3-68 2021～2022 年我国东、中、西部地区建制镇排水和污水投入占比

### （二）乡排水与污水处理设施建设情况

乡污水处理厂的建设和运营需要大量的资金和技术支持。因此在推进乡污水处理厂建设的过程中，需要充分考虑当地的实际情况，因地制宜地制定出符合当地特色的解决方案。2022 年我国各省（区、市）乡污水处理厂数量如图 3-69 所示，其中乡污水处理厂数量最多的省（区、市）为福建，达到 298 个；而上海数量最少，仅为 2 个。

如图 3-70 所示，展示了 2022 年我国各省（区、市）乡排水投入的情况，其中乡排水投入最多的省（区、市）为江西，达到 40902.84 万元；而天津投入最少，为 0 万元。为了进一步提升我国乡村排水设施水平，建议各省（区、市）根据自身实际情况，制定针对性的投入计划，强化日常维护管理，确保排水设施发挥应有的作用。同时加强技术培训和交流，提升乡村排水设施的设计和建设水平。

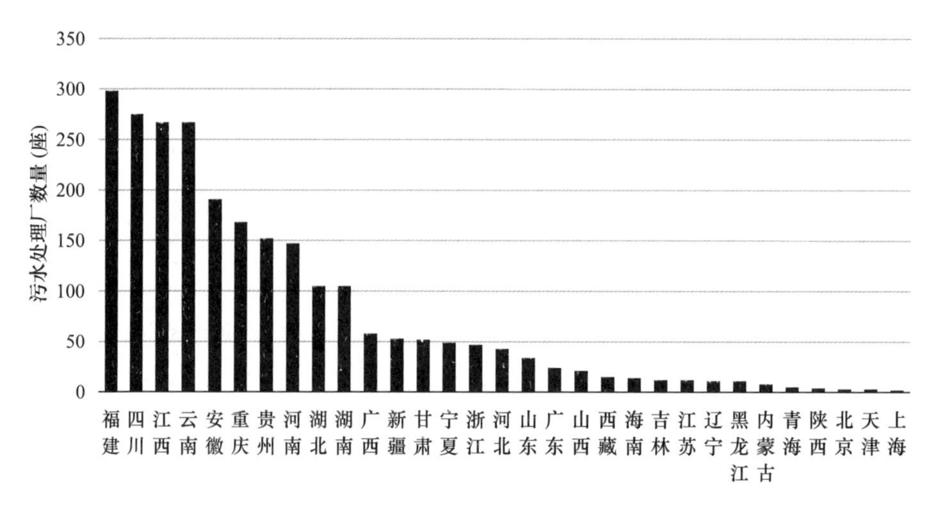


图 3-69　2022 年我国各省（区、市）乡污水处理厂数量

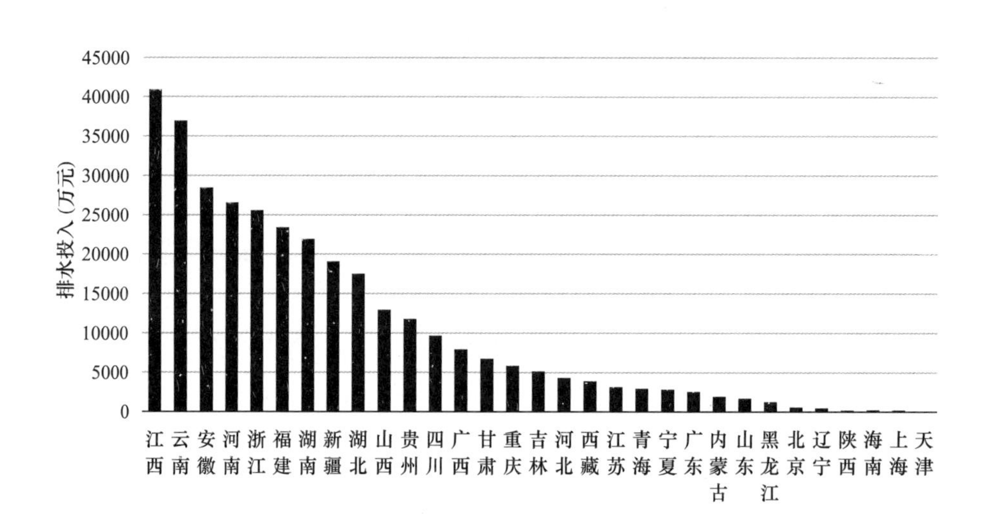


图 3-70　2022 年我国各省（区、市）乡排水投入

如图 3-71 所示，展示了 2022 年我国各省（区、市）乡污水处理投入的情况，其中乡污水处理投入最多的省（区、市）为云南，达到 29263.74 万元；而天津、上海投入最少，分别为 0 万元、2 万元。

2021～2022 年我国东、中、西部地区乡排水和乡污水处理投入占比如图 3-72 所示。

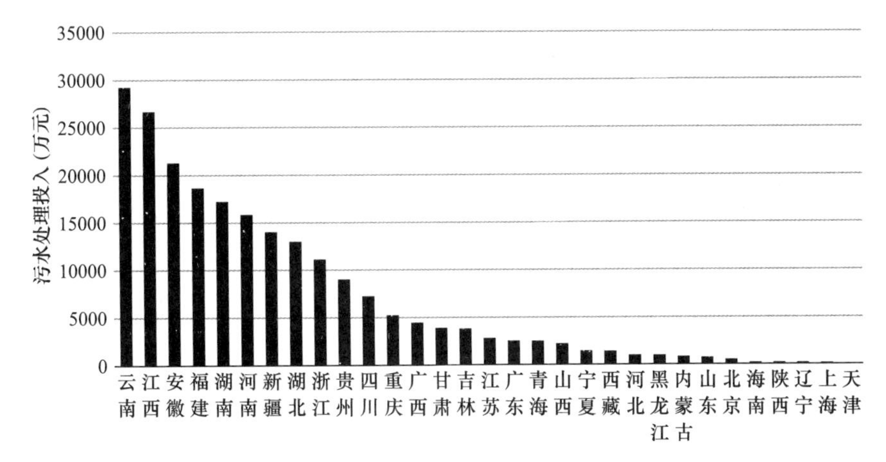


图 3-71 2022 年我国各省（区、市）乡污水处理投入

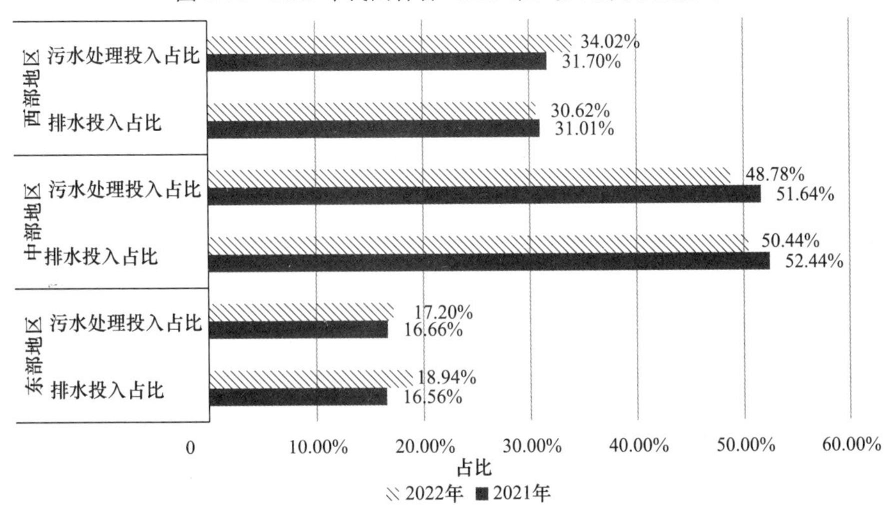


图 3-72 2021～2022 年我国东、中、西部地区乡排水和乡污水处理投入占比

## （三）建制镇排水与污水处理能力

如图 3-73 所示，展示了 2022 年我国各省（区、市）建制镇污水处理能力的情况，其中建制镇污水处理能力最好的省（区、市）为广东，达到 617.30674 万立方米/日，而西藏建制镇污水处理能力最差，仅有 0.258928 万立方米/日。东部沿海地区由于经济较为发达，对环保投入较大，建制镇的污水处理能力普遍较高。其中广东和江苏的建制镇污水处理能力走在了全国前列。相比之下，中、西部地区由于经济发展相对滞后，污水处理能力较弱。为了提高全国建制镇的污水处理能力，建议加大中、西部地区的环保投入，同时鼓励各地根据实际情况探索适合本地的污水处理模式。还应加强技术研发和创新，以降低污水处理成本，推动我国建制镇的污水处理工作向更高水平发展。

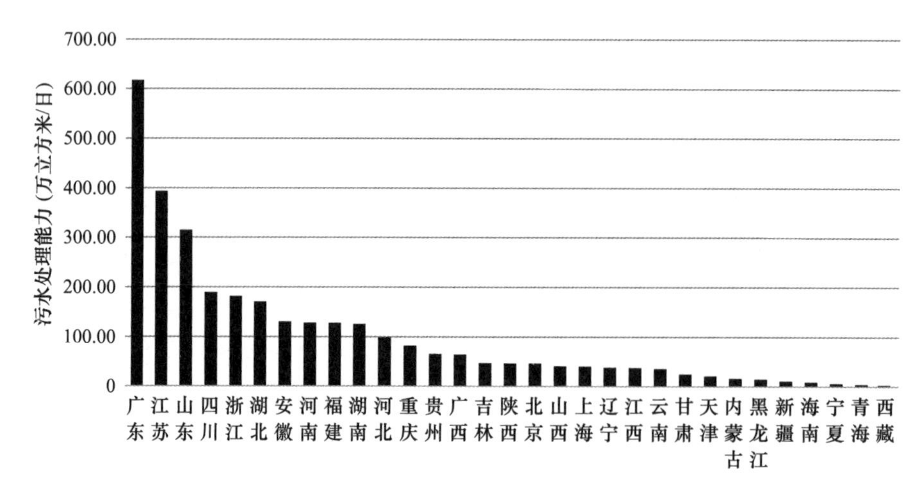


图 3-73　2022 年我国各省（区、市）建制镇污水处理能力

如图 3-74 所示，展示了 2022 年我国各省（区、市）建制镇污水处理装置能力的情况，其中建制镇污水处理装置能力最好的省（区、市）为广东，达到 463.679622 万立方米/日，而西藏建制镇污水处理装置能力最差，仅有 0.130113 万立方米/日。从具体的省（区、市）分析，经济发达地区的建制镇污水处理装置能力普遍较高，如广东、山东、江苏、浙江等。这些省（区、市）由于工业化和城市化程度较高，对污水处理的需求更大，因此装置能力较强。而中、西部地区虽然发展迅速，但由于基础薄弱，污水处理装置能力仍有待提高。针对不同省（区、市）的特点和需求，应采取差异化的污水处理策略。对于发达地区，应加强技术升级和设施改造，提高处理效率；对于欠发达地区，应加大投资力度，加快基础设施建设，提升整体处理能力。

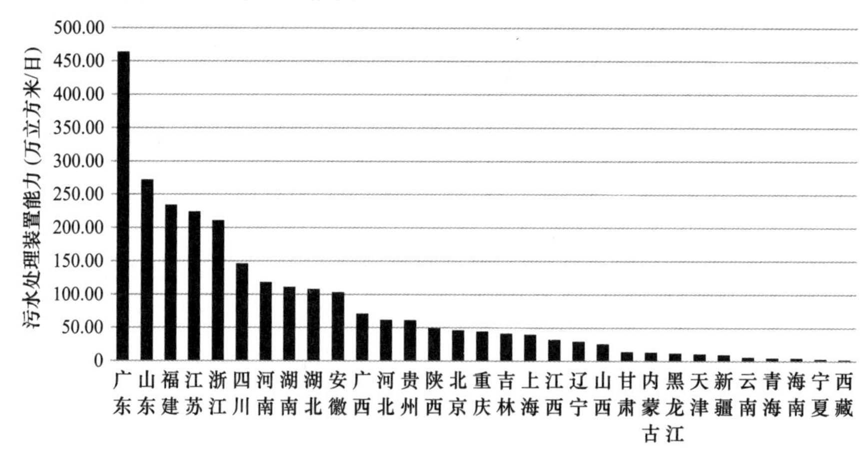


图 3-74　2022 年我国各省（区、市）建制镇污水处理装置能力

### （四）乡排水与污水处理能力

如图 3-75 所示，展示了 2022 年我国各省（区、市）乡污水处理能力的情况，其中乡污水处理能力最好的省（区、市）为河南，达到 34.768115 万立方米/日，而天津乡污水处理能力最差，仅有 0.062 万立方米/日。地理环境、人口分布和政策导向等因素会影响乡污水处理能力。为了提升全国乡污水处理能力，需要加大投资力度，加强技术研发和人才培养，同时制定更加科学的政策措施，鼓励地方积极参与乡污水处理工作。只有这样才能逐步缩小地区间差异，实现乡污水处理能力的全面提升。

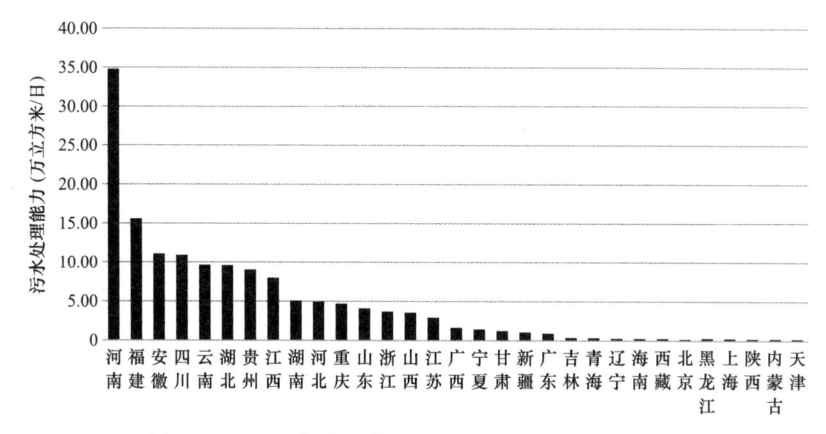


图 3-75 2022 年我国各省（区、市）乡污水处理能力

如图 3-76 所示，展示了 2022 年我国各省（区、市）乡污水处理装置能力的情况，其中乡污水处理装置能力最好的省（区、市）为河南，达到 32.637855 万立方米/日，而天津乡污水处理装置能力最差，仅有 0.0355 万立方米/日。未来，建议进一步加大投入，提高乡污水处理装置的覆盖率，推动乡村生态环境的持续改善。

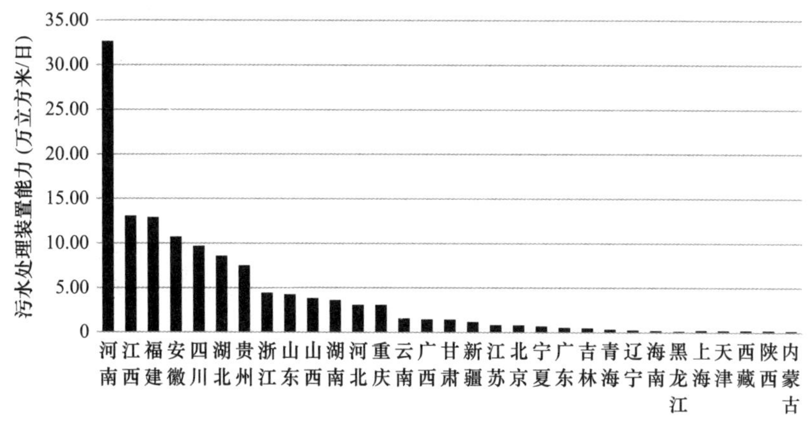


图 3-76 2022 年我国各省（区、市）乡污水处理装置能力

## (五)建制镇排水与污水处理成效

如图 3-77 所示,展示了 2022 年我国各省(区、市)建制镇对生活污水进行处理的乡镇占比情况,其中占比最大的省(区、市)为江苏,达到 100%,而黑龙江占比最小,仅有 31.08%。为了提高全国乡镇生活污水处理水平,建议政府继续加大投资力度,并注重因地制宜,根据不同地区的实际情况采取相应的处理技术和模式。还应加强宣传教育,提高乡镇居民的环保意识,鼓励他们积极参与污水处理工作,共同推进美丽乡村建设。

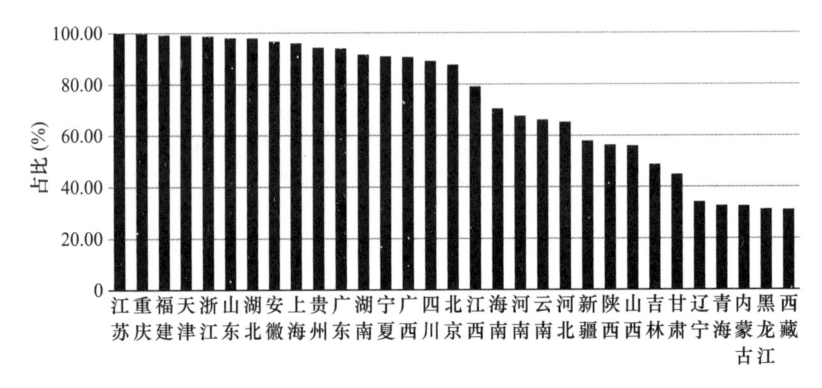


图 3-77 2022 年我国各省(区、市)建制镇对生活污水进行处理的乡镇占比

随着城镇化的加速和环保意识的提高,各地政府加大投入力度,推动污水处理设施建设和改造,我国建制镇污水处理率呈现稳步上升趋势。然而,仍有一些地区的污水处理率较低。如图 3-78 所示,展示了 2022 年我国各省(区、市)建制镇污水处理率情况,其中建制镇污水处理率最高的省(区、市)为江苏,达到 88.2%,而西藏建制镇污水处理率最低,仅有 2.37%。

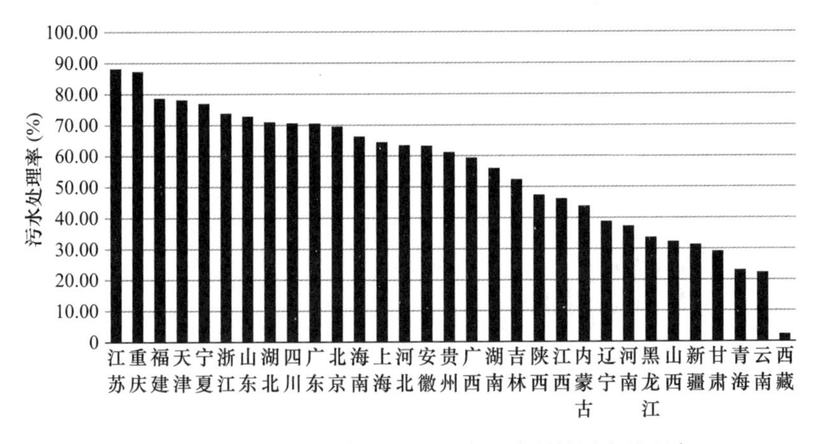


图 3-78 2022 年我国各省(区、市)建制镇污水处理率

如图 3-79 所示，展示了 2022 年我国各省（区、市）建制镇污水集中处理率情况，其中建制镇污水集中处理率最高的省（区、市）为江苏，达到 82.9%；而西藏建制镇污水集中处理率最低，仅有 2.1%。为了提高我国建制镇的集中污水处理率，需要加大投资力度，特别是对中、西部地区的建制镇加强基础设施建设。还应加强监管力度，确保污水处理设施的正常运行，提高处理效率。此外应积极推广先进技术，降低处理成本，使更多的建制镇能够享受到污水处理服务。

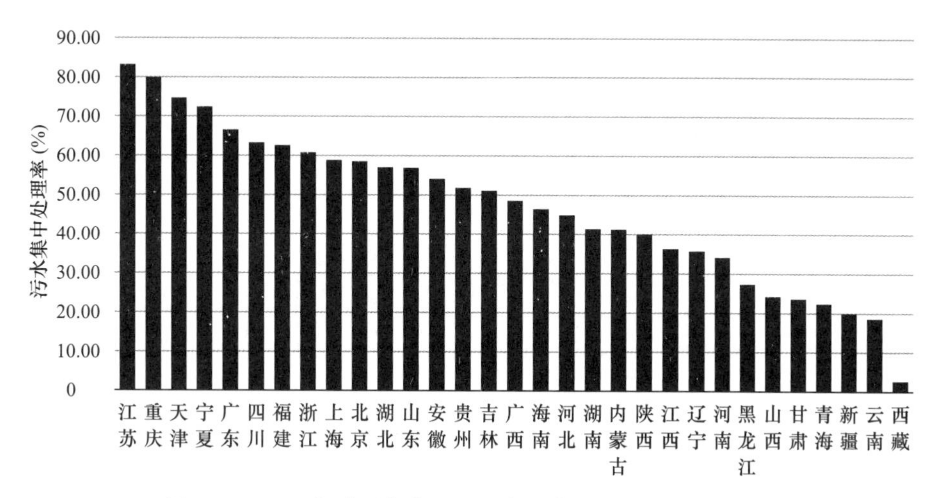


图 3-79 2022 年我国各省（区、市）建制镇污水集中处理率

## （六）乡排水与污水处理成效

如图 3-80 所示，展示了 2022 年我国各省（区、市）对生活污水进行处理的乡镇占比情况，其中占比最大的省（区、市）为天津、上海、江苏，达到 100%；而西藏占比最小，仅有 7.29%。我国各省（区、市）对生活污水处理的乡镇占比情况呈现出一定的差异。东部沿海地区由于经济较为发达，乡镇基础

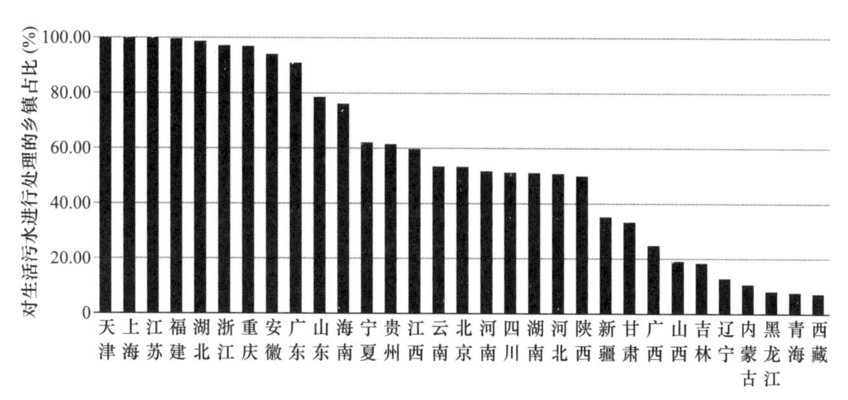


图 3-80 2022 年我国各省（区、市）对生活污水进行处理的乡镇占比

设施较为完善，因此对生活污水进行处理的乡镇占比较高。而中、西部地区由于经济发展相对滞后，乡镇基础设施薄弱，对生活污水进行处理的乡镇占比较低。

如图 3-81 所示，展示了 2022 年我国各省（区、市）乡污水处理率情况，其中乡污水处理率最高的省（区、市）为天津，达到 87.29%；而西藏的乡污水处理率最低，仅有 0.65%。

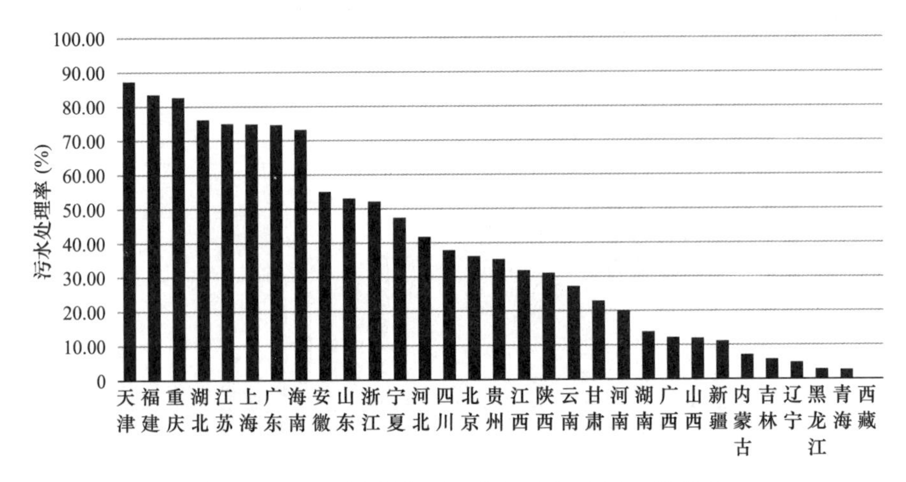


图 3-81　2022 年我国各省（区、市）乡污水处理率

如图 3-82 所示，展示了 2022 年我国各省（区、市）乡污水集中处理率情况，其中乡污水集中处理率最高的省（区、市）为天津，达到 87.29%；而西藏的乡污水集中处理率最低，仅有 0.3%。

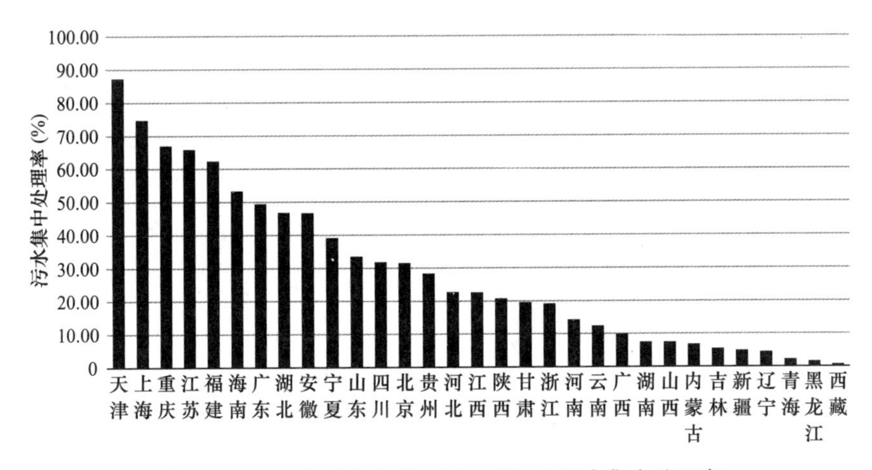


图 3-82　2022 年我国各省（区、市）乡污水集中处理率

# 第四章 垃圾处理行业发展报告

随着人类日常生活、工作、消费的复杂化、个性化，垃圾的产生量越来越多，现引起各国政府部门的关注。世界银行发布的《2050年全球固体废物管理一览》中提到如果目前情况持续下去，2050年全球年度废物产量将增加70%，垃圾年产量将达34亿吨，并且全球垃圾中的40%达不到无害化处理，这将对环境造成巨大的伤害。

随着城市的发展，未来城市生活垃圾问题将日益严重。我国对此也越来越重视，政策法规不断完善，政府投资持续加大，随着技术进步和环保产业的资本投资，资源利用比例将越来越高，未来垃圾处理行业将有很大的发展空间。我国垃圾处理行业起步较晚，主要通过增加垃圾处理设备，包括垃圾焚烧设备、无害化处理设备等对原生垃圾、分类垃圾和垃圾衍生品进行直接的处理或间接处理。我国对于垃圾处理的技术对策主要采用卫生填埋和高温堆肥技术，倡导沿海经济发达地区发展垃圾处理和燃烧禁令技术。填埋技术由于其操作简单和成本低的特点，中、西部省份城市更倾向于使用该技术于垃圾处理行业。但填埋垃圾会残留大量细菌和病毒，填埋产生的垃圾渗漏液还会对地下水资源产生严重的影响，造成二次污染。在垃圾处理行业的快速发展和政府政策的引导下，城市垃圾处理成效显著，但是农村垃圾处理的设备、资源等都不足。本章主要以城市生活垃圾的直接处理作业为例，对垃圾处理行业的投资与建设、生产与供应、发展成效和城乡一体化垃圾处理行业的一体化发展提供建议。

# 第一节　垃圾处理行业投资与建设

## 一、总体概况

城市垃圾处理行业是以垃圾为处理对象的企业、机构的集合。现阶段，政府投入和社会资本是我国垃圾处理行业投资的两大主体。其中，政府投入包括国家财政、国债资金、地方财政以及清洁发展机制（CDM）的资金支持；社会资本主要包括银行融资、环保产业基金和风险投资基金、股市融资和国内外的垃圾处理投资运营商等。

### （一）固定资产投资现状

从全国城市市容环境卫生固定资产投资额来看，2021 年城市市容环境卫生领域的投资额达到了 727.1 亿元，虽然相较于 2020 年有所降低。但相比 2009 年的 316.47 亿元的市容环境卫生建设固定资产投资额，实现了近一倍的较大增长（图 4-1）。这表明了全国城市环境治理投资金额正在不断增长。

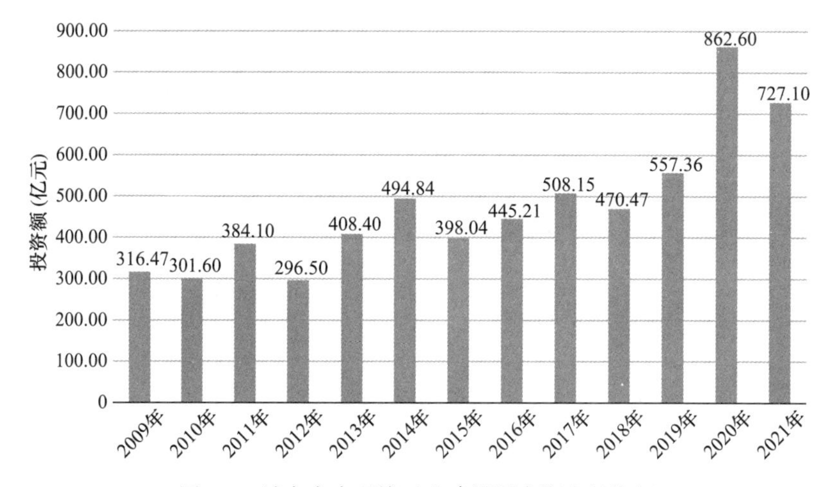


图 4-1　城市市容环境卫生建设固定资产投资额

资料来源：《中国城乡建设统计年鉴 2021》，中国统计出版社。

如图 4-2 所示，2021 年垃圾处理领域的固定资产投资额在全社会城市市政公用设施建设固定资产投资额中的仅为 2.29%，2009 年垃圾处理领域的固定资产投资额仅占全社会城市市政公用设施建设固定资产投资额的0.8%。2009～2021年垃圾处理领域的固定资产投资额实现了显著增长，由此也可以看出垃圾处理领域越来越受到重视。

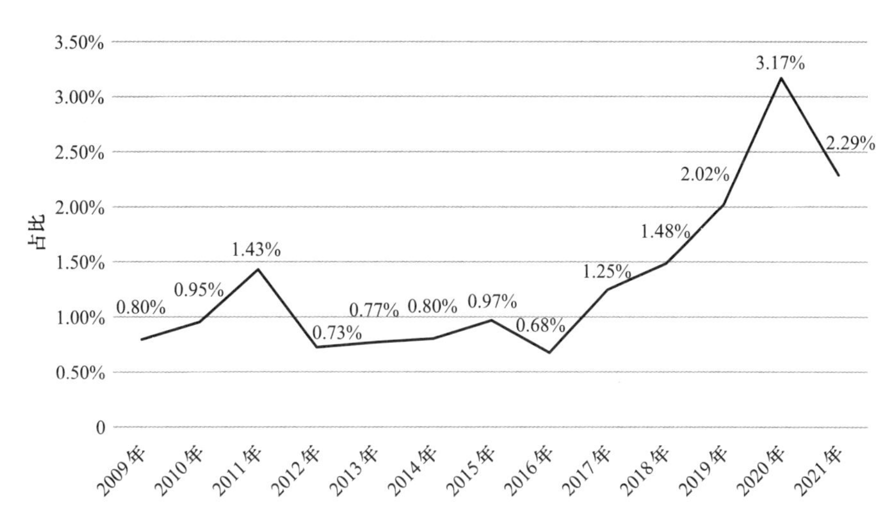


图4-2 历年垃圾处理固定资产投资额在全社会城市市政公用设施建设固定资产投资额中的占比

资料来源：《中国城乡建设统计年鉴2021》，中国统计出版社。

### （二）环卫专用车辆设备

我国城市市容环卫专用车辆设备数量保持逐年稳步增长，各年车辆设备数量如图4-3所示，2021年环卫专用车辆设备数量已达到32.75万台，在2008年至2021年间，总体呈现上升趋势，尤其是对新能源环卫车的需求权重随之加大。但2017年至2021年间环卫专用车辆设备增长率出现波动下降的趋势，2021年环卫专用车辆设备数量增长率也仅为6.9%。

### （三）垃圾处理场①

1. 不同类型垃圾处理场比较

我国城市生活垃圾处理方式主要分为垃圾卫生填埋、垃圾焚烧和其他垃圾处理方式，其中垃圾卫生填埋是我国现阶段最主要的垃圾无害化处理方式。图4-4展示了2009～2021年城市各类垃圾处理场的占比情况。由图4-4数据可知，2021年生活垃圾卫生填埋无害化处理厂占比45.6%，与2020年相比稍有下降，但比2009年下降了33.24%；焚烧生活垃圾焚烧无害化处理厂占比35.98%，与2020年的占比基本持平，但相对于2009年提升了19.58%；堆肥

① 本报告中“垃圾场”与“垃圾厂”通用。

处理厂占比 10.13%，相较于 2009 年提高了 7.81%。可以看出，我国当前阶段对于垃圾处理采用的技术主要还是垃圾填埋，但近年来，城市垃圾填埋处理量占总垃圾处理量的比例呈下降趋势；而焚烧生活垃圾焚烧无害化处理厂的比例则呈现上升趋势。

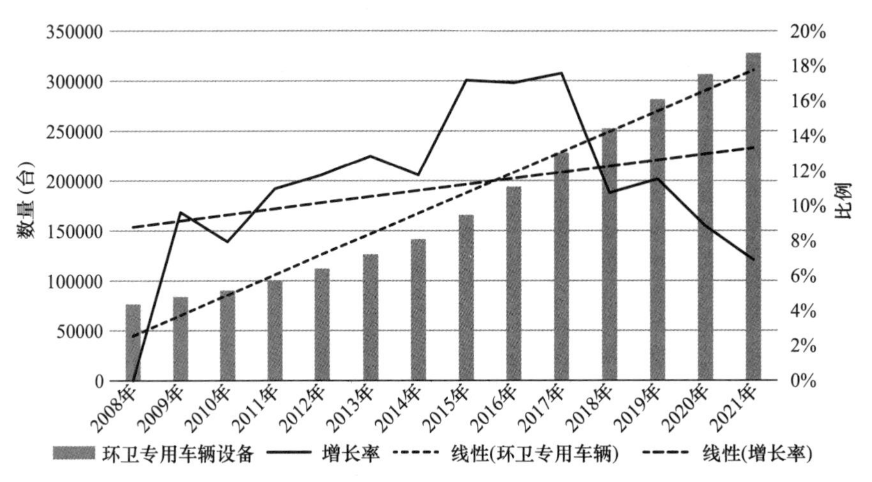


图 4-3 我国城市市容环卫专用车辆设备数量及其增长率

资料来源：《中国城乡建设统计年鉴 2021》，中国统计出版社。

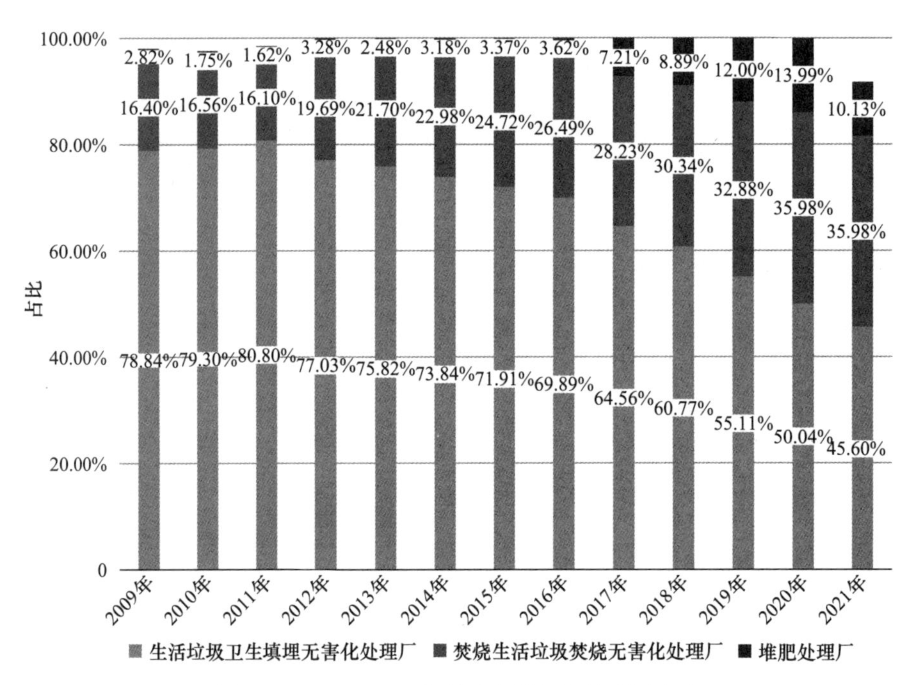


图 4-4 2019～2021 年城市各类垃圾处理厂占比

资料来源：《中国城乡建设统计年鉴 2021》，中国统计出版社。

图 4-5 描绘了城市生活垃圾卫生填埋无害化处理厂、焚烧生活垃圾焚烧无害化处理厂、堆肥处理厂 2010 年至 2021 年间增长率变化趋势。总体而言，城市垃圾处理厂的总数增长率在逐渐下降。同时 2021 年生活垃圾卫生填埋无害化处理厂的数量年均下降率为 4.4%。此外，2021 年我国焚烧生活垃圾无害化处理厂数量的增长率为 10.13%，相较于 2020 年下降了 8.89%，实现了较大幅度的减少。2021 年堆肥处理厂增长率为 6.31%，相较于 2020 年的增长率下降了 2.48%。

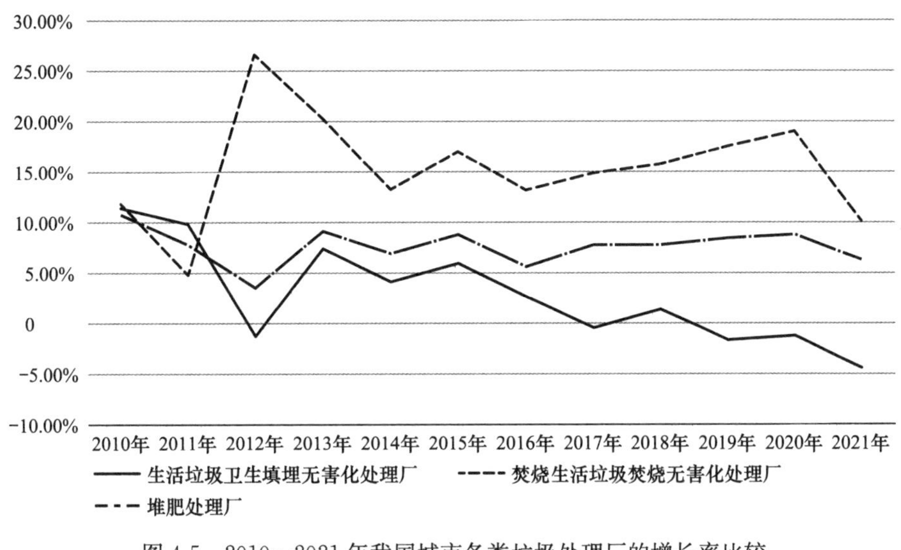


图 4-5 2010～2021 年我国城市各类垃圾处理厂的增长率比较

资料来源：《中国城乡建设统计年鉴 2021》，中国统计出版社。

## 二、垃圾卫生填埋场投资与建设

### （一）垃圾填埋简介

我国目前应用最广泛的垃圾处理方式是垃圾填埋。简单来说，该技术就是将垃圾倾倒或填埋到指定的洼地或大坑中，用专门的防渗材料覆盖土壤与垃圾接触的地方，以避免垃圾渗滤液污染地下水。同时还需要在场地底部铺设专门的管道，以便将渗滤液排出场外。另外，在垃圾填埋过程中还要设置导气系统，以导出填埋气并进行合理利用或燃烧。最后，为了防止外部洪水进入填埋场，需要在填埋场的周围挖掘截洪沟。垃圾填埋场主要分为简易填埋场（IV 级填埋场）、受控填埋场（III 级填埋场）和卫生填埋场（I、II 级填埋场）。目前我国约有 50%的城市生活垃圾填埋场属于 IV 级填埋场。这些 IV 级填埋场操作简单，但是没有工程措施，会对环境造成较大的损害。近年来我国不少城市开始采用Ⅰ、Ⅱ级填埋场，这种卫生填埋场既有比较完善的环保措施，又能满足或大部分满足环保标准，对于环境不会造成较大的损害。

### （二）投资与建设现状

根据最新的统计数据，截至 2021 年底，我国共有 677 座生活垃圾卫生填埋无害化处理厂。从图 4-6 中可以看出，从 2009 年到 2021 年，生活垃圾卫生填埋无害化处理厂的数量呈现总体上升趋势。其中，2009 年的生活垃圾卫生填埋无害化处理厂数量仅为 447 座，2021 年相比于 2009 年的数量增长率达到了 51.45％，实现了较大增幅。

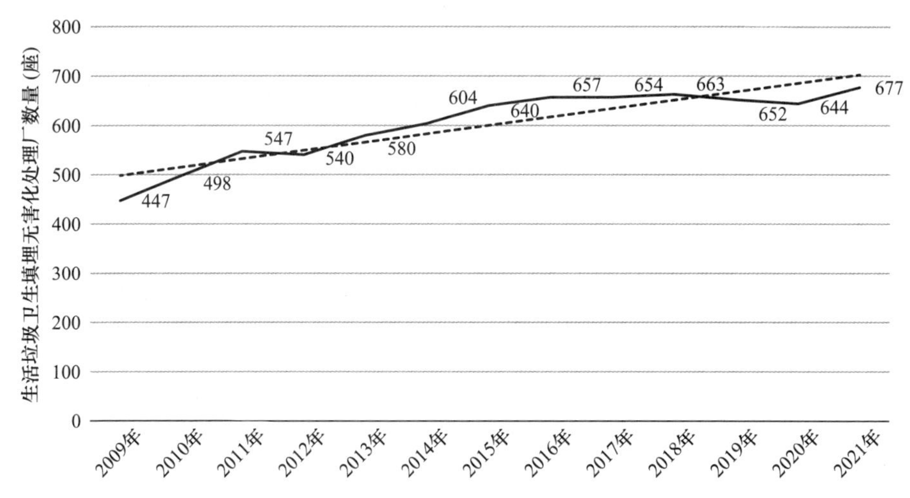


图 4-6　2009～2021 年我国生活垃圾卫生填埋无害化处理厂数量

资料来源：《中国城乡建设统计年鉴 2021》，中国统计出版社。

截至 2021 年底，我国各省（区、市）运营中的垃圾填埋场分布情况如图 4-7 所示。从图 4-7 中可以看出，国内的垃圾填埋场主要集中在东部沿海城市，如广东、山东、江苏、浙江等，这些省的城市往往人口较为集中，经济较为发达。同时，经济发达城市有逐渐减少垃圾填埋的趋势，其中北京、上海等经济相对发达的城市已经制定了原生垃圾零填埋的指导目标，并正在建造大量的垃圾焚烧设施。预计等到垃圾焚烧设施全部投入运行后，未来国内的垃圾焚烧能力将大幅提升，相对地，有害的垃圾填埋处理方式比重将大大降低。因此可以预见，未来我国垃圾处理方式将逐渐向更加环保、高效的焚烧方式转变。

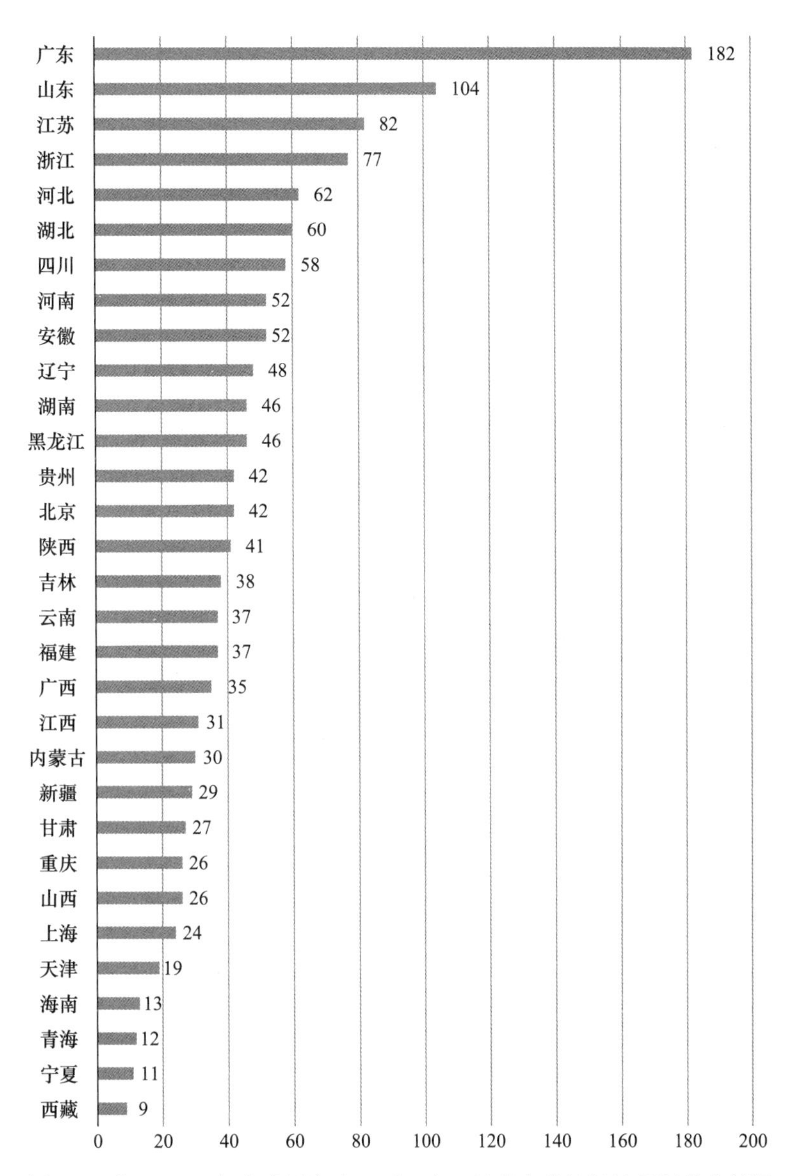


图 4-7　截至 2021 年底我国各省（区、市）运营中的垃圾填埋场分布情况

资料来源：《中国城乡建设统计年鉴 2021》，中国统计出版社。

## 三、垃圾焚烧厂投资与建设

### （一）垃圾焚烧简介

焚烧处理是利用高温氧化作用处理生活垃圾，使生活垃圾中的可燃废物转变为二氧化碳和水等，焚烧后剩余的渣、灰容量比原本的生活垃圾减少了80%以上。通过垃圾焚烧处理，不仅能够大大减少固体废物量，还可以消灭各种细菌和病毒。垃圾焚烧处理具有比卫生填埋和堆肥等无害化处理方式更好的减容效果、对人体危害小以及对环境影响小等优点。目前主流的垃圾焚烧处理技术主要有两种：一种是机械炉排炉技术；另一种是循环流化床技术。在我国，主要采用的垃圾焚烧处理技术是机械炉排炉技术，该项技术发展时间长，技术较为成熟。而循环流化床技术在垃圾焚烧处理领域的应用时间较短，目前还处于技术探索期。

### （二）投资与建设现状

根据生态环境部最近的数据统计，2022年全国垃圾焚烧发电项目的开标数量为65个，总投资额约258亿元，每日新增的垃圾处理能力达到1.86万吨。在垃圾处理方面，每吨的平均花费约为95.83元。另外，《2023年中国垃圾发电工程项目发展现状分析》指出，截至2021年底，我国城市生活垃圾焚烧无害化处理厂共有542座，相比2020年底新增了79座（图4-8）①。2009～2021年，我国城市生活垃圾焚烧无害化处理厂的数量一直在稳步增长。但近年来，随着垃圾焚烧进入冷静期，城市生活垃圾焚烧无害化处理厂数量的增长率有所放缓，特别是大中型城市垃圾焚烧发电项目数量锐减。

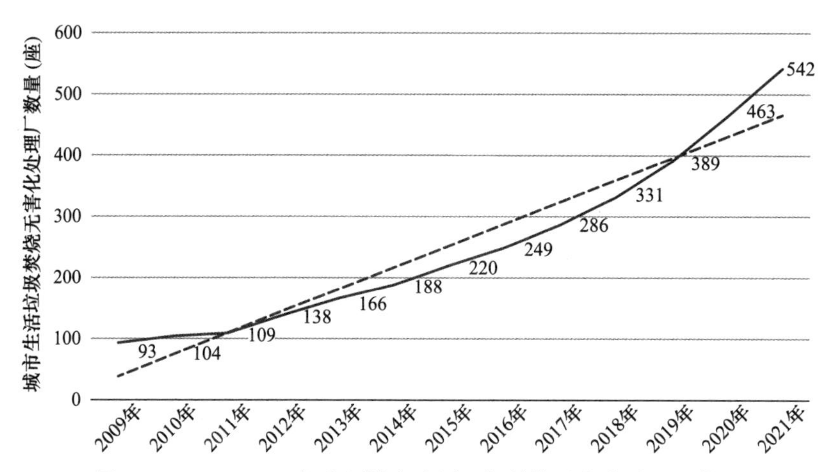


图4-8　2009～2021年我国城市生活垃圾焚烧无害化处理厂数量

资料来源：《中国城乡建设统计年鉴2021》，中国统计出版社。

目前，我国城市生活垃圾焚烧设施最多的省份是广东，2021年广东拥有生活垃圾焚烧无害化处理厂73座。广东作为东南沿海的经济大省，垃圾焚烧发电

---

① 产业信息网，《2023年中国垃圾发电工程项目发展现状分析》，https://baijiahao.baidu.com/s?id=1763386109264253264&wfr=spider&for=pc。

市场仍在持续爆发，且开标的项目规模普遍较大。2022 年共开标 9 个垃圾焚烧发电项目，除广州市中心城区生活垃圾焚烧处理服务项目外，其余 8 个垃圾焚烧发电项目新增产能 7950 吨/日。其次是山东和浙江，分别拥有城市生活垃圾焚烧无害化处理厂 56 座和 51 座。最后是宁夏、西藏和青海，其中青海没有城市生活垃圾焚烧无害化处理厂（图 4-9）。可以看出，相较于中、西部地区，东部沿海发达地区城市生活垃圾焚烧无害化处理厂数量更多。

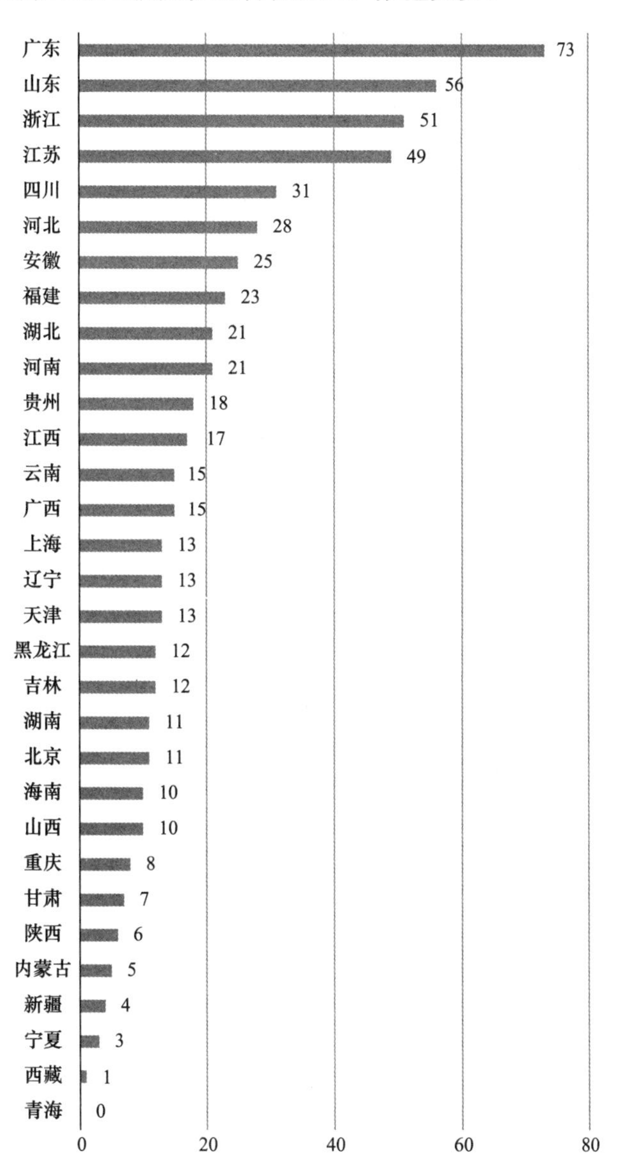


图 4-9 2021 年我国各省（区、市）生活垃圾焚烧无害化处理厂数量

资料来源：国家统计局官网（http://data.stats.gov.cn/search.htm? s）。

## 四、其他类型垃圾处理厂投资与建设

除了垃圾焚烧，其他垃圾处理方式主要有堆肥（含综合处理）、回收利用、堆放和简易填埋。但是，堆肥和简易填埋这两种处理方式会对于环境造成较大破坏。2022 年我国垃圾处理技术的使用情况为：填埋方式所占比例约为 53.79%，焚烧方式所占比例约为 18.31%，而其他方式只占 27.90%，如图 4-10 所示。

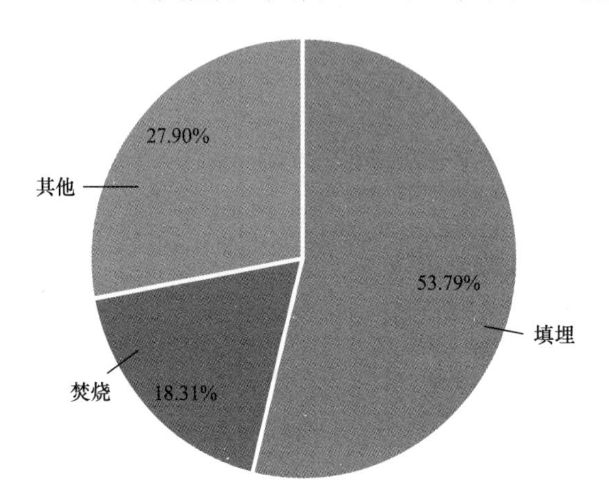


图 4-10　2022 年我国垃圾处理方式占比

资料来源：国家统计局官网（http://data.stats.gov.cn/search.htm? s）。

# 第二节　垃圾处理行业生产与供应

## 一、总体概况

尽管工业化、城镇化的速度很快，但垃圾处理行业的“工业”生态体系建设并不尽如人意。垃圾处理行业应建设与日益增长的垃圾治理需求相匹配的垃圾处理体系。

### （一）垃圾无害化处理能力和处理量

随着城镇化进程的加快，我国城市垃圾无害化处理能力不断提高，处理量不断增加，具体情况如图 4-11 所示。由图 4-11 可知，到 2021 年城市垃圾无害化处理能力达到了 105.7 万吨/日，环比增长为 9.7%。相较于 2009 年的城市垃圾无害化处理能力实现了较大提高，近 10 年间城市垃圾无害化处理能力实现了近 3 倍的提升。在同一年，城市垃圾无害化处理量约为 2.5 亿吨，相较于 2009 年实现了近 1.5 倍的增长。

图 4-11　历年城市生活垃圾无害化处理能力和处理量

资料来源：《中国城乡建设统计年鉴 2021》，中国统计出版社。

### （二）各类型垃圾处理能力和处理量

由图 4-12 可知，2021 年城市生活垃圾处理方式中，卫生填埋无害化处理能力达到 356130 吨/日，占比 31.30%；焚烧无害化处理能力为 719533 吨/日，占比 63.24%；堆肥/综合处理无害化处理能力为 62135 吨/日，占比 5.46%。可以看出，目前我国焚烧无害化处理能力已经得到了较大提高。

### （三）各地区垃圾无害化处理能力和处理量

图 4-13 显示了 2021 年全国各地区垃圾无害化处理能力分布情况。由图 4-13 可知，广东垃圾无害化处理能力处于全国领先地位，达到 176736 吨/日。其次是江苏和浙江，垃圾无害化处理能力分别是 83304 吨/日和 80078 吨/日。宁夏、西藏和青海的垃圾无害化处理能力则最低，分别是 5410 吨/日、2355 吨/日和 2296 吨/日，均低于 10000 吨/日。此外，从排名上看，相较于中、西部地区的省（区、市），我国东部沿海经济较发达地区的省（区、市）的垃圾无害化处理能力更强。

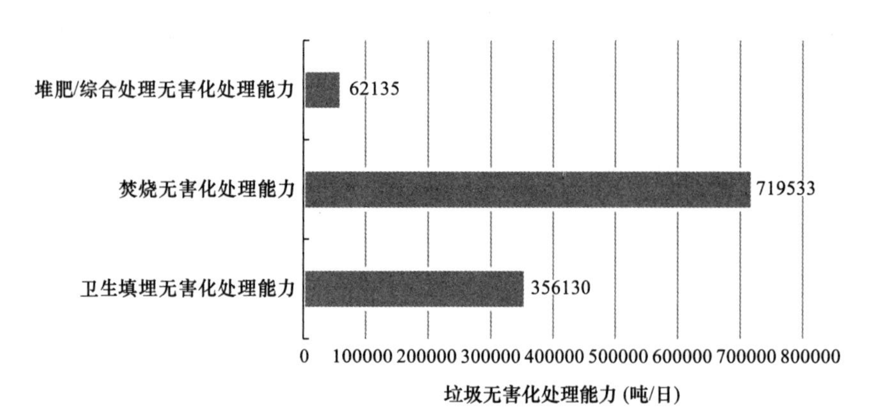


图 4-12 各类型垃圾处理能力

资料来源：国家统计局官网（http://data. stats. gov. cn/easyquery. htm? cn=C01）。

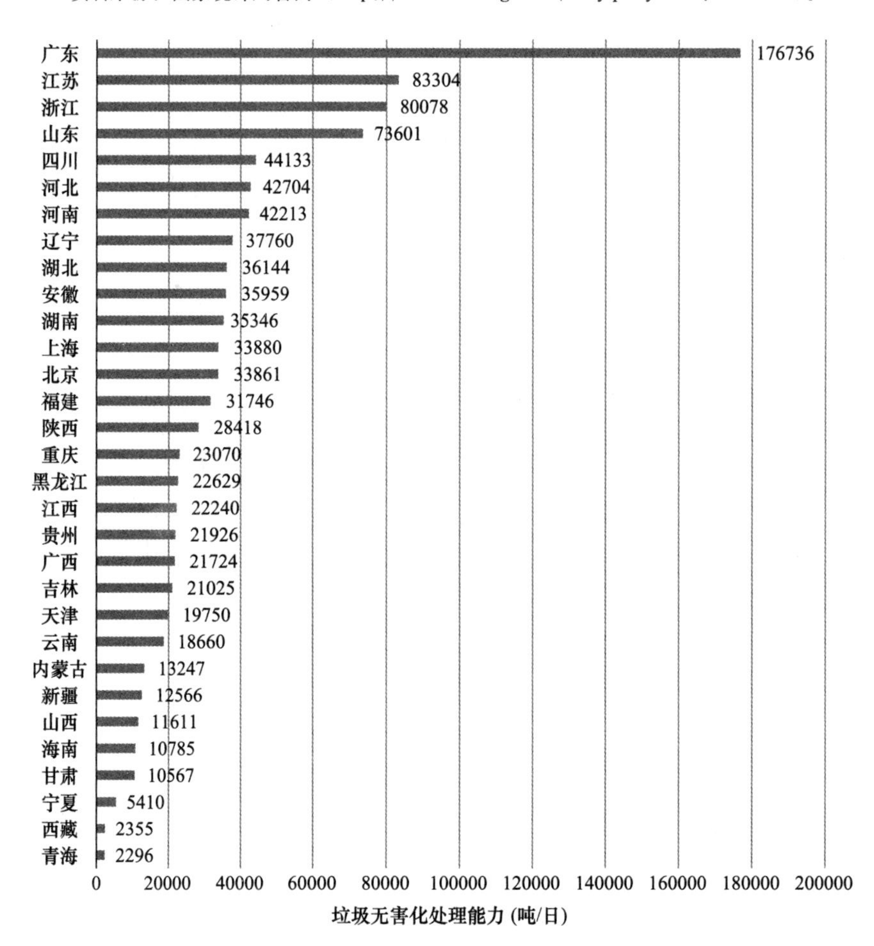


图 4-13 2021 年全国各地区垃圾无害化处理能力分布情况

资料来源：《中国城乡建设统计年鉴 2021》，中国统计出版社。

图 4-14 展示了 2021 年全国各省（区、市）垃圾无害化处理量分布情况，前三名分别是广东、江苏和山东，这 3 个省份的垃圾无害化处理量处于全国领先位置，分别达到 3288.59 万吨、1903.60 万吨和 1769.00 万吨。最后三名是宁夏、青海和西藏，垃圾无害化处理量分别为 126.91 万吨、119.76 万吨和 69.30 万吨。从地区排名上看，相较于中、西部地区的省（区、市），我国东部沿海经济较发达地区的省（区、市）的垃圾无害化处理量更大。

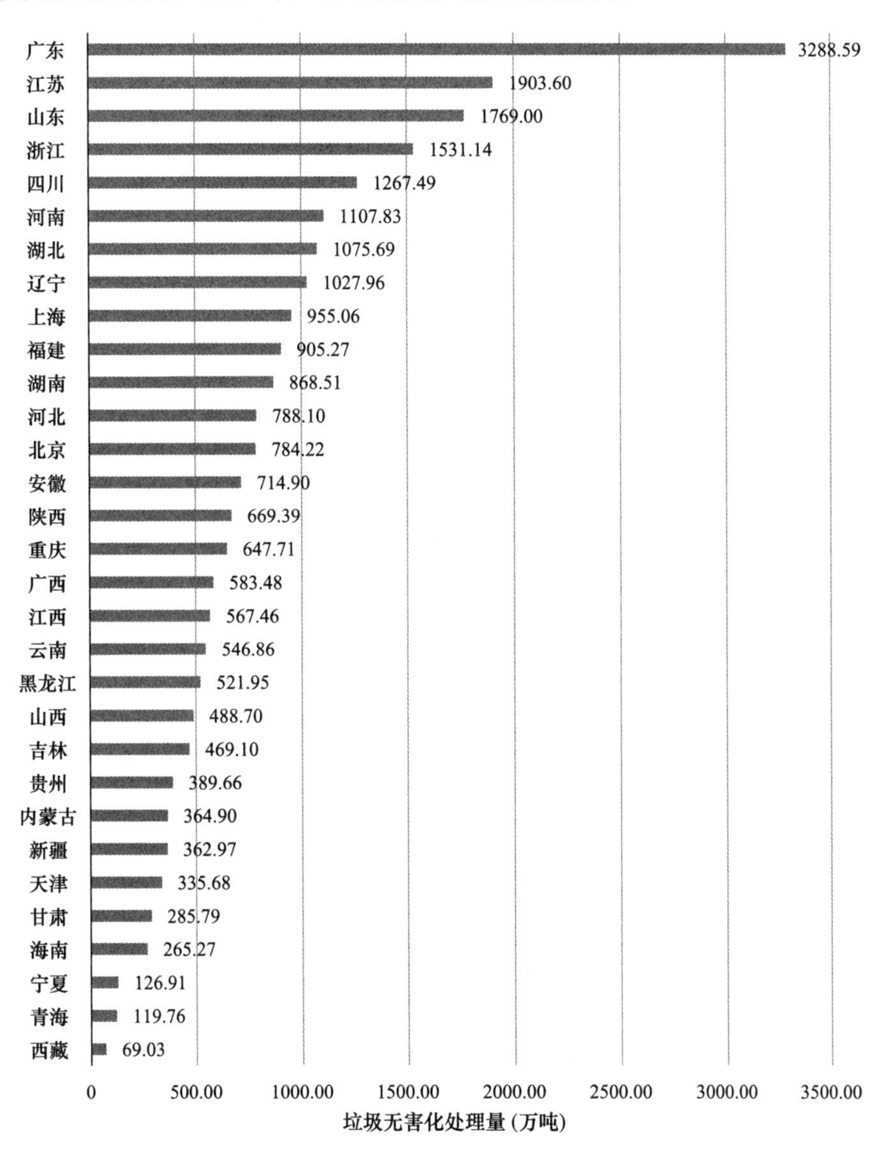


图 4-14　2021 年全国各省（区、市）垃圾无害化处理量分布情况

资料来源：《中国城乡建设统计年鉴 2021》，中国统计出版社。

# 二、垃圾卫生填埋场处理能力及处理量

## （一）增长现状

随着我国经济社会的发展，生活垃圾产量逐渐增多，生活垃圾处理行业愈发重要，近些年我国政府相继出台政策扶持规范生活垃圾处理行业，中共中央办公厅和国务院办公厅在《关于推进以县城为重要载体的城镇化建设的意见》中指出完善垃圾收集处理体系。因地制宜建设生活垃圾分类处理系统，配备满足分类清运需求、密封性好、压缩式的收运车辆，改造垃圾房和转运站，建设与清运量相适应的垃圾焚烧设施。合理布局危险废弃物收集和集中利用处置设施。到 2023 年基本实现原生生活垃圾“零填埋”。

此外，很多大型垃圾填埋场已经关闭或即将关闭，比如上海的老港综合填埋场和西安主城区唯一的生活垃圾填埋场。可以预见，未来大城市的生活垃圾填埋场将陆续进入关闭期。同时，这几年环保相关部门对生活垃圾填埋场进行了更加严格的监管，比如臭气和渗滤液等方面。各地都对生活垃圾填埋场提出了更高的要求，以控制生活垃圾产生的污染。

图 4-15 展示了 2009～2021 年城市垃圾卫生填埋无害化处理能力和处理量的发展情况。经过 10 多年的发展，我国城市垃圾卫生填埋无害化处理能力从 2009 年的 273498 吨/日提高到了 387607 吨/日，增长了 41.72％，实现了较大幅度的增长。城市垃圾卫生填埋无害化处理量从 2009 年的 8898.6 万吨增加到了 2021 年的 9438 万吨，增长了 6.06％。

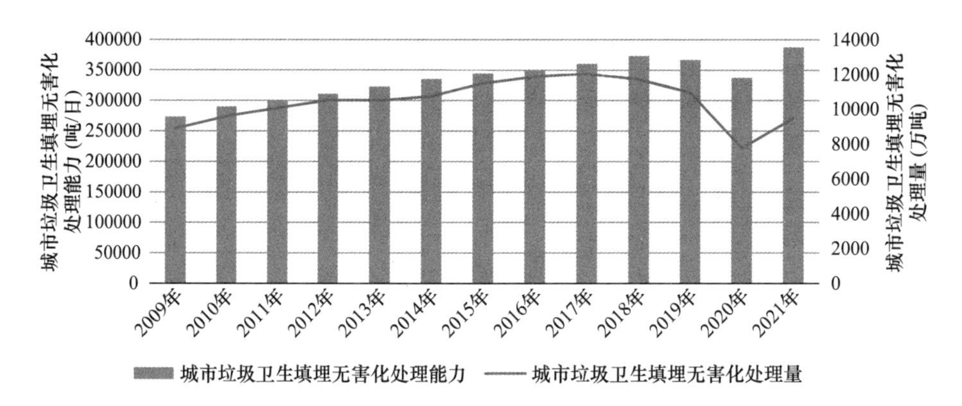


图 4-15　2009～2021 年城市垃圾卫生填埋无害化处理能力和处理量的发展情况

资料来源：《中国城乡建设统计年鉴 2021》，中国统计出版社。

### （二）地域分布

2020年和2021年我国各省（区、市）垃圾卫生填埋无害化处理能力如表4-1所示。由表4-1可以看出，东部沿海城市垃圾卫生填埋无害化处理能力减少幅度相较于西部城市更大，如浙江和天津，垃圾卫生填埋无害化处理能力减少幅度均达到了90%以上。原因是东部沿海城市的经济发展水平更高，推进了垃圾焚烧技术的发展。一些较为发达的城市如北京和上海等，为了实现原生垃圾零填埋的目标，正在大力建设或规划垃圾焚烧设施。预计未来这些城市的垃圾焚烧处理比例将超过90%，从而大大降低垃圾填埋的比例。

由于填埋场的建设难度低，相较于其他的垃圾处理方式，填埋方式的成本也更低。因此对于中、西部等相对欠发达地区而言，目前填埋仍然是垃圾处理的主要方式。2021年，全国大部分省（区、市）的垃圾卫生填埋无害化处理能力均出现负增长，浙江和天津的垃圾卫生填埋无害化处理能力分别出现了－91.76%和－92.16%的增长率，这表明垃圾卫生填埋无害化处理方式的使用随着经济的发展正在大幅减少。

2020年和2021年各省（区、市）垃圾卫生填埋无害化处理能力　　表4-1

| 地区 | 省（区、市） | 2020年垃圾卫生填埋无害化处理能力（吨/日） | 2021年垃圾卫生填埋无害化处理能力（吨/日） | 增长率 |
|---|---|---|---|---|
| 东部地区 | 浙江 | 12133 | 1000 | －91.76% |
| | 江苏 | 13715 | 10978 | －19.96% |
| | 广东 | 43558 | 40830 | －6.26% |
| | 山东 | 14946 | 14639 | －2.05% |
| | 福建 | 4379 | 2767 | －36.81% |
| | 河北 | 11743 | 9704 | －17.36% |
| | 上海 | 15350 | 5000 | －67.43% |
| | 天津 | 5100 | 400 | －92.16% |
| | 北京 | 7491 | 7491 | 0 |
| | 海南 | 2310 | 500 | －78.35% |
| 中部地区 | 湖北 | 14569 | 11474 | －21.24% |
| | 安徽 | 8182 | 7296 | －10.83% |
| | 山西 | 9207 | 5675 | －38.36% |
| | 河南 | 20516 | 14028 | －31.62% |
| | 湖南 | 15851 | 14906 | －5.96% |
| | 江西 | 7690 | 2745 | －64.30% |

续表

| 地区 | 省（区、市） | 2020 年垃圾卫生填埋无害化处理能力（吨/日） | 2021 年垃圾卫生填埋无害化处理能力（吨/日） | 增长率 |
|---|---|---|---|---|
| 西部地区 | 四川 | 13175 | 6414 | −51.32% |
| | 云南 | 6145 | 4543 | −26.07% |
| | 广西 | 7172 | 7714 | 7.56% |
| | 重庆 | 8049 | 5170 | −35.77% |
| | 内蒙古 | 8798 | 8697 | −1.15% |
| | 贵州 | 6347 | 6567 | 3.47% |
| | 西藏 | 2355 | 1655 | −29.72% |
| | 陕西 | 11699 | 14918 | 27.52% |
| | 甘肃 | 5674 | 3957 | −30.26% |
| | 青海 | 1970 | 2126 | 7.92% |
| | 宁夏 | 2630 | 2403 | −8.63% |
| | 新疆 | 14055 | 7100 | −49.48% |
| 东北地区 | 辽宁 | 18737 | 18657 | −0.43% |
| | 吉林 | 8795 | 9195 | 4.55% |
| | 黑龙江 | 15003 | 12187 | −18.77% |

资料来源：国家统计局官网（http://data.stats.gov.cn/easyquery.htm? cn=C01）。

## 三、垃圾焚烧厂处理量及处理能力

### （一）增长现状

在政策完善和技术提高的推动下，垃圾焚烧发电处理能力得到了高速发展和提升，无害化处理率较高，垃圾处理行业进入了高质量发展阶段。大型现代化垃圾焚烧发电厂的建设不仅处理了有污染的垃圾，降低了其对环境的污染，而且将垃圾转化为电力资源，实现了资源的可持续发展。随着我国城镇化进程的加快和人民生活水平的提高，城市生活垃圾数量逐年增加，垃圾分类也更加复杂，处理难度也越来越大[①]。《“十四五”城镇生活垃圾分类和处理设施发展规划》提出，到 2025 年底，全国城镇生活垃圾焚烧处理能力达到 80 万吨/日左右，城市生活垃圾焚烧处理能力占比 65%左右。预计到 2025 年底，全国城

① 王建刚，《城市垃圾焚烧发电技术的应用以及发展趋势》，https://huanbao.bjx.com.cn/news/20210804/1167826.shtml。

镇生活垃圾焚烧处理能力将达到 80 万吨/日左右，城市生活垃圾焚烧处理能力占比达到 65%左右。未来垃圾焚烧行业投运产能有望稳步提升，支持业绩进一步增长。

图 4-16 展示了 2009～2021 年我国城市垃圾焚烧厂无害化处理量和处理能力的发展情况。2021 年我国城市垃圾焚烧无害化处理能力达到了 719533 吨/日，无害化处理量也达到了 15394 万吨，相较于 2009 年均实现了较大的提升。由图 4-16 可以看出，近年来我国城市垃圾焚烧无害化处理量和城市垃圾焚烧无害化处理能力均一直保持着较高的增长率。

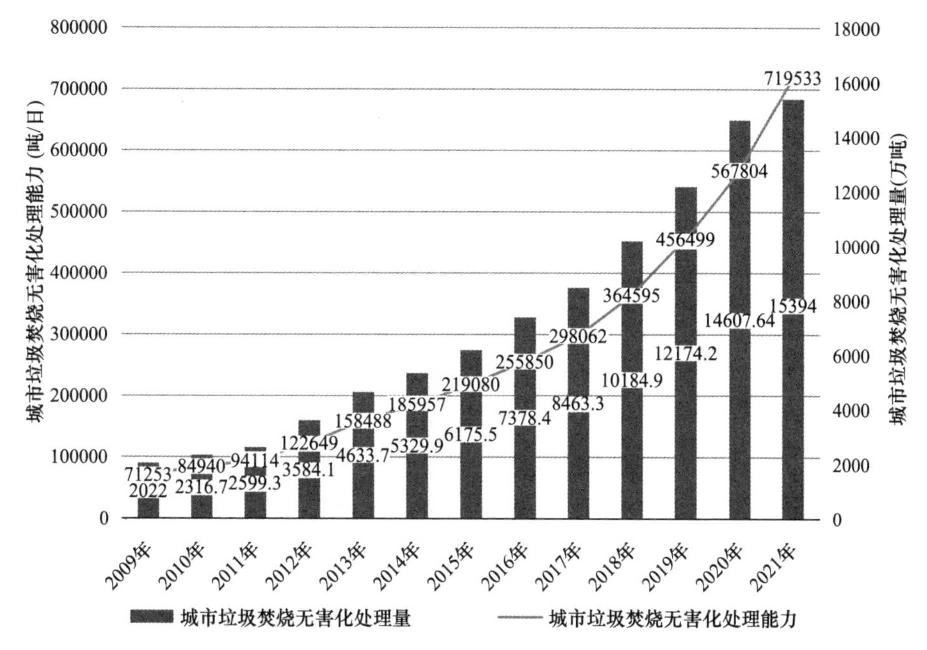


图 4-16　2009～2021 年我国城市垃圾焚烧无害化处理量及处理能力发展情况

资料来源：《中国城乡建设统计年鉴 2021》，中国统计出版社。

## （二）处理量占比

图 4-17 展示了 2009～2021 年我国城市垃圾焚烧无害化处理量在无害化垃圾处理总量当中的占比，由图 4-17 可知，城市垃圾焚烧无害化处理量的占比在逐年攀升。尤其是 2021 年城市垃圾焚烧无害化处理量的占比达到 72.55%，比 2010 年的 18.81%提高了 53.74%。在人口增长、城镇化等因素的驱动下，加之行业内部分公司仍有较高规模的未投运项目，未来垃圾焚烧行业投运产能有望稳步提升，支持业绩进一步增长。

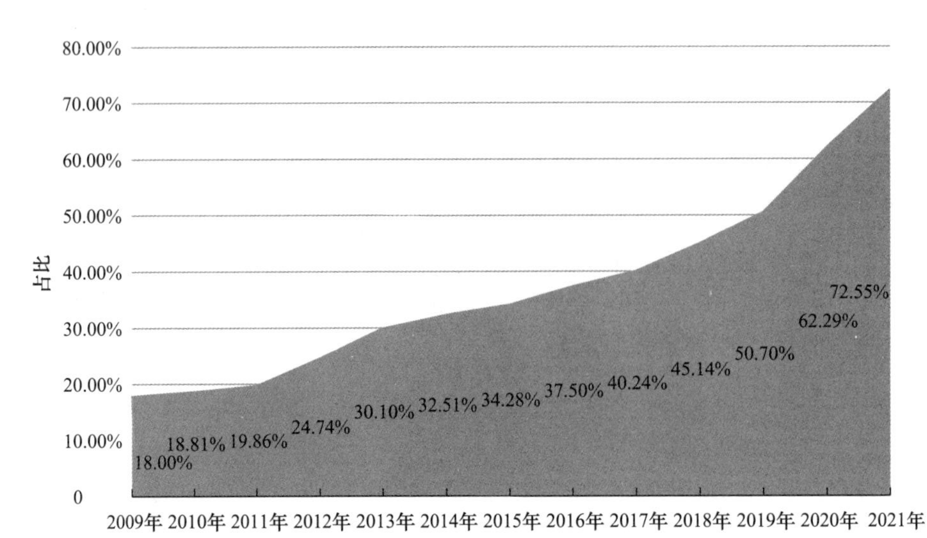


图 4-17　2009～2021 年我国城市垃圾焚烧无害化处理量在无害化垃圾处理总量当中的占比

资料来源：《中国城乡建设统计年鉴 2021》，中国统计出版社。

### （三）地域分布

表 4-2 列出了 2020 年和 2021 年我国各省（区、市）生活垃圾焚烧无害化处理能力分布，全国大部分省（区、市）的生活垃圾无害化焚烧处理能力均实现了较大的提升，比如西部地区中的甘肃和新疆的生活垃圾焚烧无害化处理能力分别实现了 77.68％和 156.10％的增长，可见垃圾焚烧替代了填埋处理方式，成为部分地区垃圾无害化处理的主要处理方式。

2020 年和 2021 年我国各省（区、市）生活垃圾焚烧无害化处理能力分布　表 4-2

| 地区 | 省（区、市） | 2020 年生活垃圾焚烧无害化处理能力 | 2021 年生活垃圾焚烧无害化处理能力 | 增长率 |
|---|---|---|---|---|
| 东部地区 | 浙江 | 58630 | 72090 | 22.96％ |
| | 江苏 | 65420 | 67560 | 3.27％ |
| | 广东 | 87416 | 122701 | 40.36％ |
| | 山东 | 49450 | 55412 | 12.06％ |
| | 福建 | 20800 | 25859 | 24.32％ |
| | 河北 | 18460 | 30750 | 66.58％ |
| | 上海 | 19300 | 22500 | 16.58％ |
| | 天津 | 13550 | 18200 | 34.32％ |
| | 北京 | 18090 | 16950 | －6.30％ |
| | 海南 | 5875 | 9785 | 66.55％ |

续表

| 地区 | 省（区、市） | 2020 年生活垃圾焚烧无害化处理能力 | 2021 年生活垃圾焚烧无害化处理能力 | 增长率 |
|---|---|---|---|---|
| 中部地区 | 湖北 | 16205 | 19886 | 22.72% |
| | 安徽 | 21510 | 26360 | 22.55% |
| | 山西 | 7298 | 5836 | −20.03% |
| | 河南 | 16800 | 28100 | 67.26% |
| | 湖南 | 14619 | 17850 | 22.10% |
| | 江西 | 15200 | 18550 | 22.04% |
| 西部地区 | 四川 | 25336 | 36247 | 43.07% |
| | 云南 | 10950 | 13917 | 27.10% |
| | 广西 | 11650 | 13900 | 19.31% |
| | 重庆 | 11100 | 14100 | 27.03% |
| | 内蒙古 | 4150 | 4550 | 9.64% |
| | 贵州 | 11100 | 14150 | 27.48% |
| | 西藏 | 700 | 700 | 0.00% |
| | 陕西 | 6911 | 11550 | 67.12% |
| | 甘肃 | 3208 | 5700 | 77.68% |
| | 青海 | — | — | — |
| | 宁夏 | 2745 | 2507 | −8.67% |
| | 新疆 | 2050 | 5250 | 156.10% |
| 东北地区 | 辽宁 | 12580 | 17281 | 37.37% |
| | 吉林 | 9450 | 11150 | 17.99% |
| | 黑龙江 | 6452 | 9642 | 49.44% |

资料来源：国家统计局官网（http://data.stats.gov.cn/easyquery.htm? cn=C01）。

### （四）工艺与规模

目前我国的炉排炉工艺在炉型工艺选择上仍然是市场的重要组成部分。截至 2023 年 4 月，国内运营的垃圾焚烧厂中，共安装了 1855 台机械炉排焚烧炉，合计设计产能 94.63 万吨/日。其中 2016 年以来投产运营机械炉排焚烧炉为 1514 台，占比 81.6%；设计产能为 80.57 万吨/日，占比 85.1%。目前国内共有 53 座垃圾焚烧发电厂按照了循环流化床焚烧炉，合计安装了 128 台，合计设计产能 64550 吨/日。其中 2011～2015 年为循环流化床焚烧炉安装高峰时期，合计安装了 48 台循环流化床焚烧炉，合计设计产能 23880 吨/日①。由于中、西部地区的煤炭资源丰富，采用流化床技术的焚烧厂主要分布在中、西部地区，以及东部部分地区地级市；另外针对流化床焚烧炉垃圾贴费较低的特点，流化床焚烧炉较适宜于中型城市。针对目前城市发展土地资源的限制，焚烧设施存在着选址难等客观因素，因而焚烧设施完成选址工作后，主管部门会避免重复选址，往往更倾向于建造大规模的焚烧设施，技术本身自带的规模效应，也引导着我国不断出现规模越来越大的焚烧厂。同时，我国焚烧占比相较国外仍有较大提升空间，从各省（区、市）产能规划来看，未来 5 年至 10 年垃圾焚烧产能建设需求较旺盛。

### （五）焚烧发电量

垃圾焚烧发电已逐渐发展成为固废处理最主要的方式之一，2022 年全年，生物质发电新增装机容量 334 万千瓦，累计装机达到 4132 万千瓦。其中，生活垃圾焚烧发电新增装机 257 万千瓦，累计装机达到 2386 万千瓦；农林生物质发电新增装机 65 万千瓦，累计装机达到 1623 万千瓦②；沼气发电新增装机 12 万千瓦，累计装机达到 122 万千瓦。累计装机容量排名前五的省份是广东、山东、江苏、浙江、黑龙江，分别是 422 万千瓦、411 万千瓦、297 万千瓦、284 万千瓦、259 万千瓦；新增装机容量排名前五的省份是广东、黑龙江、辽宁、广西、河南，分别是 45 万千瓦、37 万千瓦、33 万千瓦、26 万千瓦、24 万千瓦。如图 4-18 所示，在广东、山东、浙江、江苏、安徽和黑龙江 6 个省份，生物质发电量增长迅猛，需要引起投资企业重视③。预计到 2030 年，我国生物质发电总装机容量达到 4200 万千瓦，提供的清洁电力超过 2500 亿千瓦时，碳减排量约 1.9 亿吨。到 2060 年，我国生物质发电总装机容量将达到 7000 万千瓦，提供的清洁电力超过 4200 亿千瓦时，碳减排量超过 3 亿吨。

---

① 前瞻产业研究院，《2023 年中国垃圾发电设备市场现状及发展趋势分析　垃圾发电设备将往更高效、更先进的方向发展》，https://baijiahao.baidu.com/s?id=1766564803550812973&wfr=spider&for=pc。

② 中国产业发展促进会生物质能产业分会产业研究部，《2022 年生物质发电运行情况简介》，https://baijiahao.baidu.com/s?id=1757951561718091777&wfr=spider&for=pc。

③ 中研网，《2022 年生物质能发电行业发展前景及市场趋势分析》，https://www.chinairn.com/hyzx/20220306/180501417.shtml。

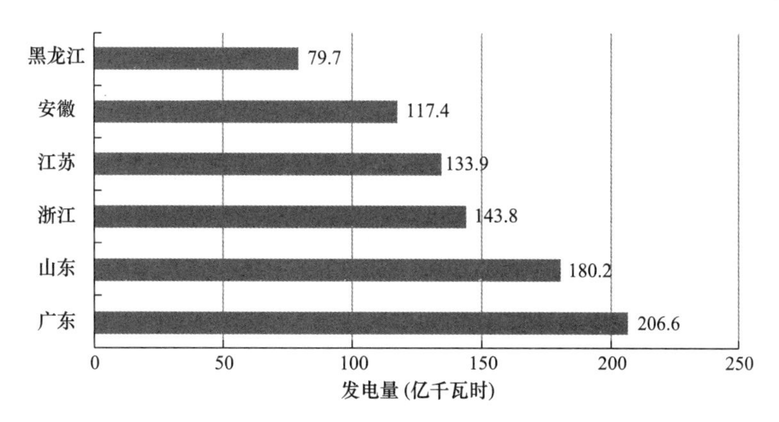


图 4-18　2021 年我国生物质发电量排名前六的省份

资料来源：中国产业发展促进会生物质能产业分会产业研究部，《2022 年生物质发电运行情况简介》，https://baijiahao.baidu.com/s?id=1757951561718091777&wfr=spider&for=pc。

# 第三节　垃圾处理行业的发展成效

## 一、垃圾清运和道路清扫的发展成效

随着我国城市规模的持续扩张，各城市人口规模也随之逐年递增，使得城市生活垃圾的生产总量和排放总量迅速增长，最终加重了垃圾处理的负担。住房和城乡建设部公布的数据显示，我国城市生活垃圾年均规模以 8%～10%的速度逐年递增[①]，2009 年以来，我国城市生活垃圾清运量逐年上升，2021 年全国 337 个一至五线城市的生活垃圾生产量约达 2.5 亿吨，2020 年城市垃圾生产量约 2.4 亿吨[②]。全国 1/4 的城市垃圾填埋堆放场地已接近服役时限或已超过服役时限，城市垃圾清运任务迫在眉睫[③]。

由于生活垃圾产生量在统计时不易取得，常用垃圾清运量代替。图 4-19 展示了历年城市垃圾清运量，由该图可知城市垃圾清运量在逐年上升，2021 年城

① 孔竞．我国城市生活垃圾分类治理历程中的问题及其治理之道［J］．辽宁经济，2020，430(1)：51—53.

② 灵动核心市场研究，《2020 年我国城市生活垃圾产生量及重点城市占比分析》，https://baijiahao.baidu.com/s?id=1672368808729284806&wfr=spider&for=pc。

③ 上林院，《强制垃圾分类：解决垃圾围城带来新的投资机会》，http://www.360doc.com/content/21/0412/16/74726157_971852158.shtml。

市垃圾清运量达到 1034200 万吨。

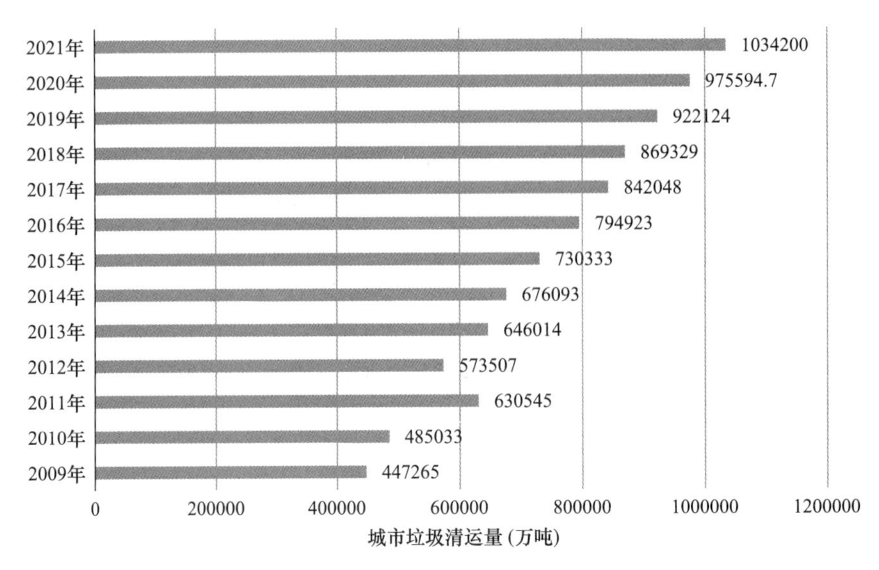


图 4-19　历年我国城市垃圾清运量

资料来源：国家统计局官网（http://data. stats. gov. cn/easyquery. htm? cn=C01）。

如图 4-20 所示，自 2010 年以来我国城市道路清扫保洁面积整体保持上升趋势，在 2021 年城市道路清扫保洁面积达到约 97.56 亿平方米。相比于 2009 年，我国城市道路清扫保洁面积增长率达到 118.12%，实现了较大幅度增长。

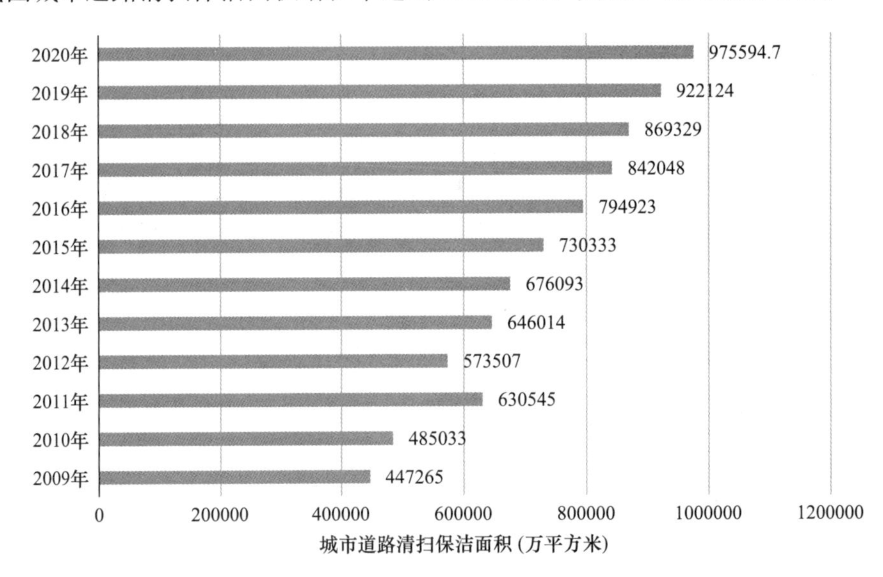


图 4-20　历年我国城市道路清扫保洁面积

资料来源：国家统计局官网（http://data. stats. gov. cn/easyquery. htm? cn=C01）。

## 二、垃圾处理和无害化处理的发展成效

在“碳中和”的背景下，对于环保的需求也在逐渐提升。近期国家发布的相关政策及项目补贴也均能体现出未来五年我国对于垃圾处理行业的重视。例如，国家发展改革委印发的《“十四五”循环经济发展规划》，为“十四五”时期我国循环经济发展制定了总体目标与路线图，这对加快可再生资源高效利用和循环利用具有重要意义。在利好政策的助推下，垃圾处理行业的市场化步伐也将驶入“快车道”。随着垃圾行业的蓬勃发展，我国道路清扫量、生活垃圾处理率和无害化处理率都达到了相当高的水平。2009～2021 年城市生活垃圾清运量和无害化处理量如图 4-21 所示，可以看出，2009 年以来城市生活垃圾清运量和无害化处理量实现了逐年上升的总体趋势，2021 年城市生活垃圾清运量达到了 24869 万吨，相较于 2009 年的 15734 万吨，实现了 58.06%的增长。2021 年城市生活垃圾无害化清运量更是达到了 24839 万吨，相较于 2019 年实现了 121.14%的巨大增幅。

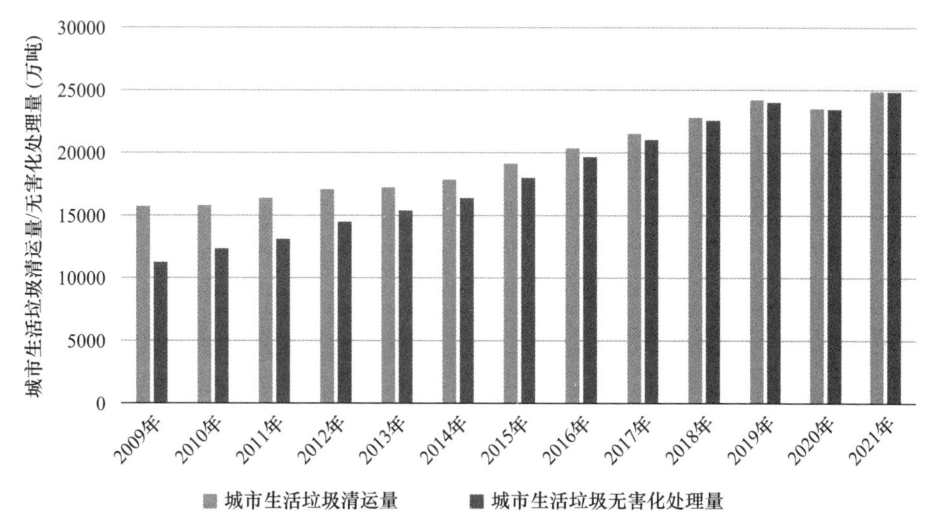


图 4-21　2009～2021 年我国城市生活垃圾清运量和无害化处理量

资料来源：国家统计局官网（http://data.stats.gov.cn/easyquery.htm? cn=C01）。

2009～2021 年城市生活垃圾无害化处理率如图 4-22 所示，由图 4-22 可以看出，城市生活垃圾无害化处理率在 2019 年至 2021 年之间总体呈现上升趋势，从 2009 年的 71.39%逐渐上升到 2021 年的 99.88%。在近 10 年间，城市生活垃圾无害化处理率提升了 28.49%。

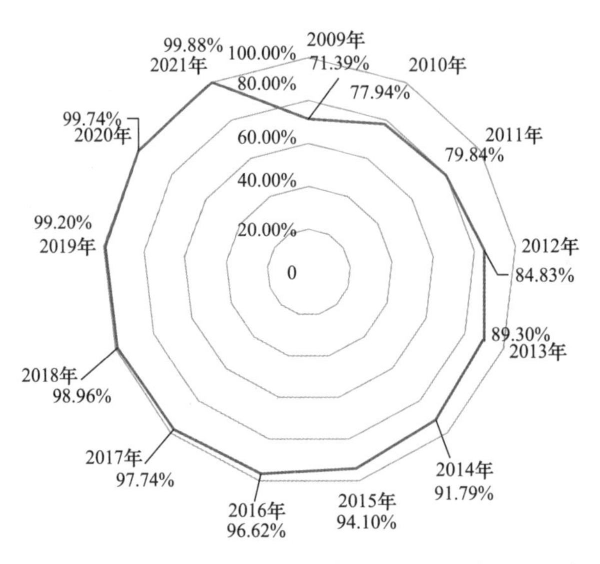


图 4-22　2009～2021 年我国城市生活垃圾无害化处理率

资料来源：《中国城乡建设统计年鉴 2021》，中国统计出版社。

## 三、垃圾分类收集和管理的发展成效

垃圾分类是一项系统且复杂的工程，涉及投放、收集、运输、处置等多个环节，每个环节又包含基础设施建设、作业人员统筹、收运路线规划等，因此，将每个环节无缝串联，形成流程化运作的分类体系是各个试点城市的首要任务。截至 2021 年底，通过合理规划，先行试点城市在垃圾收运和处置方面基本建成了较为流程化的体系。从政策发展历程来看，早在“八五”期间，我国在经济发展过程中就注意到了垃圾处理的重要性，但当时对于垃圾处理的关注点主要集中在工业领域，对生活的垃圾处理并没有提出详细规划。从“九五”规划开始，生活垃圾处理、生活污水处理以及垃圾无害化处理开始进入国家政策规划中，“十一五”期间提出了垃圾焚烧发电和垃圾填埋气发展，“十二五”之后对生活垃圾无害化处理提出了相应量化指标，助推垃圾无害化发展。

2021 年，国家发展改革委、住房和城乡建设部印发《“十四五”城镇生活垃圾分类和处理设施发展规划》，提出“十四五”期间我国将会持续加强生活垃圾处理方面相关规划，到 2025 年底，直辖市、省会城市和计划单列市等 46 个重点城市生活垃圾分类和处理能力进一步提升；地级城市因地制宜基本建成生活垃圾分类和处理系统；京津冀及周边、长三角、粤港澳大湾区、长江经济带、黄河流域、生态文明试验区具备条件的县城基本建成生活垃圾分类和处理系统；鼓励其他地区积极提升垃圾分类和处理设施覆盖水平。支持建制镇加快补齐生活垃圾收集、转运、无害化处理设施短板。截至目前，在“十四五”规划期间，为响应国家号召，各省份在生活垃圾处理领域均提出了相关政策，其中被提及最多的为生活垃圾无害化处理，从政策导向来看，未来生活垃圾无害化处理或成为生活垃圾处理重点领域①。近年来，我国垃圾分类工作取得积极进展和成效。截至2022年底，297个地级及以上城市居民小区垃圾分类平均覆盖率达到82.5%，人人参与垃圾分类的良好氛围逐步形成；生活垃圾日处理能力达到53万吨，焚烧处理能力占比77.6%，城市生活垃圾资源化利用水平实现较大提升。另外，住房和城乡建设部要求，要进一步健全生活垃圾分类法律法规制度体系，加快地方立法进程。要在推动科技赋能上下功夫，充分利用新一代信息技术，逐步构建生活垃圾分类管理平台，推动生活垃圾分类“一网统管”，大力推动环卫装备标准化、智能化改造和提升，推动环卫行业向科技智慧型转型升级。与此同时，扎实推进城市生活垃圾处理设施建设，补齐中、西部地区焚烧处理短板，持续提升焚烧处理能力，开展县级地区小型焚烧试点工作，不断优化生活垃圾处理结构。2021～2022年国内出台的部分垃圾分类相关政策见表4-3。

**2021～2022年国内出台的部分垃圾分类相关政策** **表4-3**

| 发布时间 | 政策名称 | 发布部门 | 主要内容 |
|---|---|---|---|
| 2021年 | 《生活垃圾收集运输技术标准（局部修订条文征求意见稿）》 | 住房和城乡建设部 | 进一步统筹城乡垃圾分类投放和收运标准，提升生活垃圾处理的科学性和规范性 |
| 2021年 | 《农村生活垃圾收运和处理技术标准》 | 住房和城乡建设部 | 建立完善的农村生活垃圾收集、转运和处置体系，实现农村生活垃圾无害化处理和资源化利用，提高农村环境卫生水平，保护农村生态环境 |
| 2021年 | 《生活垃圾处理处置工程项目规范》 | 住房和城乡建设部 | 通过规范生活垃圾处理处置工程项目的各个环节，确保项目的安全、高效和环保运行，促进资源的有效回收利用，保护环境，提高城市生活质量 |
| 2021年 | 《国务院关于加快建立健全绿色低碳循环发展经济体系的指导意见》 | 国务院 | 建立健全绿色低碳循环发展经济体系，促进经济社会发展全面绿色转型，是解决我国资源环境生态问题的基础之策。为贯彻落实党的十九大部署，加快建立健全绿色低碳循环发展的经济体系 |
| 2022年 | 《“十四五”节能减排综合工作方案》 | 国务院 | 建设分类投放、分类收集、分类运输、分类处理的生活垃圾处理系统 |

① 北青网，《我国持续深入推进垃圾分类工作 2025年底前基本实现垃圾分类全覆盖》，https://baijiahao.baidu.com/s?id=1766843452577851409&wfr=spider&for=pc。

续表

| 发布时间 | 政策名称 | 发布部门 | 主要内容 |
|---|---|---|---|
| 2022 年 | 《关于加快推进城镇环境基础设施》 | 国家发展改革委等部门 | 逐步提升生活垃圾分类和处理能力，建设分类投放、分类收集、分类运输、分类处理的生活垃圾处理系统，合理布局生活垃圾分类收集站点，完善分类运输系统，加快补齐分类收集转运设施能力短板 |
| 2022 年 | 《乡村建设行动实施方案》 | 中共中央办公厅、国务院办公厅 | 健全农村生活垃圾收运处置体系，完善县乡村三级设施和服务，推动农村生活垃圾分类减量与资源化处理利用，建设一批区域农村有机废弃物综合处置利用设施 |
| 2022 年 | 《“十四五”国民健康规划》 | 国务院办公厅 | 加强城市垃圾和污水处理设施建设，推进城市生活垃圾分类和资源回收利用 |

资料来源：作者整理。

生活垃圾分类水平的提高有赖于各省（区、市）的政策落实，在国家政策的号召下，各省（区、市）积极对“十四五”期间各地的生活垃圾处理进行规划部署。部分省（区、市）生活垃圾分类政策如表 4-4 所示。

**我国部分省（区、市）生活垃圾分类政策　　表 4-4**

| 发布/实施时间 | 政策名称 | 主要内容 |
|---|---|---|
| 2020 年 12 月 | 《天津市生活垃圾管理条例》 | 结合实际情况，将生活垃圾分为厨余垃圾、可回收物、有害垃圾、其他垃圾四类，要求建立健全生活垃圾分类投放、分类收集、分类运输、分类处理的全程分类管理系统，实现生活垃圾分类制度全覆盖 |
| 2021 年 6 月 | 《三亚市推进生活垃圾分类工作三年行动实施方案（2021—2023 年）》 | 梳理了 9 个方面 47 项任务清单，以“一年补短板、两年抓提升、三年见成效”为目标，以“全体系提升、全方位覆盖、全社会参与”为工作原则，探索建立具有三亚特色的城乡差异化生活垃圾分类模式 |
| 2021 年 3 月 | 《山东省城乡生活垃圾分类技术规范》 | 制定充分考虑山东实际，对城乡生活垃圾的分类投放、分类收集、分类运输和分类处理在技术层面作出了明确规定 |
| 2021 年 4 月 | 《石家庄市生活垃圾分类管理条例》 | 明确石家庄市生活垃圾四分类，政府推动、全民参与，强化管理责任，促进资源化利用 |
| 2021 年 7 月 | 《江西省生活垃圾管理条例》 | 共 10 章 69 条，主要包括建设配套设施、规范投放行为、严格分类收集运输和处理、设定行政处罚等八个方面的内容 |

续表

| 发布/实施时间 | 政策名称 | 主要内容 |
| --- | --- | --- |
| 2021年9月 | 《山东省生活垃圾管理条例》 | 山东省将进入强制垃圾分类时代。其中，设区市居民小区垃圾分类要实现有效覆盖，各县（市）至少有1个镇（街）基本建成生活垃圾分类示范片区。省里将建立垃圾分类考核指标体系，对各地工作开展情况进行排名通报。同时，稳步推进垃圾焚烧等处理设施建设，新建3个垃圾焚烧项目，新增处理能力2400吨/日，同步开展生活垃圾填埋场封场或整治 |
| 2021年9月 | 《加快建立健全绿色低碳循环发展经济体系若干措施》 | 到2025年全省城市生活垃圾回收利用率达到35%以上。实施建筑垃圾资源化利用示范工程，推进西安等市建设建筑垃圾资源化利用示范城市，到2025年全省新增建筑垃圾综合利用率达到60%，存量有序减少。因地制宜推进生活垃圾分类，到2025年全省设区的市级以上城市、杨凌示范区和韩城市基本建成生活垃圾分类处理系统。到2025年农村生活污水处理率达到40%，农村生活垃圾有效处理率达到90% |
| 2022年1月 | 《河南省城市生活垃圾分类管理办法》 | 城市生活垃圾分为可回收物、有害垃圾、厨余垃圾、其他垃圾等几类。市、县级人民政府城市生活垃圾主管部门应当按照生活垃圾分类标准，统一规范各类垃圾收集容器的图文标识、颜色等 |

数据来源：作者整理。

资料显示，我国垃圾分类收集与管理取得巨大成效。根据相关数据可知，截至2021年，我国共有超过60万家经营范围含“垃圾、废品”，且状态为在业、存续、迁入、迁出的垃圾处理相关企业。2020年一年垃圾处理企业就新增了14.9万家，增幅达到了26%。从地区分布来看，山东拥有最多的垃圾处理相关企业，数量达到6.8万家，占比11.3%。其次是河北、江苏两省，数量分别为5万家、4.8万家，占比分别为8.4%、8.1%。可以看出，我国垃圾分类行业发展快速，其中尤其是山东垃圾分类工作成绩突出。

2021年9月，为了加强生活垃圾管理，改善人居环境，保障公众健康，促进生态文明建设和经济社会可持续发展，根据《中华人民共和国固体废物污染环境防治法》《中华人民共和国循环经济促进法》等法律、行政法规，结合山东实际，制定《山东省生活垃圾管理条例》①。《山东省生活垃圾管理条例》的发

① 奎文发布，《生活垃圾怎么分类？不规范行为怎么处理？〈山东省生活垃圾管理条例〉》，https://baijiahao.baidu.com/s?id=1742573056095152595&wfr=spider&for=pc。

布，标志着山东将进入强制垃圾分类时代。其中，设区市居民小区垃圾分类要实现有效覆盖，各县（市）至少有 1 个镇（街）基本建成生活垃圾分类示范片区。省级相关部门将建立垃圾分类考核指标体系，对各地工作开展情况进行排名通报。同时，稳步推进垃圾焚烧等处理设施建设，新建 3 个垃圾焚烧项目，新增处理能力 2400 吨/日，同步开展生活垃圾填埋场封场或整治。

2020 年 12 月 24 日，浙江省十三届人大常委会第二十六次会议就通过了《浙江省生活垃圾管理条例》，浙江生活垃圾管理工作正在有序开展。早在之前的 2014 年 5 月，浙江省金华市金东区就掀开了“垃圾革命”的序幕，率先实现农村生活垃圾分类县域全覆盖，形成了“两次四分”模式。2018 年 5 月，城市垃圾分类工作开始试点，逐步探索形成了城市垃圾分类“两定四分”模式，真正实现了城乡垃圾分类全覆盖。致力于以乡促城、以城带乡、城乡融合，金东区走出了一条“农民可接受、财力可承受、面上可推广、长期可持续”的垃圾分类新路子。如今，在东孝街道金瓯佳苑小区的智能垃圾分类投放点，住户可通过输入手机号码、刷卡、刷脸三种方式进行识别认证，认证后垃圾分类桶会自动开关桶盖，住户可按类别投放垃圾。垃圾分类数智治理的性质，决定了其势必要建设更多“点”，方可形成“网”。如何织就这张“网”，金东区走出一条探索之路——引入第三方平台。蓝天嘉苑小区围绕垃圾回收站的“4.0 版”就搭上了“网”，通过与指挥中心相连，搭建起数据库并拥有一个跨屏操作系统[①]。

另外，以工商登记为准，我国 2023 年上半年新成立了超 1195 家垃圾处理相关企业，企业数量实现了较大增长[②]。住房和城乡建设部自“十二五”开始对焚烧设定明确考核指标，后又在《“十四五”城镇生活垃圾分类和处理设施发展规划》（以下简称《规划》）中进一步提高目标：到 2025 年底，全国城镇生活垃圾焚烧处理能力达到 80 万吨/日左右，城市生活垃圾焚烧处理能力占比 65%左右。在考核指标的激励下，生活垃圾焚烧厂出现了爆发式增长，工厂数量从 2011 年的 130 座倍增到了 2023 年的 927 座，焚烧的处置能力在 2022 年底就超过 100 万吨/日，提前三年超额完成了《规划》[③] 中提出的目标。2021 年 5 月，国务院办公厅转发国家发展改革委、生态环境部、住房城乡建设部、国家卫生健康委《关于加快推进城镇环境基础设施建设的指导意见》，提出到 2025 年，城镇环境基础设施供给能力和水平显著提升，加快补齐重点地区、重点领域短板弱项，

---

① 新浪财经，《引领垃圾分类新时尚的“金东方案”》，https://finance.sina.com.cn/jjxw/2023-10-12/doc—imzqvqyr8787891.shtml。

② 中国环境，https://www.cenews.com.cn/news.html? aid=1088741。

③ 国家发展改革委，《国家发展改革委有关负责同志就〈关于加快推进城镇环境基础设施建设的指导意见〉答记者问》，https://baijiahao.baidu.com/s? id=1724395031380668781&wfr=spider&for=pc。

构建集污水、垃圾、固体废物、危险废物、医疗废物处理处置设施和监测监管能力于一体的环境基础设施体系；到2030年，基本建立系统完备、高效实用、智能绿色、安全可靠的现代化环境基础设施体系的总体目标。同时明确了到2025年新增污水处理能力2000万立方米/日，生活垃圾分类收运能力达到70万吨/日左右，城镇生活垃圾焚烧处理能力达到80万吨/日左右，新增大宗固体废物综合利用率达到60%等具体目标。提出到2025年，城镇环境基础设施供给能力和水平显著提升，加快补齐重点地区、重点领域短板弱项，构建集污水、垃圾、固体废物、危险废物、医疗废物处理处置设施和监测监管能力于一体的环境基础设施体系；到2030年，基本建立系统完备、高效实用、智能绿色、安全可靠的现代化环境基础设施体系的总体目标。同时明确了到2025年新增污水处理能力2000万立方米/日，生活垃圾分类收运能力达到70万吨/日左右，城镇生活垃圾焚烧处理能力达到80万吨/日左右，新增大宗固体废物综合利用率达到60%等具体目标。

# 第四节 垃圾处理行业城乡一体化与激励性监管

## 一、垃圾处理行业城乡一体化现状和问题

### （一）城市垃圾处理设备数量较多，乡镇垃圾处理设备不足

城市是垃圾处理行业的先行地域，在大多数城市中垃圾处理行业已相对成熟，垃圾处理行业的设备支出已是各个城市财政支出的必要支出部分。在城市中，垃圾处理行业的设备，包括分类投放收集点设备、智能分类设备、垃圾运输车辆、垃圾处理场、垃圾焚烧设施、垃圾焚烧厂等设备逐年增加与更新，且设备越来越智能化，逐步实现一站式解决垃圾处理难问题的目标。然而，长期以来农村公共财政政策的一个突出特点是重视生产性投入，农村的公共环境卫生的投入少，导致了农村生活垃圾处理的基础设施匮乏。许多农村地区缺乏相应的垃圾分类处理设施，虽然这几年政府也在农村地区增加垃圾处理设备，农村基础设施有所改善，农村生活垃圾回收站点、村社垃圾池（房）、分类垃圾桶（箱）基本配备到位，但建成投入使用后，存在管理滞后或无人管理，垃圾清运不合格、保洁岗位未发挥作用，垃圾分类、回收、转运设施设备老化破损，固

定的垃圾中转站、垃圾运输车也没有完全使用到位，对现有的垃圾填埋场没有采取防渗防漏处理措施等现象。目前，农村垃圾处理基本采取集中填埋，垃圾填埋也只进行简单堆放，甚至只是采用简单露天堆积，垃圾无法进行无害化处理，且乡镇对垃圾设施设备监管责任落实不到位，存在管理缺位。

### （二）城市垃圾处理设备智能化，乡镇垃圾处理设备落后

随着数字技术的快速发展，城市垃圾处理行业受益于数字技术的红利，如上海利用互联网、大数据技术，积极响应"一屏观天下、一网管全城"城市运行理念，强化"应用为要，管用为王"，将"垃圾分类精细化管理"作为"一网统管"平台的重要应用场景之一，建成集"实时监控、末端处置、数据融合、智慧上报、大屏指挥"等功能于一体的垃圾分类动态管理系统，通过科技赋能，以智能化、精细化、系统化、动态化管理提高社区垃圾分类工作实效。目前很多城市已经通过安装智能化设备，借助 5G 通信和物联网技术，"人工筛选"和"AI 智能识别"双管齐下，对小包垃圾、垃圾满溢、环境卫生等问题进行全方位、全时段、无遗漏、无死角的精细化监管。也有一些城市建设垃圾分类动态管理系统通过各类视频监控管理，以 AI 智慧识别赋能重点地区的垃圾分类长效监管，同时将最终数据以可视化的方式呈现给相关部门，真正实现对各个环节进行全流程大数据化管理，通过平台信息展示和数据的不断更新、统计，形成基于"一网统管"下垃圾分类的专屏系统。然而，在我国很多农村地区，垃圾清运和处理等设施较简易，十分缺乏智能化垃圾收集和处置设备。在一些偏远落后的农村乡镇，连最基本的固定垃圾堆放设施和专门的垃圾收集、运输和处理设备都不能满足，更不可能存在智能化设备，大部分农村传统的垃圾处理方式主要仍是简单转移填埋、临时堆放焚烧和随意倾倒，阻碍农村或乡镇地区垃圾处理行业的发展。

### （三）城市垃圾分类意识相对较强，乡镇垃圾分类意识相对薄弱

《2020 年城市社区居民生活废弃物管理信心指数与意识行为研究报告》显示，城市居民生活废弃物管理的意识、分类行为与正确率以及废弃物管理信心较强，85.5%的人认同垃圾减量、分类、再利用是居民的责任和义务，七成及以上的城市居民表示自己能够做到基本或严格按要求分类。然而，乡镇居民长期受农村生活习惯和垃圾分类起步晚的影响，多数农村居民对生活垃圾分类缺乏认识，自觉将生活垃圾分类的意识薄弱，随手将厨余垃圾与可回收垃圾、建筑垃圾和生活垃圾混为一体的现象普遍存在，部分受教育程度低的居民对垃圾分类标识置若罔闻、视而不见。村民的卫生意识较为落后、环保意识较为淡薄、

价值观念滞后、生态意识不强、思想认识不足，给垃圾治理带来了难度。而且很多农村居民缺乏垃圾分类的科学知识，混放垃圾的情况较为普遍，使得垃圾处理不仅缺乏有效的分类，还会带来更多的卫生问题和环境污染。另外，乡镇管理部门对垃圾分类工作重视程度不够，存在“面子工程”，对垃圾处理行业的科学宣传力度不足，农村居民对垃圾造成环境严重危害的认识不足，缺乏环境保护的主动意识，给垃圾治理带来了难度。

### （四）城市垃圾分类激励政策种类丰富，乡镇垃圾分类奖励制度缺乏

在城市垃圾处理行业，各级政府、社区和组织等推行形式多样的垃圾分类激励政策，包括积分换礼品、分类送垃圾袋、评定优秀标兵等经济性激励制度和非经济性激励制度。然而，农村的垃圾处理缺乏垃圾分类的激励机制，呈现出处理主体个体化、分散化，技术水平低，处理简单、随意，环境污染严重等特点。很多政策性法规在农村还没有引起大家的关注，同时由于缺乏可操作性，往往不能得到较好的贯彻和落实，无法对农村垃圾回收管理给予统一、有效的制度指导和保障。同时环境保护是一项慢性的工程，在没有制度硬性保障的前提下，基层干部更加倾向于出政绩见效快的项目，因此农村垃圾处理问题还未引起高度重视。2022年，住房和城乡建设部等六部门联合印发《住房城乡建设部 农业农村部 发展改革委 生态环境部 乡村振兴局 供销合作总社关于进一步加强农村生活垃圾收运处置体系建设管理的通知》，明确了治理农村垃圾的重点任务，但农村垃圾分类处置体系尚未完全建立，各环节并没有完全打通，户收集、村集中、镇转运、县处置的处置流程还有短板。目前，农村地区的垃圾分类处理缺乏有效的管理机制，有些农村地区只是依靠自发性的力量来进行垃圾分类，缺乏全面的监管和管理，导致大部分垃圾仍然无法得到有效的分类处理。

### （五）城市垃圾处理行业发展成效显著，乡镇垃圾处理行业发展成效有待提升

近年来，我国各地坚决执行国家、省、市决策部署，将垃圾分类工作作为改善人居环境，建设美丽城市的重要抓手之一，全力推进城市生活垃圾分类工作，取得显著成效。很多城市将生活垃圾分类工作纳入绩效考评范畴，建立常态化工作检查机制，定期检查推动生活垃圾分类工作，用制度保障垃圾分类工作的进行。目前城市垃圾处理行业不管是在硬件设施基础、制度保障、宣传教育，还是公民垃圾分类意识方面均取得显著成就。在大部分农村地区，由于居民环保意识薄弱、农村环卫资金投入不足、环境保护制度不健全等因素的影响，农村居民生活垃圾处理存在严重滞后的现象，村民垃圾分类意识淡薄，垃圾随处乱倒、垃圾处理设施严重不足等问题突出，严重地破坏农村水土资源和村容

整洁。农村生活垃圾处理行业的成效不是十分显著，很多行政村总体的生活垃圾收集率、处理率、配备设备等都有待提高。

## 二、垃圾处理行业城乡一体化的客观需要与激励性监管的必要性

### （一）垃圾处理行业城乡一体化是实现共同富裕的内在要求

我国已经进入扎实推动共同富裕的历史阶段，实现共同富裕，必须推进城乡融合发展。城乡融合发展的目标本身就蕴含在共同富裕的内涵之中，树立城乡一体化理念，更加积极有为高效推进城乡融合，是实现全体人民群众物质生活和精神生活共同富裕的必然要求。共同富裕是一项长期且艰巨的系统工程，其实现过程具有多维性、全面性、广泛性以及动态性，其中，美丽农村是实现共同富裕的重要考核内容之一。农村垃圾处理是美丽农村建设不可或缺的环节。加强城乡垃圾处理行业的发展是推进城乡一体化和统筹城乡发展的一项重要内容，直接关系到城市文明形象和人民的日常生活环境。近年来，随着农村城市化的加快和人民生活水平的提高，城乡环境卫生工作的形势和要求发生了深刻的变化，城乡环境卫生逐渐成为实现共同富裕的焦点、热点问题。在共同富裕的战略要求下，垃圾处理行业城乡环卫一体化是按照科学发展观的要求，将城市与农村的环卫工作放在同等重要的位置，通过统一规划、统一安排，科学有序地开展城乡环境卫生一体化工作，彻底解决农村环卫事业发展滞后、垃圾围村、环境脏乱差的问题。用科学的发展观来指导城乡环境卫生统筹管理，进一步提高城乡垃圾处理行业的发展水平和工作效率，已成为当前实现共同富裕的内在要求。

### （二）垃圾处理行业城乡一体化是实现乡村振兴的内在要求

农村生活垃圾治理是美丽乡村建设和农村生态文明建设的一项基础性工程，也是实施乡村振兴战略的重要内容。随着农村社会经济的快速发展，农村垃圾已经从传统意义上的菜叶瓜皮演变为由建筑垃圾、生活垃圾、农业生产垃圾、农作物秸秆、乡镇工业垃圾等组成的混合体，成分复杂，其中许多东西无回收价值，不可降解。相较于城市，农村垃圾成分复杂、量多分散、堆放随意且收运困难，相关基础设施不完善，农村居民的垃圾分类意识也不强。2022 年住房和城乡建设部、农业农村部、发展改革委、生态环境部、乡村振兴局等多部门联合发布《住房城乡建设部　农业农村部　发展改革委　生态环境部　乡村振

兴局 供销合作总社关于进一步加强农村生活垃圾收运处置体系建设管理的通知》，提出落实《农村人居环境整治提升五年行动方案（2021—2025年）》明确的目标任务，统筹县乡村三级生活垃圾收运处置设施建设和服务，进一步扩大农村生活垃圾收运处置体系覆盖范围，提升无害化处理水平，健全长效管护机制，将农村垃圾处理行业的发展作为乡村振兴的重要环节，多举措加强农村生活垃圾治理助力乡村振兴，并且指出为助推乡村振兴行动，各地应以农村生活垃圾治理和人居环境改善融合发展为抓手，通过加强垃圾治理设施建设、强化行动、严抓监管，多举措推动生活垃圾治理工作常态化、长效化、精细化，提升农村环境卫生水平，助力乡村振兴战略。

### （三）激励性监管是推进垃圾处理行业城乡一体化的有力工具

随着城市化进程的加速，人们的生活水平不断提高，但也带来了严峻的环境问题。其中，垃圾问题是最为突出的一个。如何有效地解决垃圾问题，已成为我国社会发展的重要课题。垃圾处理是一个典型的正外部性问题，仅靠鼓励、倡导和宣传是很难说服大家进行垃圾分类，而且一些人还会对此持质疑态度，给予参与垃圾处理人员或机构一定的激励措施才能促使人们改变环境有害的行为。激励性监管工具是通过精神或物质上的利益诱导，手段较为灵活，功利性明显，能够较好地推进公众绿色消费。激励性政策工具的作用机理在于以利益刺激政策对象采取或不采取某种行为，以外在利益机制催化政策对象的内在行为意识，达到预期政策效果。目前在垃圾处理行业主要采用激励性监管政策，且在城市中已实施多种激励政策并举的措施，取得了一定的效果。但是目前农村垃圾处理行业没有相应的激励管理措施和办法。垃圾分类的重要性已得到广泛认识，但在实际操作中，由于缺乏有效的激励和约束机制，导致垃圾分类效果不尽如人意。垃圾分类激励性机制是一种有效的解决垃圾问题的新方案。

## 三、垃圾处理行业城乡一体化的激励性监管策略

### （一）加速出台城乡一体化的激励性监管政策

在推行垃圾处理行业城乡一体化的进程中，政府应尽快出台激励性监管工具，尤其是在农村地区出台相关的激励性监管工具。政府应统筹规划生活垃圾分类处理及资源化利用设施，坚持“区域统筹、共建共享、城乡一体”原则，科学编制城乡生活垃圾处理激励规划制度，坚持“分类、分片、分级”激励模式，大力推进农村生活垃圾就地分类减量和资源化利用，因地制宜选择农村生

活垃圾治理模式。按照公平、公正、公开、择优的原则，采取通报表扬为主，资金补助为辅的方式进行激励。在推行激励型监管政策时，不仅可以推行经济性激励政策，还可以推行非经济性激励政策，如社会排名、榜样示范等方式，可以采用多种激励方式相结合，从多维度、多视角鼓励、倡导农村垃圾处理行业的发展，补齐农村垃圾分类处理的激励性监管短板，用激励制度激发居民垃圾分类积极性，实现垃圾分类参与全民化、管理长效化。另外，在实施激励性监管政策时，基层政府部门、社区各机构等应加强跨部门联合监管执法工作，相互配合和监督，加大对垃圾处理行业的宣传力度和激励力度，推广“政府＋村集体”或“政府＋村集体＋村民”等模式，实现垃圾处理行业城乡一体化发展。

### （二）实施城乡一体化的激励性组合政策的优化工具

垃圾处理行业是一项庞大工程项目，单一的激励性监管政策或单一的监管部门难以实现协同共治的目标。政策工具作为一种治理手段时，通常存在一定的局限性，所以政府在解决实际问题的过程中就面临着取舍与组合的问题。很显然，垃圾分类的政策工具各有其适用性与不足点，因此任何一种工具在垃圾分类实践中都无法独挑大梁，需要实行政策工具“有侧重”地组合，以发挥工具组合效力，打出政策工具的“组合拳”。在很多地方，政府推行激励性监管政策组合，利用不同监管工具的优势互补原则，以此最大限度地推进垃圾处理行业的一体化发展。例如，上海市对垃圾分类实施的各类政策工具进行了适用性分析，在此基础上提出了垃圾分类政策工具的优化组合策略。在经济激励方面，上海市多个区域在垃圾分类实践中新创了“绿色账户”模式及“按量补贴”等经济激励工具，通过经济利益给付方式诱导居民实施自发的垃圾分类行为。通过“绿色账户”模式，居民投放一次垃圾可获一定量积分，持累积积分可兑换价值相当的奖品，同时“按量补贴”规定，一旦居民超出标准投放量，根据过量程度其积分将会相应地减少或清零，这在一定程度上提升了生活垃圾源头减量效果。而精神激励则最大限度激发“熟人社区”效应。针对居民个性化行为，利用社区熟人圈子公开设置垃圾分类红黑榜、荣辱榜，其中“红榜”予以表扬，“黑榜”予以通报，以此达到社区居民垃圾分类过偏行为的自发矫正效果。

### （三）科技赋能助力激励性监管工具实施

在数字化改革的红利下，在垃圾处理行业城乡一体化的进程中，政府应以数字化改革为契机，不断完善上线问题全流程管控、整改进度实时抓取、综合展现整体智治的“环保督察”平台应用场景，从“四个全方面”精准构建督察整改数字化闭环。例如，台州市利用数字化技术助力垃圾处理行业城乡一体化发展。利用数字化技术可构建全场景展示，根据“问题来源、责任属地、督导单位、整改时限”四个维度实时展示系列督察反馈问题的整改进度。同时，结合直观的图表、数据分析，实现问题概况一图一表清晰明朗、整改详情一点一览快速掌握；利用数字化技术可实施全闭环管控，逐项对照问题发现、属地整改、地市核查、办结销号、成果巩固等时间节点，将台账资料按照销号层级、销号程序实时录入平台，实时更新问题整改动态，做到“一问题一管理”，实现进展情况可视化读取；利用数字化技术可实现全平台互通。开发“浙政钉”内嵌小程序，镜像建设手机移动端应用，同步电脑端、手机端数字化信息，实现督察整改进度随时随地调阅，时时处处可视。科技赋能助力激励性监管工具，可以实现可视化动态监管、数据统计分析、宣传教育培训、日常管理等工作的“一网统管”。这样的数字化应用不仅提高了监管效率，也提升了垃圾处理行业的整体治理水平。

# 第五章 天然气行业发展报告

2022年，国际地缘政治局势剧烈动荡，能源产业链供应链屡受冲击，能源价格高位剧烈波动，能源消费增速放缓。我国天然气行业坚持供需两侧协同发力、保供稳价，持续加快产供储销体系建设，提升供应保障能力，完善市场体系建设，激发科技创新活力，实现行业高质量发展。在城乡融合发展和新型城镇化建设大背景下，天然气行业城乡一体化发展是必然要求和重点内容，天然气将在新型能源体系建设中发挥更大作用。

# 第一节　天然气行业投资与建设

2022我国稳步推进天然气体制改革，市场需求潜力增长，石油企业持续加大勘探开发力度，勘查开采投资增长较快，天然气产量继续快速提升。上游天然气资源多主体多渠道供应、中间统一管网高效集输、下游城市燃气市场充分竞争的“X+1+X”油气市场新体系基本确立，整个行业投资建设持续增长。

## 一、天然气生产的投资与建设

天然气生产包括从天然气勘探到开采、输送后进行净化处理的整个过程。天然气主要蕴藏于油田、气田、煤层和页岩层中，以伴生气或非伴生气形式存在，勘探寻找有商业开采价值的天然气资源和建立气井将资源举升到地面是生产的第一步。天然气从气井采出后经集气管线进入集气站，在集气站内天然气通过节流、调压、计量等工艺流程处理后，统一输送至天然气净化厂，在净化厂里天然气脱除了硫化氨、二氧化碳、凝析油、水分等杂质，最终达到符合国家有关标准规定的天然气质量等级。常规天然气分为气藏气、气顶气、深盆气；非常规天然气分为煤层气、浅层生物气、水溶气、页岩气、天然气水合物。

2022年我国油气行业加大勘探开发力度，勘探规模达到历史新高。国内油气勘探开发投资约3700亿元，同比增长19%（表5-1）。勘探投资超过840亿元，创历史新高；多个油气田加快产能建设，开发投资约2860亿元，同比增长23%。2022年我国进一步开放油气上游市场，多渠道鼓励社会资金开展油气勘探开发，油气勘探开发放开搞活、市场化配置资源的局面继续扩展。国家进一步加大了石油天然气区块出让力度，自然资源部挂牌出让了包括广西柳城北区块、鹿寨区块、黑龙江松辽盆地林甸1、2、3区块、拜泉南区块等多个油气勘探区块，在新疆开展两个批次14个油气区块挂牌出让。

我国油气勘探开采投资额及其增长率　　表5-1

| 年份 | 油气勘探开采投资额（亿元） | 增长率（%） |
|---|---|---|
| 2010 | 2927.99 | — |
| 2011 | 3021.96 | 3.21 |

续表

| 年份 | 油气勘探开采投资额（亿元） | 增长率（%） |
| --- | --- | --- |
| 2012 | 2853.99 | −5.56 |
| 2013 | 3805.17 | 33.33 |
| 2014 | 4023.03 | 5.73 |
| 2015 | 3424.93 | −14.87 |
| 2016 | 2330.97 | −31.94 |
| 2017 | 2648.93 | 13.64 |
| 2018 | 2667.64 | 0.71 |
| 2019 | 3348.39 | 25.52 |
| 2020 | 2489.32 | −25.66 |
| 2021 | 3099.00 | 24.51 |
| 2022 | 3700.00 | 19.39 |

资料来源：《中国统计年鉴》(2011～2022)，中国统计出版社，2022 年数据来自网络。

从表 5-1 的数据来看，2010～2022 年我国油气勘探开采投资快速增加，深地、深水工程推动油气勘探开发取得多个新突破（我国油气田新增探明地质储量见表 5-2）。探明深层、超深层油气资源达 671 亿吨油当量，占全国油气资源总量的 34%左右，深层、超深层已成为我国油气重大发现的主阵地。2022 年海上油气勘探发现 7 个，全国油气产量增量的 60%来自海洋。珠江口盆地发现我国首个超 500 亿方深水深层大气田宝岛 21-1，开平—顺德新凹陷新增探明储量超 3000 万吨，实现深海原油战略性勘探突破。

**我国油气田新增探明地质储量** **表 5-2**

| 年份 | 天然气（亿立方米） | 增长率（%） |
| --- | --- | --- |
| 2015 | 6772.20 | — |
| 2016 | 7265.60 | 7.3 |
| 2017 | 5553.80 | −23.6 |
| 2018 | 8311.57 | 49.7 |
| 2019 | 8090.92 | 2.7 |
| 2020 | 10357 | 28.2 |
| 2021 | 16284 | 57.2 |
| 2022 | 11323 | −30.5 |

资料来源：网络收集整理。

常规油气勘查不断在新区、新层系取得多项新成果，页岩气等非传统油气矿产勘查取得重要突破。2022年天然气探明新增地质储量约1.13万亿立方米。其中，天然气、页岩气和煤层气新增探明地质储量分别达到10357亿立方米、1918亿立方米、673亿立方米。页岩油气勘探实现“多点开花”，四川盆地深层页岩气勘探开发取得新突破，进一步夯实页岩气增储上产的资源基础。

## 二、天然气管网及相关基础设施建设

2022年天然气“全国一张网”和储气能力建设工作加快推进，天然气基础设施“战略规划、实施方案、年度计划、重大工程”，层层推进落实，体系不断完善。截至2022年底，国内建成油气长输管道总里程累计达到15.5万公里，其中天然气管道里程约9.3万公里。2022年，新建成油气长输管道总里程约4668公里，其中天然气管道新建成里程约3867公里，较2021年增加741公里。续建或开工建设的管道整体建设趋势维持向好态势，并且仍以天然气管道为主。

我国以西气东输系统、川气东送系统、陕京系统为主要干线的基干管网基本成形，联络天然气管网包括忠武线、中贵线、兰银线等陆续开通，京津冀、长三角、珠三角等区域性天然气管网逐步完善，基本实现了西气东输、川气出川、北气南下。2022年我国建成或投产的主要天然气管道有：中俄东线河北安平—山东泰安段、山东泰安—江苏泰兴段，苏皖管道（江苏滨海LNG外输管道），神木—安平煤层气管道工程（神安管道），中国石化天然气分公司集气总站—轮南天然气管道工程，中缅天然气管道泸西—弥勒—开远支线，西气东输一线延安支线管道，西气东输二线南阳—西峡支线西峡（回车镇）分输站管道，青宁管道末站与西气东输青山站联通工程，阿克苏末站管道联络线工程（南疆利民管网互联互通重点工程），金安—叶集—金寨联络线项目，京石邯输气管道复线（原京石邯管道涿州站—国家管网集团保定分输站），涿州—永清输气管道，萧山—义乌天然气管道工程，中原储气库群东部气源管道主线，丁山页岩气外输管道工程，洋浦石化功能区天然气管道工程，上海闵行电厂配套天然气管道工程，云南宣威—者海—邵阳区天然气管道工程，湖南花垣—张家界天然气支线管道，陕西省网富县—宜川输气管道，威远—乐山输气管道工程，揭阳天然气管道工程，嘉兴LNG汽化外输管线，遵义—湄潭天然气管道，遵义—绥阳—正安天然气输气管道，广西天然气支线管网宜州支线，定西—渭源天然气管道等。

2022年续建或开工建设的主要天然气管道有：西气东输四线吐鲁番—中卫段，古浪—河口天然气联络管道工程，山东管网东干线天然气管道工程，青岛胶州湾海底天然气管线工程，河北辛集—赞皇输气管道工程一期，皖东北天然气管道工程二期，六安—霍邱—颍上干线，濮阳—鹤壁输气管道工程（濮鹤线），川西气田雷口坡组气藏一期外输管道工程，广东云浮—新兴天然气管道，“缅气入攀（攀枝花）”管道，广宁石涧—怀集闸岗天然气管道工程，贵州铜仁松桃天然气管道工程，合肥庐北—池州天然气管道工程（庐江—枞阳段），深圳白石岭区域天然气管线调整工程，盘锦双台子储气库双向输气管道工程，务川—镇南镇务正道煤电铝一体化工业园天然气管道工程，云阳—奉节—巫山输气管道复线，奉节—巫溪输气管道工程等。

目前，我国 LNG 进口资源主要通过接收站实现周转。2022 年，国内 7 座储气库投产、扩容，新增工作气量 21 亿立方米。同年 2 月 28 日，国家管网文 23 储气库一期项目建设正式完成。文 23 储气库设计总库容 103 亿立方米，工作气量 40 亿立方米，是我国中东部地区库容最大、工作气量最高、调峰能力最强的地下储气库。2022 年 6 月 23 日，文 23 储气库二期项目正式开工建设，项目建成后，文 23 储气库储气能力可整体提升 20%，新增库容 19.34 亿立方米、工作气量 7.35 亿立方米，实现总注气规模 2400 万立方米/日、采气规模 3900 万立方米/日的建设目标。同年 5 月 23 日，随着双台子储气库国产注气系统试运投产成功，中国石油辽河储气库群整体注气能力提升至 3000 万立方米/日，成为国内注气能力最大的储气库群。同年 6 月 8 日，国内最深的盐穴地下储气库——江汉盐穴天然气储气库王储 6 井正式投产注气，首日注气量达 19 万立方米。同年 6 月 28 日，中国石油长庆油田苏东 39-61 储气库投用，预计 2024 年达容达产后将实现工作气量 10.8 亿立方米。

## 三、城市燃气的投资建设

### （一）城市燃气的投资水平持续回升

我国城市燃气行业经过 20 多年的发展，已经取得了很大的成效。2018 年城市燃气行业固定资产新增投资达到峰值 295.1 亿元，从 2019 年开始城市燃气行业新增投资趋于平稳。2019～2021 年，我国城市燃气行业招标投标项目数量均在 300 件以下，2022 年，随着国家出台城市燃气管道老化更新改造的相关政策出台，各地区纷纷开始着手更新改造工作，城市燃气行业招标投标项目大幅增加。2022 年共有 2885 件招标投标事件，城市燃气行业投资额回升到 286.0 亿元，高于前三年的水平，城市燃气投资占全社会公用事业固定投资的比例为 1.28%，也高于前三年（表 5-3）。

2018～2022 年城市燃气行业固定资产投资　　表 5-3

| 年份 | 城市燃气行业投资 | | 全国全社会市政公用事业固定资产投资 | | 城市燃气占全国全社会公用事业固定投资比例（%） |
|---|---|---|---|---|---|
| | 投资额（亿元） | 增长率（%） | 投资额（亿元） | 增长率（%） | |
| 2018 | 295.1 | — | 20123.2 | — | 1.47 |
| 2019 | 242.7 | −17.70 | 20126.3 | 0.20 | 1.21 |
| 2020 | 238.6 | −1.69 | 22283.9 | 10.72 | 1.07 |
| 2021 | 229.6 | −0.96 | 23371.7 | 4.88 | 0.98 |
| 2022 | 286.0 | 1.25 | 22309.9 | −4.76 | 1.28 |

资料来源：《中国城市建设统计年鉴》（2019～2022），中国统计出版社。

城市燃气的投资规模受到天然气行业政策、城镇化进程等多个因素的影响。2022 年国家提出要对城市天然气管道进行更新改造，且天然气行业城乡一体化持续推进，这些因素促进 2022 年天然气行业固定资产投资增加。在天然气储气库建设方面，总的储气库建设投资不断扩张，其中社会资本投入不断增加，进一步完善城市燃气供应保障。

### （二）城市燃气企业多元化发展

随着公用事业体制改革的不断深入和先进管理理念的引入，民营资本、境外资本陆续通过转制、合资等方式参与城市燃气建设运营，城市燃气市场逐步开放，并逐步形成城市燃气多元化发展的有利格局。城市燃气经营市场中，主要由两类企业主导：一类是依靠历史承袭而拥有燃气专营权的地方国企，如深圳、重庆等地区的地方国有燃气公司；二类是跨区域经营的燃气运营商，包括华润燃气、新奥能源、昆仑能源、中国燃气、港华智慧能源等，投资主体有国有资本（中央大型企业集团和地方政府）、民营资本、境外资本等诸多市场经营主体，我国城市燃气市场呈现多种所有制并存的格局。面对新能源的竞争压力，城市燃气企业逐步由过去单一的燃气公司向智慧型综合燃气公司转变。以新奥能源、华润燃气、港华智慧能源、昆仑能源中国燃气为例来看，5 家企业均布局综合能源业务，并成为增长潜力最大的板块（表 5-4）。由于各家企业综合能源业务的布局时间起点不同、业务重点有所差异，发展程度不一。

2022 年城市燃气代表企业综合能源业务发展布局　　表 5-4

| 代表企业 | 2022 年综合能源业务发展布局 |
| --- | --- |
| 新奥能源 | 2022 年新增投运 60 个泛能项目，累计已投运泛能项目达 210 个；全年综合能源销售量为 222 亿千瓦时，同比增长 16.7%，其中电力销售量的占比为 8.1%；综合能源业务收入为 110 亿元，同比增速 40.3%。项目开发方面，新奥能源积极部署分布式光伏、新型储能、配电配网等电力消费相关的服务与产品，成功打造“荷源网储”的整体解决方案以提升项目收益拓展电能服务全场景，落地宣城增量配电网标杆项目。2022 年光伏累计通过投评 850 兆瓦，在建及并网 436 兆瓦；配电签约 12 亿千瓦时；售电交易量 183 亿千瓦时，为 18 家用户提供绿电撮合交易 1.64 亿千瓦时；热能业务累计签约供能规模 73 亿千瓦时 |
| 华润燃气 | 2022 年新签约 58 个综合能源项目，累计项目数量达到 202 个；华润燃气持续大力发展清洁交通能源市场，全年新投运充电站 39 座，累计投运充电站 171 座，全年售电达 2.7 亿千瓦时，同比增长 20.6%；累计批准建设及投运加氢站 15 座，分布于潍坊、襄阳、无锡、白城、武汉、泰州等，其中 7 座已投入运营 |
| 港华智慧能源 | 截至 2022 年末，港华智慧能源签约 80 个零碳园区，可开发屋顶资源 1.2 亿平方米。截至 2023 年 3 月末，光伏累计签约 1800 兆瓦，其中并网 1000 兆瓦；规划至 2025 年，光伏并网超 6000 兆瓦。此外，自 2022 年开始，港华智慧能源开始大力开展“燃气+”能源管理业务，主要包括区域供热服务、工商供能服务、居民供暖服务三大业务；截至 2022 年末，已开发 269 个用户 |
| 昆仑能源 | 2022 年，昆仑能源有序推动自有场站用能清洁替代、综合能源以及分布式能源项目开发，上海白鹤母站等一批分布式光伏项目相继投产；山东、贵州、海南等地的 11 个分布式能源项目总装机容量达 23 万千瓦 |
| 中国燃气 | 截至 2022 年 9 月，与近 40 个城市签署暖居工程战略合作协议，覆盖面积超过 3.5 亿平方米，在 31 个城市发展了 270 个暖居项目 |

资料来源：网络收集整理。

### （三）燃气生产和供应投资效益分化

燃气生产和供应业，指利用煤炭、油、燃气等能源生产燃气，或外购液化石油气、天然气等燃气，并进行输配，向用户销售燃气的活动，以及对煤气、液化石油气、天然气输配及使用过程中的维修和管理活动。我国燃气生产和供应企业数量逐年增加，2021 年燃气生产及供应企业数量为 2685 家，比 2020 年增加 313 家。2021 年亏损企业数量为 384 家，比 2020 年增加 48 家；2021 年燃气生产及供应行业营业收入为 9376.7 亿元，同比增长 4.3%；2021 年燃气生产及供应行业营业利润为 718.4 亿元，同比增长 5.3%（表 5-5）。

2017～2021年我国城市燃气生产和效益的重要指标　　表5-5

| 年份 | 2017 | 2018 | 2019 | 2020 | 2021 |
|---|---|---|---|---|---|
| 企业个数（家） | 1700 | 1693 | 1980 | 2372 | 2685 |
| 亏损企业数（家） | 238 | 277 | 311 | 336 | 384 |
| 资产总额（亿元） | 9540.9 | 11120.1 | 12528 | 13294.6 | 13916.4 |
| 营业收入（亿元） | 6205 | 7886 | 9499 | 8989.2 | 9376.7 |
| 营业利润（亿元） | 504.9 | 572.7 | 622 | 682.1 | 718.4 |

资料来源：国家统计局和根据网络资料整理。

2021年燃气生产及供应行业投资收益下降了2.2%，为80.4亿元（表5-6）。

2017～2021年我国燃气生产及供应行业投资收益及增速　　表5-6

| 年份 | 2017 | 2018 | 2019 | 2020 | 2021 |
|---|---|---|---|---|---|
| 燃气生产及供应行业投资收益（亿元） | 60.4 | 65.9 | 82.2 | 82.2 | 80.4 |
| 增长率（%） | — | 9.1 | 24.7 | 0 | −2.2 |

资料来源：国家统计局和根据网络资料整理。

# 第二节　天然气行业生产与供应

我国全面提升国内天然气供应安全保障水平，加大勘探开发和增储上产力度。2022年加大四川盆地及周边地区勘探开发力度，大力推动在川渝地区建设“中国气大庆”，推进塔里木、准噶尔盆地深地工程，开辟超深层天然气增储上产新领域，推进新区建产，确保天然气自给率长期不低于50%。

## 一、天然气行业生产情况

### （一）天然气产量

国家统计局数据显示，2022年我国天然气产量达到2201亿立方米，同比增长7.3%，这是我国天然气产量连续6年增产超过100亿立方米（表5-7）。非常规油气成为天然气上产的重要领域，非常规天然气产量约占总产量40%，其中页岩气产量达到近240亿立方米，较2018年增长122%。

2015～2022 年我国天然气及液化天然气产量情况　　表 5-7

| 年份 | 天然气产量（亿立方米） | 增长率（%） | 液化天然气产量（亿立方米） | 增长率（%） |
|---|---|---|---|---|
| 2015 | 1271.41 | — | 512.7 | — |
| 2016 | 1368.3 | 10.9 | 695.3 | 35.6 |
| 2017 | 1474.2 | 7.8 | 829.0 | 19.2 |
| 2018 | 1610.2 | 9.2 | 900.2 | 8.6 |
| 2019 | 1736.2 | 7.8 | 1165.0 | 29.4 |
| 2020 | 1925.0 | 10.9 | 1332.9 | 14.4 |
| 2021 | 2052.0 | 6.6 | 1520.0 | 14.0 |
| 2022 | 2201.0 | 7.3 | 1742.6 | 14.6 |

资料来源：《中国统计年鉴》(2016～2022)，中国统计出版社。2022 年数据为网络收集整理。

### （二）液化石油气产量

液化石油气主要来自于油气田开采中的伴生气，以及炼油厂及深加工工厂在原油催化裂解、气体分离及深加工得到的副产品。液化气是在石油炼制过程中由多种低沸点气体组成的混合物，没有固定的组成。主要成分是丁烯、丙烯、丁烷和丙烷。尽管大多数能源企业都不专门生产液化石油气，但由于它是其他燃料提炼过程中的副产品，所以有一定产量。2022 年的液化石油气产量为 4867 亿吨，比 2021 年增长 2.3%（表 5-8）。

2012～2022 年我国液化石油气产量　　表 5-8

| 年份 | 液化石油气产量（亿吨） | 增长率（%） |
|---|---|---|
| 2012 | 2262.4 | — |
| 2013 | 2500.4 | 10.5 |
| 2014 | 2705.8 | 8.2 |
| 2015 | 2934.4 | 8.4 |
| 2016 | 3503.9 | 19.4 |
| 2017 | 3677.3 | 4.9 |
| 2018 | 3800.5 | 3.4 |
| 2019 | 4135.7 | 8.8 |
| 2020 | 4448.0 | 7.6 |
| 2021 | 4757.0 | 6.9 |
| 2022 | 4867.0 | 2.3 |

数据来源：《中国统计年鉴》(2015～2022)，中国统计出版社。2022 年数据为网络收集整理。

### （三）煤气产量

煤气是以煤为原料加工制得的含有可燃组分的气体。根据加工方法、煤气性质和用途分为：煤气化得到的是空气煤气，这些发热值较低的煤气称为低热值煤气；煤干馏法中焦化得到的气体称为高炉煤气，属于中热值煤气，可供城市作民用燃料。2021 年我国煤气产量为 15589.5 亿立方米，同比下降 1.3%（表 5-9）。

2015～2021 年我国煤气产量　　表 5-9

| 年份 | 煤气产量（亿立方米） | 增长率（%） |
|---|---|---|
| 2015 | 6879.0 | — |
| 2016 | 10121.8 | 47.1 |
| 2017 | 10626.9 | 5.0 |
| 2018 | 11966.3 | 12.6 |
| 2019 | 14713.8 | 23.0 |
| 2020 | 15791.4 | 7.3 |
| 2021 | 15589.5 | −1.3 |

数据来源：《中国统计年鉴》（2015～2022），中国统计出版社。

## 二、天然气行业供应情况

### （一）天然气供需协调发展

天然气供应侧发挥国产气和进口长协气保供稳价“压舱石”作用，灵活调节 LNG 现货采购，资源池均衡定价平抑市场波动，多企互济强化供应保障。需求侧立足能源系统思维多能互补，发挥煤炭兜底保障作用，优化调整用气结构，用好气、少用气，同时发挥市场调节作用，可中断用户等快速响应，平衡供需。天然气行业形成“全国一盘棋”，全产业链齐心协力，主动有效应对国际市场价格波动的新局面。2022 年，全国天然气消费量 3646 亿立方米，同比下降 1.2%；天然气在一次能源消费总量中占比 8.4%，较上年下降 0.5 个百分点，全方位体现了我国天然气产业发展的弹性和灵活性。从消费结构看，城市燃气消费占比增至 33%；工业燃料、天然气发电、化工行业用气规模下降，占比分别为 42%、17%和 8%。2022 年，我国油气自给保障率同比提升约 2 个百分点，其中原油自给保障率从 27.8%提升至 28.8%，天然气自给保障率从 55.7%提升至近 60%。

### （二）天然气进口量同比下降

海关总署数据显示，2022 年，我国进口天然气 10925 万吨（约 1508 亿立方米），同比下降 9.9%，进口金额 4682.87 亿元，同比上涨 30.3%。其中，LNG 进口量 6344 万吨，同比降低 19.5%，主要来自澳大利亚、卡塔尔、马来西亚、俄罗斯、印度尼西亚、巴布亚新几内亚、美国。2022 年，LNG 进口金额 3488.37 亿元，同比上涨 22.7%。2022 年，中国企业新签 LNG 长期购销协议合同总量近 1700 万吨/年，离岸交货（FOB）合同占比近 60%；管道气进口量 627 亿立方米，同比增长 7.8%，进口金额 1194.50 亿元，同比上涨 58.9%。其中，来自土库曼斯坦、澳大利亚、俄罗斯、卡塔尔、马来西亚五个国家的管道气进口量合计 1215 亿立方米，占比 81%。来自俄罗斯的管道气进口量为增长 54%，中亚管道气近年履约量波动加大。受地缘政治影响，全球能源价格飙升，国际天然气价格屡创历史新高，持续的高气价挫伤了国内进口商采买 LNG 现货的积极性，且亚欧套利窗口频繁开启，部分长协资源被转售至欧洲，是 2022 年我国天然气进口量同比下滑的主要原因。2022 年，我国天然气对外依存度从 54%降至 41%左右。

### （三）干线管道建设和管网互联互通不断完善

2022 年，全国长输天然气管道总里程 11.8 万公里（含地方及区域管道），新建长输管道里程 3000 公里以上。其中，中俄东线（河北安平—江苏泰兴段）、苏皖管道及与青宁线联通工程等项目投产，西气东输三线中段、西气东输四线（吐鲁番—中卫段）等重大工程持续快速建设。2022 年，全国新增储气能力约 50 亿立方米，大港驴驹河、大港白 15、吉林双坨子、长庆苏东 39-61、吐哈温吉桑储气库群温西一库、江汉盐穴王储 6 等地下储气库以及中国海油江苏滨海 LNG 接收站等陆续投产，先后建成北京燃气天津 LNG 接收站、河北曹妃甸新天 LNG 接收站，进一步增强了环渤海区域保供能力。

## 三、城市燃气供应情况

从城市燃气的气源角度来看，城市燃气的气源主要有人工煤气、液化石油气和天然气三大类。随着天然气供给能力的不断上升，城市燃气供应中天然气的用气人口、管道长度和供气量都在不断增长，人工煤气和液化石油气的占比在不断下降。从燃气管道来看，2022 年城市燃气管道总长度达到 98.71 万公里，其中天然气管道长度占比达到 98.04%。从供气总量来看，2022 年人工煤气、液化石油气、天然气供气总量分别为 18.14 亿立方米、758.46 万吨、1767.70 亿立方米。从需求端来看，2022 年城市燃气普及率达到 98.06%。

### （一）城市燃气管道主要天然气管道

我国城市燃气生产和供应行业快速发展，天然气作为一种清洁、高效、便宜的能源越来越受到人们的青睐。2004 年“西气东输”管道投入商业运行以来，天然气开始大规模走入千家万户，天然气用气人口首次超过人工煤气用气人口。从管道总长度来看，中国城市燃气管道长度逐年增加，在 2010 年燃气普及率就已达 90%以上，2022 年天然气管道长度 98.04 万公里，液化石油气管道长度 0.25 万公里，人工煤气管道长度 0.67 万公里（表 5-10）。

2010～2022 年城市燃气管道和燃气普及率的变化　　表 5-10

| 年份 | 人工煤气管道长度（万公里） | 天然气管道长度（万公里） | 液化石油气管道长度（万公里） | 燃气管道长度（万公里） | 燃气管道长度增长率（%） | 燃气普及率（%） | 燃气普及率增长率（%） |
|---|---|---|---|---|---|---|---|
| 2010 | — | — | — | 30.9 | — | 92 | — |
| 2011 | 3.71 | 29.90 | 1.29 | 34.90 | 12.94 | 92.41 | 0.45 |
| 2012 | 3.35 | 34.28 | 1.27 | 38.89 | 11.43 | 93.15 | 0.80 |
| 2013 | 3.05 | 38.85 | 1.34 | 43.24 | 11.19 | 94.25 | 1.18 |
| 2014 | 2.90 | 43.46 | 1.10 | 47.46 | 9.76 | 94.57 | 0.34 |
| 2015 | 2.13 | 49.81 | 0.90 | 52.84 | 11.34 | 95.30 | 0.77 |
| 2016 | 1.85 | 55.10 | 0.87 | 57.82 | 9.42 | 95.75 | 0.47 |
| 2017 | 1.17 | 62.32 | 0.62 | 64.12 | 10.90 | 96.26 | 0.53 |
| 2018 | 1.31 | 69.80 | 0.48 | 71.59 | 11.65 | 96.69 | 0.45 |
| 2019 | 1.09 | 76.79 | 0.45 | 78.33 | 9.41 | 97.29 | 0.62 |
| 2020 | 0.99 | 85.06 | 0.40 | 86.45 | 10.37 | 97.87 | 0.60 |
| 2021 | 0.92 | 92.91 | 0.29 | 94.12 | 8.87 | 98.04 | 0.17 |
| 2022 | 0.67 | 98.04 | 0.25 | 98.71 | 4.88 | 98.06 | 0.02 |

资料来源：《中国城市建设统计年鉴》(2011～2022)，中国统计出版社。

根据表 5-10 可知，供气管道是城市燃气普及的基础，随着城市燃气管道的扩张，燃气普及率也在不断提高。天然气管道在总管道中比重最大，且不断增长，人工煤气管道长度和液化石油气管道长度在逐渐减小。

### （二）城市燃气中天然气比例不断增加

城市燃气供气总量不断增加，天然气占城市燃气的比重呈上升趋势。2022 年天然气供气总量继续上升，人工煤气和液化石油气供气总量持续下降（表 5-11）。

2011～2022 年城市燃气分类供气总量变化　　表 5-11

| 年份 | 人工煤气供气总量（亿立方米） | 天然气供气总量（亿立方米） | 液化石油气供气总量（万吨） |
|---|---|---|---|
| 2011 | 84.70 | 678.80 | 1165.80 |
| 2012 | 77.00 | 795.00 | 1114.80 |
| 2013 | 62.80 | 901.00 | 1109.70 |
| 2014 | 56.00 | 964.40 | 1082.80 |
| 2015 | 47.10 | 1040.80 | 1039.20 |
| 2016 | 44.10 | 1171.70 | 1078.80 |
| 2017 | 27.09 | 1263.75 | 998.81 |
| 2018 | 27.80 | 1444.00 | 1015.30 |
| 2019 | 27.68 | 1527.94 | 1040.81 |
| 2020 | 23.14 | 1563.70 | 833.71 |
| 2021 | 18.72 | 1721.06 | 860.68 |
| 2022 | 18.14 | 1767.70 | 758.46 |

资料来源：《中国城市建设统计年鉴》（2012～2022），中国统计出版社。

2011～2022 年，城市燃气中天然气增加量较大，成为城市燃气的主要部分。同时管道长度不断增加，燃气普及率不断提高，城市燃气供给能力得到大幅提升。

### （三）天然气使用人口比例不断增加

从终端城市燃气来看，普及率逐年提高，天然气覆盖面更广。2022 年全国人工煤气、天然气和液化石油气用气总人口为 5.538 亿人，其中天然气使用人口逐年迅速增加，是城市燃气的主要气源，使用天然气总人口为 4.57 亿人，占全国用气总人口的 82.52%；使用液化石油气总人口为 0.93 亿人，占全国用气总人口的 16.79%；人工煤气用气人口继续萎缩，使用人工煤气总人口为 0.038 亿人，占全国用气总人口的 0.69%。2009～2022 年我国人工煤气、天然气和液化石油气用气人口变化趋势如表 5-12 所示。

2009～2022 年我国人工煤气、天然气和液化石油气用气人口变化趋势　　表 5-12

| 年份 | 人工煤气用气人口（亿人） | 占比（%） | 天然气用气人口（亿人） | 占比（%） | 液化石油气用气人口（亿人） | 占比（%） |
|---|---|---|---|---|---|---|
| 2009 | 0.397 | 11.22 | 1.45 | 41.00 | 1.69 | 47.78 |
| 2010 | 0.280 | 7.71 | 1.70 | 46.83 | 1.65 | 45.45 |
| 2011 | 0.268 | 7.09 | 1.90 | 50.29 | 1.61 | 42.62 |

续表

| 年份 | 人工煤气用气人口（亿人） | 占比（%） | 天然气用气人口（亿人） | 占比（%） | 液化石油气用气人口（亿人） | 占比（%） |
|---|---|---|---|---|---|---|
| 2012 | 0.244 | 6.20 | 2.12 | 53.89 | 1.57 | 39.91 |
| 2013 | 0.194 | 4.75 | 2.38 | 58.28 | 1.51 | 36.97 |
| 2014 | 0.176 | 4.17 | 2.60 | 61.67 | 1.44 | 34.16 |
| 2015 | 0.132 | 3.01 | 2.86 | 65.12 | 1.40 | 31.88 |
| 2016 | 0.109 | 2.39 | 3.09 | 67.63 | 1.37 | 29.98 |
| 2017 | 0.075 | 1.59 | 3.39 | 71.75 | 1.26 | 26.67 |
| 2018 | 0.078 | 1.57 | 3.69 | 74.43 | 1.19 | 24.00 |
| 2019 | 0.067 | 1.31 | 3.90 | 76.52 | 1.13 | 22.17 |
| 2020 | 0.055 | 1.04 | 4.13 | 78.44 | 1.08 | 20.51 |
| 2021 | 0.046 | 0.84 | 4.42 | 80.57 | 1.02 | 18.59 |
| 2022 | 0.038 | 0.69 | 4.57 | 82.52 | 0.93 | 16.79 |

资料来源：《中国城市建设统计年鉴》（2010～2022），中国统计出版社。

# 第三节　天然气行业发展成效

2022年我国能源行业面对更趋复杂的国际环境和能源发展的新形势、新要求，作为最清洁低碳的化石能源，天然气是我国新型能源体系建设中不可或缺的重要组成部分。当前，天然气行业产供储销体系日臻完善，当前及未来较长时间内仍将保持稳步增长；天然气灵活高效的特性还可支撑与多种能源协同发展，在碳达峰乃至碳中和阶段持续发挥积极作用。

## 一、天然气产、供、销体系日臻完善

### （一）天然气勘探开发能力持续增长

随着油气勘探开发七年行动计划推进，我国天然气行业自主创新能力持续增长，创新发展深层页岩气钻井提速技术，实现长水平段高效快速钻进，天然气增储上产步伐加快，产量稳步提升。2022年长庆油田延续了2021年的优异表现，继续排名第一位，2022年油气产量当量首次突破6500万吨，天然气年产量更是突破 500 亿立方米，不但刷新了国内新纪录，更创造了非常规油气藏开发的中国奇迹，稳居中国第一大油气田。2022 年，渤海油田油气产量创造历史新高，全年完成原油产量约 3175 万吨、天然气产量近 35 亿立方米，使得渤海油田产量超过大庆油田的油气产量当量，升为国内第二大油气田。油气产量增长仍主要集中在长庆、渤海、塔里木等三大主产区，合计占全国新增天然气产量的 70%左右（表 5-13）。

**我国主要油气田 2021 年和 2022 年油气产量当量（万吨）　　表 5-13**

| 名称 | 2021 年油气产量当量（万吨） | 2022 年油气产量当量（万吨） | 增长率（%） |
|---|---|---|---|
| 中国石油长庆油田 | 6244 | 6500 | 4.10 |
| 中国海油渤海油田 | 3300 | 3450 | 4.55 |
| 中国石油大庆油田 | 4322 | 3438 | −20.45 |
| 中国石油塔里木油田 | 3182 | 3310 | 4.02 |
| 中国石油西南油气田 | 2828 | 3000 | 6.08 |
| 中国石化胜利油田 | 2390 | 2386 | −0.17 |
| 中国海油南海东部油田 | 1778 | 2000 | 12.49 |
| 陕西延长石油 | 1660 | 1765 | 6.33 |
| 中国石油新疆油田 | 1647 | 1748 | 6.13 |
| 中国石油辽河油田 | 1071 | 1000 | −6.63 |

资料来源：wind 数据库。

### （二）天然气供应保障能力不断增强

自天然气产供储销体系建设以来，国产气连续 6 年增产超百亿立方米，“全国一张网”初步形成，储气能力翻番式增长，全国天然气干线管输“硬瓶颈”基本消除。气源及基础设施供应能力均充分保障、天然气产业链各环节均实现总体盈利。

2022 年，我国多条互联互通管道建成。同年 9 月 16 日，中俄东线天然气管道安平至泰安段正式投产，我国东部能源通道进一步完善。同年 12 月 7 日，中俄东线天然气管道泰安至泰兴段正式投产，自此，我国东部能源通道全面贯通，由北向南的中俄东线天然气管道与由西向东的西气东输管道系统在江苏泰兴正式联通。同年 9 月 28 日，西气东输四线天然气管道工程正式开工，建成后将与西气东输二线、三线联合运行，使西气东输管道系统年输送能力达到 1000 亿立方米。同年 11 月 8 日，国家管网集团川气东送管道增压工程（二期）全面完成，川气东送管道年输气能力提高至 170 亿立方米。同年 11 月 18 日，随着沈阳联络压气站压缩机组正式投入运行，我国东北地区最大的天然气枢纽压气站全面建成投运，日增输天然气能力提升至1亿立方米左右。经过多年发展，我国油气管网规模超过18万公里，比10年前翻了一番，西北、东北、西南和海上四大油气进口战略通道进一步巩固。根据规划，到2025年全国油气管网规模将达到21万公里左右。

2022年，国内7座储气库投产、扩容，新增工作气量21亿立方米。截至2022年底，我国累计在役储气库（群）15座，总工作气量192亿立方米，占全国天然气消费量比重5.2%。国内3座LNG接收站投产、扩建，新增接收能力600万吨/年。截至2022年底，我国已有24座接收站投运，总接收能力9730万吨/年，在建总能力超1.2亿吨/年。

### （三）天然气市场体系建设持续推进

2022年我国共挂牌出让广西、黑龙江、新疆等省（区、市）42个石油天然气、页岩气区块。2022年浙江天然气管网以市场化方式融入国家管网，国家管网集团已与广东、海南、湖北、湖南、福建、甘肃、浙江等多个省（区、市）签署合作协议建立省级管网公司，天然气“全国一张网”全面铺开。持续推动全国油气管网设施公平开放，设施运营效率稳步提升。国家管网开放服务及管容交易平台上线运行，探索“一票制”服务、“储运通”产品、文23储气库容量竞价等多样化交易模式。出台完善进口液化天然气接收站气化服务定价机制的指导意见。天然气购销合同的签订与执行构成天然气市场化保供的坚实基础。持续压缩管输层级和供气层级，部分地区积极探索和开展燃气特许经营评估，促进城镇燃气优胜劣汰，整合重组。

强化天然气市场建设，充分发挥基础设施对天然气市场培育和完善引导作用，打破行政性、区域性垄断，立足全国加快天然气产供储销体系建设，持续推动天然气管网设施互联互通并向各类市场主体高质量开放；加快推动省级管网市场化融入国家管网，促进市场对天然气资源配置作用。

## 二、天然气行业体制改革不断深化

2023年7月，中央全面深化改革委员会第二次会议审议通过《关于进一步深化石油天然气市场体系改革提升国家油气安全保障能力的实施意见》，指出要围绕提升国家油气安全保障能力的目标，针对油气体制存在的突出问题，积极稳妥推进油气行业上、中、下游体制机制改革，确保稳定可靠供应。

### （一）上游勘探市场有序开放

我国从 2019 年开始放开天然气上游勘探开采的进入门槛。2019 年《中共中央 国务院关于营造更好发展环境支持民营企业改革发展的意见》明确支持民营企业进入油气勘探开发领域。随着 2020 年自然资源部发布《关于推进矿产资源管理改革若干事项的意见（试行）》，石油天然气上游勘探开发向外资和民企敞开大门，形成以国家石油公司为主体、多种经济成分参与的油气勘查开采市场格局。2022 年 5 月 30 日，财政部印发《财政支持做好碳达峰碳中和工作的意见》（以下简称《意见》）。《意见》立足当前发展阶段，以支持实现碳达峰工作为侧重点，提出综合运用财政资金引导、税收调节、多元化投入、政府绿色采购等政策措施做好财政保障工作。《意见》明确，支持构建清洁低碳安全高效的能源体系、重点行业领域绿色低碳转型、绿色低碳科技创新和基础能力建设、绿色低碳生活和资源节约利用、碳汇能力巩固提升、完善绿色低碳市场体系六大方面，其中明确提出，完善支持政策，激励非常规天然气开采增产上量。

### （二）油气管网输送和储备业务设施的公平开放进一步提升

国家管网的高效运转和高质量发展将起到示范和带头作用，促进我国天然气基础设施运营的整合与优化，推动我国天然气行业的市场化改革，更好地发挥市场在油气资源配置中的决定性作用。2021 年随着国家管网集团资产重组交易全部完成，进一步推动了“X＋1＋X”油气市场体系形成，我国油气体制将更加凸显市场在资源配置中的关键作用；同时，国家管网集团的全国干线油气管网布局更加完善，对于进一步打造“全国一张网”、提升油气资源配置效率、保障国家能源安全具有重要意义。这一改革成果也必将进一步带动油气产供储销体系建设，实现公平开放、运销分离，为“十四五”期间油气体制改革的持续深化提供有力支持。截至 2022 年底，国家管网集团已与广东、海南、湖北、湖南、甘肃、浙江 6 个省签署合作协议建立省级管网公司，天然气“全国一张网”全面铺开。2022 年 7 月 12 日，国家管网集团与浙江省能源集团举行浙江省天然气管网融入国家管网签约仪式。根据协议约定，双方合资成立国家管网集团浙江省天然气管网有限公司，作为浙江省天然气管网的唯一建设运营主体，按照“统一规划、统一建设、统一运营、统一管理、统一运价”原则，推进浙江省内国家天然气干线和支干线管道建设。

### （三）天然气价格体系改革进一步深化

天然气门站价、输配气价、LNG 价格、城市燃气价格等共同构成天然气价格体系。2020 年 5 月 1 日实施新版《中央定价目录》，将各省（区、市）天然气门站价格从该目录中删除，以注释形式对现行天然气门站价格定价机制进行了规定，固化了已有的改革成果。新增具备竞争条件省（区、市）天然气的门站价格由市场形成，进一步扩大了市场化定价的适用范围。2021 年 5 月 18 日，国家发展改革委印发《国家发展改革委关于“十四五”时期深化价格机制改革行动方案的通知》，明确到 2025 年，竞争性领域和环节价格主要由市场决定，网络型自然垄断环节科学定价机制全面确立，能源资源价格形成机制进一步完善。2022 年 5 月 26 日，国家发展改革委发布《国家发展改革委关于完善进口液化天然气接收站气化服务定价机制的指导意见》，指导各地进一步完善气化服务定价机制，规范定价行为，合理制定价格水平。这是我国首次专门就接收站气化服务价格制定的政策文件。2023 年 5 月，国家发展改革委向各省（区、市）下发了《关于提供天然气上下游价格联动机制有关情况的函》，天然气价格联动事项被视作 2023 年重点工作，迈出了坚决推动气价改革的新步伐。截至 2023 年 6 月，我国已有多个省（区、市）已建立天然气价格联动机制。

## 三、天然气行业高质量发展

### （一）天然气行业绿色发展

推进天然气生产和利用过程的清洁化、低能耗、低排放，支持油气企业由传统油气供应向综合能源开发利用转型发展。支持陆上油气田风能和太阳能资源规模化开发，着力提升新能源就地消纳能力，支撑油气勘探开发清洁用能。统筹推进海上油气勘探开发与海上风电建设，形成海上风电与油气田区域电力系统互补供电模式。推广关键耗能设备节能技术以提升能效水平，加快实施以电驱钻井技术、电驱压裂技术、压缩机组电代气技术为主的电气化改造，推进集输管线检维修放空气回收技术等温室气体控排技术。加快推进 LNG 冷能利用。积极推进数字技术与油气产业的深度融合，通过云计算、物联网、大数据、人工智能等数字技术降本提质增效。持续优化天然气利用方向，提高资源的系统配置效率，降低用能综合成本。

### （二）天然气和其他能源协同发展

发挥天然气灵活调节作用，逐步使天然气成为当前及中长期解决新能源调峰问题的途径之一。在青海、甘肃等可再生资源较好、气源有保障且有价格优势的地区，因地制宜研究建立风光气水综合能源基地外送模式。在广东等可再生资源较好的沿海地区，建立风光气水综合能源生产消费模式。鼓励发展天然气分布式能源，推广集供电、供气、供热、供冷于一体的综合能源服务模式；推进天然气、分布式风光发电、生物质、地热、氢能、储能等多能互补的综合能源发展新模式新业态和示范项目建设。发挥油气行业技术装备和工业体系优势，研究推动管道输氢、掺氢和终端利用，完善相关标准规范；加强 CCUS 产业顶层设计和关键核心技术攻关，推动 CCUS 全产业链示范及商业化应用，促进传统化石能源清洁低碳化利用。继续加强燃气轮机关键核心技术装备攻关，建设一批创新示范工程。

### （三）科技创新助力发展新动能

自主研发国产超深井钻机，四川盆地蓬莱气区的蓬深 6 井以 9026 米井深刷新亚洲最深直井纪录。成功研制“一键式”人机交互 7000 米自动化钻机，并在四川长宁-威远页岩气国家级示范区成功应用。深层煤层气成藏模式、渗流机理取得新认识，钻井、压裂技术取得突破，拓展了煤层气开发的新思路新领域。首套国产化 500 米级水下油气生产系统、自主设计建造的亚洲第一深水导管架平台“海基一号”等正式投用。天然气管道在线仿真等数字化智能化水平持续提升。中国最大的碳捕集、利用与封存（CCUS）全产业链示范基地、国内首个百万吨级 CCUS 项目“中国石化齐鲁石化-胜利油田百万吨级 CCUS 项目”注气运行。国内首台自主研制 F 级 50 兆瓦重型燃气轮机正式交付进入实际应用。

### （四）数字化引领天然气行业提升效率

天然气产业链发展中不断应用人工智能、物联网、BIM 等尖端新技术，如通过 2/3D 数字孪生技术搭建天然气站 3D 可视化系统、显示、监控、警报，天然气产业发展向着信息化、可视化、绿色化环境保护方向前进，就需要可视化、数字化、智能化燃气产业监管模式，这将大大提高管理效率，节约大量人力和物力。如随着国家油气管网的“全国一张网”工作不断推进和数字化建设的发展，我国天然气管网平均负荷率已由 2020 年的 68%提高到 2021 年的 77%，在运 7 座 LNG 接收站平均利用率从纳入前的 44%提高到 60%。通过数字化促进了智慧燃气和智慧城市建设的同步推进。一方面将智慧燃气融合于城市大系统的发展，要与城市特色和优势，以及城市信息化基础条件相结合；另一方面，智慧城市发展还应与企业发展思路、业务场景实情，以及资金实力、研发能力相结合。

# 第四节　天然气行业城乡一体化与激励性监管

## 一、天然气行业城乡一体化发展的背景

### （一）天然气城乡一体化是城乡融合发展的要求

国家发展改革委印发的《2022年新型城镇化和城乡融合发展重点任务》中提出，城乡融合发展是破解新时代社会主要矛盾的关键抓手。解决发展的不平衡不充分问题，不断满足广大农民群众日益增长的美好生活需要，在很大程度上需要依靠城乡融合发展和乡村振兴。完善通达的基础设施，是新时代实现乡村振兴、开启城乡融合发展和农业农村现代化建设新局面的必要条件。实施乡村振兴战略，要增加对农业农村基础设施建设投入，加快城乡基础设施互联互通。《乡村振兴战略规划（2018—2022年）》明确了新时代农村基础设施建设的主要任务和提档升级的着力方向。当前，实施乡村振兴战略，需要补齐农村基础设施建设的短板，推进城乡基础设施互联互通，着力解决好农村基础设施建设不平衡不充分的矛盾。

### （二）天然气城乡一体化是城镇化建设的重点内容

2022年5月，中共中央办公厅、国务院办公厅印发《关于推进以县城为重要载体的城镇化建设的意见》，提出开展燃气管道等老化更新改造。重点改造材质落后、使用年限较长、运行环境存在安全隐患、不符合相关标准规范规定的燃气、供水、排水、供热等老化管道及设施。县城建设品质不仅关系到2.5亿县城居民的生活品质，也关系到对广大农村人口到县城就地城镇化的吸引力。当前，我国县城公共服务标准和实际供给远低于中心城市，优质公共服务资源较为稀缺，每千人口医疗卫生机构床位数仅为3.8张，一些县城学校“大班额”问题尚未完全得到解决等。《关于推进以县城为重要载体的城镇化建设的意见》抓住这一突出矛盾，将县城作为引领县域发展的辐射中心，大力加强县城市政设施建设和公共服务供给，提升县城人居环境水平。在市政设施建设方面，对市政交通设施、对外连接通道、防洪排涝设施、防灾减灾设施、老旧小区改造、老化管网改造等方面提出了具体措施。

## 二、天然气行业监管的重点内容

### （一）天然气管道运输价格监管

2021 年 6 月 7 日，国家发展改革委印发《天然气管道运输价格管理办法（暂行）》和《天然气管道运输定价成本监审办法（暂行）》，在 2016 年两个试行办法基础上进一步完善了天然气管道运输价格管理体系。《天然气管道运输价格管理办法（暂行）》和《天然气管道运输定价成本监审办法（暂行）》符合国家管网集团成立后管道运输行业主体重构新形势的要求，适应“全国一张网”的发展方向，是天然气市场“管住中间”的进一步深化，顺应了天然气市场化改革的需要。

各省（区、市）在国家政策的基础上制定了“管道燃气运输和配气价格管理办法”，管输价格按照“准许成本加合理收益”的办法制定，即通过核定管输企业的准许成本、准许收益、税收等因素确定年度准许总收入，核定管输价格。配气价格按照“准许成本加合理收益”的原则制定，即通过核定燃气企业的准许成本、准许收益、税收等因素确定企业年度准许总收入，制定配气价格。燃气企业年度准许总收入由准许成本、准许收益以及税费之和扣减与配气业务成本有关的其他业务收支净额确定。

### （二）天然气管网和 LNG 接收站公平开放监管

2021 年 5 月 31 日，国家能源局综合司印发《天然气管网和 LNG 接收站公平开放专项监管工作方案》。该方案在《2021 年能源监管重点任务清单》的框架下，细化了专项监管的具体要求。监管内容包括油气体制改革相关要求落实情况、天然气管网设施互联互通和公平接入情况、天然气管网设施公平开放信息公开情况、天然气管网设施公平开放服务和市场交易情况、天然气管网设施公平开放实际运行情况五方面的内容。2022 年 5 月 26 日，国家发展改革委印发《国家发展改革委关于完善进口液化天然气接收站气化服务定价机制的指导意见》，随着国家油气管网运营机制改革的持续推进，LNG 接收站逐步向第三方开放。原先在接收站的经营过程中，运营方和使用方之间的联系十分紧密。而在市场化改革之后，接收站需要更多向第三方提供公开的服务。以最高限价的形式来管理价格，将极大激发接收站企业的积极性，促进接收站企业之间的公平竞争。有利于激励接收站企业努力增强配套功能和服务能力，如增强码头通过能力等，以此不断提高周转量，并不断努力降低生产和运营成本。

### （三）城市燃气安全监管

近年来，一些地方燃气事故多发频发，燃气安全形势严峻。2021 年 11 月 24 日，国务院安全生产委员会印发《全国城镇燃气安全排查整治工作方案》，部署开展为期一年的全国城镇燃气安全排查整治，要求各地各有关部门和单位认真贯彻落实党中央、国务院决策部署，坚持长短结合、标本兼治，深刻吸取近年来国内外燃气事故教训，紧盯燃气安全运行重点部位和关键环节，全面排查整治老旧小区、餐饮等公共场所，以及燃气经营、燃气工程、燃气管道设施和燃气具等安全风险和重大隐患，开展综合性、精准化治理。同时，加快完善安全设施，加强预警能力建设，加快推进燃气管网等基础设施更新改造和数字化、智能化安全运行监控能力建设，普及燃气安全检查、应急处置等基本知识，提升燃气安全保障水平。2023 年 8 月，国务院安全生产委员会发布《全国城镇燃气安全专项整治工作方案》，提出抓紧解决瓶装液化石油气全链条安全管理的突出问题，统筹推进老化管道更新改造、城市生命线安全工程建设等工作，全面消除燃气安全重大风险隐患。着力破解燃气安全深层次矛盾问题，既整治设施设备环境的“硬伤”，更补上制度管理和从业人员素质的“软肋”，夯实安全管理基础，做到从根本上消除隐患、从根本上解决问题。围绕燃气安全“一件事”全链条明确、分解、落实安全生产相关责任，建立常态化联合监管机制，加大执法力度，消除监管空白，形成监管合力。

### （四）城市燃气特许经营

从 2004 年全面实施至今，我国城镇管道燃气特许经营制度较好地实现了引进社会资本、强化专业管理、保障燃气供给不足、减轻财政负担的目标。2015 年修订的《基础设施和公用事业特许经营管理办法》第十二条规定：特许经营的期限可达 30 年。由于特许经营主体在被许可区域拥有排他性的权利，在漫长的特许经营有效期内，其他潜在投资者或经营者无法进入同一区域与特许经营者展开竞争。《国家发展改革委关于理顺非居民用天然气价格的通知》已明确提出了大用户直供气制度的试点思路。日本政府 1995 年修订的《燃气公用事业法》允许以电力公司和能源贸易商为代表的非城市燃气公司向新增的大型工业用户供气，且部分大用户可以直接与供气公司谈判气价，并通过原有城市燃气公司的配气管道进行输送。我国很多早期特许经营燃气企业即将面临到期，特许经营制度需要根据我国的情况进行调整，以适应现代能源体制发展需要。

## 三、激励性监管促进天然气城乡一体化发展

### （一）城镇燃气规模化改革促进城乡燃气基础设施投入

城镇燃气是高度同质化行业，当前，各地城镇燃气市场存在碎片化问题，燃气市场格局给保障供气安全、全面推进配气价格成本监审、统一提升服务水平带来诸多负面影响。规模化、集团化有利于城镇燃气企业更好地经营，集中基础设施投入，保障供气，各地都纷纷出台行动方案促进城镇燃气改革。很多省份开始对城镇燃气进行规模化改革，同时促进城乡燃气一体化发展。如浙江省在《浙江省深化城镇燃气改革三年行动方案（2023—2025）》中提出，要建立城镇燃气价格长效机制，深化城镇燃气扁平化、规模化改革，推动城镇燃气大工业用户直接交易和集团化采购先行试点，推进实施城乡供气一体化等工作。以金华市为例，在2020年率先完成扁平化改革任务。2021年进一步深化天然气体制改革，从促进上下游一体化、减少供气层级、强化互联互通等目标出发，鼓励企业采取联合重组、控股参股的形式，推动管输企业金华市高亚天然气公司向下游终端供气企业归集，由市区两家城燃企业按比例收购全部股权共同运营。2022年12月16日，金华市高亚天然气有限公司将国资持有的20%股权挂牌转让，本次股权转让完成后，市区两家燃气公司将在气源保障、应急保供等方面进一步发挥协同效益，为用户提供更优质、更安全的供气服务。

燃气行业政府监管改革过程中，要充分利用特许经营评估、燃气经营许可和日常监管等政策工具，确保改革目标和方向，充分发挥市场机制作用，切实考虑各地客观历史原因，注重各方利益，实现改革平稳共赢，改革成果全民共享。

### （二）城市燃气特许经营中期评估有利于保障城乡燃气供应

在城市燃气行业起步阶段，行业基础较为薄弱，供应能力和消费水平不高，需要重点扩大供给规模，因此政府通过特许经营放开市场，允许资本进入，历经近20年发展，形成了目前的燃气市场格局。在经历10年的高速发展后，政策监管开始强调分配公平，城市燃气企业进入微利时代。随着未来中期评估工作的不断铺开，城市燃气企业也将面临合规经营、提升服务质量和保障供应的多重挑战。

通过开展包括协议履行及供应保障能力、安全防控及应急救援能力保障、服务质量及用户投诉受理情况等在内的中期评估工作，政府可以全面了解特许经营企业的真实状况，为下一步监管工作指明方向，及时发现其优势与不足，并对不足之处提出整改建议，明确对特许经营企业的监管方式、监管范围、监

管力度等，进一步完善政府对市政公用事业的监管体系，更好地促进和规范当地管道燃气特许经营发展，切实改善燃气特许经营制度的实施，提升企业运营管理水平和促进行业的健康持续发展。

中期评估兼具约束和监督作用，有助于推进燃气企业发展、改善企业的投资进度、决策制度、人才管理等，进一步捋顺政企关系。同时，中期评估通过调查社会公众对燃气企业产品和服务的满意度，有助于真正了解经营企业是否向社会公众提供了更好的服务，进一步提高公众对燃气企业的认识，加大公众监督力度。作为天然气保障主体之一，相关中期评估文件也对燃气企业的供应能力提出要求，有助于保障公共利益及安全，建立燃气管道特许经营者保底供气责任制度。

### （三）数字化建设提升城乡燃气安全监管

第一，加快燃气管理数字化建设。按照一体开发、分级部署、统一核验的要求，统一全省液化石油气瓶二维码编码体系，加快建设省级燃气管理数字化系统，并做好设区市、县（市、区）本地化部署及数据贯通，建立平台预警、属地承接、企业整改、闭环销号的全覆盖全流程的安全监管数字化运行机制。用好全省统一的信息化检查工具对燃气企业、用户、场站进行巡检，落实闭环处置机制，切实推进燃气安全监管提质增效。

第二，提升企业安全运行水平。推动燃气企业按照全省统一要求加快推进设施设备改造，落实数字化管理和物联监测要求，及时发现、处置安全隐患。燃气企业应充分利用省级燃气管理数字化系统规范企业业务流程，落实入户安检定期排查及隐患整治。管道燃气企业应重点关注燃气管网等设备巡查检修工作，通过省级燃气管理数字化系统监管员工巡查制度落实情况，保障运行安全。瓶装液化石油气经营企业在安全生产环节利用省级燃气管理数字化系统，规范开展瓶装液化石油气气瓶流转作业，实现气瓶全生命周期监控，各流转环节全过程可追溯。

第三，城乡一体化信息平台监管确保城市燃气安全。城市燃气监管信息平台，基于城市整体燃气监管数据，实现省、市、县、燃气企业“三级监管，四级联网”、覆盖省—市—县—乡四级架构，结合综合监管大屏、业务管理系统及移动监管系统等多端应用，将燃气企业监管、从业人员管理等日常业务流程纳入平台进行线上流转，形成线上线下相结合的燃气监管工作机制，实现各级燃气监管部门线上协同、线上监测、线下执行的管理模式。通过监管平台可及时发现城市燃气运行安全隐患及相关问题，防范和化解安全风险，实现城镇燃气运行与公共安全从被动应付型向主动保障型、从传统经验型向现代科技型的战略转变，促进政府健全体制、创新机制，全面提升城市安全管理水平，满足人民日益增长的美好生活需要。

# 第六章 电力行业发展报告

电力作为最重要的基础性能源之一，其行业发展与国民经济息息相关，全社会用电量指标也常常被视为经济发展的替代性指标，用电量上升往往意味着经济向上发展。世界各国电力行业发展一般经历严格管制到适度放松的过程，这与电力行业地位及其行业结构相关，中国也不例外。中华人民共和国成立初期，电力行业实行严格的计划经济，20世纪80年代初开始实行市场化改革，经过40多年的发展，基本改变电力短缺的局面，行业一体化结构也被打破，在发电市场基本实现市场化竞争。本章分别介绍了电力行业投资与建设、生产与供应、发展成效、城乡一体化与激励性监管。

# 第一节　电力行业投资与建设

改革开放以来，电力行业以前所未有的速度发展，电力投资力度持续加大，电源建设不断迈上新台阶，电网建设规模逐年增加。但受宏观经济的影响，电力行业投资与建设亦有波动，近年来表现更为明显。

## 一、电力行业投资

如图 6-1 所示，2021 全国电力工程投资总额已超过万亿元，同比增长约 5.4%，与 2020 年相比，增长有所放缓，但投资总额刷新了历年的纪录。回顾近 20 年的全国电力工程投资总额情况，总体上保持增长的势头。早期为填补电力供需缺口，2003～2007 年全国电力工程投资总额为 20595 亿元，形成了一次大规模的电力投资建设浪潮，2008～2009 年全国电力工程投资总额继续增加，但增速放缓，2010 年则有所回落，随后 2010～2016 年全国电力工程投资总额再次保持持续增长势头，但增速却有起伏，2011～2014 年增幅不明显，2015 年较 2014 年有大幅度增加，但 2016 年增幅则又趋于平缓，同比增幅不足 0.2%。2017 年出现下滑，全国电力工程投资总额为 8014 亿元，同比减少 9.5%，打断了连续 6 年保持增长的势头。与 2017 年相比，2018 年全国电力工程投资总额略有回升，2019 年略有下降，2020 年则出现较大幅度的增长，2021 年投资增速再次放缓，但电力工程投资总额创历史新高。

### （一）电源投资总额先升后降

2002 年发电资产重组后，发电市场竞争效果初步显现，电源建设投资迅速增加，电力供应不足的问题很快得到解决。图 6-2 与图 6-3 表明，近 20 年间，全国发电装机容量一直保持增长的态势。2002～2006 年，全国发电装机容量增加迅猛，从 2002 年的约 3.6 亿千瓦增加到 2006 年的约 6.2 亿千瓦，年增长率从 5.87%升至 22.34%，随后，增速放缓，增长率表现为下降的趋势，直至 2015 年后增长率又有所回升。但从 2016 年开始又呈下降趋势，2016 年全国发电装机容量增长率与上年相比，下降 3.11 个百分点，2017 年、2018 年及 2019 年同比再次下降 0.54、0.75 及 1.1 个百分点，但 2020 年全国发电装机容量增长率又出现较大幅度的回升，同比增长 3.7 个百分点，2021 年再次放缓，增长率同比下降 1.58 个百分点。

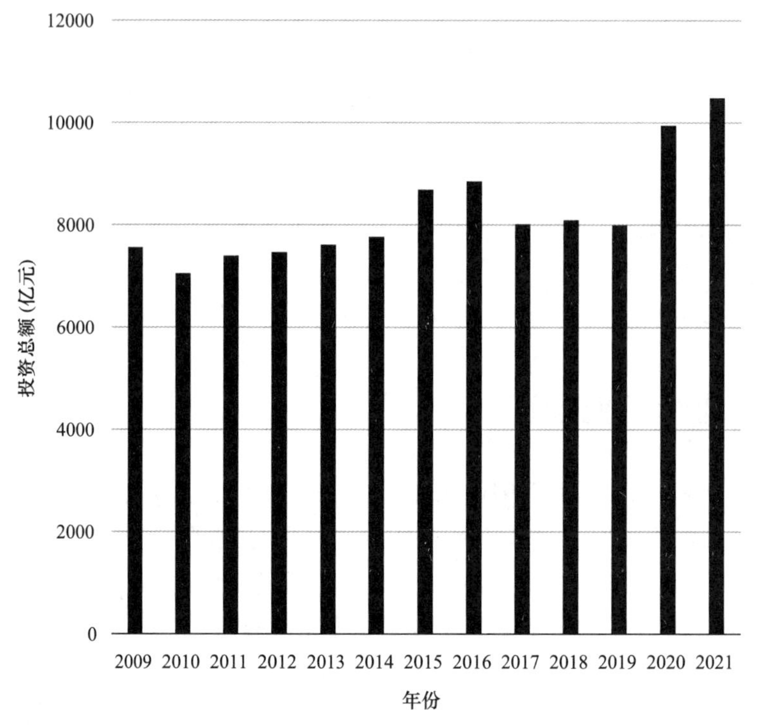


图 6-1　2009～2021 年全国电力工程投资总额

数据来源：同花顺 iFinD。

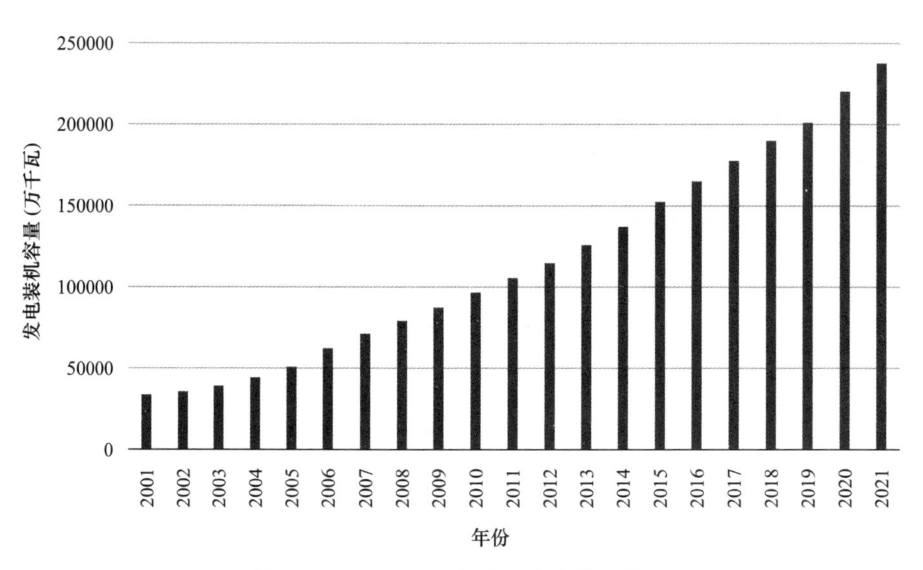


图 6-2　2001～2021 年全国发电装机容量

数据来源：同花顺 iFinD。

图 6-3　2002～2021 年全国发电装机容量增长率

数据来源：同花顺 iFinD，笔者整理而得。

从电力投资结构来看，中国电力企业联合会发布的《中国电力行业年度发展报告 2022》显示：2021 年，全国主要电力企业合计完成投资 10786 亿元，比上年增长 5.9%。全国电源工程建设完成投资 5870 亿元，比上年增长 10.9%。其中，水电完成投资 1173 亿元，比上年增长 10.0%；火电完成投资 707 亿元，比上年增长 24.6%；核电完成投资 539 亿元，比上年增长 42.0%；风电完成投资 2589 亿元，比上年下降 2.4%；太阳能发电完成投资 861 亿元，比上年增长 37.7%。

全国电网工程建设完成投资 4916 亿元，比上年增长 0.4%。其中，直流工程 380 亿元，比上年下降 28.6%；交流工程 4383 亿元，比上年增长 4.7%，占电网总投资的 89.2%。

### (二) 清洁能源投资比重持续提升

2008～2021 年各类电源投资所占比重统计图如图 6-4 所示，从投资比重看，火电投资比重从 2008 年的 49.3%下降到 2021 年的 12.0%，比重降幅达近 38 个百分点；风电投资比重大幅提升，从 2008 年的 15.5%，提升到 2021 年的 44.1%，比重增幅近 30 个百分点；水电和核电投资比重波动性较大，没有明显的增幅或降幅。

### (三) 电网基本建设投资完成额平稳增长

1978～1995 年，电网基本建设投资占全部电力基本建设投资比重平均只有 25.34%。进入“九五”以后，全国长期严重缺电的局面逐步缓解，电力部门开始注意同步发展电网、调整电力工业产业结构。1998 年 7 月，国务院决定大规模推行城乡电网建设与改造工程，使电网基本建设投资占全部电力基本建设投资的平均比重在“九五”期间上升到 29.38％。“十五”期间，是我国各省内或省间、区域内或区域间以 500 千伏联网、城乡电网建设与改造工程、“西电东送”三大通道工程大力推进时期，电网基本建设投资占全部电力基本建设投资的平均比重又上升到 35.05％。“十一五”期间的前两年，电网基本建设投资占全部电力基本建设投资的平均比重又上升到 39％，电源、电网的投资结构也处于不断地改善之中。

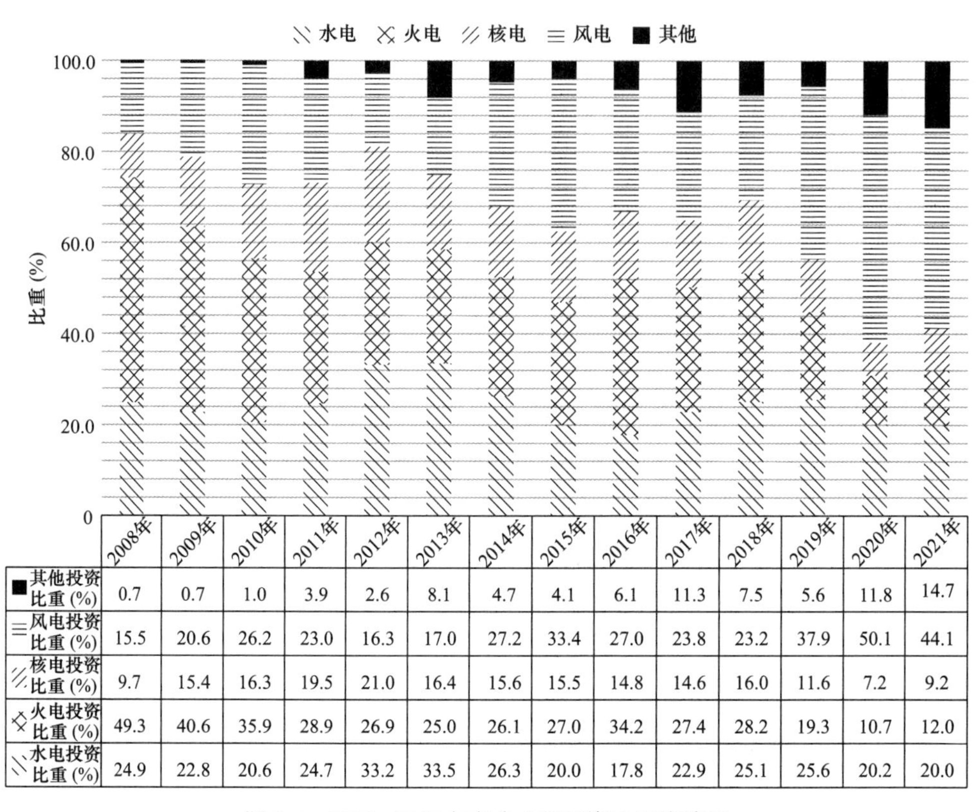


| | 2008年 | 2009年 | 2010年 | 2011年 | 2012年 | 2013年 | 2014年 | 2015年 | 2016年 | 2017年 | 2018年 | 2019年 | 2020年 | 2021年 |
|---|---|---|---|---|---|---|---|---|---|---|---|---|---|---|
| 其他投资比重 (%) | 0.7 | 0.7 | 1.0 | 3.9 | 2.6 | 8.1 | 4.7 | 4.1 | 6.1 | 11.3 | 7.5 | 5.6 | 11.8 | 14.7 |
| 风电投资比重 (%) | 15.5 | 20.6 | 26.2 | 23.0 | 16.3 | 17.0 | 27.2 | 33.4 | 27.0 | 23.8 | 23.2 | 37.9 | 50.1 | 44.1 |
| 核电投资比重 (%) | 9.7 | 15.4 | 16.3 | 19.5 | 21.0 | 16.4 | 15.6 | 15.5 | 14.8 | 14.6 | 16.0 | 11.6 | 7.2 | 9.2 |
| 火电投资比重 (%) | 49.3 | 40.6 | 35.9 | 28.9 | 26.9 | 25.0 | 26.1 | 27.0 | 34.2 | 27.4 | 28.2 | 19.3 | 10.7 | 12.0 |
| 水电投资比重 (%) | 24.9 | 22.8 | 20.6 | 24.7 | 33.2 | 33.5 | 26.3 | 20.0 | 17.8 | 22.9 | 25.1 | 25.6 | 20.2 | 20.0 |

图 6-4　2008～2021 年各类电源投资比重统计图

数据来源：笔者根据中国电力企业联合会发布的《中国电力行业年度发展报告 2022》整理而得。

1999～2002 年，电网基本建设投资增速相对缓慢，2002 年以来电网基本建设投资增长较快。2004～2009 年，输电线路长度新增速度明显加快，其中，2009 年 330 千伏输电线路长度几乎等于 1999 年、2002 年与 2004 年 3 个年份总的新增输电线路长度。2009 年，500 千伏以上与 220 千伏输电线路长度均有大幅增长。随着电网建设加快，输电效率也有提高，输电线路损失率从 1999 年的 8.1％下降到 2009 年的 6.72％。

2008 年，电网基本建设投资完成额首次超过电源基本建设投资完成额。全国电力基本建设投资完成额达到 5763 亿元，同比增长 1.52%。其中，电源、电网分别完成投资 2879 亿元和 2885 亿元，同比分别下降 10.78%和增长 17.69%，电网基本建设投资完成额占电力基本建设投资完成额的 50.05%（图 6-5）。

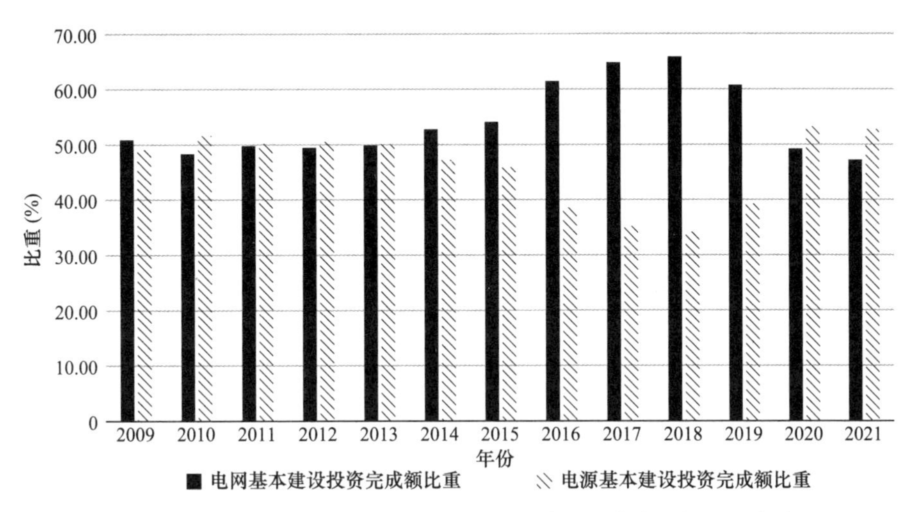


图 6-5 2009～2021 年全国电源和电网基本建设投资完成额比重统计图

资料来源：同花顺 iFinD，笔者整理而得。

2010 年电网基本建设投资完成额较 2009 年有所下降，2010～2013 年电网基本建设投资完成额均低于电源基本建设投资完成额，但从 2014 年开始，电网基本建设投资完成额重新超过电源基本建设投资完成额，且超过的额度有增长的趋势，“十二五”以来，2011～2018 年间，除 2017 年外，电网基本建设投资完成额每年都有不同程度的提升。其中，2011 年电网基本建设投资完成额为 3682 亿元，同比增 6.8%；2012 年电网基本建设投资完成额为 3693 亿元，同比增 0.2%；2013 年电网基本建设投资完成额为 3856 亿元，同比增 4.4%；2014 年电网基本建设投资完成额突破 4000 亿元达 4119 亿元；2015 年电网基本建设投资完成额为 4639 亿元，增速首次达到两位数；2016 年电网基本建设投资完成额首破 5000 亿元大关，达到 5431 亿元，增速升至 17.1%；因 2016 年电网基本建设投资增速较高的基数效应，2017 年我国电网基本建设投资完成额为 5339 亿元，同比下降 1.7%，为 2010 年以来首次下降；相比之下，2018 年电网基本建设投资完成额为 5374 亿元，较电源基本建设投资完成额高出 2587 亿元，虽然增幅不大，但延续了我国电网工程建设投资完成额持续增长的态势，2019 年电网基本建设投资完成额为 4856 亿元，与 2018 年相比，略有下降，但投资比重仍然高于电源基本建设投资完成额，为 60.7%，连续第六年超过电源基本建设投资完成额。2020 年和2021年电网基本建设投资完成额分别为4896亿元和4951亿元，虽然投资规模延续增长态势，但占电力基本建设投资完成额的比重却低于电源基本建设投资完成额，分别分49.2%和47.2%，与2019年相比，下降幅度均在10个百分点以上。

## 二、电力行业建设

### （一）发电装机容量

自2002年以来，我国电力行业实行厂网分开，打破了电力行业原来高度一体化的垄断体系，调动了各方办电的积极性，电源建设速度进一步加快，成为新中国成立以来电源发展最快的一段时期。截至2021年底，我国发电装机容量与改革开放初期相比，已经增长了40倍以上。目前我国的发电装机容量远超世界其他任何国家，2018年时我国的发电装机容量就已经是排名第二的美国的1.59倍。装机规模不断扩大的同时，电源结构也持续优化。电源建设贯彻了“优化发展火电，有序发展水电，积极发展核电和大力发展可再生能源发电”的方针，加快了水电、核电和可再生能源等清洁能源发电的建设步伐。

中国电力企业联合会发布的《中国电力行业年度发展报告2022》显示：截至2021年底，全国全口径发电装机容量237777万千瓦，比上年增长7.8%。其中，水电39094万千瓦，比上年增长5.6%（抽水蓄能3639万千瓦，比上年增长15.6%）；火电129739万千瓦，比上年增长3.8%（煤电110962万千瓦，比上年增长2.5%；气电10894万千瓦，比上年增长9.2%）；核电5326万千瓦，比上年增长6.8%；并网风电32871万千瓦，比上年增长16.7%；并网太阳能发电30654万千瓦，比上年增长20.9%。

随着新的发电机组相继投产，全国发电装机容量继续平稳增长，且新能源发电装机容量占比不断提高。2021年，全国全口径非化石能源发电装机容量为111845万千瓦，占全国发电总装机容量的47.0%，比上年增长13.5%；2021年，非化石能源发电量为28962亿千瓦时，比上年增长12.1%；达到超低排放限值的煤电机组装机容量约10.3亿千瓦，约占全国煤电总装机容量的93.0%。

清洁能源装机容量比重提升，电源结构继续优化。如图6-6所示，截至2021年底，电力装机容量构成中，火电装机容量占比54.56%，同比降低2.03个百分点；水电装机容量占比16.45%，同比回落0.37个百分点；核电装机容量占比2.24%，同比下降0.03个百分点；风电装机容量占比13.82%，同比上升1.03个百分点；太阳能发电装机容量占比12.90%，同比提升1.39个百分点。风电和太阳能发电装机容量占比持续攀升。

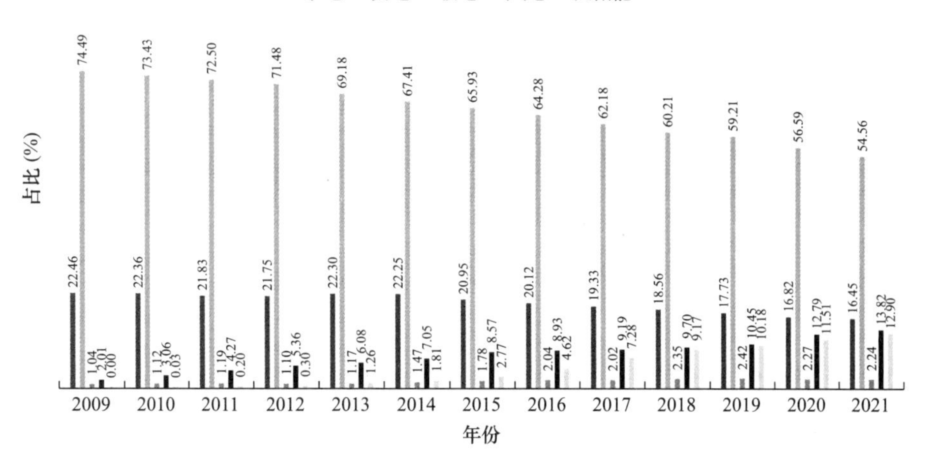


图 6-6　2009～2021 年全国电力装机容量构成图

数据来源：同花顺 iFinD。

### （二）新增装机容量

2021 年，全国新增发电装机容量 17629 万千瓦，比上年下降 1515 万千瓦，但与 2018 年和 2019 年相比，仍然是大幅度的增长（表 6-1）。分电源类型看，2021 年，新增水电装机容量 2349 万千瓦，比上年增加 1036 万千瓦，增幅约 79%；新增火电装机容量 4628 万千瓦，比上年减少 1032 万千瓦，降幅约 18%；新增核电装机容量 340 万千瓦，比上年增加 228 万千瓦，增幅约 203%；新增风电装机容量 4757 万千瓦，比上年减少 2454 万千瓦，降幅约 34%；新增太阳能发电装机容量 5493 万千瓦，比上年增加 673 万千瓦，增幅约 14%。

**2009～2021 年全国新增发电装机容量**　　　　表 6-1

| 年份 | 总量 | 水电 | 火电 | 核电 | 风电 | 太阳能发电 |
|---|---|---|---|---|---|---|
| 2009 | 9667.35 | 2105.70 | 6585.76 | — | 973.00 | 2.79 |
| 2010 | 9124.00 | 1642.85 | 5830.56 | 173.69 | 1457.31 | 19.59 |
| 2011 | 9041.00 | 1225.00 | 5886.00 | 175.00 | 1585.00 | 169.00 |
| 2012 | 8315.00 | 1676.00 | 5236.00 | — | 1296.00 | 107.00 |
| 2013 | 10222.00 | 3096.00 | 4175.00 | 221.00 | 1487.00 | 1243.00 |
| 2014 | 10443.00 | 2180.00 | 4791.00 | 547.00 | 2101.00 | 825.00 |
| 2015 | 13184.00 | 1375.00 | 6678.00 | 612.00 | 3139.00 | 1380.00 |
| 2016 | 12143.00 | 1179.00 | 5048.00 | 720.00 | 2024.00 | 3171.00 |
| 2017 | 13019.00 | 1287.00 | 4453.00 | 218.00 | 1720.00 | 5341.00 |

续表

| 年份 | 总量 | 水电 | 火电 | 核电 | 风电 | 太阳能发电 |
|---|---|---|---|---|---|---|
| 2018 | 12785.00 | 859.00 | 4380.00 | 884.00 | 2127.00 | 4525.00 |
| 2019 | 10173.00 | 417.00 | 4092.00 | 409.00 | 2574.00 | 2681.00 |
| 2020 | 19144.00 | 1313.00 | 5660.00 | 112.00 | 7211.00 | 4820.00 |
| 2021 | 17629.00 | 2349.00 | 4628.00 | 340.00 | 4757.00 | 5493.00 |

数据来源：同花顺 iFinD。

#### （三）电网建设

中国电力企业联合会发布的《中国电力行业年度发展报告 2022》显示：截至 2021 年底，全国电网工程建设完成投资 4916 亿元，比上年增长 0.4%；全年新增交流 110 千伏及以上输电线路长度 51984 公里，比上年下降 9.2%；新增变电设备容量 33686 万千伏安，比上年增长 7.7%。全年新投产直流输电线路 2840 公里，新投产换流容量 3200 万千瓦，分别比上年降低 36.1%和 38.5%。

## 第二节　电力行业生产与供应

改革开放以来，我国电力行业生产与供应能力飞速发展，特别是 2002 年电力体制改革之后，电力供应短缺局面迅速扭转，电力生产运行的安全性也在随之快速提升。

### 一、电力行业生产

近 20 年是我国电力行业生产飞速发展时期，全国发电设备容量平稳增长，发电量逐年增加，生产运行安全可靠性不断提升。近年来新能源发电装机容量占比不断提高，弃风弃光问题明显改善，风电设备利用小时屡创新高，但区域发电仍然存在较大差异性。

#### （一）发电量及增长情况

如图 6-7、图 6-8、图 6-9 及图 6-10 所示，2001～2021 年，发电量逐年增加。全社会发电量平稳增长，累计发电量增速稳步回升，特别是 2002 年以后，发电量增长迅猛，但近几年也有所放缓。

2021年，全国全口径发电量为83959亿千瓦时，比上年增长10.1%，增速比上年提高6.0个百分点。其中，水电13399亿千瓦时，比上年下降1.1%（抽水蓄能390亿千瓦时，比上年增长16.3%）；火电56655亿千瓦时，比上年增长9.4%（煤电50426亿千瓦时，比上年增长8.9%；气电2871亿千瓦时，比上年增长13.7%）；核电4075亿千瓦时，比上年增长11.3%；并网风电6558亿千瓦时，比上年增长40.6%；并网太阳能发电3270亿千瓦时，比上年增长25.2%①。

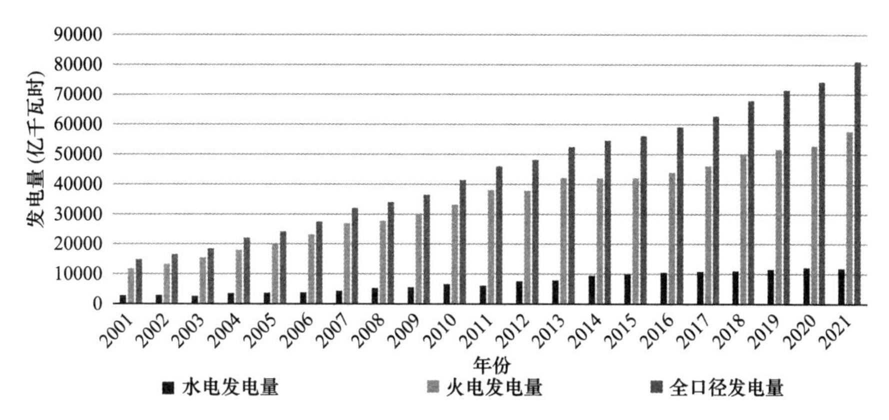


图6-7　2001～2021年全国发电量统计图

数据来源：同花顺iFinD。

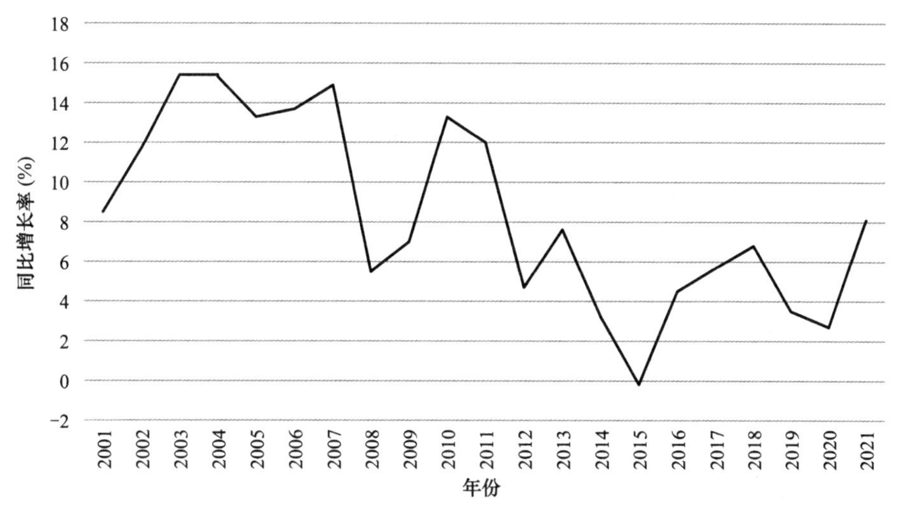


图6-8　2001～2021年全国发电量同比增长率

数据来源：同花顺iFinD。

① 数据来源：中国电力企业联合会。与同花顺iFinD数据略有出入。图6-7、图6-8、图6-9及图6-10依据同花顺iFinD数据绘制而成。

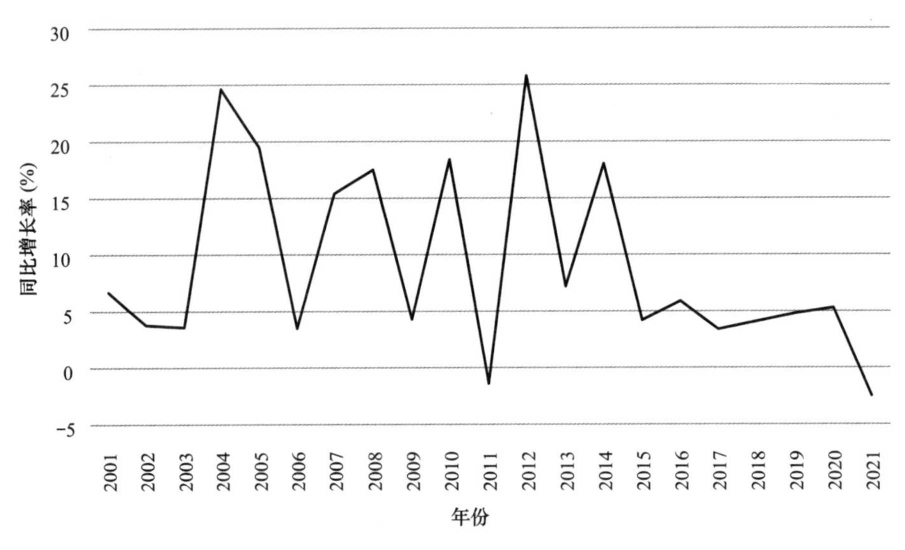


图 6-9　2001～2021 年全国水电发电量同比增长率

数据来源：同花顺 iFinD。

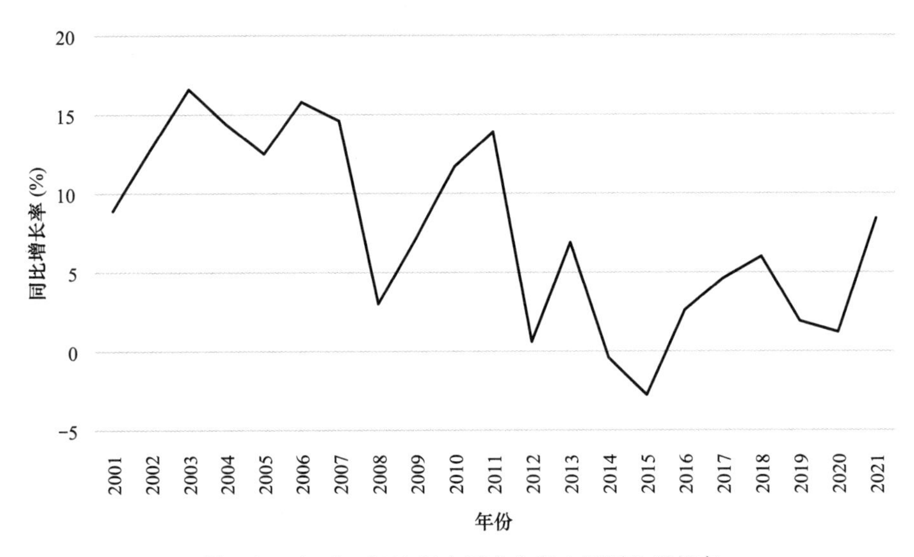


图 6-10　2001～2021 年全国火电发电量同比增长率

数据来源：同花顺 iFinD。

### （二）电源结构情况

2021 年，核电、风电、太阳能发电的发电量占比相比上年均略有提升，水电发电量占比相比上年有所下降，火电发电量占比相比上年亦有所下降，但下降幅度不大。根据国家统计局和中国电力企业联合会发布的数据，2021 年，水电发电量占全部发电量的比重为 15.96%，与上年同期相比下降 1.81 个百分点；核电、风电、太阳能发电的发电量占全部发电量的比重分别为 4.85%、7.81% 和 3.89%，与上年同期相比分别提高 0.05、1.69 和 0.47 个百分点；火电发电量占全部发电量的比重为 67.48%，与上年同期相比下降 0.4 个百分点（图 6-11）。

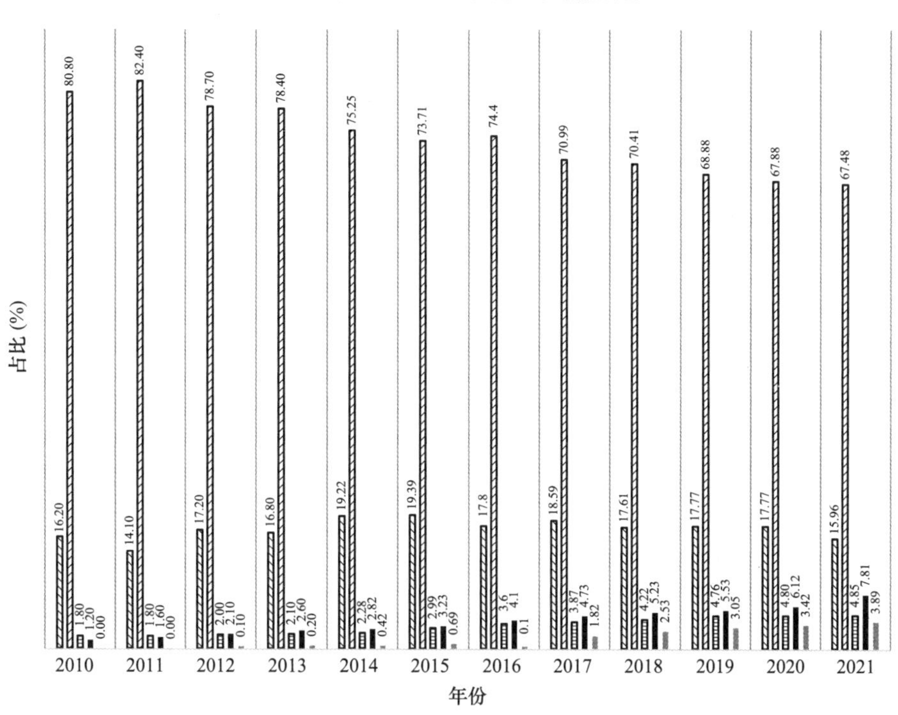


图 6-11 2010～2021 年我国主要电源发电量构成

数据来源：笔者根据国家统计局公布的数据和中国电力企业联合会发布的《中国电力行业年度发展报告 2022》整理而得。

### （三）分区域发电情况分析

受我国幅员辽阔，区域天然条件差异大的影响，我国分区域发电情况差异很大。图 6-12 为 2021 年我国各省（区、市）发电情况，2021 年我国各省（区、市）发电量均实现正向增长。其中增速 20%以上的省（区、市）有 2 个：西藏（26.85%）和广东（20.67%）增速最快；增速在 10%～20%之间的省（区、市）有 11 个：浙江（19.57%）、重庆（17.95%）、上海（16.40%）、陕西（15.14%）、江苏（14.40%）、新疆（13.63%）、海南（13.23%）、山西（12.06%）、湖南（12.06%）、福建（11.31%）和宁夏（10.65%）；其余省（区、市）发电量增速在 0～10%区间。

与2020年相比，各省（区、市）发电量增速整体上均有提升，2020年发电量增速在10%以上的省（区、市）仅有1个：新疆（12.30%），发电量增长较快；发电量负增长的省（区、市）有6个：海南（－0.04%）、浙江（－0.18%）、湖南（－0.32%）、北京（－1.43%）、山东（－1.54%）和安徽（－2.69%）；其余省（区、市）发电量增速在0～10%区间。

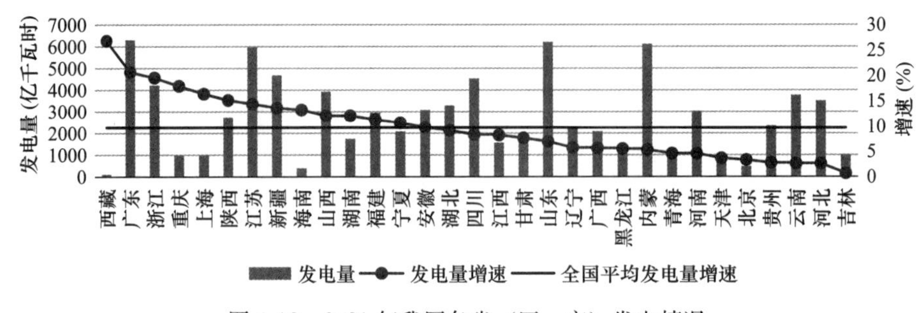


图6-12　2021年我国各省（区、市）发电情况

数据来源：同花顺 iFinD，笔者整理而得。

与各省（区、市）发电量增长情况相比，发电量增速的地区差异更大，如图6-13所示，2021年发电量增速最高区域（华东地区）的发电量增速是最低区域（东北地区）的发电量增速的3倍有余，华东地区发电量也高于东北地区发电量，但并不总是这样，例如，2020发电量增速最高区域（西北地区）的发电量增速是最低区域（华东地区）的发电量增速的近18倍，但发电量西北地区却不及华东地区，因为发电量不仅受地区用电需求的影响，还受装机增速等其他因素影响，未来，随着发电装机向资源禀赋丰富地区转移，跨区输电比例扩大，发电量增速的区域性差异将愈加明显。

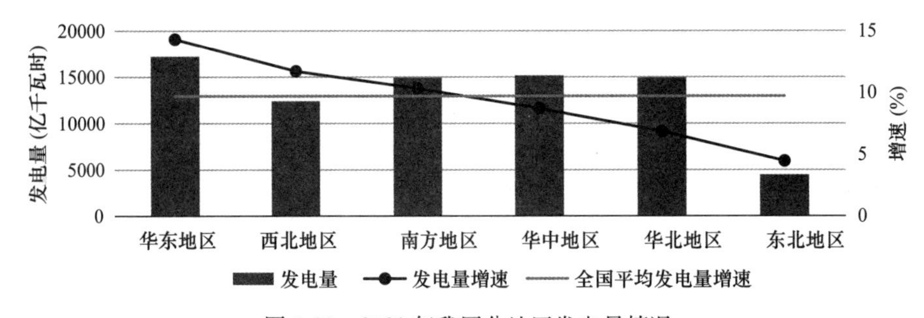


图6-13　2021年我国分地区发电量情况

数据来源：同花顺 iFinD，笔者整理而得。

分地区看，2021年，华东地区发电量为17228.64亿千瓦时，同比增长14.32%，发电量增速在各地区中最高；东北地区发电量为4483.86亿千瓦时，同比增长4.47%，发电量增速在各地区中最低，但仍然较去年有所增长。

### （四）生产安全

2021年，全国没有发生重大及以上电力人身伤亡事故，没有发生电力安全事故、水电站大坝漫坝、垮坝事故以及对社会有较大影响的电力安全事件。2021年，全国发生电力人身伤亡事故起数同比持平，死亡人数减少6人，降幅为14%。

2021年全国发生电力人身伤亡事故13起、死亡13人。其中，发生电力生产人身伤亡事故12起，死亡12人，同比事故起数增加4起，死亡人数增加1人；发生电力建设人身伤亡事故1起，死亡1人，同比事故起数减少4起，死亡人数减少7人。未发生直接经济损失100万元以上的电力设备事故，同比持平。发生电力安全事件3起，同比持平。

## 二、电力行业供应

近年来，随着特高压电网建设提速，城市配电网以及农村电网升级改造稳步推进，全国建设新增变电容量及输电线路长度持续增加，电力供应能力及可靠性不断增强。

### （一）发电效率分析

1. 设备平均利用小时数分析

因发电装机容量快速增长，而电力需求增长缓慢，2005～2021年期间发电设备平均利用小时虽有起伏，但整体上呈下降态势，其中2013～2016年降幅最大。2017～2018年，受益于全社会用电量快速增长，以及发电装机容量增速放缓，全国发电设备平均利用小时数实现止跌回升。全年发电设备平均利用小时数分别为3790小时和3862小时，同比增长5小时和72小时。2019年全国发电设备平均利用小时数再次下降，而且降幅很大，全年发电设备平均利用小时数为3469小时，同比下降393小时。2020年和2021年全国发电设备平均利用小时数有所回升，全年发电设备平均利用小时数分别为3758小时和3817小时，同比分别上升289小时和59小时，上升幅度分别为8.3%和1.5%（图6-14）。

分类型来看，2021年，全国水电设备平均利用小时数为3622小时，比上年减少205小时；全国火电设备平均利用小时数为4448小时，比上年增加232小时；全国核电设备平均利用小时数为7802小时，比上年增加349小时；全国风电设备平均利用小时数为2232小时，比上年同期增加159小时。

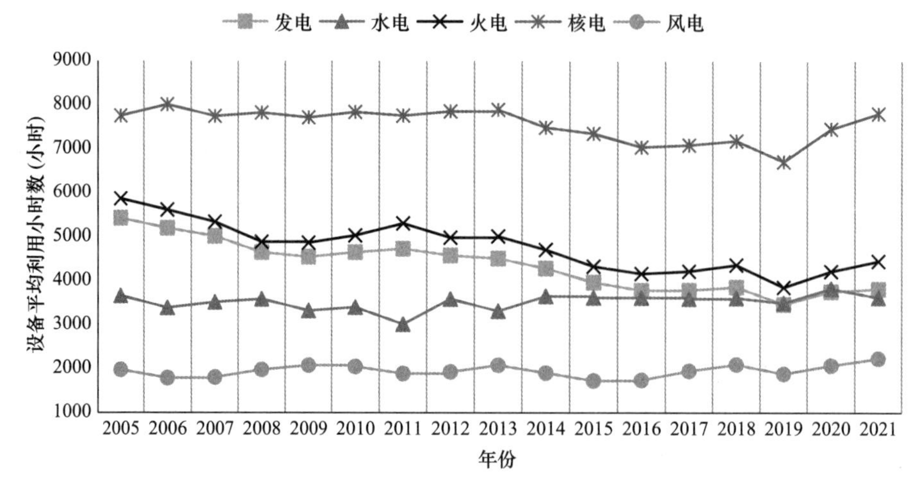


图 6-14　2005～2021 年全国发电设备平均利用小时数变动趋势图

数据来源：中国电力企业联合会、各年《电力工业统计资料汇编》、同花顺 iFinD。

2. 供电煤耗水平分析

如图 6-15 所示，2006～2021 年期间，供电煤耗率逐步下降，下降幅度逐步减小。其中 2017 年以前，年度减少量均在 3 克/千瓦时以上，2018 年和 2019 年没有延续前几年的 3 克/千瓦时的下降值，年度减少量均为 1 克/千瓦时。2020 年和 2021 年供电煤耗率年度减少量有所增加，分别达到 2 克/千瓦时和 3.5 克/千瓦时。

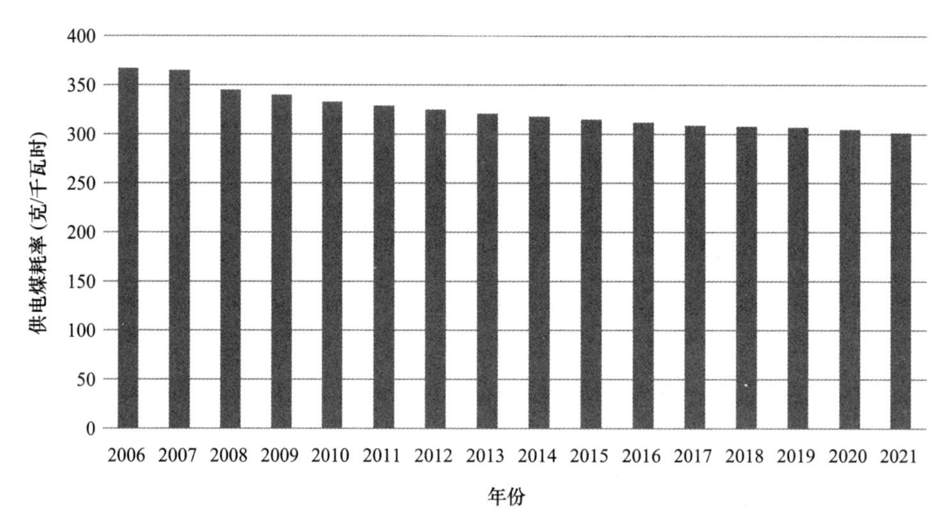


图 6-15　2006～2021 年我国供电煤耗率趋势图

数据来源：中国电力企业联合会、同花顺 iFinD。

### （二）电网运行状况

1. 电力供输能力持续增强

截至2021年底，初步统计全国电网220千伏及以上输电线路回路长度84万公里，比上年增长3.8%；全国电网220千伏及以上变电设备容量49亿千伏安，比上年增长5.0%；全国跨区输电能力达到17215万千瓦（跨区网对网输电能力15881万千瓦；跨区点对网送电能力1334万千瓦）；2021年全国跨区送电量完成7091亿千瓦时，比上年增长9.5%；电网更大范围内优化配置资源能力显著增强。

输变电方面，十三类输变电设施的可用系数保持在99.4%以上；纳入电力可靠性统计的220千伏及以上电压等级三类主要输变电设施中，架空线路可用系数为99.466%，比上年上升0.004个百分点；变压器可用系数为99.630%，比上年上升0.058个百分点；断路器可用系数为99.839%，比上年降低0.006个百分点。直流输电方面，纳入电力可靠性统计的38个直流输电系统合计能量可用率为96.461%，比上年上升0.77个百分点；能量利用率为44.65%，比上年下降2.70个百分点。

供电方面，全国供电系统用户平均供电可靠率为99.872%，比上年提高了0.007个百分点；用户平均停电时间11.26小时/户，比上年减少了0.61小时/户；用户平均停电频率2.77次/户，比上年增加0.08次/户。其中，城市地区的用户平均停电时间同比增加了0.07小时/户，平均停电频率同比增加了0.07次/户；农村地区的用户平均停电时间同比减少了0.45小时/户，平均停电频率同比增加了0.2次/户。

2. 线路损失率及变化情况

如图6-16所示，2008～2021年线路损失率整体上呈下降趋势，近年来，下降趋势更为明显，2019～2021年连续3年线路损失率在6%以下，分别为5.90%、5.62%和5.26%。

### （三）售电总量

图6-17显示2012～2021年我国主要电网企业售电量呈上升趋势。2012～2015年间增长较缓慢，2015之后增长明显加快，特别是2021年，我国主要电网企业售电量为68541亿千瓦时，同比增长11.3%，为近10年来新高。

中国电力企业联合会发布的《中国电力行业年度发展报告2022》显示：2021年全国人均用电量5899千瓦时/人，比上年增加568千瓦时/人；受来水偏枯，电煤供需紧张、部分时段天然气供应紧张等因素，全国电力供需形势总体偏紧，年初、迎峰度夏以及9～10月部分地区电力供应紧张，甚至采取了各种应急措施来保障能源供应。国家高度重视并出台一系列能源电力保供措施，电力行业认真贯彻党中央、国务院决策部署，落实相关部门要求，全力以赴保民生、保发电、保供热，采取有力有效措施提升能源电力安全稳定保障能力。

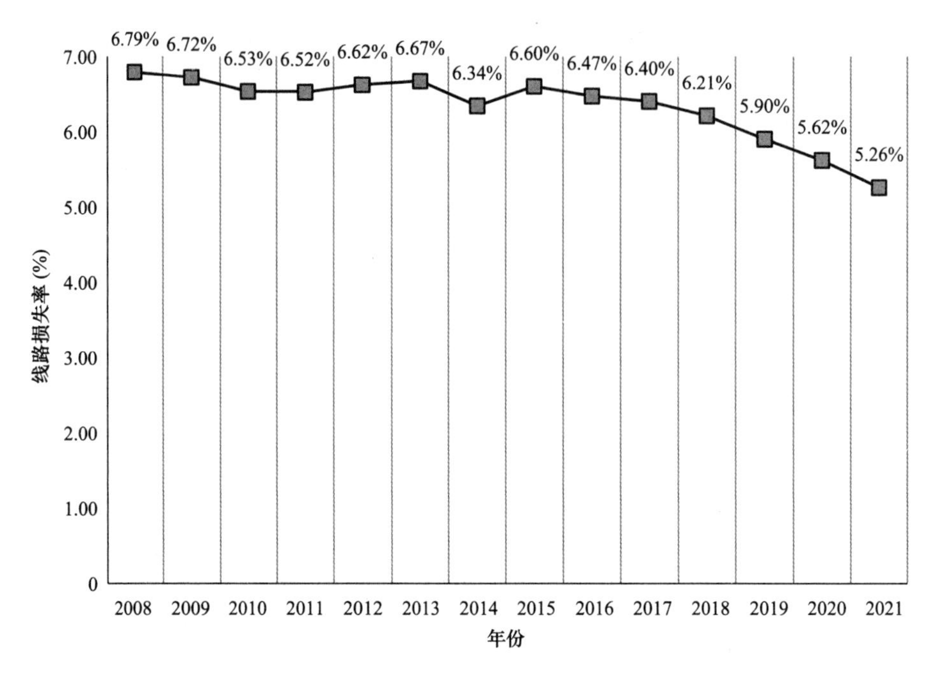


图 6-16　2008～2021 年我国线路损失率情况

数据来源：中国电力企业联合会、同花顺 iFinD。

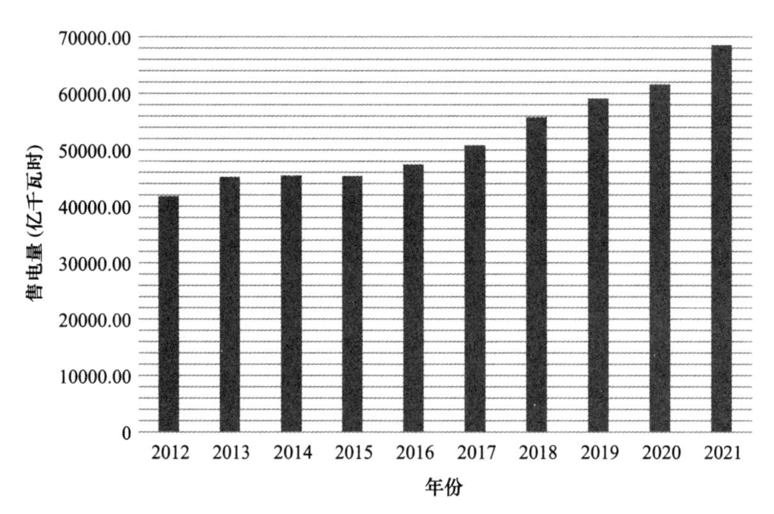


图 6-17　2012～2021 年我国主要电网企业售电量

数据来源：中国电力企业联合会发布的 2013～2022 年各年度《中国电力行业年度发展报告》。

# 第三节 电力行业发展成效

改革开放以来，随着经济体量的迅速扩大，我国电力行业开始高速发展，在发展速度、发展规模和发展质量方面取得了巨大成就，发生了翻天覆地的变化。在全国联网、解决无电人口等方面取得了举世瞩目的成绩，但也必须看到我国电力发展仍面临清洁能源消费比重偏低、配置资源效率低下、体制机制有待完善等重重挑战。2014 年 6 月，中央财经领导小组第六次会议提出“四个革命、一个合作”能源安全新战略。电力行业按照党中央、国务院统一部署，积极落实能源“四个革命、一个合作”发展战略，在保障电力系统安全稳定运行和可靠供应、提供电力能源支撑的同时，加快清洁能源发电发展，加大电力结构优化调整力度，持续推进电力市场化改革，大力推动电力科技创新，狠抓资源节约与环境保护，积极应对气候变化，倡导构建全球能源互联网，持续扩大电力国际合作，电力行业发展取得新的成绩，为国家经济社会发展、能源转型升级和落实国家“一带一路”倡议做出了重要贡献。

## 一、电力行业运行成效

### (一) 电力供输成效

改革开放 40 多年来，我国电力供应能力快速发展，建设规模也在不断扩大，电力工业作为国民经济发展最重要的基础产业，为经济增长和社会进步提供了强力保障和巨大动力。

1. 电力供应能力持续增强

1978 年底，我国发电装机容量为 5712 万千瓦，其中，水电装机容量 1728 万千瓦，占总装机容量的 30.3％，火电装机容量 3984 万千瓦，占总装机容量的比重约为 69.7％。发电量为 2565 亿千瓦时，水电发电量 446 亿千瓦时，占总发电量的 17.4％，火电发电量 2119 亿千瓦时，占总发电量的 82.6％，仅相当于现在 1 个省的规模水平。人均装机容量和人均发电量还不足 0.06 千瓦和 270 千瓦时。发电装机容量和发电量仅仅分别位居世界第八位和第七位。改革开放之初的电力发展规模不但远低于世界平均水平，也因为电力严重短缺成为制约国民经济发展的瓶颈。

改革开放开启了电力建设的大发展，此后经历 9 年时间，到 1987 年我国发电装机容量达到第一个 1 亿千瓦，此后又经历 8 年时间，到 1995 年达到 2.17 亿千瓦。到了 1996 年，装机容量达到 2.4 亿千瓦，发电装机容量和发电量跃居世界第二位，仅次于美国。2006 年起，每年新增发电装机在 1 亿千瓦左右。2011 年，我国发电装机容量与发电量超过美国，成为世界第一电力大国。2015 年，我国装机容量达到 15.25 亿千瓦，人均发电装机容量历史性突破 1 千瓦。截至 2021 年底，我国装机容量达到 237777 万千瓦，发电量 83959 亿千瓦时，分别是 1978 年的 41.6 倍和 32.7 倍以上。40 多年来我国电力工业从小到大，从弱到强，实现了跨越式快速发展。

此外，高参数大容量发电机组也成为电力生产的主力。改革开放初期，我国电力科技水平较为落后，中国只有为数不多的 20 万千瓦火电机组，30 万千瓦火电机组尚需进口。核电站直到 20 世纪 80 年代才在国外的帮助下建成。40 多年来，随着技术进步及电源结构的优化，目前我国不仅在装机总量和发电量上是世界大国，而且电力装备业也已全面崛起，并已跻身世界大国行列。我国已装备了具有国际先进水平的大容量、高参数、高效率的发电机组。

2. 电网规模稳步增长

改革开放之初，我国电网建设相对滞后，全国 220 千伏及以上输电线路长度仅 2.3 万公里，变电容量约为 2528 万千伏；历经 40 多年的建设，全国电网建设也取得了举世瞩目的成就，最高电压等级从 220 千伏、500 千伏逐步发展到当前的 1000 千伏、±800 千伏，电压层级分布日趋完善。1978 年我国 35 千伏以上输电线路维护长度仅为 23 万公里，变电设备容量为 1.26 亿千伏安，截至 2021 年底，全国仅 220 千伏及以上输电线路回路长度达到 84 万公里，220 千伏及以上变电设备容量已接近 50 亿千伏安。“十二五”时期，新疆、西藏、青海玉树藏族自治州、四川甘孜州北部地区相继结束了孤网运行的历史，全国彻底解决了无电人口用电问题，电网成为满足人民美好生活需要的重要保障。我国电网规模 2005 年以来稳居世界第一，电网建设总体保证了新增 1.7 亿千瓦电源的接入，满足了新增电量 8 万亿千瓦时的供电需求，有力支撑了社会经济的快速发展。

跨区输电能力大幅提升。我国的发电资源与电力负荷呈现明显的逆向分布，煤电资源主要分布在东北、华北和西北地区，风电资源主要集中在东北、华北、西北和华东沿海地区，太阳能光伏资源主要分布在西北和华北地区，而负荷中心集中于东南部沿海和中部地区，跨省跨区电网建设已成为我国解决资源分布不均、优化发电资源的重要手段，我国已基本建成“西电东送、南北互供、全国联网”的电网配置资源格局，特高压线路逐年增加，电力资源的大范围调配成为常态。2006～2018 年，我国跨区输电容量增长了 5 倍，西南、西北和华中三个地区的输出电量规模最大，合计占比超过 3/4；20 个省份净电量输出超过 100 亿千瓦时，13 个省份净电量输入超过 100 亿千瓦时；作为水电资源丰富的西南地区，云南和四川是全国跨省外送电量比例最大的省份，2018 年均超过 40%；而北京和上海作为我国人口密度最大的城市（除香港和澳门），超过 40%的年用电量为外来电。2021 年全国跨省跨区输电能力达 1.7 亿千瓦。

电网电压等级不断提升。改革开放之初，我国电网最高电压等级为 330 千伏，1981 年第一条 500 千伏超高压输电线路——河南平顶山至湖北武昌输变电工程竣工。1989 年第一条±500 千伏超高压直流输电线路——葛洲坝至上海直流输电工程，单极投入运行。2005 年第一个 750 千伏输变电示范工程（青海官亭至甘肃兰州东）正式投运。2009 年建成投运第一条 1000 千伏特高压输电线路（晋东南—荆门），我国电网进入特高压时代。2010 年建成投运两条±800 千伏特高压直流输电线路（云广、向上），我国又迎来特高压交直流混联电网时代。2018 年，±1100 千伏新疆准东—安徽皖南特高压直流输电线路（3324 公里）投运。截至 2021 年，我国共建成投运 32 条特高压线路。

### （二）电力生产成效

1. 电源结构多元化和清洁化

改革开放 40 多年来，电力生产逐渐由初始的规模导向、粗放式发展过渡到以“创新、协调、绿色、开放、共享”五大发展理念为引领的绿色低碳发展理念。经过 40 多年的发展，我国电源投资建设重点向非化石能源方向倾斜，电源结构持续向结构优化、资源节约化方向迈进，形成了水火互济、风光核气生并举的电源格局，多项指标世界第一，综合实力举世瞩目。

新能源发电投资占比显著提高。2021 年，风电、核电、水电、火电发电投资占电源总投资比重为 44.1%、9.2%、20.0%、12.0%。火电及其煤电投资规模大幅下降，接近 2006 年以来的最低水平。

电源结构得到明显改善。改革开放初，我国电源构成仅有火电与水电，结构较为单一，其中火电 3984 万千瓦，占比 69.7%，水电 1728 万千瓦，占比 30.3%。清洁能源发电量也只有水电的 446 亿千瓦时。其他清洁能源则从零起步。经过 40 多年的发展，特别是党的十八大以来，在“四个革命、一个合作”能源安全新战略指引下，我国的电源结构已形成水火互济、风光核气生并举的格局。截至 2021 年底，全国火电装机容量为 12.97 亿千瓦，在全国装机中占比 54.56%；水电装机容量为 3.91 亿千瓦，占比 16.44%；核电装机容量为 0.53 亿千瓦，占比 2.24%；风电装机容量为 3.29 亿千瓦，占比 13.82%；太阳能发电装机容量为 3.07 亿千瓦，占比 12.90%。

水电长期领先，综合实力举世瞩目。我国水电发展起步较早，并长期在世界水电领域保持领先的地位。2004 年，以公伯峡水电站 1 号机组投产为标志，我国水电装机容量突破 1 亿千瓦，居世界第一。2010 年，以小湾水电站 4 号机组为标志，我国水电装机容量突破 2 亿千瓦。2012 年，三峡水电站最后一台机组投产，其成为世界最大的水力发电站和清洁能源生产基地。此后，溪洛渡、向家坝、锦屏等一系列巨型水电站相继开工建设。2021 年，中国水力发电装机容量 3.91 亿千瓦，约占到全球水电总装机容量的 1/3。

风光核后来居上，多项指标世界第一。2000 年时，我国风电装机容量仅有 30 多万千瓦，2010 年则突破 4000 万千瓦，我国超越美国成为世界第一风电大国，2015 年我国并网风电装机容量首次突破 1 亿千瓦，截至 2021 年底，我国风电装机容量已达到 3.29 亿千瓦；1991 年 12 月，我国自行设计、研制、安装的第一座核电站——秦山一期核电站并网发电，从此结束了我国大陆无核电的历史，截至 2021 年底，我国核电装机容量 0.53 亿千瓦，我国核电装机容量跻身世界前五；1983 年，总装机容量 10 千瓦的我国第一座光伏电站在甘肃省兰州市榆中县园子岔乡建成使用。近几年光伏发电加速发展，光伏领跑者计划、光伏扶贫计划和分布式光伏全面启动，国内光伏发电产业发展由政策驱使逐步转向市场化，装机容量实现爆发式增长。我国光伏发电新增装机容量从 2013 年开始连续居于世界首位，并于 2015 年超越德国成为累计装机容量全球第一。

2. 电力科技水平不断提升

改革开放 40 多年来，我国通过实施一大批重大电力科技项目，推动电力科技实力实现跨越式提升，实现了科技实力从“赶上时代”到“引领时代”的伟大跨越。40 多年来，我国出台了多项能源科技发展规划及配套政策，走出了一条引进、消化吸收、再创新的道路，能源技术自主创新能力和装备国产化水平显著提升。我国电力工业快速发展的背后，是电力科技实力不断提升的支撑。目前，我国多项自主关键技术跃居国际领先水平。

火电技术不断创新，达到世界领先水平。高效、清洁、低碳火电技术不断创新，相关技术研究达到国际领先水平，为我国火电结构调整和技术升级作出贡献。超超临界机组实现自主开发，大型循环流化床发电、大型 IGCC（整体煤气化联合循环发电系统）、大型褐煤锅炉已具备自主开发能力，二氧化碳利用技术研发和二氧化碳封存示范工程顺利推进。燃气轮机设计体系基本建立，初始温度和效率进一步提升，天然气分布式发电开始投入应用。燃煤耦合生物质发电技术已在 2017 年开展试点工作。

可再生能源发电技术已显著缩小了与国际先进水平的差距。水电、光伏、风电、核电等产业化技术和关键设备与世界发展同步。我国水电工程技术挺进到世界一流，特别是在核心的坝工技术和水电设备研制领域，形成了规划、设计、施工、装备制造、运行维护等全产业链高水平整合能力。风电已经形成了大容量风电机组整机设计体系和较完整的风电装备制造技术体系。规模化光伏开发利用技术取得重要进展。核电已经从最初的完全靠技术引进，到如今以福清5号机组和防城港3号机组为代表的“华龙一号”三代核电技术研发和应用走在世界前列，四代核电技术、模块化小型堆、海洋核动力平台、先进核燃料与循环技术取得突破，可控核聚变技术得到持续发展。

电网技术水平处于国际前列。我国拥有世界上规模最大的电网，并且成功掌握了长距离、大容量、低损耗的特高压输电技术。我国电网的总体装备和运维水平处于国际前列，特高压输电技术处于引领地位，掌握了1000千伏特高压交流和±800千伏特高压直流输电关键技术。我国已建成多个柔性直流输电工程，智能变电站全面推广，电动汽车、分布式电源的灵活接入取得重要进展，电力电子器件、储能技术、超导输电获得长足进步。

前沿数字技术与电力技术的融合正在成为新的科技创新方向。当前，发电技术、电网技术与信息技术的融合不断深化，大数据、移动通信、物联网、云计算等前沿数字技术与电力技术的融合正在成为新的科技创新方向，以互联网融合关键技术应用为代表的电力生产走向智能化。我国已开展新能源微电网、“互联网＋”智慧能源、新型储能电站等示范项目建设，正在推动能源互联网新技术、新模式和新业态的兴起。

3. 电力生产安全不断提升

改革开放以来，我国电力生产安全性不断提升，但安全生产形势依然严峻。2021年，全国虽然没有发生重大以上电力人身伤亡事故，没有发生电力安全事故、水电站大坝漫坝、垮坝事故以及对社会有较大影响的电力安全事故，但仍然有电力人身伤亡事故13起，死亡13人。其中，发生电力生产人身伤亡事故12起，死亡12人，同比事故起数增加4起，死亡人数增加1人；发生电力建设人身伤亡事故1起，死亡1人，同比事故起数减少4起，死亡人数减少7人。未发生直接经济损失100万元以上的电力设备事故，同比持平。发生电力安全事件3起，同比持平。

### （三）电力消费持续增长

改革开放以来，经济结构对应的产业电量排序经历了从“二一三”到“二三一”，再到“三二一”的调整，电力消费弹性系数，也经历了由小于1到大于1继而降至小于1的“A”型发展。通过产业结构调整促进电力消费结构优化，三次产业及居民用电结构表现出“两升两降”的特点，即第一、二产业用电占比双降，三产及居民用电占比快速上升。2021 年，全社会用电量为 83128 亿千瓦时，同比增长 10.3％，较 2019 年同期增长 14.7％，两年平均增长 7.1％。分产业看，第一产业用电量为 1023 亿千瓦时，同比增长 16.4％；第二产业用电量为 56131 亿千瓦时，同比增长 9.1％；第三产业用电量为 14231 亿千瓦时，同比增长 17.8％；城乡居民生活用电量为 11743 亿千瓦时，同比增长 7.3％。

## 二、电力市场建设成效

我国坚持市场化的改革方向不动摇，市场作为资源配置的主导地位不断提升。也是推动电力工业快速发展的强大动力。在改革开放的大背景下，电力行业不断解放思想深化改革，经历了电力投资体制改革、政企分开、厂网分开、配售分开等改革。电力体制机制改革既是我国经济体制改革的重要组成部分，也是我国垄断行业走向竞争、迈向市场化的一种探索。电力领域每一次改革，都为电力行业以及社会经济激发出无穷活力，产生深远影响。在售电侧改革与电价改革、交易体制改革、发用电计划改革等协调推动下，2021 年电力市场建设加快，电力市场交易更加活跃。

### （一）电力投资体制改革促进投资主体多元化

改革开放前和改革开放初期，电力行业一直实行集中统一的计划管理体制，投资主体单一，运行机制僵化，投资不足且效率低下。20 世纪 80 年代初，为了解决电力短缺以适应国民经济蓬勃发展的新局面，以 1981 年山东龙口电厂正式开工兴建为标志，拉开了电力投资体制改革的序幕。此轮电力投资体制改革通过集资办电、利用外资办电、征收每千瓦时 2 分钱电力建设资金交由地方政府办电等措施，吸引了大量非中央政府投资主体进行电力投资，打破了政府独家投资办电的格局，促进了电力投资主体多元化。这次改革比较成功地解决了电源投资资金来源问题，极大地促进了电力特别是电源的发展。1978 年，全国电力装机容量只有 5712 万千瓦，截至 2001 年底，全国各类电力装机容量已经达到 33849 万千瓦。同时，从 1988 年到 2002 年，随着改革开放的不断深入，按照公司化原则、商业化运营、法制化管理的改革思路，我国电力行业逐步实现了政企分开，并颁布实施了《中华人民共和国电力法》，确立了电力企业的法人主体地位。

### （二）厂网分开改革形成电源市场化竞争格局

2002 年，国务院出台《国务院关于印发电力体制改革方案的通知》，明确按照“厂网分开、竞价上网”的原则，将原国家电力公司一分为七，成立国家电网、南方电网2家电网公司和华能、大唐、国电、华电、中电投5家发电集团，以及4家辅业集团公司。出台了电价改革方案和相应的改革措施，改进了电力项目投资审批制度。在东北、华东、南方地区开展了电力市场试点工作。厂网分开后，电源企业形成了充分竞争的市场化格局，进一步提升和发挥了市场机制的推动作用，激发了企业发展的活力，使得电力行业迎来了又一次快速发展的新机遇，这期间无论是电源建设规模，还是电网建设规模，都达到过去几十年来电力建设的顶峰。

### （三）新电改加快推动电力交易市场化

2015年3月，《中共中央　国务院关于进一步深化电力体制改革的若干意见》印发，开启了新一轮电力体制改革，当年，6个配套文件也相继出台，随后各项改革试点工作迅速推进。2017年，电力体制改革综合试点扩至22家；输配电价改革试点已覆盖全部省级电网；售电侧市场竞争机制初步建立，售电侧改革试点在全国达到10个，增量配电业务试点则达到195个，注册登记的售电公司超过1万家；交易中心组建工作基本完成，组建北京、广州两个区域性电力交易中心和32个省级电力交易中心。电力现货市场建设试点启程，8个地区被选为第一批电力现货市场建设试点。全国电力市场化交易规模再上新台阶。截至2019年底，北京电力交易中心举行增资协议签约仪式，共引入10家投资者，新增股东持股占比30%。此外，国家电网区域24家省级交易机构均已出台股份制改革方案，22家增资扩股实施方案已报国务院国有资产监督管理委员会审批，6家交易机构增资方案获得国务院国有资产监督管理委员会批复，实现进场挂牌。我国电力交易机构股权结构进一步多元化。

截至2021年底，全国各电力交易中心累计注册市场主体46.7万家，数量较2020年增长76.0%。2021年，全国各电力交易中心组织完成市场交易电量37787.4亿千瓦时，比上年增长19.3%；其中，全国电力市场电力直接交易电量合计为30404.6亿千瓦时，比上年增长22.8%。市场交易电量占全社会用电量比例为45.5%，比上年提高3.3个百分点。全国电力市场化交易规模再上新台阶。全国各电力交易中心组织完成的市场交易电量中，省内市场交易电量合计为30760.3亿千瓦时，比上年增长18.0%，占全国各电力交易中心组织完成市场交易电量的81.4%。全国各电力交易中心组织省间交易电量（中长期和现货）合计为7027.1亿千瓦时，比上年增长25.8%，省间市场有效促进了资源在更大范围内的配置。

### （四）市场化改革降低企业用电成本

随着新一轮电力体制改革的推进，大用户直购电、跨省跨区竞价交易、售电侧零售等具有市场化特质的电量交易已初具规模，市场化交易电量占比日益提高，降低了企业用电成本。新电改历时 4 年，完成各省级电网（西藏除外）输配电价核定，核定后全国输配电价较原购销价差降低 0.1 元/千瓦时，核减 32 个省级电网准许收入约 480 亿元，平均降低电价 0.03037 元/千瓦时，每年降低用电成本约 550 亿元。

### （五）电力普遍服务水平显著提升

电力不仅支撑了我国工业的高速发展，满足了城市的消费，还大力服务于农村经济发展、农民生产生活。改革开放 40 多年来，通过全面解决无电地区人口用电问题、大力推进城乡配电网建设改造和动力电全覆盖、加大电力扶贫工作力度，电力普遍服务水平显著提升。

改革开放之初，我国的农村电气化水平极低，从 1982 年起，随着“自建、自管、自用”和“以电养电”等政策的实施，全国农村电气化建设有序推进。1983 年、1990 年、1996 年，国家先后组织了三批共 600 个农村水电初级化试点县建设。1996 年，全国有 14 个省（区、市）实现了村村通电、户户通电。截至 2012 年底，全国还有 273 万人口没有用上电，主要分布在新疆、四川、青海、甘肃、内蒙古、西藏等省（区、市）的偏远地区。国家能源局于 2013 年正式启动《全面解决无电人口用电问题三年行动计划（2013—2015 年）》。截至 2015 年底，随着青海省果洛藏族自治州班玛县果芒村和玉树藏族自治州曲麻莱县长江村合闸通电，全国如期实现“无电地区人口全部用上电”目标。

改革开放之初，农村电网薄弱，我国高度重视农村电网建设与改造，长期以来保持持续投入。1998 年以来，我国陆续实施了一、二期农网改造，县城农网改造，中西部地区农网完善，无电地区电力建设，农网改造升级工程。2016 年启动新一轮农村电网改造升级工程，截至 2021 年底，新一轮农网改造升级三大攻坚任务“农村机井通电”“小城镇中心村农网改造升级”“贫困村通动力电”顺利完成，显著提升了农村供电能力，农村电力消费快速增加，带动了农村消费升级和农村经济社会发展。

光伏扶贫成为精准扶贫的重要方式。光伏扶贫被国务院扶贫开发领导小组列为精准扶贫十大工程之一。2014 年，国家能源局、国务院扶贫开发领导小组办公室联合印发《关于实施光伏扶贫工程工作方案》，并随后启动光伏扶贫试点工作。截至 2021 年底，覆盖贫困户数约 500 万户。此外，各地根据国家政策还自行组织建设了一批光伏扶贫电站。通过多年努力，光伏扶贫取得了稳定带动群众增收脱贫、有效保护生态环境、积极推动能源领域供给侧结构性改革“一举多得”的效果，成为精准扶贫的有效手段和产业扶贫的重要方式，增强了贫困地区内生发展活力和动力。

## 三、电力行业节能减排

为缓解资源环境约束，应对全球气候变化，国家持续加大节能减排力度，将节能减排作为经济社会发展的约束性目标。40多年来，电力行业持续致力于发输电技术以及污染物控制技术的创新发展，目前煤电机组发电效率、资源利用水平、污染物排放控制水平、二氧化碳排放控制水平等均达到世界先进水平，为国家生态文明建设和全国污染物减排、环境质量改善作出了积极贡献。

### （一）电力能效水平持续提高

1978年，全国供电煤耗为471克/千瓦时，电网线损率为9.64%，厂用电率为6.61%。改革开放以来，受技术进步，大容量、高参数机组占比提升和煤电改造升级等多因素影响，供电标准煤耗持续下降。截至2021年底，全国6000千瓦及以上火电厂供电标准煤耗301.5克/千瓦时，比1978年降低169.5克/千瓦时，煤电机组供电煤耗水平持续保持世界先进水平；全国电网线损率5.26%，比1978年降低4.38个百分点，居世界同等供电负荷密度条件的国家的先进水平。

### （二）电力排放绩效显著优化

改革开放之初，我国以煤为主要燃料的火电厂对环境造成严重污染，1980年，我国火电厂粉尘排放量为398.6万吨，二氧化硫排放量为245万吨。1990年，我国火电厂粉尘、二氧化硫和氮氧化物排放量分别为362.8万吨、417万吨、228.7万吨。改革开放40多年来，电力行业严格落实国家环境保护各项法规政策要求，火电脱硫、脱硝、超低排放改造持续推进，2021年，我国火电厂粉尘、二氧化硫、氮氧化物排放量分别约为12.3万吨、54.7万吨、86.2万吨，分别比上年降低20.7%、26.4%、1.4%；单位火电发电量粉尘、二氧化硫、氮氧化物排放量分别为22毫克/千瓦时、101毫克/千瓦时、152毫克/千瓦时。

2021年，全国单位火电发电量二氧化碳排放约为828克/千瓦时，比2005年降低21.0%；全国单位发电量二氧化碳排放约为558克/千瓦时，比2005年降低35.0%。以2005年为基准年，从2006年到2021年，通过发展非化石能源，降低供电煤耗和线损率等措施，电力行业累计减少二氧化碳排放量约 215.1 亿吨。其中，非化石能源发展减排贡献率为 56.7%，降低供电煤耗减排贡献率为 41.3%，降低线损率减排贡献率为 2.0%。

## 第四节　电力城乡一体化与激励性监管

随着城市化进程的加速和乡村振兴战略的实施，电力城乡一体化逐渐成为推动我国经济社会发展的重要议题。电力城乡一体化的实现，不仅有助于缩小城乡差距，推动城乡协调发展，还能提高电力资源的配置效率，促进电力行业的可持续发展。

电力城乡一体化的发展不仅是一个经济问题，更是一个涉及社会公平、资源环境可持续发展的综合性问题。它要求我们不仅要关注电力基础设施的建设和电力资源的配置，还要注重电力行业的清洁发展、电力市场的规范运行以及城乡之间的协调发展。仅依靠市场机制难以全面兼顾，需要政府介入，实施激励性监管，才能更好、更快地推进电力城乡一体化。

### 一、电力城乡一体化发展的现状

当前，我国电力城乡一体化的发展已经取得了显著成效。一方面，城市电网建设不断完善，供电能力和服务水平持续提升，为城市的经济社会发展提供了坚实的电力保障。另一方面，农村电网改造升级工程持续推进，农村地区的用电条件得到了显著改善，农民的生活品质得到了有效提升。但也面临着一些问题和挑战。首先，城乡之间、区域之间的电力资源配置不均衡问题依然突出，部分地区仍然存在电力供应不足的情况。其次，电力行业的清洁发展水平还有待提高，传统能源在电力结构中的占比仍然较高，清洁能源的利用和推广仍需加强。此外，电力市场的监管和协调机制尚不完善，电力行业的发展仍需进一步规范。

#### (一) 电力城乡一体化政策文件

电力作为现代社会的基石，其城乡发展一体化对于促进经济社会持续健康发展、实现社会公平具有重要意义。近年来，我国相继出台了一系列关于农村电力发展的政策文件，这些政策文件不仅为电力城乡一体化发展指明了方向，也提供了强大的推动力。表 6-2 列举了近年来我国颁布的关于促进电力城乡一体化发展的重要政策文件。

**近年来我国颁布的关于促进电力城乡一体化发展的重要政策文件　　表 6-2**

| 年份 | 政策文件 | 相关内容 |
|---|---|---|
| 2013 | 《关于实施新一轮农村电网改造升级工程的意见》 | 提出全面实施新一轮农村电网改造升级工程，以提升农村电力基础设施水平，满足农村经济社会发展和农民生活用电需要。重点解决农村电网薄弱、设备陈旧、供电能力不足等问题 |
| 2015 | 《国家发展改革委关于加快配电网建设改造的指导意见》 | 强调加快配电网特别是农村配电网的建设改造，提高供电可靠性和服务质量。提出加大投资力度，创新投融资机制，吸引社会资本参与配电网建设 |
| 2017 | 《关于推进北方采暖地区城镇清洁供暖的指导意见》 | 鼓励在北方农村地区推广电采暖等清洁取暖方式，替代散烧煤等传统取暖方式。提出完善电力基础设施，保障农村清洁取暖用电需求 |
| 2018 | 《乡村振兴战略规划（2018—2022 年）》 | 将农村电力发展作为乡村振兴的重要内容之一，提出加快农村电网改造升级，提高农村供电能力和服务水平。同时，鼓励发展分布式光伏发电等清洁能源 |
| 2020 | 《国家发展改革委　国家能源局关于全面提升“获得电力”服务水平持续优化用电营商环境的意见》 | 要求全面提升“获得电力”服务水平，包括农村地区。简化办电流程、压缩办电时间、降低办电成本，提高供电可靠性和服务质量。特别关注农村低电压、频繁停电等突出问题 |
| 2021 | 《中共中央　国务院关于全面推进乡村振兴加快农业农村现代化的意见》 | 强调加强农村电网建设，提升农村电力保障水平。提出推进农村能源革命，发展农村生物质能源、太阳能、风能等清洁能源 |

政策文件在优化资源配置方面发挥了重要作用。《关于实施新一轮农村电网改造升级工程的意见》明确提出全面实施新一轮农村电网改造升级工程，以提升农村电力基础设施水平。这一政策文件的实施，使得更多的资金、技术和管理资源得以流向农村地区，有效改善了农村电网薄弱、设备陈旧、供电能力不足等问题。同样，《国家发展改革委关于加快配电网建设改造的指导意见》也强调了加快农村配电网的建设改造，提高供电可靠性和服务质量，进一步优化了电力资源配置。

政策文件在推动技术创新和产业升级方面也发挥了积极作用。随着清洁能源的发展越来越受到重视，政策文件鼓励在农村地区推广分布式光伏发电等清洁能源，这不仅有助于改善农村能源结构，提高能源利用效率，同时也为农村地区带来了新的产业发展机遇。政策文件的引导和支持，使得新技术、新产业得以在农村地区落地生根，为电力城乡一体化发展注入了新的活力。

政策文件还在提升服务水平、保障用电需求等方面发挥了重要作用。例如，《国家发展改革委 国家能源局关于全面提升“获得电力”服务水平持续优化用电营商环境的意见》要求简化办电流程、压缩办电时间、降低办电成本，提高供电可靠性和服务质量。这对于提升农村地区电力服务水平、满足农村居民日益增长的用电需求具有重要意义。同时，政策文件的实施也有助于缩小城乡之间在电力服务方面的差距，推动电力城乡一体化进程。

政策文件是推动电力城乡一体化的重要力量。通过优化资源配置、推动技术创新和产业升级、提升服务水平等方面的政策引导和支持，可以有效克服电力城乡一体化进程中的挑战，推动电力行业持续健康发展。随着政策文件的不断完善和深化，电力城乡一体化将取得更加显著的成果。

### （二）农村电网建设

近年来，我国电网建设取得了长足进步，农村电网长度占比逐年提升。截至2021年底，全国电网220千伏及以上输电线路回路长度84万公里，同比增长3.8%。其中农村地区电网覆盖率99.9%以上，为农村地区的经济社会发展提供了坚实的电力保障。

此外，随着智能电网技术的不断发展和应用，我国电网的智能化水平也得到了显著提升。智能电网通过引入先进的信息、通信和控制技术，实现了对电网的实时监测、预测和调度，提高了电网的供电可靠性和运行效率。目前，我国已有多个地区成功建成了智能电网示范区，为电力城乡一体化发展提供了有力支撑。

### （三）电力资源城乡一体化配置

在电力城乡一体化进程中，电力资源的配置也得到了逐步优化。一方面，政府加大了对电力基础设施建设的投入力度，通过新建、扩建和改造电网设施，提高了电力供应能力。另一方面，通过加强电力市场的建设和监管，推动了电力资源的优化配置和合理利用。

统计数据显示，近年来我国电力供需矛盾逐步得到缓解。全国电力供需基本平衡，表明电力供应能力能够满足经济社会发展的需求，但电力需求增长较快，2021年，我国全社会用电量达到了8.31万亿千瓦时，同比增长了10.3%，这主要是受到了2020年同期用电低基数以及外贸出口快速增长等因素的驱动。从电力供应侧看，煤电发电量仍然是我国电力供应的最主要电源，占总发电量的比值的60%。但清洁能源在电力结构中的占比也在逐年提升。截至2021年底，清洁能源发电装机容量已占全国总装机容量的50%，其中风电、太阳能发电等新能源发电装机容量增长迅速，为电力城乡一体化发展注入了新的动力。

此外，我国还积极推动跨区域电力输送和交易，加强电力资源的互联互通。通过建设特高压输电工程、推进电力市场化改革等措施，实现了电力资源的优化配置和共享，促进了电力城乡一体化的深入发展。

### （四）电力城乡一体化服务水平

电力城乡一体化不仅关注电网建设和电力资源配置，还注重提升电力服务水平。近年来，我国在电力服务方面取得了显著进步。

一方面，通过加强电力设施维护和检修，提高了供电可靠性和安全性。各地区电力部门积极采取措施，加强设备巡检和故障排查，及时发现和处理潜在的安全隐患，确保了电网的安全稳定运行。同时，还加大了对电力设施的保护力度，防止了外力破坏和盗窃行为的发生，保障了电力供应的连续性。

另一方面，通过推广电力服务新技术和新模式，提升了电力服务的便捷性和智能化水平。例如，我国已经实现了全国范围内的电力服务热线全覆盖，为城乡居民提供了便捷的电力咨询和报修服务。同时，随着移动互联网技术的发展，电力服务也逐渐向移动端延伸。用户可以通过手机 App、微信公众号等渠道查询电费、报修故障、办理业务等，实现了电力服务的智能化和便捷化。

此外，政府还积极推动电力普遍服务政策的实施，确保偏远地区和贫困地区的居民能够享受到基本的电力服务。通过加大政策扶持和资金投入力度，我国已经实现了电力普遍服务的目标，为城乡居民提供了均等化的电力服务。

## 二、电力城乡一体化发展的问题

电力供应的稳定性和普及程度直接关系到国家经济的发展和人民生活的质量。特别是在城乡发展不平衡的背景下，电力城乡一体化显得尤为重要。它不仅是缩小城乡发展差距、实现社会公平的重要手段，也是推动农村地区经济社会持续健康发展的关键。然而，电力城乡一体化进程面临着诸多挑战，如资源配置不均、管理体制不健全、技术瓶颈等。

### （一）电力基础设施建设

近年来，我国电力基础设施建设取得了显著成效。城乡电网覆盖面不断扩大，供电能力持续提升。特别是在城市地区，电力设施日益完善，供电可靠性和稳定性得到了有力保障。然而，在农村地区，电力设施相对滞后，电网结构薄弱，供电可靠性有待提高。这主要表现在以下几个方面：

电网覆盖面不足：尽管我国农村电网建设取得了长足进步，但仍有部分地区存在电网覆盖面不足的问题。一些偏远山区、贫困地区和少数民族地区尚未实现电网全覆盖，当地居民用电需求难以得到满足。

电网结构薄弱：农村电网结构相对薄弱，线路老化、设备陈旧等问题突出。这导致农村电网供电能力有限，难以满足日益增长的用电需求。特别是在用电高峰期，农村电网容易出现过载、跳闸等故障，影响居民正常用电。

供电可靠性低：由于农村电网设施相对滞后，供电可靠性较低。一些地区存在频繁停电、电压不稳等问题，给当地居民的生产生活带来不便。

### （二）电力资源配置

在电力资源配置方面，城乡之间存在较大差异。城市地区电力需求旺盛，资源相对集中；而农村地区电力需求分散，资源配置效率较低。这种差异主要表现在以下几个方面：

资源投入不均：由于城市地区经济发展较快，电力需求旺盛，政府和企业往往将更多的资源投入城市电力建设。而农村地区由于经济发展相对滞后，电力需求分散，资源投入相对较少。这导致城乡之间在电力资源配置上存在明显的不均衡现象。

新能源开发利用不足：农村地区具有丰富的可再生能源资源，如风能、太阳能等。然而，由于技术瓶颈、资金短缺等原因，这些资源的开发利用程度较低。这不仅制约了农村电力的发展，也影响了电力城乡一体化的进程。

### （三）管理体制与政策支持

目前，我国电力管理体制尚未完全适应城乡一体化发展需求。在政策层面，虽然出台了一系列支持农村电力发展的措施，但政策执行力度和效果有待加强。这主要表现在以下几个方面：

管理体制不健全：我国电力管理体制存在条块分割、多头管理等问题。这导致电力资源在城乡之间的配置和调度存在诸多障碍，不利于电力城乡一体化的发展。

政策执行力度不足：尽管政府出台了一系列支持农村电力发展的政策措施，但在执行过程中存在力度不足、落实不到位等问题。这导致政策效果未能充分发挥，制约了农村电力的发展。

## 三、电力城乡一体化发展中激励性监管的作用

激励性监管作为一种新型监管模式，其核心在于通过引入市场竞争机制、

优化资源配置、激发市场主体活力等手段，推动电力城乡一体化发展。具体来说，激励性监管在以下几个方面发挥着重要作用：

### （一）激发市场主体活力

激励性监管通过引入市场竞争机制，打破行业垄断，激发市场主体活力。这有助于吸引更多社会资本投入农村电力建设，提升农村电力设施水平，缩小城乡电力发展差距。同时，市场竞争机制的引入也有助于提高电力行业的整体效率和服务质量。

### （二）优化资源配置

激励性监管通过价格、税收等手段引导资源向农村地区流动，优化电力资源配置。这有助于提高农村地区电力供应能力和质量，满足农村居民日益增长的用电需求。同时，优化资源配置还有助于提高电力行业整体的经济效益和社会效益。

### （三）推动技术创新和产业升级

激励性监管鼓励企业加大科技研发投入，推动技术创新和产业升级。这有助于提升电力行业整体技术水平，降低运营成本，提高供电效率和服务质量。同时，新技术和新产业的应用也将为农村电力发展提供更多可能性。例如，智能电网、分布式发电等技术的应用将有助于提升农村电网的供电可靠性和稳定性。

### （四）促进可持续发展

激励性监管注重环境保护和可持续发展，通过政策引导和市场机制推动清洁能源的开发利用。这有助于减少化石能源依赖，降低环境污染和碳排放，实现电力行业的绿色转型。同时，清洁能源的发展也将为农村地区提供更多就业机会和经济收入。例如，风能、太阳能等可再生能源的开发利用将有助于改善农村地区的能源结构，提高能源利用效率。

## 四、电力城乡一体化发展的建议

为了推动电力城乡一体化发展，充分发挥激励性监管的作用，提出以下政策建议：

### （一）完善电力管理体制

加快电力体制改革步伐，建立适应城乡一体化发展的电力管理体制。强化政府监管职能，明确各级政府在电力城乡一体化发展中的责任和任务。同时，加强部门之间的协调配合，形成工作合力，共同推动电力城乡一体化发展。

### （二）加大政策支持力度

制定更加具体、有针对性的政策措施，支持农村电力基础设施建设、新能源开发利用等方面。加大财政投入力度，引导社会资本参与农村电力发展。同时，建立健全政策执行和监督机制，确保政策得到有效落实。

### （三）推进激励性监管实施

建立健全激励性监管机制，明确监管目标和手段。加强监管能力建设，提高监管效率和执行力。加强与市场主体的沟通协作，形成共同推动电力城乡一体化发展的合力。同时，注重监管的公平性和透明度，保障市场主体的合法权益。

### （四）加强技术创新和人才培养

鼓励企业加大科技研发投入，推动技术创新和产业升级。加强与国际先进企业的合作与交流，引进先进技术和管理经验。同时，重视人才培养和引进工作，为电力行业的发展提供有力的人才保障。

# 第七章　电信行业发展报告[①]

从1994年至2008年的15年间，我国电信行业先后经历了两次剧烈的行业拆分重组。我国于20世纪90年代前中期开始计划并实施邮电的政企分离，由此开启了我国电信行业的第一次拆分重组。1994年吉通通信有限责任公司（以下简称吉通）和中国联合通信有限公司（以下简称原中国联通）相继正式挂牌成立。1997年北京电信长城移动通信有限责任公司（以下简称电信长城）成立。1998年中国电信将其全国寻呼业务剥离出来，单独成立了国信寻呼集团公司（以下简称国信寻呼）。1999年国信寻呼和电信长城并入原中国联通，中国国际网络通信有限公司（以下简称原中国网通）成立。2000年中国电信集团有限公司（以下简称中国电信）和中国移动通信集团有限公司（以下简称中国移动）正式成立挂牌，分别负责固网电话业务和移动服务。2001年中国铁道通信系统有限公司（以下简称中国铁通）和中国卫星通信集团公司（以下简称中国卫通）正式挂牌成立。2002年北方九省一市电信公司从中国电信剥离，与原中国网通、吉通合并，成立中国网络通信集团公司（中国网通）。至此，我国形成了原中国联通、中国移动、中国卫通、中国铁通、中国网通和中国电信6家电信公司的格局。

① 本章前三节由甄小鹏（陕西科技大学讲师）撰写，第四节由甄艺凯和张杰（硕士毕业于浙江财经大学，现为宁波市工业和数字经济研究院研究人员）撰写。本章所有图表均由本章作者整理加工。

2008 年我国开始了新一轮电信行业重组。2008 年中国卫通的基础电信业务并入了中国电信，中国电信收购联通 CDMA 网络，而原中国联通则收购了原中国网通成立了中国联合网络通信集团有限公司（以下简称中国联通）。2009 年中国铁通的铁路通信业务和相关资产划转给铁道部后，中国铁通仍作为中国移动的独立子公司从事固定通信业务服务。至此，中国网通并入中国联通，中国铁通并入中国移动，中国卫通的基础电信业务并入了中国电信，奠定了中国电信、中国移动和中国联通三家电信公司的基本格局。2014 年中国电信、中国移动、中国联通和中国国新控股有限责任公司又出资成立了中国铁塔股份有限公司，主要从事通信业相关基础设施的建设、维护和运营。

伴随着行业的拆分重组，我国通信技术也在频繁迅速更迭。在移动通信技术方面我国已经历三次技术变革。我国电信行业完成第一轮行业拆分重组后，中国移动及原中国联通拥有 GSM 网络牌照（2G 牌照）、而中国电信仅有固话及宽带牌照。完成第二次行业拆分重组后，于 2009 年初工业和信息化部正式向三大电信运营商正式发放了 3G 运营牌照，中国移动获得了 TD-SCDMA 牌照，中国联通获得了 WCDMA 牌照，中国电信则收购了中国联通的 CDMA 牌照。3G 技术方兴未艾，4G 时代便已到来。2013 年底工业和信息化部又向三大电信运营商发放了 4G 运营牌照。中国移动、中国电信和中国联通都获得了 TD-LTE 牌照。2019 年 6 月工业和信息化部又向三大电信运营商正式发放了 5G 运营牌照，标志着 5G 技术开始大规模民用普及。在互联网传输技术方面我国也先后经历了 xDSL（数字用户线路）和 FTTH（光纤到户）两代传输技术。其中 xDSL 先后大致又分为 IDSL、HDSL、SDSL 和 ADSL 4 种，相应传输速率逐渐提高。2012 年我国开始普及 FTTH/O 技术，其传输速度远高于 xDSL 技术。

我国电信行业长期大规模拆分重组和频繁技术进步冲击，导致我国电信行业在投资、建设、服务生产与供应等各方面，相较于其他城市公用事业表现出一些独有特点。其一，政府主导的行业拆分重组导致行业结构复杂且变化剧烈；其二，技术快速更迭导致行业服务种类繁多且更迭迅速；其三，反映行业状况的各项指标变化趋势复杂，不具有单调性，各项指标往往在短期内剧烈变动。本章将主要对我国电信行业在2011～2021年的发展情况进行归纳概述。这一时间跨度的选择有三方面原因。首先，2009年我国完成了第二次电信行业的拆分重组，从而奠定了当前“电信、移动、联通三分天下”的基本格局；其次，由于统计口径和统计指标的差异，较多统计指标在更大的时间跨度上难以前后衔接；最后，2020年为当前相关公开可得数据的最近披露年限。本章2010～2019年相关数据信息来源于2010～2019年历年《中国通信统计年度报告》（中华人民共和国工业和信息化部，人民邮电出版社），2020～2021年数据信息来源于《2020—2021中国信息通信业发展分析报告》（中国通信企业协会，人民邮电出版社）、《2021—2022中国信息通信业发展分析报告》（中国通信企业协会，人民邮电出版社）以及《2020年中国通信产业统计年鉴》（中华人民共和国工业和信息化部官方网站）和《2021年中国通信产业统计年鉴》（中华人民共和国工业和信息化部官方网站）[①]。

## 第一节 电信行业投资与建设

2011～2021年我国电信行业固定资产投资累计完成42056亿元，年均增加1.86%，历年投资规模处于3022亿～4525亿元范围内。2011～2021年间我国通信光缆建成长度保持较快平稳增长，年均增加388.7万公里，平均增速达30%以上。截至2021年，全国光缆线路建成长度达到5488.1万公里，约为2011年的4.5倍。同期我国移动电话基站建成数量保持较快增长，平均增速达21%以上，年均建成74.6万座。截至2021年末，移动电话基站数量达到996万座，其中4G移动通信基站590.2万座，5G移动通信基站142.5万座。2020年我国xDSL宽带接入端口数量仅为662.2万个[②]，而2021年FTTH/O宽带接入端口则达到了9.6亿个，表明我国在2013～2021年基本完成了从xDSL向

① 资料来源网址：https://www.miit.gov.cn/txnj2021/tx_index.html。

② 《2021年中国通信产业统计年鉴》中未公布2021年我国xDSL宽带接入端口数量。

FTTH/O 互联网传输技术的全面升级过渡。

## 一、电信行业固定资产投资概况

2011～2021 年我国电信行业固定资产投资累计完成 42056 亿元，年均增加 1.86%，历年投资规模处于 3022 亿～4525 亿元范围内。2010 年电信行业固定总资产投资额为 3022 亿元，较 2009 年增加 19.92%，为 11 年内最低。2011～2015 年电信行业固定总资产投资额逐年递增，其中 2011 年该投资额为 3382 亿元，到 2015 年增加至 4525 亿元，为 11 年间最高。随后 2016 年和 2017 年，电信行业固定总资产投资额骤降至 3730 亿元左右，较 2015 年降幅达 17%左右。2018 年电信行业固定总资产投资额进一步降低至 3507 亿元。2018～2020 年电信行业固定总资产投资额再次开始逐年增加，到 2020 年增加至 4085 亿元，2021 年该投资额小幅下降至 4074 亿元（图 7-1）。

图 7-1 电信行业固定总资产投资完成情况

## 二、电信行业通信能力建成情况

### （一）通信光缆线路长度

2011～2021 年我国通信光缆线路建成长度保持较快平稳增长，年均增加 388.7 万公里，平均增速达 30%以上。如图 7-2 所示，2011 年光缆线路长度为

1211.9 万公里，2011～2012 年两年间增速均保持在 20%以上，到 2012 年通信光缆线路建成长度达到 1479.3 万公里。2013～2014 年通信光缆线路建成长度增速有所放缓，年增速为 18%左右，到 2014 年通信光缆线路建成长度为 2061.3 万公里，较 2009 年增加 1.4 倍以上。2015～2017 年间，每年增速再次提高至 20%以上。随后 2018～2021 年增速逐年放缓，其中 2018 年为 14.2%，2019 年和 2020 年维持在 9.5%左右。截至 2021 年，全国通信光缆线路建成长度达到 5488.1 万公里，约为 2011 年的 4.5 倍。

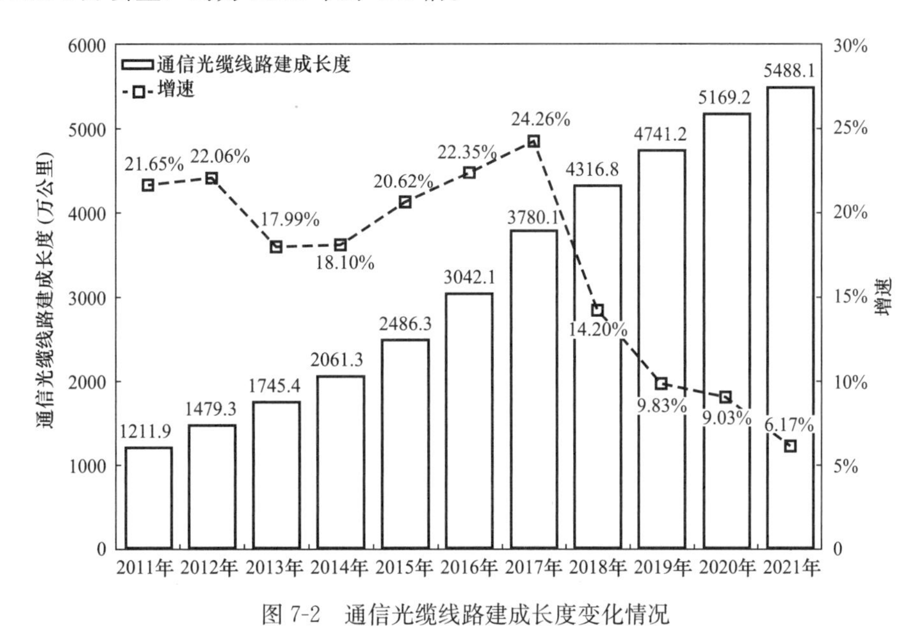

图 7-2　通信光缆线路建成长度变化情况

通信光缆按照功能和布局可分为长途光缆、本地网中继光缆和接入网光缆。其中长途光缆用于不同城市间远距离的通信信号传输，本地网中继光缆用以在城市内部连接各个通信中心机房，接入网光缆又称为用户光缆，用以连接家庭用户和通信机房。图 7-3、图 7-4 和图 7-5 反映了长途光缆和其他光缆线路长度的相关变化情况。如图 7-3、图 7-4 所示，长途光缆线路长度相对其他类型光缆较短，2011 年该类光缆线路长度为 84.2 万公里，占比 6.9%，其他类型光缆长度则为 1127.7 万公里，相应占比 93.1%。随后长途光缆和其他类型光缆线路长度基本上保持逐年增加，但长途光缆占比逐年下降。截至 2021 年，长途光缆线路长度为 112.6 万公里，占比 2.1%，其他类型光缆线路长度达 5375.4 万公里，占比 97.9%。

由图 7-5 可以看出，总体上 2011～2021 年长途光缆线路长度历年增速维持在 3%左右，但在 2018 年长度有所下降。相比之下，其他类型光缆线路长度则保持较快增长，在2011～2017年增速均为20%左右，随后增速出现下滑，2018年为14.74%，2021年进一步降至0.76%，2021年长途光缆线路长度增速则为6.29%。

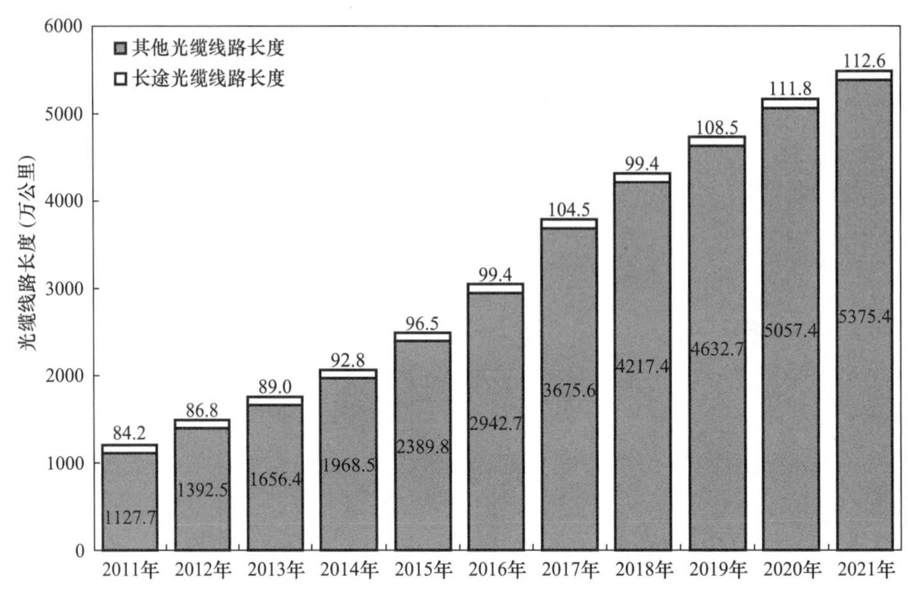


图 7-3　长途光缆和其他光缆线路长度变化情况

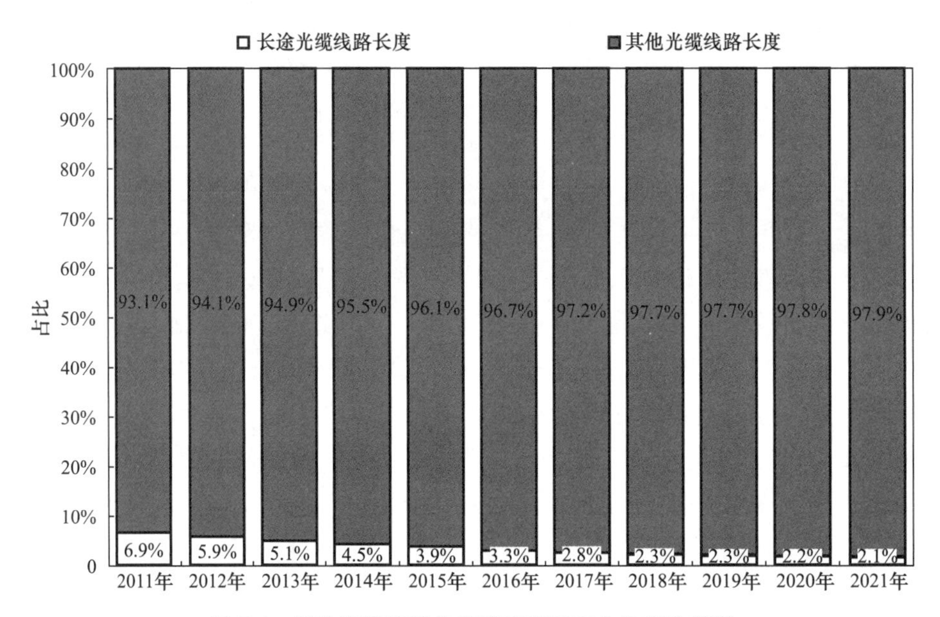


图 7-4　长途光缆和其他光缆线路长度占比变化情况

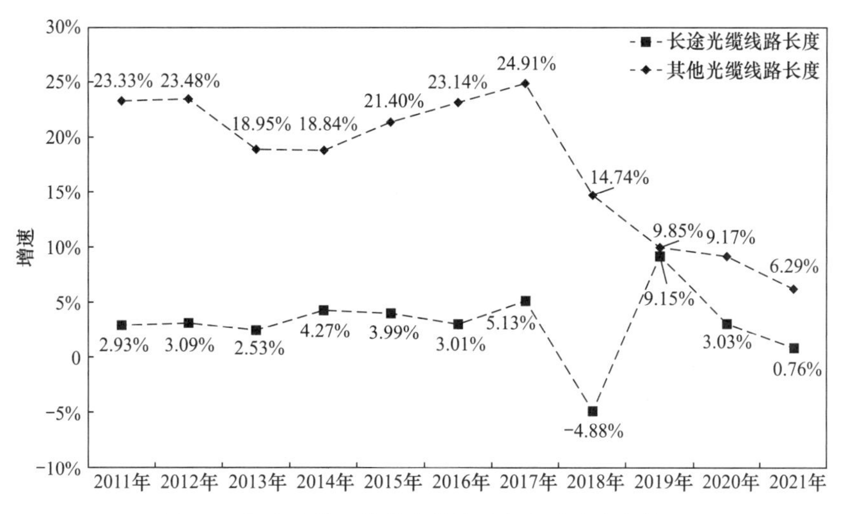


图 7-5　长途光缆和其他光缆线路长度增速变化情况

### （二）移动电话基站数量

移动电话基站即公用移动通信基站，是指在一定的无线电覆盖区内，通过移动通信交换中心，与移动电话终端之间进行信息传递的无线电收发信电台。移动基站数量是反映电信通信能力最为重要的指标之一。移动通信技术按照代际划分，目前可分为 2G、3G、4G 以及 5G 四代技术，相应的移动电话基站也分为四类。早期我国三大电信运营商中，中国移动和中国联通拥有 2G 经营牌照（即 GSM 牌照），中国电信则运营固定电话、宽带业务，但拥有 CDMA 牌照。2009 年 1 月 7 日工业和信息化部正式向三大电信运营商正式发放了 3G 运营牌照，2013 年 12 月 4 日工业和信息化部再次向三大电信运营商发放了 4G 运营牌照。2019 年 6 月工业和信息化部向三大运营商正式发放了 5G 运营牌照，标志着 5G 技术开始民用普及。

如图 7-6 所示，2011～2021 年我国移动电话基站数量保持较快增长，平均增速达 21%以上，年均建成 74.65 万座。2013 年底 4G 通信技术正式开始民用普及，由此 2014 年基站数量迅猛增加，增速骤增至 45.56%。随后基站数量增速又开始逐步放缓，到 2018 年增速降低至 7.84%。2019 年 5G 技术开始推广，增速再次大幅提高至 26.05%。截至 2021 年末，移动电话基站建成数量达到 996 万座。

图 7-7 和图 7-8 反映了 2011～2021 年不同类型移动电话基站数量及增速变化情况。首先，尽管新一代通信技术的出现会引起上一代通信基站数量比例的降低，但上一代移动电话基站数量绝对值仍会保持增加，表明一定时期内新旧移动通信技术共存，旧技术的取代需要一定过程。其次，4G 通信技术开始普及后，其相应基站建设速度显著高于 3G 技术普及过程中的基站建设速度。

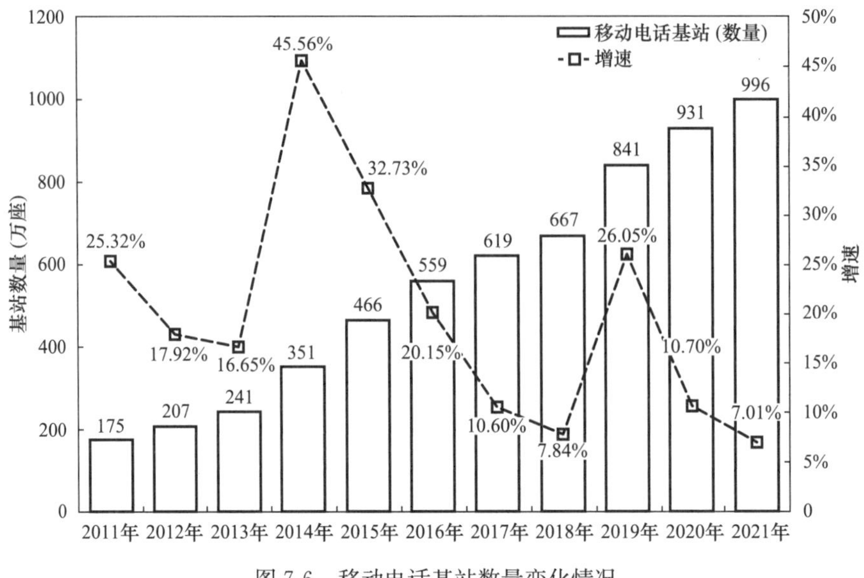


图 7-6 移动电话基站数量变化情况

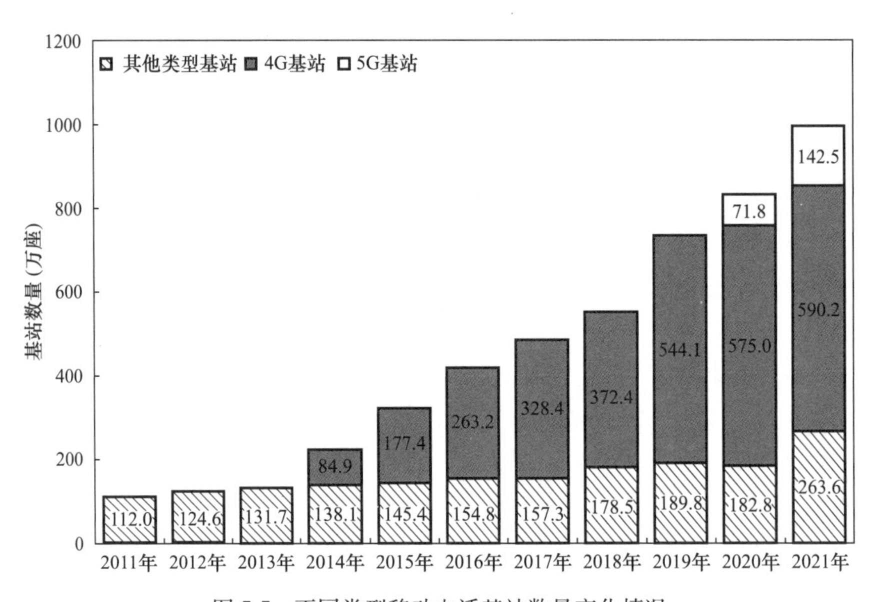


图 7-7 不同类型移动电话基站数量变化情况

2014 年 4G 移动通信技术开始正式商用，大量 4G 基站建成并开始投入使用。2014 年当年共建成 4G 基站 84.9 万座。2015 年 4G 基站累计建成数量增至 177.4 万座，较上年增加 108.95%，随后增速开始回落，到 2018 年仍有 13.48%的增速，2019 年增速又大幅回升至 46.11%。2019 年累计建成 4G 基站 544.1 万座，年均建成 4G 基站 91.8 万座，年均增速 48.3%。但到 2021 年，4G

基站建成数量为 590.2 万座，较上一年增速仅为 2.64%。2019 年 5G 技术商用后，2020 年和 2021 年两年分别建成 5G 基站 71.8 万座和 142.5 万座，其中 2021 年增速达 98.47%。其他类型基站数量在 2020 年之前增速缓慢，2011 年为 112.0 万座，2020 年增长至 182.8 万座，2013 年之后增速基本在 6%以下。但 2021 年其他类型基站骤增至 263.6 万座，较上年增加 44.2%。

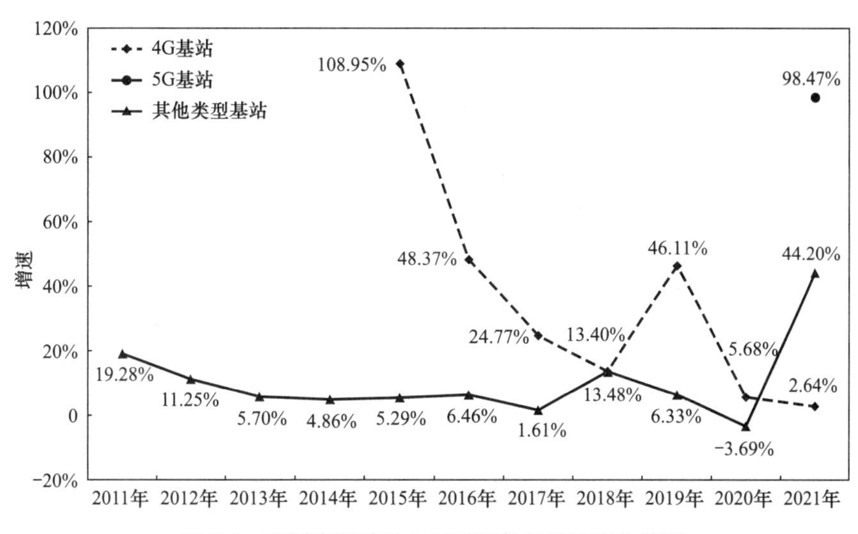


图 7-8 不同类型移动电话基站数量增速变化情况

### （三）互联网宽带接入端口

除基于电信运营商提供的移动互联网流量服务外，其余民用互联网通信均要通过互联网固定宽带接入互联网。互联网固定宽带不仅为 PC 机等固定终端提供互联网接入服务，移动终端也可通过终端路由器等设备连接互联网宽带。因此，互联网宽带接入端口数量是反映我国基础电信业中互联网接入服务的重要指标。

如图 7-9 所示，我国互联网宽带接入端口数量在 2011～2021 年间的变化过程大致可分为三个阶段。第一阶段为 2011～2012 年，该阶段中互联网宽带接入端口数量迅速增加。2011 年我国互联网宽带接入端口数量为 2.32 亿个，2012 年较上年增长了约 38.2%，数量达 3.21 亿个。第二阶段为 2013～2014 年，该阶段互联网宽带接入端口数量缓慢增加，两年增速均维持在 12%左右。第三阶段为 2015～2020 年，其中 2015 年增速骤然增加至 42.3%，互联网宽带接入端口数量增加至 5.77 亿个，随后增速又迅速下降，2016～2018 年增速分别降低到了 23.5%、8.9%和 11.8%，接口数量分别增加到 7.13 亿、7.76 亿和 8.68 亿个。2019 年和 2020 年，增速进一步下滑至 3%～6%，互联网宽带接入端口数量增加至 9.16 亿和 9.46 亿个。2021 年互联网宽带接入端口数量达 10.18 亿个，较上年增加 7.6%。

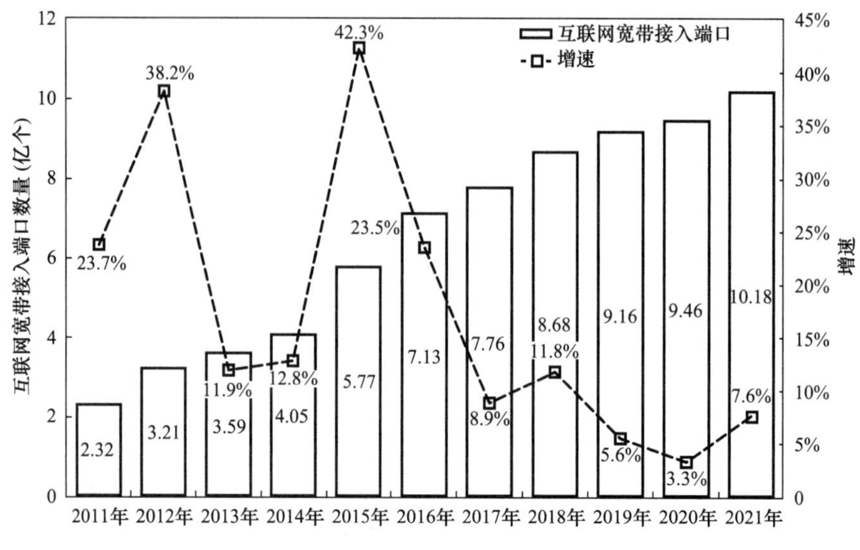


图 7-9　互联网宽带接入端口数量变化情况

导致上述变化的主要原因可能在于，2011～2012 年 xDSL 端口快速普及，但到 2012 年该类端口安装基本饱和。相比于当年需求，到 2012 年该类端口安装基本饱和。2013 年我国开始大规模普及 FTTH/O（光纤到户）技术，因而 2013 年开始新增的 FTTH/O 端口一部分用以替代 xDSL 旧端口，由此导致第二阶段内互联网宽带接入端口数量增长缓慢。

图 7-10 和图 7-11 一定程度上反映了上述分析。2011 年 xDSL 宽带接入端口仍保持较快增长速度，而到 2012 年时该类宽带接入端口数量的增速已降至 2%，说明该类宽带接入端口到 2012 年时已增长乏力。随后到 2013～2014 年，随着 FTTH/O 技术普及，xDSL 宽带接入端口开始减少，较上年分别减少 7.1%和 6.1%，说明该类宽带接入端口可能正在被 FTTH/O 端口替代。到 2015 年后 FTTH/O 宽带接入端口数量急剧增加，当年增速达 108.7%，相比之下 xDSL 宽带接入端口则进一步急剧减少，2015～2018 年 4 年的增速分别为－27.5%、－61.3%、－42.8%以及－51.4%。2019～2020 年，xDSL 宽带接入端口数量分别仅为 0.08 亿和 0.07 亿个，而 FTTH/O 宽带接入端口数量则分别达到 8.36 和 8.80 亿个，表明我国在 2013～2019 年基本完成了从 xDSL 向 FTTH/O 互联网传输技术的全面升级过渡。2021 年 FTTH/O 宽带接入端口增加至 9.6 亿个，较上年增加 9.1%。

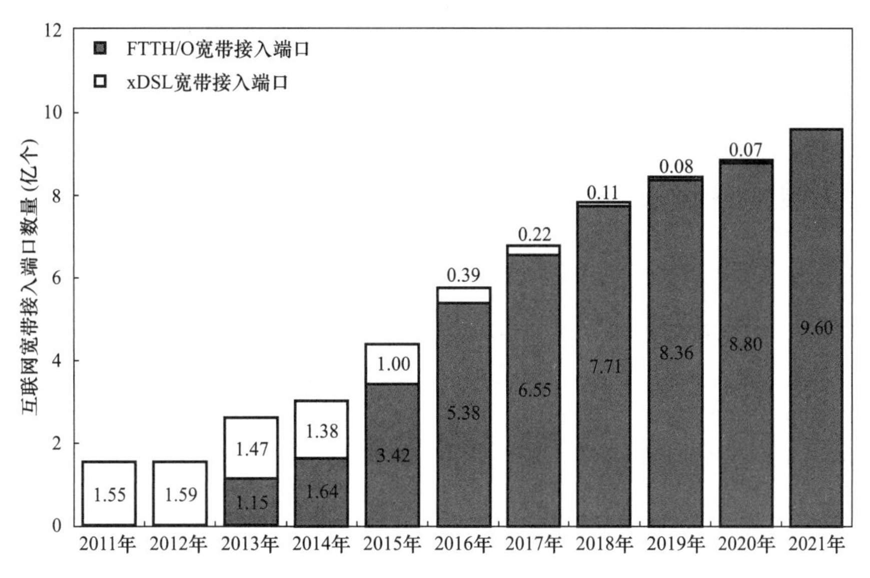


图 7-10　互联网宽带接入端口数量变化情况

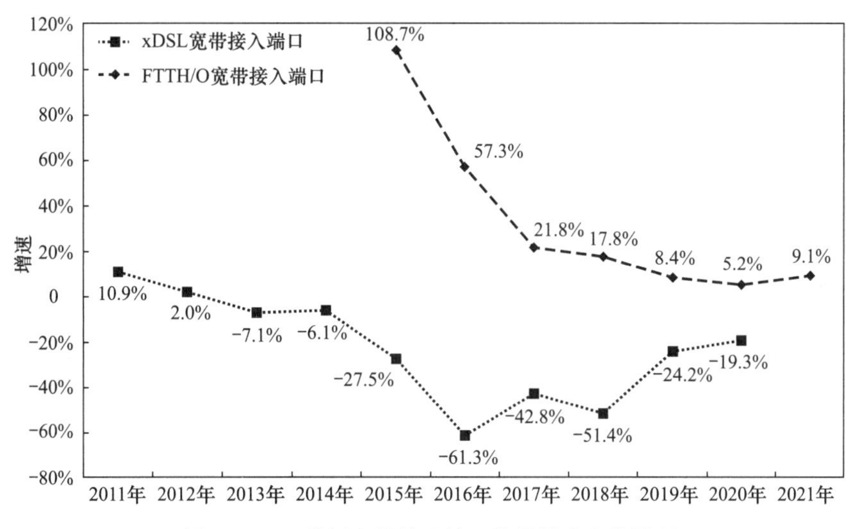


图 7-11　互联网宽带接入端口数量增速变化情况

# 第二节　电信行业生产与供应

2010～2020 年我国电信行业累计完成 619105.1 亿元业务量，年均增加 33.2%，2021 年当年业务总量达 174783.5 亿元。期间固定电话通话业务量以年均 15.6%的速率逐年迅速减少，到 2021 年下降至 933.0 亿分钟，较 2011 年减少 80%以上。2011 年我国移动电话通话时长为 21129 亿分钟，2014 年增加到 59012.7 亿分钟后开始逐年下降，到 2021 年通话时长降低至 22691 亿分钟。我国移动电话通话量经过 2007～2013 年快速增长后，在 2015 年开始缓慢负增长，显现出增长乏力的迹象，这表明移动电话通话可能遭受了互联网通信的冲击。

2011 年我国移动短信业务总量为 8277.5 亿条，到 2017 年下降至 6641.4 亿条，但随后 2018～2020 年移动短信业务量开始快速增加，年均增速达 40%以上，2021 年当年增加至 17619.0 亿条。尽管短信业务量总体下滑，但“非点对点短信业务量”仍然处于快速增加中，表明“非点对点短信”在我国通信服务中仍具有重要价值和大量需求。2012 年我国移动互联网接入总流量仅为 8.8 亿 GB，人均接入流量 0.649GB，到 2021 年总量达到 2216 亿 GB，8 年内增长 180 倍以上。

2011～2021 年我国电信业固定电话用户以年均 4.3%的速度持续减少，到 2021 年固话用户规模缩减至 1.81 亿户。而同一时期内，我国移动电话用户数量以年均 6.2%的速度持续快速增长，11 年累计增加 6.57 亿户，至 2021 年达到 16.43 亿户。2011～2021 年间，我国互联网宽带接入用户逐年快速增加，年均增速达 14.2%，10 年累计增加 3.57 亿户。FTTH/O 技术开始投放市场后，其用户占比急剧扩大，截至 2021 年用户规模达到 5.36 亿户，占比 94.3%，表明 FTTH/O 互联网接入技术在我国已基本实现普及。同期内，农村互联网宽带用户逐年扩大，2011 年该类用户数量为 0.33 亿户，2021 年增加至 1.58 亿户，相应其占比则从 2011 年 22.1%增加至 2021 年 29.6%，共增加 7.5 个百分点。

## 一、电信行业业务量

### （一）电信行业业务总量

2011～2021 年我国电信行业累计完成 619105.1 亿元业务量，年均增加 33.2%。根据 11 年间电信业务总量变化趋势，以 2017 年为界，该过程大致可分为两个阶段。如图 7-12 所示，第一阶段为 2011～2017 年，各年电信行业业务总量处于 1 万亿～3 万亿元范围内，且逐年较快增长，增速大约维持在 10%～30%之间，其中 2011 年为 11725.8 亿元，2015 年首次突破两万亿元达到 23346.3 亿元，当年增速 28.71%，到 2017 年增加至 27596.7 亿元。第二阶段为 2018～2021 年，各年电信行业业务总量呈现大规模增长，其中 2018 年达到 65633.9 亿元，较上年增加 137.8%，随后增速迅速下降，但到 2020 年和 2021 年增速仍维持在 28.0%左右，并且该阶段历年业务增加量均维持在 3 万亿～4 万亿元，到 2021 年我国电信行业业务总量增加至 174783.5 亿元。

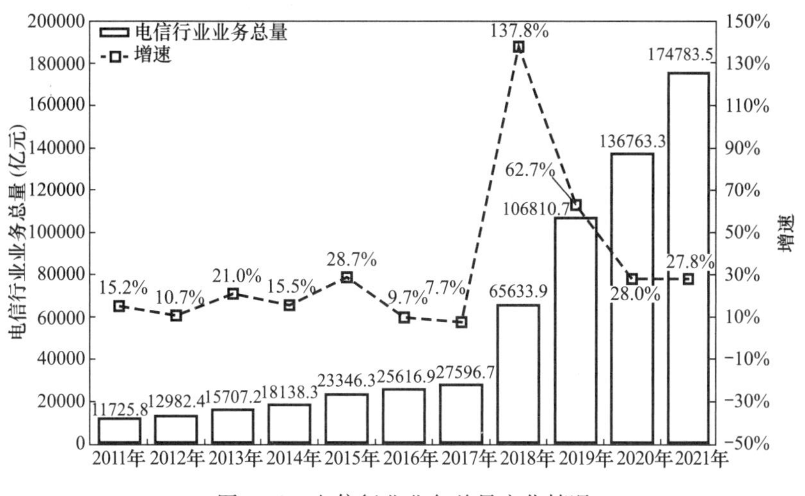

图 7-12　电信行业业务总量变化情况

### (二) 固定电话通话时长

2011～2021 年，我国固定电话通话业务量逐年快速下降。图 7-13 为我国固定电话通话时长的变化情况，2011 年固定电话通话时长为 5084.3 亿分钟，随后以年均 14.7%的速率逐年减少，到 2021 年下降至 933.0 亿分钟，较 2011 年减少了 80%以上。

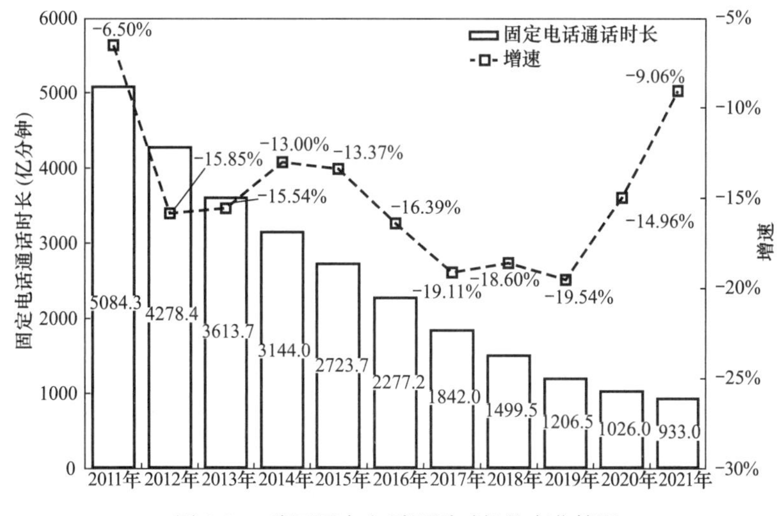

图 7-13　我国固定电话通话时长的变化情况

### (三) 移动电话通话时长

移动电话是替代传统固定电话的主要通信方式之一。2011～2021 年，我国移动电话通话量总体经历了“先增加，后减少”的过程。如图 7-14 所示，2011 年我国移动电话通话时长为 25056 亿分钟，当年增速为 18.59%，随后增速逐年放缓，到 2014 年下降至不足 1%，通话时长增加至 29270.1 亿分钟，为 2011～2021 年的最大值。随后 2015 年移动电话通话时长逐年下降，当年增速为 −2.63%，到 2020 年降低至 22448 亿分钟，较上年减少 6.19%。2021 年移动电话通话时长小幅增加至 22691 亿分钟，较上年增加 1.08%。

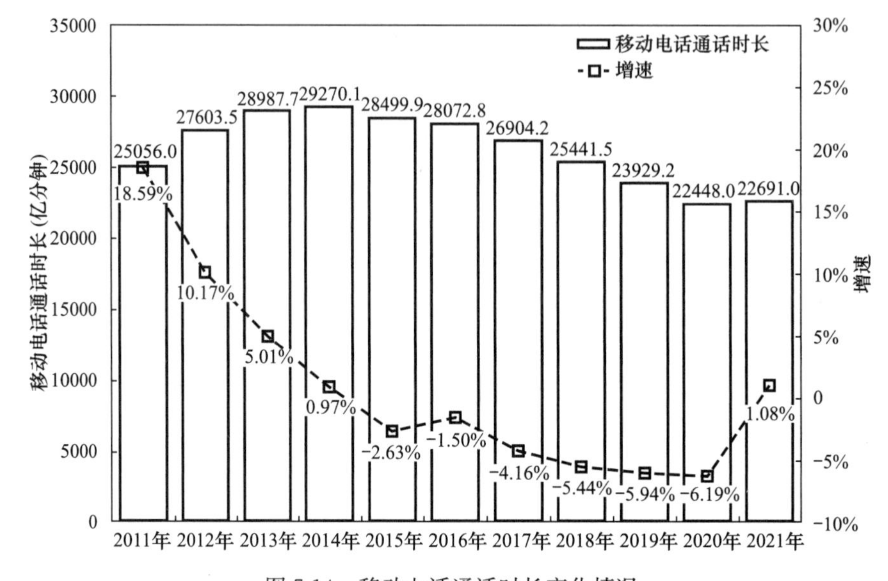


图 7-14　移动电话通话时长变化情况

移动通话量经过 2007～2013 年快速增长后，在 2015 年开始缓慢负增长，显现出增长乏力迹象，这表明移动电话通话可能遭受了互联网通信的冲击。2013 年 4G 通信技术和光纤到户宽带开始大规模商业普及，使得移动互联网和固定宽带传输速度大幅度提高，从而保证移动终端上可实现较高质量的互联网语音通话，甚至是视频通话。

### （四）移动短信业务量

移动短信是移动电话通话外的另一种重要通信方式。短信和彩信又分为“点对点”和“非点对点”两类。点对点短信是指两个通信终端（主要为移动电话）之间相互发送和接收短信/彩信，主要使用者为个体居民；非点对点短信/则主要是指移动终端（移动电话）与 SP 运营商①之间相互发送和接收的短信，

① SP 运营商是指电信增值服务提供商，即通过运营商提供的增值接口为用户提供服务，然后由运营商在用户的手机费和宽带费中扣除相关服务费，最后运营商和 SP 再按照比例分成。

其主要使用者是提供电信增值服务的SP运营商和其用户。

图7-15描述了2011～2021年我国电信业移动短信业务量变化情况。2011年和2012年，我国移动短信业务总量仍保持增长，分别达到8790亿条和8973亿条。随后2013年移动短信业务总量开始逐年下降，其中2014～2015年降幅较大，分别为－13.98％和－8.89％，到2017年下降至6641亿条。但随后2018～2020年移动短信业务量又进入快速增长阶段，年均增速达40％以上，三年短信业务量分别猛增至11399亿条、15066亿条和17796亿条。2021年我国移动短信业务量小幅下降至17619亿条，较上年减少0.99％。

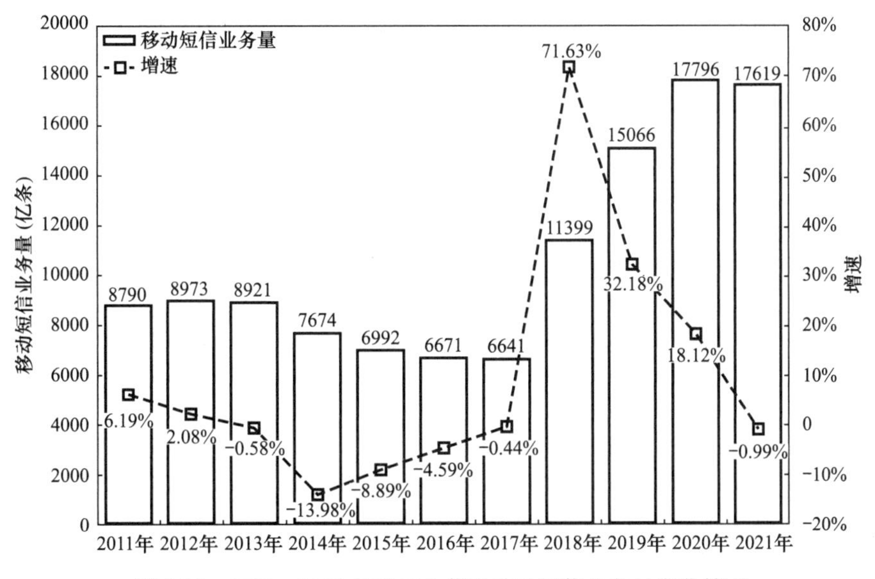

图7-15 2011～2021年我国电信业移动短信业务量变化情况

### （五）移动互联网流量

近年来，我国电信业移动互联网业务几乎在以爆炸式的增长速度飞速发展，其中移动互联网接入流量甚至在以超过几何级数的速度增长。如图7-16所示，2012年我国移动互联网接入流量仅为9亿GB，到2020年总量达到1656亿GB，增长了180倍以上。移动互联网接入流量增速在2013～2018年逐年提升，2013和2014年增速分别为44.28％和62.75％，到2015年增速骤升至103.05％，2016～2018年增速进一步增加到123.97％、162.3％以及188.21％。2019～2020年增速开始放缓，其中2019和2020年增速分别为72.06％和35.75％，2021年增速维持在33.82％，当年移动互联网接入流量首次突破2000亿GB，达到了2216亿GB。

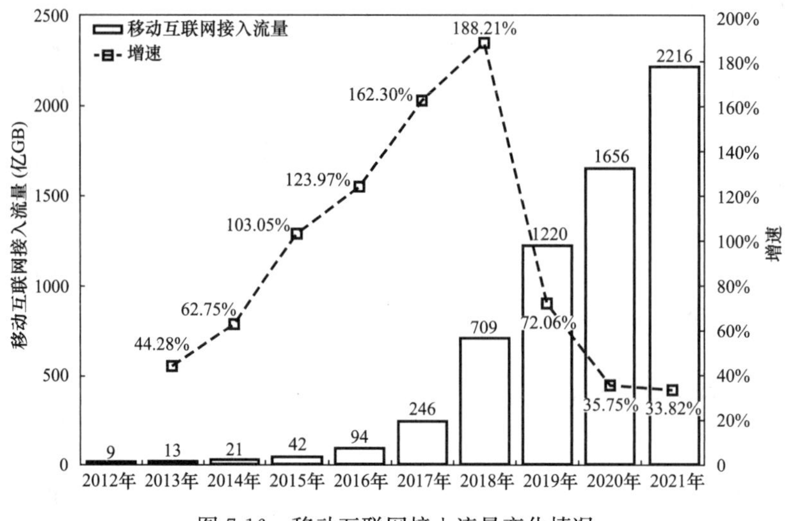


图 7-16　移动互联网接入流量变化情况

## 二、电信行业用户情况

### （一）固定电话用户

2011～2021 年我国固定电话用户数量大约以年均 4.3%的速度持续减少。图 7-17 展示了该时期内我国固定电话用户数量变化情况，2011 年我国各类固定电话用户数量为 2.85 亿户，到 2021 年固定电话用户数量缩减至 1.81 亿户，累计减少 1.04 亿户。2011～2012 年固定电话用户数量减少速度逐年放缓，由 2011 年－3.14%变化至 2012 年的－2.44%。2013～2016 年，固定电话用户数量减少速度逐渐加快，2016 年达到－10.55%，固定电话用户数量由 2012 年的 2.78 亿户迅速降低至 2016 年的 2.07 亿户，降幅达 25.5%。2017～2019 年固定电话用户数量降幅逐渐缩小，总量基本维持不变，三年分别为 1.94 亿户、1.92 亿户和 1.91 亿户，其中 2018 和 2019 两年降幅仅为 0.86%和 0.55%。2020 年固定电话用户数量再次快速降低至 1.82 亿户，较上一年减少 4.78%，2021 年降幅变化至 0.67%。

### （二）移动电话用户

2011～2021 年我国移动电话用户数量大约以年均 6.2%的增速持续快速扩大。2011 年我国移动电话用户数量为 9.86 亿户，至 2021 年达到 16.43 亿户，11 年间约累计增加 6.57 亿户。如图 7-18 所示，2011～2014 年移动电话用户数量从 9.86 亿户持续增长至 12.86 亿户，2015 年移动电话用户数量减少至 12.71 亿户，随后又持续增加至 2019 年的 16.01 亿户，到 2020 年移动电话用户数量再次出现小幅下降，当年移动电话用户数量为 15.94 亿户，但到 2021 年又增加至 16.43 亿户。

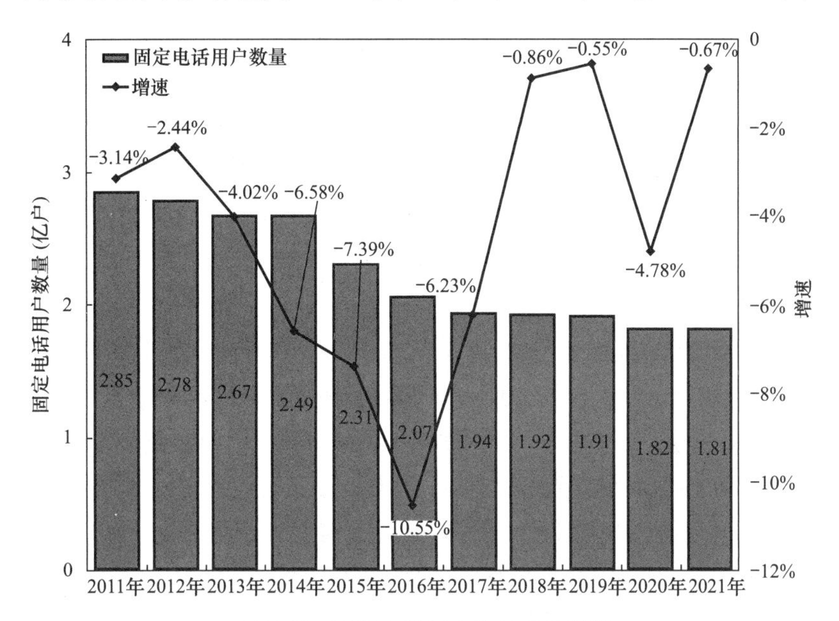


图 7-17　固定电话用户数量变化情况

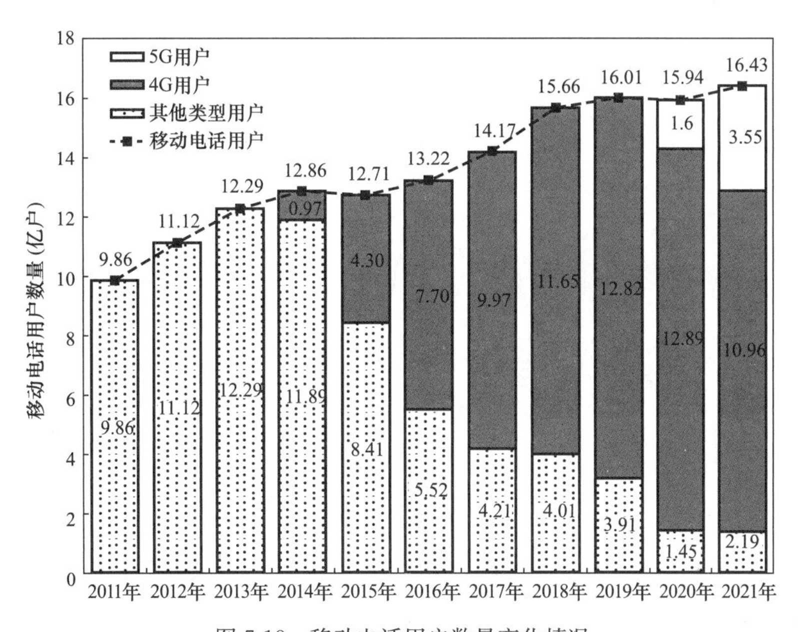


图 7-18　移动电话用户数量变化情况

我国电信业完成第二次行业拆分重组后，2009 年初工业和信息化部正式向三大电信运营商正式发放了 3G 运营牌照。如图 7-18 中所示，得益于 3G 技术的推广，2011～2013 年移动电话用户数量快速增加。3G 技术方兴未艾，2013 年底工业和信息化部又向三大电信运营商发放了 4G 运营牌照。2014～2020 年，非 4G/5G 用户数量从 11.89 亿户开始快速减少至 1.45 亿户，4G 用户数量则从 0.97 亿户逐年快速增加至 12.89 亿户。2019 年 6 月 6 日，工业和信息化部正式向中国电信、中国移动、中国联通、中国广播电视网络集团有限公司发放 5G 商用牌照，我国正式进入 5G 商用元年。2020 年 5G 用户数量为 1.6 亿户，2021 年 5G 用户数量迅速增加至 3.55 亿户。与此同时，类似于前两次通信技术升级换代，4G 用户数量则由 2020 年的 12.89 亿户减少至 2021 年的 10.69 亿户，可以预见 4G 用户数量在未来若干年将快速缩减。

移动电话用户数量增速变化情况见图 7-19，其中非 4G 用户数量增速从 2014 年开始持续为负数，年均大约为－20％，而 4G 用户数量增速则一直为正，尤其是在 2015 年达到 342.4％。但值得注意的是，4G 用户数量表现出了快速收敛的特点，增速逐年放缓，到 2020 年仅为 0.5％。图 7-20 进一步展示了移动电话用户构成变化情况。由图 7-20 可知，4G 用户的出现导致非 4G 用户数量占比逐年下降，从 2013 年的 100％最终降低到 2020 年的 19.2％。4G 用户数量占比从 2014 年开始便一直处于急剧扩张过程中，2014 年 4G 用户数量占比仅为 7.6％，2020 年则达到 80.8％。2020 年 5G 用户数量占比为 10.0％，2021 年则进一步快速增长至 21.6％。

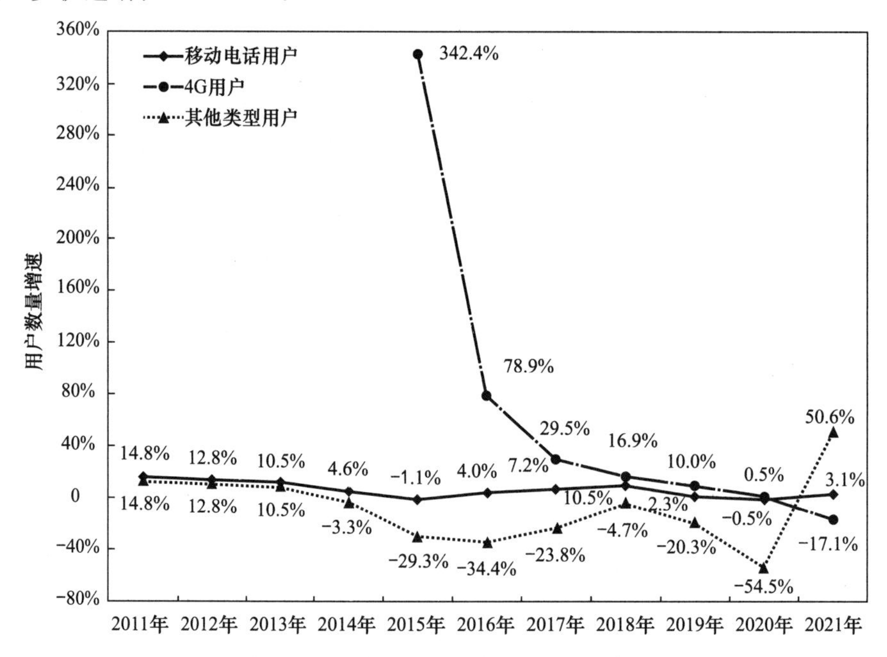


图 7-19 移动电话用户数量增速变化情况

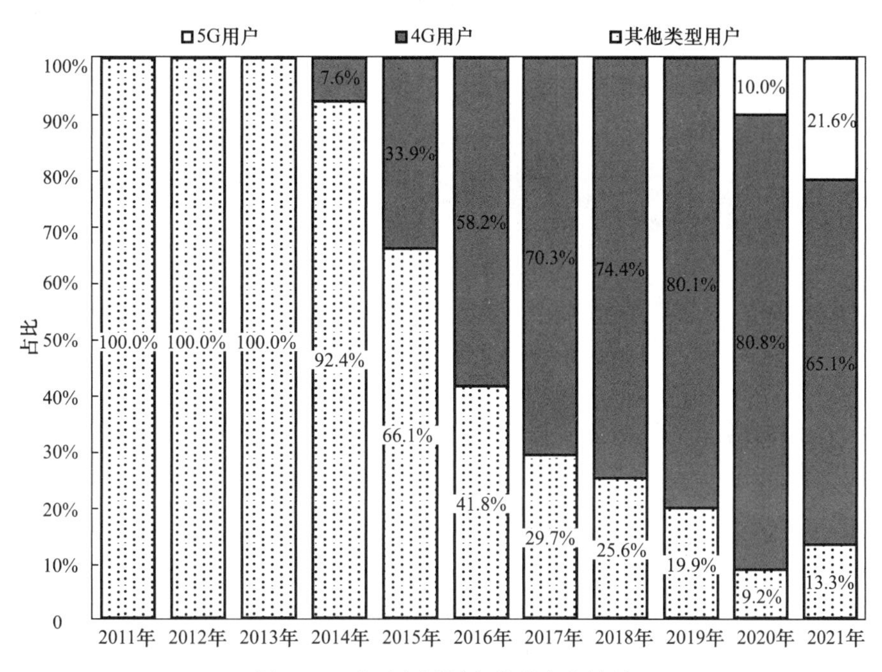


图 7-20　移动电话用户构成变化情况

## （三）互联网用户

2011～2021 年我国互联网宽带接入用户数量逐年快速增加，年均增速达 14.2%，累计增加 3.57 亿户。如图 7-21 所示，2011 年我国互联网宽带接入用户数量为 1.5 亿户，当年增速 18.8%。随后互联网宽带接入用户数量逐年增加，但增速放缓，2014 年互联网宽带接入用户数量增加至 2.00 亿户，增速放缓至 6.1%。2015 年增速急剧上升至 29.4%，互联网宽带接入用户数量增加到 2.59 亿户。2016～2018 年增速下滑至 16%左右，2018 年互联网宽带接入用户数量突破 4 亿户。随后 2019～2021 年增速维持在 10%左右，2021 年用互联网宽带接入用户数量突破 5 亿，增加至 5.36 亿户。

目前我国互联网宽带接入形式可分为 LAN（局域网）、xDSL（数字用户线路）和 FTTH/O（光纤到户）三类用户。2013 年我国开始大规模普及 FTTH/O 互联网宽带技术。图 7-22 详细地展示了不同类型互联网宽带接入用户数量变化情况。如图 7-22 所示，2011～2012 年 xDSL 用户数量维持在 1.15 亿，为历史最大值，随后逐年减少。2013 年 FTTH/O 开始大规模普及后，xDSL 用户数量开始迅速减少，到 2018 年已接近于 0。2012 年开始出现 FTTH/O 用户，当年用户数量为 0.2 亿户，随后该类用户数量急剧增加，到 2021 年达到 5.06 亿户。

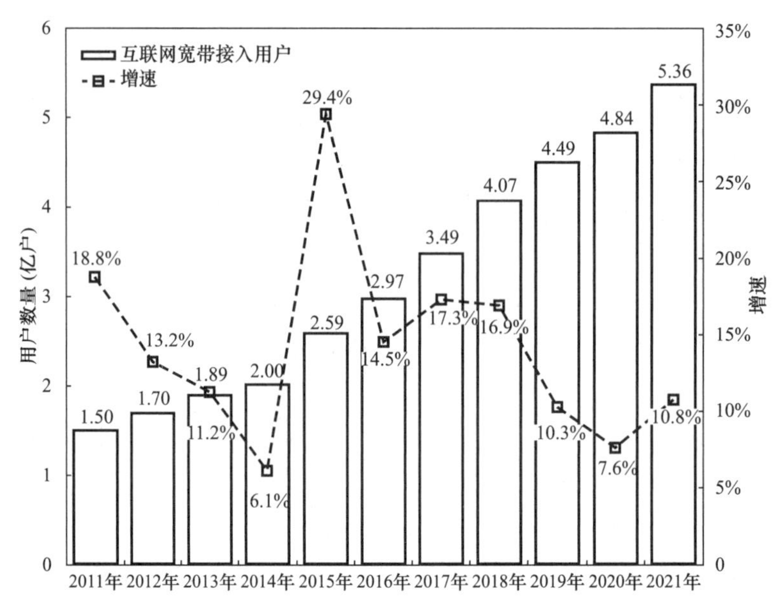


图 7-21 互联网宽带接入用户数量变化情况

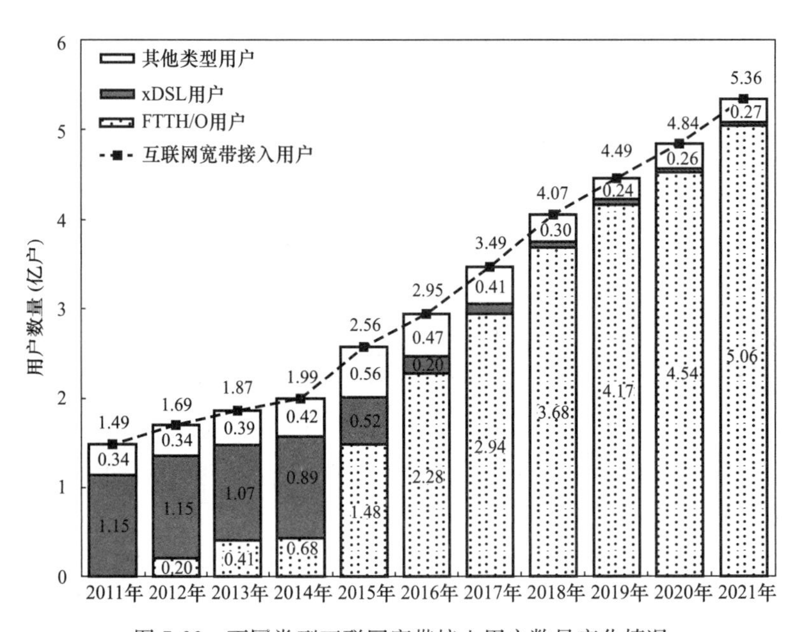


图 7-22 不同类型互联网宽带接入用户数量变化情况

不同类型互联网宽带接入用户数量占比情况见图 7-23。2011～2012 年，xDSL 用户与其他类型用户数量比例大约为 1∶4。2012 年开始出现 FTTH/O 用户后，xDSL 用户数量占比开始逐渐降低，到 2015 年该类用户数量占比降低至 20.2%，到 2017 年则仅占 3.2%。其他类型用户数量占比则从 2016 年开始出现减少，当年为 16.7%，到 2020 年降低至 5.1%。该期间 FTTH/O 用户数量占比则急剧上升，2012 年占比为 21.6%，2018 年达到 90.4%，并在随后历年维持在 90%以上，2021 年达到 94.3%。这表明我国已基本实现 FTTH/O 互联网接入技术的普及。

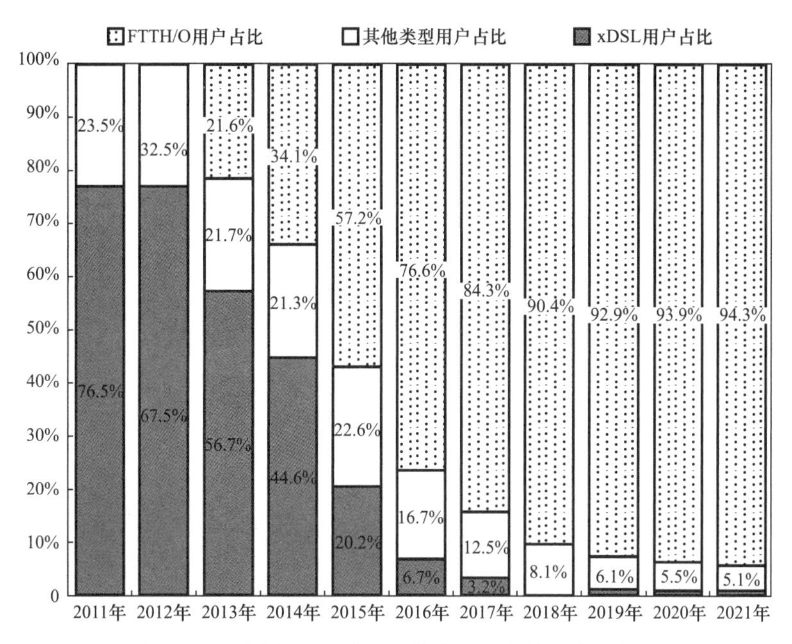


图 7-23　不同类型互联网宽带接入用户数量占比情况

不同类型互联网宽带接入用户数量增速变化情况见图 7-24，可以发现，FTTH/O 用户数量增速同样表现出快速收敛的特点。2012 年 FTTH/O 技术开始应用，2013～2015 年该类型用户数量保持较高增速，2015 年 FTTH/O 用户数量增速增加至 117.1%，随后增速又开始迅速回落，2017 年时下降至 29.1%，随后增速逐年小幅回落，到 2021 年下降至 11.3%。与此同时，xDSL 用户数量增速迅速下降，2013 年降幅为 6.5%，2016 年降幅迅速最大，为 62.3%，2017 年虽有所回升但降幅仍有 43.3%，2018 年降幅为 45.1%，随后 2019 年和 2020 年降幅基本维持在 30%左右。

图 7-25 和图 7-26 反映了我国城市和农村互联网宽带接入用户数量和增速变化情况。由图 7-25 可知，农村互联网宽带用户数量逐年增加，2011 年该类用户数量为 0.33 亿户，2021 年增加至 1.58 亿户，相应占比则从 2011 年的 22.1%增加至 2021 年的 29.4%，共增加 7.3 个百分点。这表明我国农村地区互联网宽带接入用户增速高于城市。进一步由图 7-26 可知，农村互联网宽带接入用户数量增速在 2011 年、2013 年、2015 年、2017 年以及 2018 年均大于 25%，显著高于城市互联网宽带接入用户数量的同期增速。

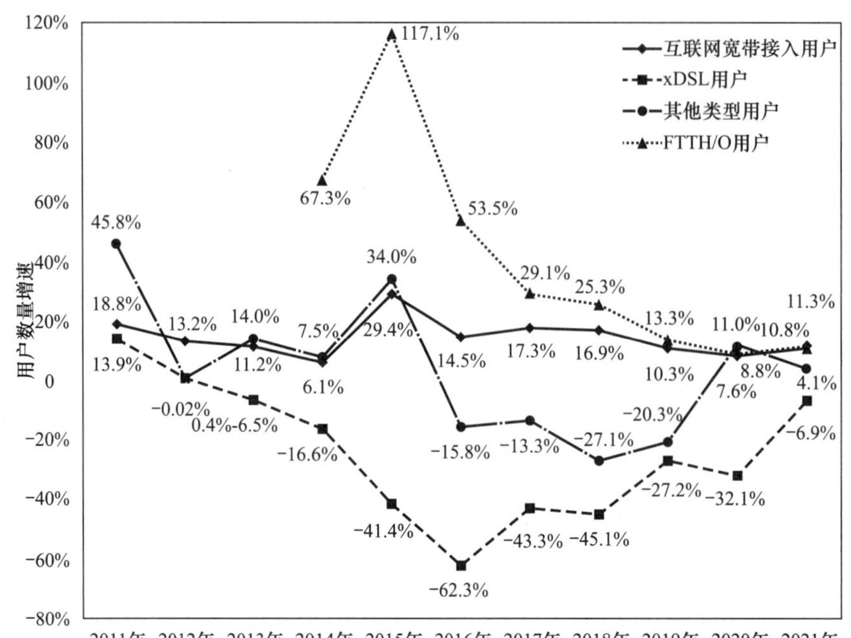


图 7-24　不同类型互联网宽带接入用户数量增速变化情况

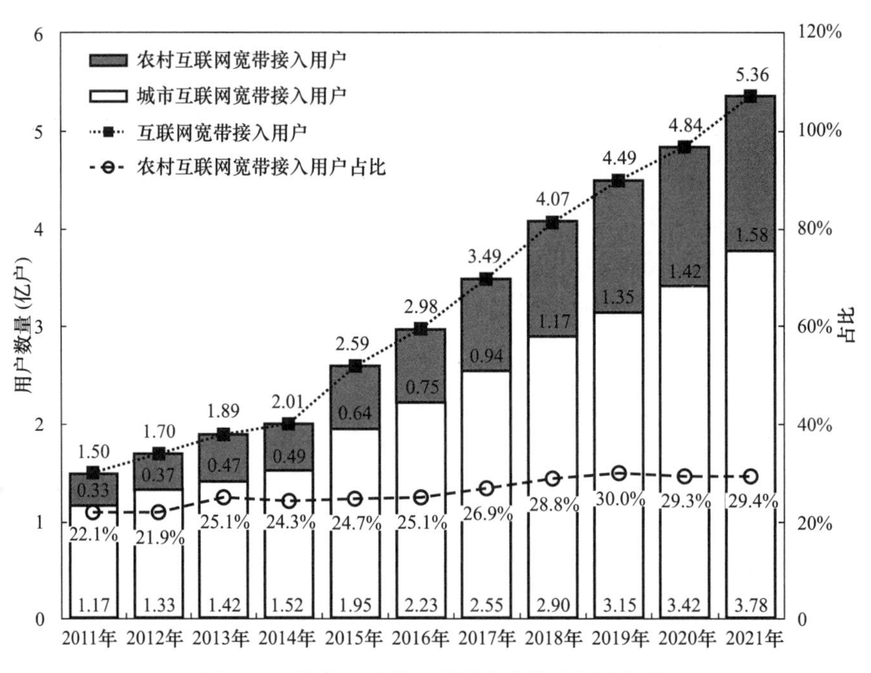


图 7-25　城市和农村互联网宽带接入用户数量

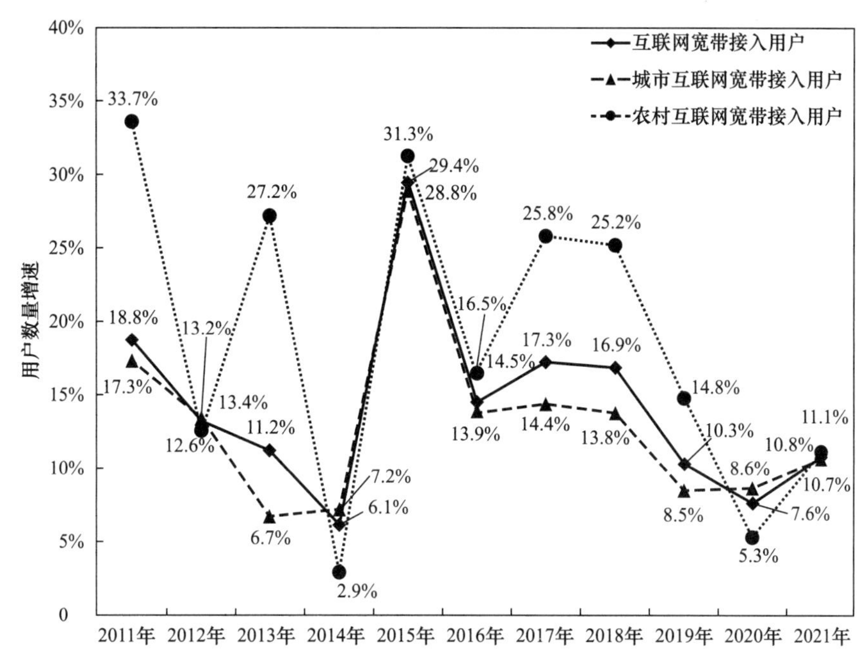


图 7-26　城市和农村互联网宽带接入用户数量增速情况

## 第三节　电信行业发展成效

2009 年我国电信业完成了第二次拆分重组后，奠定了“移动、电信、联通三足鼎立”的基本行业格局。经过 10 年发展，我国电信行业在资产投资积累、行业经济效益以及业务普及等各个方面，均取得了长足进步和显著成效。

在经济效益方面，2010～2020 年我国电信业业务总量保持快速增加，累计完成 619105.1 亿元，年均增加 33.2％。2021 年电信业务总量达到 174783.5 亿元。与此同时，我国电信业收入以 4.5％的年均速度逐年增加，并累计实现收入 134834.7 亿元，2020 年全年实现收入 14650.0 亿元。

在固定资产方面，不同固定资产指标规模均以较快增速逐年扩大。2011～2021 年，我国电信业固定资产原值和固定资产总值分别以 4.9％和 5.0％的年均增速逐年增加。2021 年两项固定资产规模指标分别为 43129.6 亿元和 37633.0 亿元。2009～2019 年，我国电信业固定资产净值以 3.2％的年均增速逐年增加，

2019 年该项固定资产规模为 15604.4 亿元。此外，2009～2019 年我国电信业固定资产折旧速度加快，新增固定资产比重持续下降。

在业务普及方面，2011～2021 年我国移动电话普及率快速大幅提高，2013 年我国移动电话普及率达到 90.3 部/百人，达到基本普及，2021 年该普及率进一步增加至 116.3 部/百人，大约为 2011 年的 1.6 倍，表明移动电话在我国居民中已达到完全普及并接近饱和的状态。同期内互联网固定宽带和移动互联网业务规模迅速扩大，互联网普及取得显著发展成效。移动电话和移动互联网的相继大规模普及并快速取代了传统固定电话业务，到 2021 年固定电话普及率已下降至 12.8 部/百人，较 2011 年下降 40％以上。

## 一、电信行业经济效益

### （一）电信行业业务总量

2011～2021 年，我国电信行业累计完成 619105.1 亿元业务量，年均增加 33.2％。如图 7-12 所示，2011～2017 年我国电信行业业务总量处于 1 万亿至 3 万亿元范围内，增速大约在 10％至 30％之间，2011 年为 11725.8 亿元，2015 年首次突破两万亿元达到 23346.3 亿元，到 2017 年增加至 27596.7 亿元。2018～2021 年我国电信行业业务总量快速增长，该阶段历年业务增加量均维持在 3 万亿至 4 万亿元范围内。2018 年电信行业业务总量达到 65633.9 亿元，较上年增加 137.83％，随后尽管增速迅速放缓，但在 2020～2021 年期间增速仍维持在 28.0％左右。到 2021 年我国电信行业业务总量已增加至 174783.5 亿元。

### （二）电信行业收入

2011～2021 年，我国电信行业收入大体逐年增加，累计实现收入 134834 亿元，年均增加 4.5％。如图 7-27 所示，2011 年我国电信行业实现收入 9880 亿元，较上年增速 8.8％，2012 年首次突破 1 万亿元大关，达到 10758 亿元。2013 年电信行业收入继续保持 8.5％的增速，但随后增速开始放缓，至 2015 年增速下滑至－2.0％，当年实现收入 11665 亿元。2016～2018 年电信行业收入增速再次提高，分别达到 2.9％、5.3％和 2.9％。2019 年电信行业收入增速有所放缓，全年实现收入 13096 亿元，较上年增加 0.7％。2020 年电信行业收入增速提高至 3.6％，全年实现收入 13564 亿元，2021 年电信行业收入增速进一步提高至 8.0％，当年实现收入 14650 亿元。

图 7-27　电信行业收入变化情况

## 二、电信行业资产状况①

2011～2021 年，我国电信行业固定资产原值以年均 4.9％的增速逐年递增。如图 7-28 所示，除 2015 年外在其余各年我国电信行业固定资产原值规模逐年增加，增速整体呈递减趋势，其中 2011～2017 年基本保持在 5％以上，随后的 2018～2021 年阶段则维持在 3％左右。2011 年我国电信行业固定资产原值为 28771.1 亿元，增速为 7.8％，2019 年首次突破 4 万亿元规模，达 40431.7 亿元，到 2021 年电信行业固定资产原值达到 43129.6 亿元。

2011～2021 年我国电信行业资产总值整体呈不断扩大趋势，年均增加 5.0％。如图 7-29 所示，我国电信行业资产总值在 2011～2015 年阶段处于快速扩张期，历年增速均在 5％以上，2012 年和 2015 年分别达到 7.6％和 8.5％，2011 年电信行业资产总值为 23408.5 亿元，至 2015 年达到 30641.2 亿元。随后 2016 年电信行业资产总值增加至 31803.9 亿元，而在 2017 年和 2018 年两年则基本维持不变。2019～2021 年该值再次进入快速增长阶段，三年增速分别为 5.7％，4.6％和 7.2％。2021 年我国电信行业资产总值达到 37633.0 亿元。

2009～2019 年我国电信行业资产净值整体呈不断扩大趋势，年均增加 3.2％。如图 7-30 所示，2009 年我国电信行业固定资产净值为 12086.5 亿元，随后逐年增加，到 2015 年电信行业固定资产净值出现下降，较上年减少 4.2％。

① 作者未检索到 2020 年及往后各年我国电信行业固定资产净值及电信固定资产有用系数的相关数据，因此该两项指标相关内容未作更新。

2016～2017 年电信行业固定资产净值再次持续增加，2017 年电信行业固定资产净值达到 15743.7 亿元，为历年最高水平，2018～2019 年两年该值较上年均出现小幅下滑。

图 7-28　电信行业固定资产原值变化情况

图 7-29　电信行业资产总值变化情况

图 7-31 中的“电信固定资产有用系数”反映了 2009～2019 年我国电信行业固定资产折旧（新旧）程度。如图 7-31 所示，2009 年该系数为 0.490，随后大约以 2％的速度逐年递减，到 2019 年该系数下降至 0.386。该结果表明近年来我国电信行业固定资产折旧速度加快，新增固定资产比重下降。

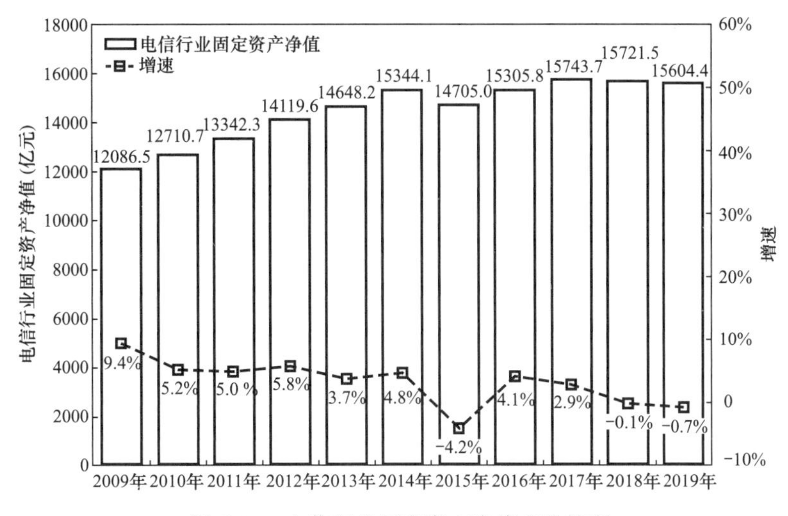


图 7-30 电信行业固定资产净值变化情况

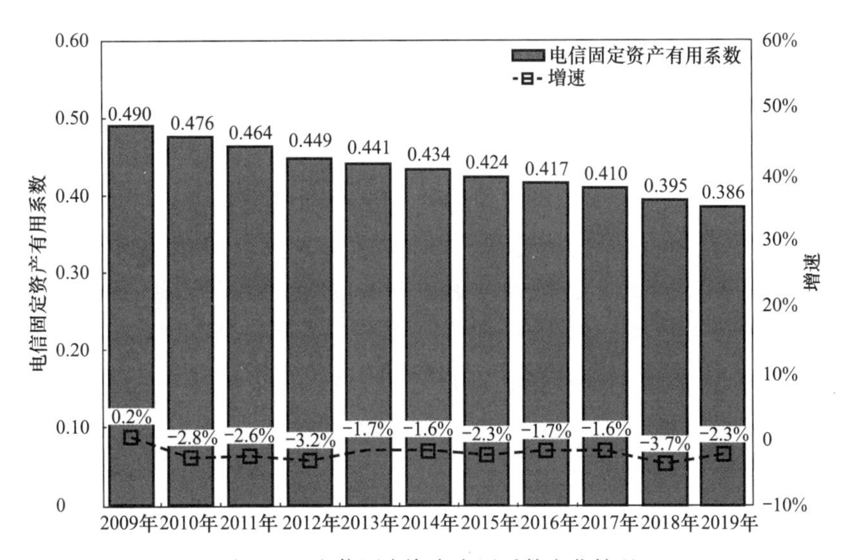


图 7-31 电信固定资产有用系数变化情况

## 三、电信行业业务普及率

移动电话和移动互联网通信的相继大规模普及，导致传统固定电话业务被快速取代，进而在统计数据上表现出固定电话普及率的快速下降。如图 7-32 所示，2011 年我国固定电话普及率为 21.3 部/百人，随后大约以 6.6%的速度逐年降低，到 2017 年固定电话普及率已下降至 13.9 部/百人，较 2011 年下降 40%以上。2018～2021 年该项普及率下降幅度放缓，除 2020 年的 4.4%外基本维持在 1%左右。截至 2021 年，我国固定电话普及率为 12.8 部/百人。

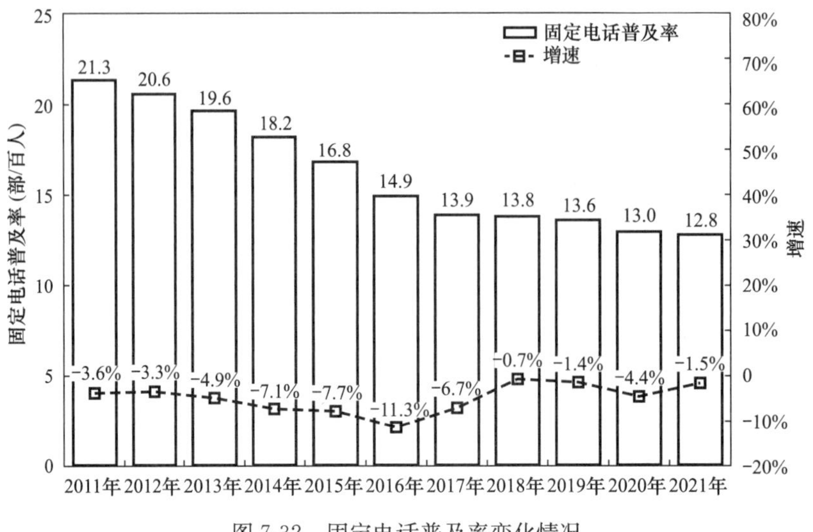


图 7-32 固定电话普及率变化情况

2011～2021 年我国移动电话普及率快速提高，2013 年该项普及率已达到 90.3 部/百人，标志我国已基本实现移动电话普及。如图 7-33 所示，2011 年我国移动电话普及率为 73.6 部/百人，随后普及率以较快增速逐年上升，但增速逐年放缓。其中 2011 年增速为 14.3%，到 2014 年增速下降至 4.1%，而普及率上升至 940 部/百人。2015 年移动电话普及率小幅下降至 92.5 部/百人，随后又开始回升。到 2021 年我国移动电话普及率上升至 116.3 部/百人，大约为 2011 年普及率的 1.6 倍，表明移动电话的平均拥有量已超过每人 1 部且基本达到饱和状态。

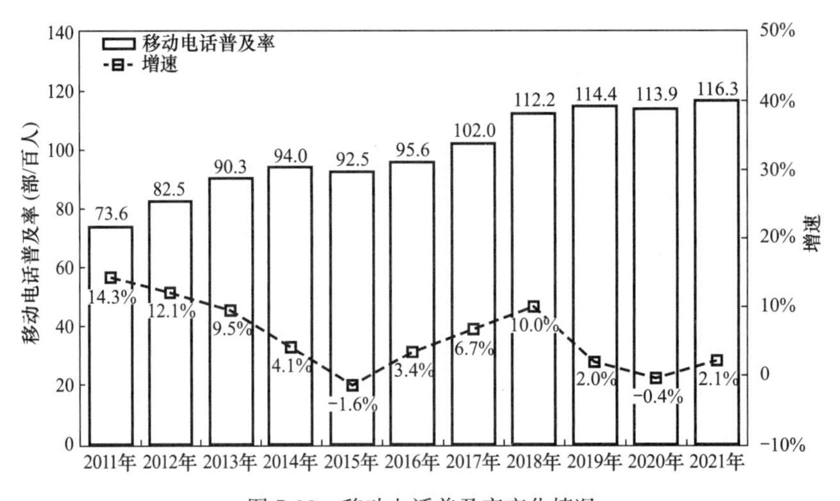


图 7-33 移动电话普及率变化情况

# 第四节　电信行业城乡一体化发展

城乡一体化主要是实现城乡在经济、社会、文化、生态上的协调发展[①]，旨在打破城乡二元体制，让农民享受同等的权利，拥有同等机会，享受同等的公共服务[②]，进而实现共同富裕。电信服务是一项重要的公共服务，其产品具有明显外部性，在缩小城乡数字鸿沟、拓宽农民的增收渠道、推动城乡公共服务均等化等方面发挥着显著作用。因此，推进农村地区的电信基础设施建设，改善农村地区的信息化水平，正是城乡一体化的题中之义。近年来，国家积极推进农村地区电信基础设施建设，大量相关政策落地并取得了积极成效。鉴于此，本节对目前电信行业城乡一体化发展情况进行概述。

## 一、政策推动

一直以来，党中央高度重视城乡一体化和城乡融合发展。党的十八大报告明确指出要“推动城乡发展一体化”“加大统筹城乡发展力度”[③]；党的十九大报告强调要“建立健全城乡融合发展体制机制和政策体系，加快推进农业农村现代化”[④]；党的二十大报告再次强调要“坚持农业农村优先发展，坚持城乡融合发展，畅通城乡要素流动”[⑤]。具体到电信行业，国家推行的有关城乡一体化政策主要围绕以下几方面展开：首先，顶层设计＋政策引领，如 2019 年出台的《中共中央　国务院关于建立健全城乡融合发展体制机制和政策体系的意见》提出建立健全有利于城乡基础设施一体化发展的体制机制，明确乡村电信建设投

① 王诚，李鑫．中国特色社会主义经济理论的产生和发展——市场取向改革以来学术界相关理论探索［J］．经济研究，2014，49（6）：156－178，184。这里引用王诚和李鑫的观点，王诚和李鑫在第五章第三节“城乡一体化理论”中总结学者们的观点，指出城乡一体化并非指消除城乡之间的一切差别，而是实现城乡之间在经济、社会、文化、生态上的协调发展。

② 张强．中国城乡一体化发展的研究与探索［J］．中国农村经济，2013（1）：15－23。本书对城乡一体化目标的表述参考张强文中的观点。张强对国内外城乡一体化相关理论进行了梳理，指出城乡二元体制机制造成了城乡多方面的差距，而城乡在文化、景观、观念等方面的差别会长期存在，因此城乡一体化的实质体现在公共服务从城市向乡村延伸，实现城乡基本公共服务的均等化。

③ 原文链接：http://cpc.people.com.cn/n/2012/1118/c64094－19612151.html。

④ 原文链接：https://wcm1.cnr.cn/pub/en_US/js2014/zgjq/20171029/t20171029_524004021.html。

⑤ 原文链接：https://www.gov.cn/xinwen/2022－10/25/content_5721685.htm。

入的主体是企业[①]；其次，针对我国农村基础设施不健全的现状，加大光纤网络、4G 基站、5G 基站等通信基础设施建设的投资力度；第三，提升农村地区通信质量，发展智慧农业，推进数字乡村建设[②]。

本书对 2015 年以来推动城乡一体化的相关政策进行了整理（表 7-1）：

**推动城乡一体化的相关政策** **表 7-1**

| 政策名称 | 发布部门 | 发布时间 | 相关内容 |
|---|---|---|---|
| 《关于开展电信普遍服务试点工作的通知》[③] | 财政部、工业和信息化部 | 2015 年 | 按照中央资金引导、地方协调支持、企业为主推进的思路，开展电信普遍服务试点工作，推动农村及偏远地区宽带建设发展，促进城乡基本公共服务均等化，带动农村经济社会和信息化水平不断提升，助力实现 2020 年 98%的行政村通宽带、农村宽带接入能力超过 12Mbps 等"宽带中国"战略目标 |
| 《网络扶贫行动计划》[④] | 中央网信办、国家发展改革委、国务院扶贫办 | 2016 年 | 加快实施电信普遍服务试点工作，推动农村及偏远地区宽带发展，鼓励电信运营商针对贫困地区推出优惠资费套餐，精准减免贫困户的网络通信资费等 |
| 《中共中央 国务院关于建立健全城乡融合发展体制机制和政策体系的意见》[⑤] | 中共中央、国务院 | 2019 年 | 对乡村供电、电信和物流等经营性为主的设施，建设投入以企业为主。支持有条件的地方政府将城乡基础设施项目整体打包，实行一体化开发建设 |
| 《"双千兆"网络协同发展行动计划（2021—2023 年）》[⑥] | 工业和信息化部 | 2021 年 | 到 2023 年底，5G 网络基本实现乡镇级以上区域和重点行政村覆盖。完善电信普遍服务补偿机制，支持基础电信企业面向农村较大规模人口聚居区、生产作业区、交通要道沿线等区域持续深化宽带网络覆盖，助力巩固拓展脱贫攻坚成果同乡村振兴有效衔接。面向有条件、有需求的农村及偏远地区，逐步推动千兆网络建设覆盖 |

① 建立健全有利于城乡基础设施一体化发展的体制机制包括建立城乡基础设施一体化规划机制，健全城乡基础设施一体化建设机制以及建立城乡基础设施一体化管护机制三个方面。在健全城乡基础设施一体化建设机制方面明确提出对乡村供电、电信和物流等经营性为主的设施，建设投入以企业为主。原文链接：http://www.zcggs.moa.gov.cn/zczc/201906/t20190606_6316345.htm。

② 《乡村建设行动实施方案》中明确提出实施数字乡村建设发展工程。推进数字技术与农村生产生活深度融合，持续开展数字乡村试点。原文链接：https://www.gov.cn/zhengce/2022－05/23/content_5691881.htm。

③ 原文链接：https://wap.miit.gov.cn/ztzl/lszt/qltjkdzg/kzdxpbfwsdzljzfptp/wjfb/art/2016/art_5a298d488fac430fabe430d6a23580c4.html。

④ 原文链接：http://www.scio.gov.cn/xwfb/gwyxwbgsxwfbh/wqfbh_2284/2020n_4408/2020n11y06r/wjxgzc_5503/202207/t20220716_228601.html。

⑤ 原文链接：https://www.gov.cn/zhengce/2019-05/05/content_5388880.htm。

⑥ 原文链接：https://www.gov.cn/zhengce/zhengceku/2021-03/25/content_5595693.htm。

续表

| 政策名称 | 发布部门 | 发布时间 | 相关内容 |
|---|---|---|---|
| 《乡村建设行动实施方案》[①] | 中共中央办公厅、国务院办公厅 | 2022 年 | 进一步提升农村通信网络质量和覆盖水平，发展智慧农业，推进乡村管理服务数字化等 |

除国家层面出台相关政策外，部分省（区、市）也发布了涉及电信城乡一体化的政策（表 7-2）。

**部分省份发布的涉及城乡一体化的政策　　表 7-2**

| 省（区、市） | 政策名称 | 发布时间 | 相关内容 |
|---|---|---|---|
| 北京 | 《北京市“十四五”信息通信行业发展规划》[②] | 2021 年 | 2025 年末全市建成并开通 5G 基站 6.3 万个，基本实现城市、县城、乡镇、行政村和主要道路连续覆盖 |
| 福建 | 《关于全面推进乡村振兴加快农业农村现代化的实施意见》[③] | 2021 年 | 推动乡村基础设施提档升级，实施数字乡村建设发展工程，推动农村千兆光网、第五代移动通信（5G）、移动物联网与城市同步规划建设 |
| 江苏 | 《江苏省“十四五”信息通信业发展规划》[④] | 2021 年 | 到“十四五”期末，5G 网络实现城市、乡镇全面覆盖，行政村 5G 通达率大于 90%。千兆光纤网络实现乡镇及以上区域全覆盖，10G-PON 及以上端口规模超过 150 万个，千兆宽带用户突破 1000 万户 |
| 四川 | 《四川省信息通信行业发展规划（2021—2025 年）》[⑤] | 2021 年 | 纵深推进电信普遍服务，持续加深加厚农村及边远地区 4G、光纤网络覆盖。到 2025 年，信息通信基础设施累计投资 1000 亿元，建成 5G 基站 25 万个，行政村 5G 通达率达到 80% |
| 贵州 | 《贵州信息通信行业“十四五”规划》[⑥] | 2021 年 | 到 2025 年，5G 网络实现城市和乡镇全面覆盖、重点应用场景深度覆盖 |

## 二、电信基础设施建设

农村地区电信基础设施建设最早可见于村村通工程，当时工程建设目标是：

---

① 原文链接：https://www.gov.cn/zhengce/2022-05/23/content_5691881.htm。

② 原文链接：https://www.beijing.gov.cn/zhengce/zhengcefagui/202108/t20210802_2453612.html。

③ 原文链接：https://fujian.gov.cn/zwgk/zxwj/szfwj/202103/t20210317_5551155.htm。

④ 原文链接：https://jsca.miit.gov.cn/xyjg/ghfz/art/2022/art_1243c70ea49b47e491de8a692d9a25e9.html。

⑤ 原文链接：https://scca.miit.gov.cn/xwdt/gzdt/art/2021/art_39aaaabe32984ea383e57194ef36ee7f.html。

⑥ 原文链接：https://gzca.miit.gov.cn/xwdt/xydt/art/2021/art_3dc42d49262849daa52b2a3e246f5cc9.html。

到 2005 年底，全国至少 95%的行政村开通电话[①]。然而，随着互联网技术的快速发展，城乡数字鸿沟却不断扩大，加强农村地区电信基础设施尤其是宽带网络、电信基站的需求更为迫切。不同于传统电话网络建设，现阶段电信基础设施建设成本更高，建设难度更大，电信服务作为公共产品在农村地区普遍供应不足。为此，国家从大力推行电信普遍服务试点开始。

### （一）电信普遍服务试点项目

互联网时代，以现代通信技术为基础的产品已成为最基本的通信必需品。然而，仍有很大一部分偏远地区和经济欠发达地区的人民无法享受现代通信技术所带来的便利。这不仅限制了他们获得信息的机会，还将由此进一步阻碍他们获得更高质量教育以及更好医疗资源的途径，从而可能阻碍城乡一体化的发展。为推动农村及偏远地区的电信基础设施建设，促进公共服务均等化，2015 年底，财政部、工业和信息化部结合我国实际，分批次开展电信普遍服务试点工作[②]。到 2016 年底，在《国务院关于印发“十三五”国家信息化规划的通知》中，进一步提出要推进宽带乡村建设，加快推进电信普遍服务试点，实施宽带乡村工程，以及完善中西部地区中小城市基础网络[③]，以缩小城乡数字鸿沟，推动全社会普遍享有基本通信服务。自 2015 年起至今，工业和信息化部联合财政部已相继开展九批电信普遍服务试点工作[④]，取得了显著成效。

电信普遍服务试点项目由国家、运营商、地方政府三方共同完成，在政府引导下，以运营商企业为主体负责项目推进。具体流程包括以下几点：首先是试点申报，根据申报指南，符合条件的地市可以递交电信普遍服务试点实施方案；然后，确定试点地区并进行公示，下达补助资金，补助资金以中央财政资金为主体；再然后，确定实施企业，借助公开招标的方式，确定电信普遍服务

---

① 此为邮电通信“十五”规划目标，《村村通工程方案》提出了具体执行办法。相关信息来自百度百科的“村村通”词条（原文链接：https://baike.baidu.com/item/%E6%9D%91%E6%9D%91%E9%80%9A/0）。

② 资料来源于《财政部 工业和信息化部关于开展电信普遍服务试点工作的通知》，原文链接：https://wap.miit.gov.cn/ztzl/lszt/qltjkdzg/kzdxpbfwsdzljzfptp/wjfb/art/2016/art_5a298d488fac430fabe430d6a23580c4.html。

③ 资料来源于《国务院关于印发“十三五”国家信息化规划的通知》，原文链接：https://www.gov.cn/zhengce/content/2016-12/27/content_5153411.htm。

④ 人民邮电报 2023 年 8 月 17 日文章《专家视点丨我国建设普遍可及的电信服务取得历史性的成就》中提到，工业和信息化部……会同财政部连续组织实施的 9 批电信普遍服务，覆盖了所有边远乡村、海岛和边疆，乡村地区宽带全覆盖，原文链接：https://www.cnii.com.cn/rmydb/202308/t20230817_496440.html。

试点中标企业；最后，是考核验收及检查，以及监测和评估工作进展和效果[①]。

在实际的电信服务普遍试点工作过程中，不同年份的工作重心并不相同，主要脉络为“从无到有，从有到强”。具体而言：2016～2017 年的电信普遍服务试点，主要针对农村及偏远地区的宽带建设工作，尤其是未通宽带的农村，或是已通宽带但接入能力低于 12Mbps 的（进行光纤宽带网络升级建设和运行维护）地区。2017 年开始，增加了针对海岛村的宽带及 4G 基站建设。2016 年和 2017 年进行了三批试点工作，共支持约 10.2 万个行政村的宽带建设和升级运营工作[②]。从 2018 年起，主要任务是加快偏远地区的 4G 网络覆盖工作，2018 年和 2019 年每年支持建设 4G 基站约 2 万座[③]。到 2021 年，我国行政村通宽带比例由 2015 年的不足 70%提升至 100%[④]，基本实现农村城市“同网同速”[⑤]。2021 年增添推进电信普遍服务支持地区通信基站使用北斗信号作为主用授时来源的要求[⑥]。电信普遍服务试点工作十分重视偏远地区的电信基础设施建设。例如，内蒙古大兴安岭林区受地理位置和经济发展水平的制约，通信基础设施建设严重不足。2021 年，工业和信息化部将内蒙古大兴安岭林区纳入第七批电信普遍服务试点名单中，批复建设 121 座 4G 基站，初步解决了林场网络信号的问题，并继续开展第八批工作，着重于扩大边境线网络覆盖率[⑦]。

截至 2022 年，我国已实施七批电信普遍服务试点，共部署约 6 万座农村 4G

---

① 根据《财政部　工业和信息化部关于开展电信普遍服务试点工作的通知》相关内容整理，原文链接：https://wap.miit.gov.cn/ztzl/lszt/qltjkdzg/kzdxpbfwsdzljzfptp/wjfb/art/2016/art_5a298d488fac430fabe430d6a23580c4.html。

② 资料来源于工业和信息化部办公厅、财政部办公厅发布的《2016 年度电信普遍服务试点申报指南》，原文链接：https://wap.miit.gov.cn/ztzl/lszt/qltjkdzg/kzdxpbfwsdzljzfptp/wjfb/art/2016/art_1e41546663984be285f63fa1918e2bc9.html；《2016 年度第二批电信普遍服务试点申报指南》，原文链接：https://wap.miit.gov.cn/ztzl/lszt/qltjkdzg/kzdxpbfwsdzljzfptp/wjfb/art/2016/art_6c0644040bdf479e8613ef229a61963a.html；《2017 年度电信普遍服务试点申报指南》，原文链接：https://wenku.baidu.com/view/83506b83534de518964bcf84b9d528ea81c72fba.html?_wkts_=1703001156150&needWelcomeRecommand=1。

③ 资料来源于《2018 年度电信普遍服务试点申报指南》，原文链接：https://www.miit.gov.cn/zwgk/zcwj/wjfb/txy/art/2020/art_b7fa6556547643ee9fff04fed63cd9f2.html；《2019 年度电信普遍服务试点申报指南》，原文链接：https://www.gov.cn/xinwen/2019-04/22/content_5385041.htm。

④ 资料来源于《我国行政村实现“村村通宽带”（新数据　新看点）》，原文链接：http://finance.people.com.cn/n1/2022/0123/c1004-32337419.html。

⑤ 资料来源于《工信部：我国基本实现城乡“同网同速”“数字鸿沟”显著缩小》，原文链接：http://finance.people.com.cn/n1/2021/0419/c1004-32082019.html。

⑥ 资料来源于《2021 年度电信普遍服务申报指南》，原文链接：http://www.gnzrmzf.gov.cn/gxj/info/1009/1694.htm。

⑦ 资料来源于《突围，林区畅通信息“天路”——“2022 电信普遍服务试点中央媒体内蒙古行”走进大兴安岭林区》，原文链接：https://www.cnii.com.cn/gxxww/tx/202209/t20220921_415795.html。

基站[①]。2022 年 9 月，第八批试点提前启动，预计支持全国超过 9000 个农村 4G/5G 基站建设，其中，中国移动贵州公司首次在工作中增加了 5G 建设，并提前三个月完成了项目[②]。电信普遍服务试点的开展，大大提升了我国农村及偏远地区宽带网络基础设施，消除了宽带网络接入“最后一公里”瓶颈，缩小了数字鸿沟，并为城乡一体化做出重要贡献。

### （二）数字基础设施建设成效

随着电信行业城乡一体化进程的展开，城乡网民规模及增长率也有了显著变化。电信普遍服务试点实施之初，即 2016 年 12 月，我国农村网民规模仅占网民整体的 27.4%，城镇网民规模占网民整体的 72.6%，而到 2022 年 12 月，我国农村网民规模占网民整体的 28.9%，城镇网民规模占网民整体的 71.1%，农村网民规模占比提高了 1.5%[③]。城镇与农村网民规模差距在缩小。从数量上来看，2016 年 12 月农村网民规模为 2.01 亿，而到 2022 年 12 月，这一数值变为 3.08 亿，比 2016 年增长了 53.2%；2016 年 12 月城镇网民规模为 5.31 亿，2022 年 12 月这一数值变为 7.59 亿，比 2016 年增长了 42.9%[④]。2016 年到 2022 年，农村网民规模增长率高出城镇网民规模增长率约 10 个百分点。越来越多的“农民”变成“网民”，无疑与国家针对农村及偏远地区的通信基础设施建设分不开。

2016 年底，农村互联网普及率仅为 33.1%，而到 2022 年底，这一数值增长为 61.9%，农村互联网普及率大幅提高；2016 年底，城镇与农村互联网普及率差距为 36%（2016 年底城镇互联网普及率为 69.1%），到 2022 年底，这一差距缩小为 21.2%（2022 年底城镇互联网普及率为 83.1%），缩小了 14.8%[⑤]。

除针对基础设施建设的政策外，国家自 2015 年开始实施网络提速降费[⑥]。工业和信息化部数据显示，“十三五”期间，我国固定宽带和手机流量平均资费

---

① 资料来源于《电信普遍服务成效显著　农村宽带实现跨越式发展》，原文链接：http://www.chinatelecom.com.cn/news/04/202108/t20210803_63618.html。

② 资料来源于《贵州移动提前三个月完成第八批电信普遍服务任务》，原文链接：https://finance.sina.com.cn/tech/roll/2022-07-19/doc-imizirav4317490.shtml。

③ 相关数据来自中国互联网络信息中心发布的第 39 次以及第 51 次《中国互联网络发展状况统计报告》。

④ 相关数据来自中国互联网络信息中心发布的第 39 次以及第 51 次《中国互联网络发展状况统计报告》。

⑤ 相关数据来自中国互联网络信息中心发布的第 39 次以及第 51 次《中国互联网络发展状况统计报告》。

⑥ 2015 年 5 月，《国务院办公厅关于加快高速宽带网络建设推进网络提速降费的指导意见》中提出，鼓励电信企业积极承担社会责任，在网费明显偏高的城市开展宽带免费提速和降价活动，引导和推动电信企业通过定向流量优惠、闲时流量赠送等多种方式降低流量资费水平。原文链接：https://www.gov.cn/zhengce/content/2015-05/20/content_9789.htm。

下降超95%[①]。在2021年4月的国务院政策例行吹风会上，工业和信息化部提出下一步在全面普惠降费的基础上，将推进“精准降费”，面向农村脱贫户，继续给予5折基础通信服务资费折扣[②]，以降低农村用户使用宽带网络的成本，从而使更多农村用户可以负担起通信服务的价格。

农村地区宽带网的普及使农民得以享受如线上购物、互联网医疗等更加丰富的数字化服务，进一步改善了农民的生活品质，缩小了城乡之间生活上的差距。而从供给侧来看，农村及偏远地区的宽带建设对于农村经济的发展也起到较强的促进作用，农民可通过电子商务平台线上销售农产品，从而拓宽了农产品销售渠道，极大克服农产品市场信息不对称等问题，提高了农民的收入水平。2016年全国农村网络零售额仅为0.89万亿元[③]，而到2022年这一数值已达2.17万亿元[④]，全国农产品网络销售额更是高达5313.8亿元[⑤]，这离不开电信宽带建设提供的高质量、高速度的通信服务。

## 三、电信行业城乡一体化对共同富裕的促进作用

2015年到2021年期间，“村村通”“宽带中国”“电信普遍服务”等行动累计支持了6万个农村4G基站建设，行政村通光纤、通4G比例超过99%[⑥]。精准降费举措惠及农村脱贫户超2800万户[⑦]。农村地区得以享有更多的移动基站和更稳定的光纤网络，基本实现了与城市地区同网同速。电信行业的城乡一体化建设事实上对推进乡村振兴，实现共同富裕有着十分重要的意义。具体表现在以下两个方面：

第一个方面：拓宽了农民的增收渠道，为农民提供了更多创业和就业机会，

---

① 资料来源于《工信部：“十三五”时期固定宽带和手机流量平均资费下降超95%》，原文链接：http://industry.people.com.cn/n1/2020/1023/c413883－31904250.html。

② 资料来源于《今年将继续推动网络“精准降费”》，原文链接：https://www.gov.cn/zhengce/2021－04/20/content_5600690.htm。

③ 资料来源于《中国农村电子商务发展报告（2021—2022）》第1页，原文链接：https://www.163.com/dy/article/HL5PGCCA0519D9DS.html。

④ 资料来源于《2022年我国农产品网络零售增势较好》，原文链接：https://www.gov.cn/xinwen/2023-01/30/content_5739182.htm。

⑤ 资料来源于《第51次中国互联网网络发展状况统计报告》第27页，原文链接：https://www.199it.com/archives/1573087.html。

⑥ 农村4G基站、行政村通光纤、通4G比例的数据均来源于《工信部：“十三五”时期固定宽带和手机流量平均资费下降超95%》，原文链接：http://industry.people.com.cn/n1/2020/1023/c413883－31904250.html。

⑦ 资料来源于2021年12月发布的《全面实现“村村通宽带”新闻发布会实录》，原文链接：https://wap.miit.gov.cn/gzcy/zbft/art/2021/art_231c8fbd58eb4e88b4b25b053e3141c5.html。

为农村地区的经济和社会发展注入了活力。

首先，有了互联网，农民能够在电子商务平台上进行农产品的购销活动，借此可以拓宽销售渠道，为农民增收提供了机会。据商务部《2023 年上半年中国网络零售市场发展报告》显示，2023 年上半年，全国农村网络零售额为 1.12 万亿元，同比增长 12.5%，全国农产品网络零售额为 0.27 万亿元，同比增长 13.1%[①]。

其次，农村地区电子商务的蓬勃发展，为农民提供了更多的创业机会和就业机会，也为政府留住人才提供了新途径。如，近年来盛行的“村播”成为现象级电商形态，村民利用线上平台，助力农产品销售，推动乡村生活、文化、旅游的综合发展，吸引年轻人返乡就业创业。福建省农业农村厅为推动返乡创业工作，从资金支持、创业培训、队伍建设、服务保障等方面给予政策支持，鼓励青年利用新媒体返乡创业[②]。福建省宁德市下党乡抓住这一机遇，实施信息进村入户工程和电子商务进农村综合示范项目等返乡创业政策。返乡村民依靠本地特色产业进行创业，打造地方特色文旅品牌，吸引外地游客，带动民宿、农家乐发展，走上了包括茶叶、土特产、旅游在内的产业脱贫之路[③]。

第三，电信基础设施的大范围建设为数字技术的应用铺平了道路，而数字技术在农村地区和农业领域应用的不断加深，推动了农村社会的整体发展。例如，中国联通推出“数字乡村”平台，开展数字乡村“四有共建”行动[④]，曾帮助河北省沽源县构建云计算中心，整合政务数据等，助力数字化城乡一体发展，并将这些成效应用于智慧种植、农村电子商务，以及互联网教育、互联网医疗等惠民服务中[⑤]。

第二个方面：推动城乡公共服务均等化，实现代际间的公平发展。

首先，推动了城乡公共服务的均等化。电信城乡一体化有效地缩小了城乡

---

① 数据来源于商务部电子商务和信息化司发布的《2023 年上半年中国网络零售市场发展报告》，原文链接：https://dzswgf.mofcom.gov.cn/news_attachments/8189b43a23fe3b23491323843d232acbdd2bcd53.pdf。

② 详见福建省人力资源和社会保障厅 2020 年 7 月发布的《福建省人力资源和社会保障厅　福建省财政厅　福建省农业农村厅关于进一步推动返乡入乡创业工作的实施意见》，原文链接：http://rst.fujian.gov.cn/zw/ldjy/202008/t20200817_5365222.htm。

③ 福建省宁德市下党乡案例根据东南网 2022 年 8 月文章《宁德下党乡：讲好“下党故事”逐梦幸福新生活》（原文链接：https://cn.chinadaily.com.cn/a/202208/17/WS62fcc330a3101c3ee7ae4446.html）和经济日报 2021 年 1 月文章《信息通信业持续向农村布局——网络“下乡”弥合城乡数字鸿沟》（原文链接：https://www.gov.cn/xinwen/2021-01/05/content_5576990.htm）。

④ 中国联通“数字乡村”平台案例根据《数字惠农　智慧兴村——中国联通召开 2022 年助力乡村振兴推进会》相关内容整理，原文链接：https://www.thepaper.cn/newsDetail_forward_19525709。

⑤ 根据中国联合网络通信有限公司 2022 年 8 月发布的《中国联通数字乡村白皮书 2.0》相关内容整理，原文链接：https://www.sohu.com/a/579706305_121015326。

数字鸿沟，推动了城乡公共服务的均等化。经过近几年的努力，城乡互联网普及率由 2016 年的 36%降低到 2022 年的 21.2%①，城市与农村地区之间的数字鸿沟得到有效缩减，农村地区的通信服务水平得以大幅提升。随着农村地区通信技术手段的进步，农民将更为便捷地获得城市地区的优质公共服务。农村地区居民得以与城市居民一样享受到互联网医疗、在线教育、智慧旅游等多样化的数字化服务。广东省汕尾市新田县新田村的远程医疗就是典型例子。2018 年，新田县实现行政村电信光纤全覆盖，移动光纤覆盖率达 97.4%②。次年，新田县新田村就利用网络建立了卫生院远程诊室，搭建了远程医疗服务系统。农民在经过村级医生初步诊断后，可以通过该系统直接与省级、市级、县级大医院专家预约视频看诊③，从而缓解了农民进城看病难、成本高等问题。

其次，实现代际间的公平发展。此前，有学者④提出，数字基础设施促进了信息的传播，降低了知识产品成本，扩展了教育渠道，能够提高农村父代对子代的人力资本投资回报，促进农村户籍子代收入向上流动，并通过促进产业创新，给农村居民提供更多非农就业机会。据此，农村地区电信基础设施的建设不仅在当下促进了社会的公平发展，还将通过代际效应加强这一效果。

## 四、建议

### （一）针对农村地区开展更精准的“提速降费”行动

给予贫困户一定的资费补贴，降低上网门槛，对于农产品网络销售及相关产品的新媒体直播人群，设置相关 App 专属流量套餐，降低其网络成本。

### （二）提升农村地区的产业数字化水平

引入物联网、云计算、人工智能等新技术，以提升农业生产效率和提高农

① 2016 年和 2022 年城乡互联网普及率的数据来源于中国互联网络信息中心第 39 次和第 51 次《中国互联网网络发展状况统计报告》，原文链接分别为：https://www.cnnic.cn/n4/2022/0401/c140－5098.html 和 https://www.199it.com/archives/1573087.html。

② 数据来源于新田新闻网 2018 年 11 月文章《新田农村通信光纤和 4G 网络建设步伐加快》，原文链接：http://xt.gov.cn/xt/hygq/201811/88ec33a1d36b405c8a40b56bf53e1daa.shtml。

③ 根据新田县远程医疗案例根据红网永州站 2021 年 9 月文章《为基层百姓铺就“健康路”——新田县大力实施基层远程诊疗建设工程纪实》的相关内容整理，原文链接：https://www.163.com/dy/article/GL0C0F130534AANS.html。

④ 方福前，田鸽，张勋．数字基础设施与代际收入向上流动性——基于“宽带中国”战略的准自然实验［J］．经济研究，2023，58（5）：79-97.

村地区的管理水平，推动乡村经济发展。鼓励电信运营商、互联网平台企业、互联网金融企业主动参与到数字乡村建设中来，以降低信息成本、交易成本，让市场优化配置资源的功能在农村地区和农业部门得到充分发挥。

### （三）提升农村居民的数字技术能力

通过举办计算机基础、信息安全等相关内容培训班使农村地区居民能够熟练掌握必要的数字技能。牵线大型电商平台，提供农产品相关的电子商务培训指导。关注老年群体，加强对老年人等困难群体的数字技能定向帮扶工作，帮助他们更好地适应数字化生活。

# 第八章　铁路运输行业发展报告

# 第一节　铁路运输行业投资与建设

铁路是国家战略性、先导性、关键性重大基础设施，是国民经济大动脉、重大民生工程和综合交通运输体系骨干，在经济社会发展中的地位和作用至关重要。2022年，铁路行业坚持稳中求进工作总基调，完整、准确、全面贯彻新发展理念，服务加快构建新发展格局，统筹发展和安全，扎实推进中国式现代化，推动铁路高质量发展，为全面建设社会主义现代化国家开好局起好步做出新贡献。这一年，全国铁路固定资产投资完成7109亿元，铁路路网规模进一步扩大，全国铁路营业里程达到15.5万公里，其中高速铁路达到4.2万公里，铁路投产新线4100公里，其中高速铁路达到2082公里。

## 一、铁路固定资产投资规模持续放缓

随着“八纵八横”主通道逐步建成，普速铁路瓶颈路段陆续消除，铁路固定资产投资节奏显著放缓。根据铁道统计公报，2012年全国固定资产投资规模为6309亿元，2014～2019年，铁路固定资产投资规模始终保持在8000亿元以上（图8-1）。2020～2022年，全国铁路固定资产投资规模数值逐年下降，2020年全国铁路固定资产投资规模跌破了保持6年的8000亿元以上的规模。2022年以来，除年初个别月份外，铁路固定资产投资规模同比增速连续为负值。2022年全国铁路固定资产投资规模为7109亿元，比2012年增加了800亿元，上升12.68%，相比2021年减少了380亿元，下降5.07%。

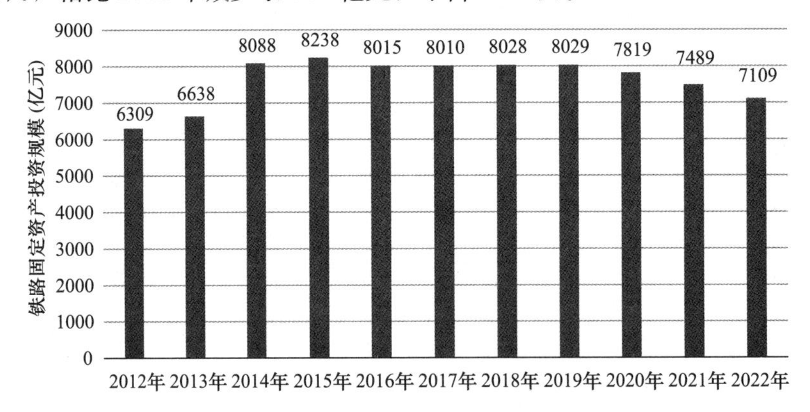


图8-1　2012～2022年我国铁路固定资产投资规模

资料来源：国家铁路局发布的历年铁道统计公报。

## 二、铁路建设保持世界领先水平

### （一）铁路里程位居世界前列

新时代10年（2012～2022年），我国铁路事业取得历史性成就，发生历史性变革。“四纵四横”高速铁路主骨架全面建成，“八纵八横”高速铁路主通道和普速干线铁路加快建设，目前我国已经建成世界最大的高速铁路网和先进的铁路网。2022年，全国铁路营业里程达到15.5万公里，比上年增长3.33%，比2012年9.8万公里增长了58.2%（图8-2），铁路复线率为59.6%，电化率为73.8%；国家铁路营业里程13.4万公里，复线率61.9%，电化率75.6%。高速铁路营业里程稳居世界第一，2022年达到4.2万公里，比上年上升5%，比2012年的0.9万公里增加了366.7%，高速铁路营业里程占铁路营业里程达到27.1%。全国铁路路网密度161.1公里/万平方公里，比上年末增加4.4公里/万平方公里。

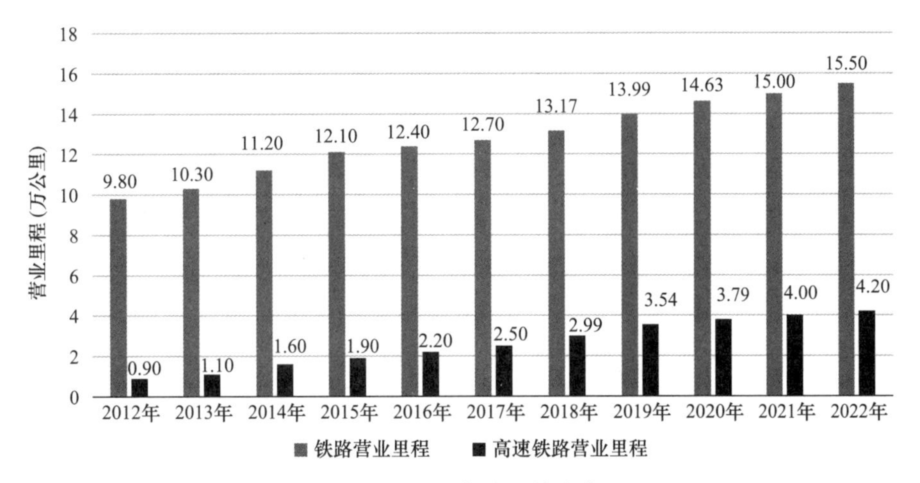


图8-2 2012～2022年我国铁路营业里程

资料来源：交通运输行业统计公报。

铁路网覆盖范围不断扩大，2022年，全国投产新线4100公里，其中高铁2082公里，全国130多个县结束了不通铁路的历史，多个省份实现“市市通高铁”，路网覆盖全国99%的20万人口以上城市和81.6%的县，高铁通达94.9%的50万人口以上城市。2022年，《中华人民共和国国民经济和社会发展第十四个五年规划和2035年远景目标纲要》确定的102项重大工程中的铁路项目顺利推进；川藏铁路工程首批国家重点专项全面启动，京雄商高铁雄安新区至商丘段、天津至潍坊高速铁路、瑞金至梅州铁路等26个项目开工建设，和田至若羌铁路、合杭高铁湖杭段、银川至兰州高铁中卫至兰州段等 29 个铁路项目建成投产。

### （二）市域（郊）铁路网络不断完善

在政策和都市圈的建设推动下，市域（郊）铁路建设速度加快。近年来，国家部委连续出台多个文件，支持和推进市域（郊）铁路建设。2017 年 6 月，国家发展改革委联合住房和城乡建设部、交通运输部等出台了《关于促进市域（郊）铁路发展的指导意见》，2019 年国家发展改革委印发《国家发展改革委关于培育发展现代化都市圈的指导意见》，要求大力发展都市圈市域（郊）铁路。2020 年 12 月，国家发展改革委、交通运输部、国家铁路局、中国国家铁路集团有限公司联合印发了《关于推动都市圈市域（郊）铁路加快发展的意见》，该意见指出，发展市域（郊）铁路，对优化城市功能布局、促进大中小城市和小城镇协调发展、扩大有效投资等具有一举多得之效，市域铁路被视作推进都市圈建设的重要抓手。

市域快轨线路长度持续增加，制式占比呈现波动上升趋势（图 8-3）。中国城市轨道交通协会发布的数据显示，截至 2022 年底，我国大陆地区运营的城市轨道交通线路制式结构中，市域快轨占比 11.89%；当年新增运营线路中，市域快轨占比 19.66%，与上年同期相比，市域快轨占比有所提升。市域快轨线路长度由 2013 年 227.00 公里增加到 2022 年的 1223.46 公里，累计新增 996.46 公里；市域快轨系统在城轨交通系统中的制式占比也由 2013 年的 8.30%提高到 11.89%。

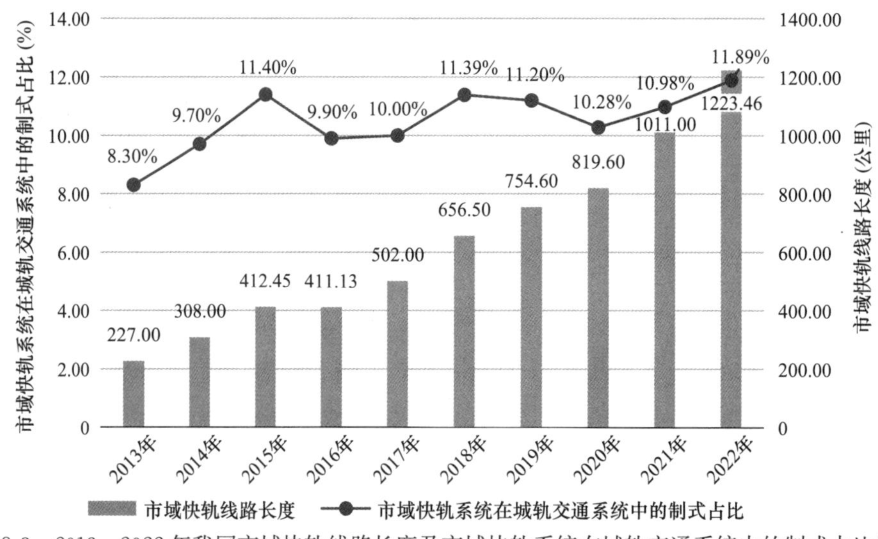


图 8-3　2013～2022 年我国市域快轨线路长度及市域快轨系统在城轨交通系统中的制式占比情况

资料来源：《城市轨道交通统计报告》（2013～2022）。

# 第二节　铁路运输行业运输与服务能力

2022 年，铁路运输服务品质全面跃升，确保了铁路大动脉畅通，保证了事关国计民生重点物资运输，营造了安全健康的出行环境。一方面，铁路运输质量显著提高。铁路行业持续提升客货运输供给质量和运输保障能力，服务国家战略不断取得新成效。另一方面，铁路服务水平显著改善。过去一年来，铁路行业加快高铁列车升级提速，不断提高客运服务质量，精准投放运力，不断打造服务精品，为更好服务经济社会发展和保障人民群众生产生活需要提供有力支撑。

## 一、铁路运输质量显著提高

### （一）铁路客运量呈波动下降趋势，安全体系更加完善

2020 年以来全国铁路旅客发送量波动下滑。国家铁路局发布的《2022 年铁道统计公报》显示，2022 年全年，全国铁路旅客发送量约为 16.73 亿人，比上年减少约 9.39 亿人，下降了 35.9%（图 8-4）。其中，国家铁路旅客发送量 16.10 亿人，比上年下降 36.4%。根据国家铁路局发布的统计数据，自 2022 年 3 月以来，铁路客运量呈现逐月下降趋势。2022 年前两个月，全国铁路客运量同比增长 23.0%。2022 年 3 月仅发送旅客 1.01 亿人，同比下降 58.4%。2022 年上半年全国铁路旅客发送量 7.87 亿人，比上年同期下降 42.3%。2022 年下半年铁路客运量略有回升，截至 2022 年第三季度，铁路累计发送客运量 13.81 亿人，同比下降 32.8%。

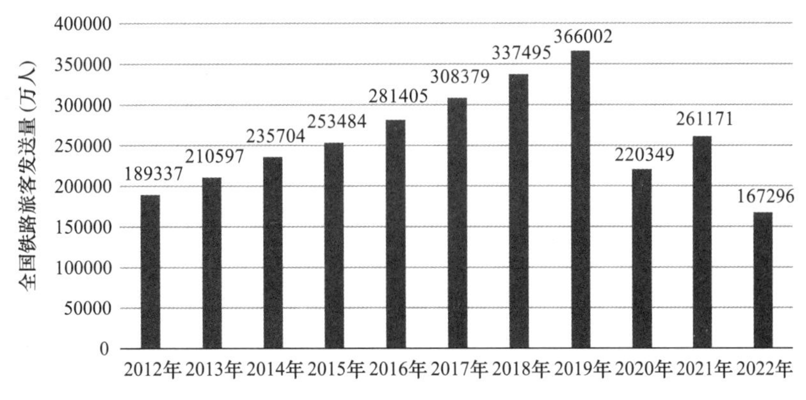


图 8-4　2012～2022 年全国铁路旅客发送量

资料来源：铁道统计公报。

2022年总体铁路旅客周转量低于2020年和2021年水平。2022年全国铁路旅客周转量完成6577.53亿人公里，比上年减少2990.28亿人公里，下降了约31.25%(图8-5)。其中，国家铁路旅客周转量6571.76亿人公里，比上年增长31.3%。

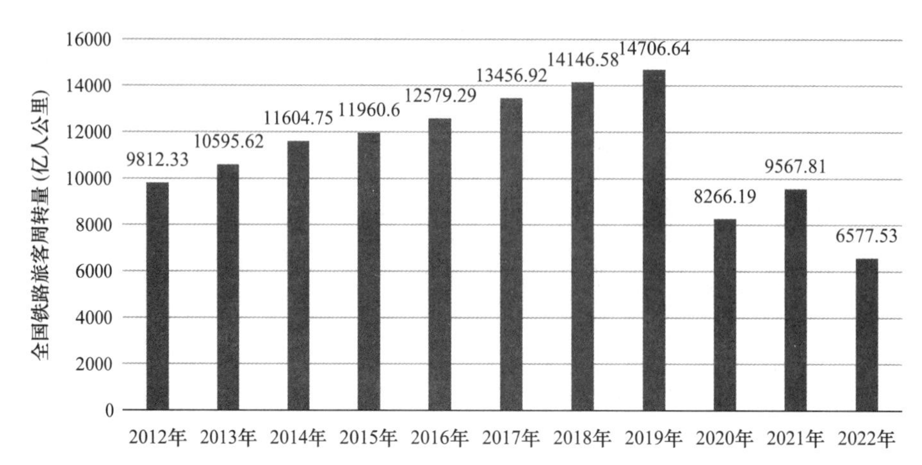


图8-5　2012～2022年全国铁路旅客周转量

资料来源：铁道统计公报。

运输装备方面，全国铁路客车拥有量为7.7万辆，其中，动车组4194标准组、33554辆。国家铁路客车拥有量为7.5万辆，其中，动车组4048标准组、32380辆。

铁路安全方面，铁路行业深入贯彻落实习近平总书记关于安全生产的重要论述和重要指示精神，贯彻总体国家安全观，牢固树立安全发展理念，坚持人民至上、生命至上，始终把保障人民群众出行安全放在首位，10年来，全国铁路交通事故件数、死亡人数持续下降，2022年全国铁路未发生铁路交通特别重大、重大事故，发生较大事故5件，比上年增加4件，事故件数、死亡人数较2012年分别下降了74.3%和78.8%，是历史以来最安全稳定的时期。同时，2022年铁路行业聚焦“防风险、保安全、迎二十大”，认真贯彻国务院安全生产委员会的安全生产大检查部署，严格落实安全生产十五条硬措施，深入开展安全专项整治行动，深化站段标准化规范化建设和高铁安全标准示范线建设，顺利完成铁路沿线安全环境整治三年行动。

### （二）铁路货运能力持续提高，保障重点物资运输

近年来国家鼓励调整运输结构、增加铁路运量，铁路产能快速扩张，铁路货运量、货运周转量居世界首位。2022年，全国铁路货运总发送量约49.84亿吨，比上年增加约2.11亿吨，增长4.4%（图8-6），其中，国家铁路货运总发

送量为39.03亿吨，比上年增长4.8%。2022年全国铁路货运总周转量为35945.69亿吨公里，比上年增加2707.69亿吨公里，增长8.1%（图8-7），其中，国家铁路货运总周转量为32668.36亿吨公里，增长9.1%。根据中国国家铁路集团有限公司发布的数据显示，2022年国家铁路货物发送量持续保持高位运行，铁路运输能力持续提升，国家铁路单日装车数、集装箱单日装车数、电煤单日装车数、货物单日发送量等多项指标屡次刷新历史纪录。2022年1月1日至2022年12月28日，国家铁路货物发送量达38.72亿吨、同比增长4.7%；2022年1～11月，国家铁路日均装车17.78万车、同比增长5.9%，其中集装箱日均装车43051车，同比增长20.3%。11月份，国家铁路集装箱日均装车49234车，同比增长22.5%，创单月历史最好成绩。

运输装备方面，全国铁路机车拥有量约为2.21万台，其中，内燃机车约0.78万台，电力机车约1.42万台。国家铁路机车拥有量为2.13万台，其中，内燃机车0.74万台，电力机车1.39万台。全国铁路货车拥有量为99.7万辆。其中，国家铁路货车拥有量为91.0万辆。

2022年，铁路行业立足经济社会发展全局，全国铁路上下积极克服恶劣天气等不利因素影响，充分发挥全路“一张网”和集中统一调度指挥优势，坚定不移实施“以货补客”，加大保通保畅工作力度，深入开展货运增量攻坚战。一方面，优化运输组织。铁路部门充分运用新线开通和配合部分客车停开释放的运输能力，持续增加货运能力供给；统筹运用线路、站场、机车、机辆和人力资源，精细化调整车流和机车机班，统筹用好平行通道能力，合理组织迂回运输，强化两端接驳，进一步提高路网能力利用水平。此外，我国既有动车组货运功能改造正在加快，改造动车组选用2010年前后投入运营的和谐号CRH2A型动车组，这些动车组承担客运任务已有10余年，在复兴号动车组不断投入运营的当下，部分老款和谐号动车组具备了货运改造条件。另一方面，保障重点物资运输。作为大宗物资运输的主力，铁路部门对关系国计民生的煤炭、石油、粮食、化肥等重点物资实行精准保供，彰显货畅其流保障民生的“铁担当”。能源安全是关系国家经济社会发展的全局性、战略性问题，煤炭则是能源供应的“压舱石”。2022年，铁路部门将煤炭中长期合同列为运力优先对象全力保障兑现，充分发挥中国国家铁路集团有限公司、各铁路局集团公司两级煤炭保供办作用，紧密对接地方政府和重点企业，全力提升煤炭运输能力。截至2022年12月28日，国家铁路煤炭发送量累计完成20.77亿吨，同比增长7.3%，其中电煤日均装车5.8万车，同比增长12.4%。粮食安全是“国之大者”。党的二十大报告指出，全方位夯实粮食安全根基，确保中国人的饭碗牢牢端在自己手中。铁路部门站在服务国家战略和保障民生的高度，扛稳粮食安全重任，把粮食运输放在与电煤保供同等重要的位置，统筹兼顾运力安排。2022 年 1 月 1 日至 2022 年 12 月 28 日，铁路相关部门累计运输粮食 1.11 亿吨，同比增长 9.4%，保障了国内粮食生产供应、粮食市场价格稳定。

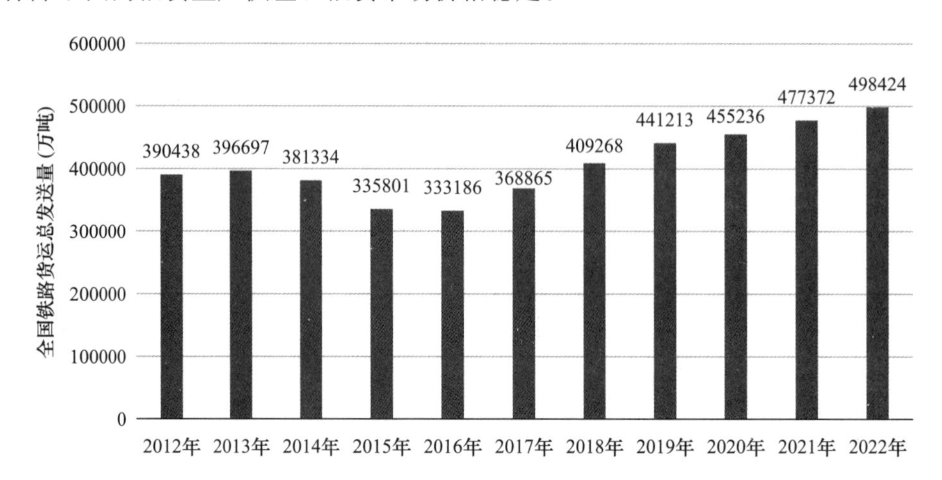


图 8-6　2012～2022 年全国铁路货运总发送量

资料来源：铁道统计公报。

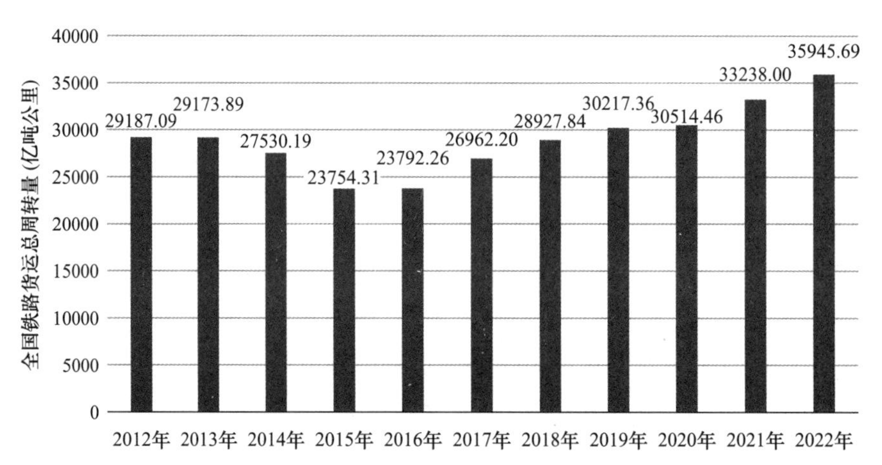


图 8-7　2012～2022 年全国铁路货运总周转量

资料来源：铁道统计公报。

### （三）提升铁路货物增量，“公转铁”转型持续深化

发挥节能环保的绿色铁路优势，是实现生态优先、绿色发展的重要途径。铁路货运单位能耗远低于公路，电气化铁路基本是零污染。充分发挥铁路这一绿色交通工具在综合交通体系中的骨干作用，对推动“双碳”目标下绿色交通发展、落实交通领域压减碳排放的刚性约束具有重要意义。

近年来，铁路部门持续全面把握“双碳”工作的重大成就和重大意义，提高战略思维能力，全面优化铁路货运布局，积极会同有关部委和地方政府、企业认真落实、深入推进铁路货运增量行动，努力扩大“公转铁”成果，为我国绿色低碳发展贡献积极力量。一方面，聚焦打赢蓝天保卫战，铁路部门主动协调对接生态环境部、国家发展改革委、交通运输部等部门，将“公转铁”运输纳入更多专项规划。另一方面，以大宗货物为重点，铁路部门持续深入推进“公转铁”“散改集”运输，巩固扩大运输结构调整成果。在加强煤炭运输的同时，中国国家铁路集团有限公司完善港口矿石集疏运体系，加快推进疏港通道能力建设，提升主要卸车点能力，充分发挥敞顶箱运输优势，推动大宗货物“散改集”运输取得新成效。例如，2022 年中国铁路济南局集团有限公司大力推进多式联运、集装箱班列运输，深化全程物流服务，实现“公转铁”增量 1715 万吨，为近 5 年增量之最。

### （四）铁路服务共建“一带一路”建设取得显著成效

党的二十大报告提出，推动共建“一带一路”高质量发展，共建“一带一路”成为深受欢迎的国际公共产品和国际合作平台。2022 年，铁路部门坚持共商、共建、共享和高标准、可持续、惠民生，发挥自身优势，主动融入和服务“一带一路”建设，“钢铁驼队”中欧班列加速奔跑，西部陆海新通道班列运量增势良好，中老铁路客货运输量质齐升，雅万高铁建设驶入“快车道”，中缅铁路建设有序推进，中吉乌铁路、中尼跨境铁路可研工作全面启动，中泰铁路合作进展顺利，巴基斯坦一号铁路干线、中蒙俄铁路中线通道等项目积极推进。

铁路充分发挥中欧班列战略通道作用，2012～2022 年，中欧班列联通我国境内 108 个城市，通达欧洲 25 个国家 208 个城市，累计开行 6.5 万列、604 万标箱。2022 年全年开行中欧班列 1.6 万列、发送 160 万标箱，同比分别增长 9%、10%；西部陆海新通道班列发送货物 75.6 万标箱，同比增长 18.5%。中欧班列的发展不仅体现在量的增加，也体现在质的跨越。中欧班列正在由“点对点”起步向“枢纽对枢纽”转变，将围绕服务推进高水平对外开放，务实推进境外重点铁路建设项目，持续提升中欧班列、西部陆海新通道班列开行质量，不断深化共商规则标准“软联通”、共建基础设施“硬联通”、共享发展成果“心联通”。

作为融入和服务“一带一路”建设的重要基础设施，中老铁路开通运营已满一年，交出了客货齐旺“成绩单”。中老铁路开通运营一周年累计发送旅客 850 万人，运送货物 1120 万吨，开行跨境货物列车 3000 列，为沿线地区发展按下“加速键”。我国制造的“澜沧号”动车已融入老挝当地民众的日常生活，成为许多当地人出行的首选交通方式；东南亚水果通过中老铁路源源不断进入我国市场，我国的蔬菜和我国云南省的高原特色农产品“坐”上火车走出国门，实现双向高效运输，惠及两国的果农、菜农和消费者。

作为共建“一带一路”倡议和两国（我国和印度尼西亚）务实合作的标志性项目，雅万高铁是我国高铁全系统、全要素、全产业链走出国门“第一单”。2023 年 6 月雅万高铁建成通车后，雅加达和万隆两地的出行时间将由现在的 3 个多小时缩短至 40 分钟，将更加方便当地民众出行，促进当地经济社会发展。印度尼西亚当地时间 2022 年 11 月 16 日，雅万高铁德卡鲁尔车站至 4 号梁场间线路接受检测，结果显示各项指标参数表现良好。这标志着我国和印度尼西亚合作建设的雅万高铁首次试验运行取得了圆满成功。匈塞铁路塞尔维亚境内贝尔格莱德至诺维萨德段于 2022 年 3 月 19 日开通运营。

## 二、铁路服务水平显著改善

### （一）高铁列车升级提速，运客能力持续扩张

我国高铁在投入运营后，在列车开行数量、速度等级、本线与跨线比例、单车载客能力等方面进行了数轮升级。高铁列车进行提速将有助于提高服务质量，提升旅客发送能力，推进出行服务快速化、便捷化，构筑大容量、高效率的区际快速客运服务，提升主要通道旅客运输能力。2022 年 6 月 20 日起，京广高铁京武段常态化按时速 350 公里高标运营，这标志着京广高铁建设安全示范线取得重大进展，新投用的 10 组复兴号智能动车组加速奔跑，57 列时速 350 公里高品质标杆列车覆盖 16 个省（区、市），多个城市间旅行时间进一步压缩。目前，我国按时速 300～350 公里建设的高铁，一般按常态化时速 310 公里达标运营，通过开展安全标准示范线建设达标后，可以按照设计的高限速度时速 350 公里常态化高标运营。这是一个复杂的系统工程，需要综合考量基础设施条件、乘客舒适度、运输能耗、外部环境等多种因素。2022 年 3 月开始，铁路部门启动了京广高铁京武段安全标准示范线建设工程，充分借鉴京沪、成渝等高铁提速的成功经验，集中组织了线路、桥梁、隧道、牵引供电、通信信号等设备设施及视频监控、灾害监测等系统升级改造和补强工程，达到了按时速 350 公里运营的标准。2017 年以来，京沪高铁、京津城际、京张高铁、成渝高铁先后成功实现时速 350 公里运营。京广高铁京武段达速运营后，我国共有 3186 公里高铁线路实现时速 350 公里高标运营。

### （二）运力投放更加精准，满足客货运输需求

客运方面，随着郑渝高铁襄万段、济郑高铁濮郑段、和若铁路和北京丰台

站等新线新站建成开通，铁路部门科学分析旅客出行规律，充分用好新增运力资源，动态灵活调整运力，精准实施“一日一图”，最大限度满足旅客出行需求。在高铁和客运专线实行高峰运行图，要求各铁路局集团公司根据客流需求及时安排动车组重联运行、恢复开行和增开。针对突发大客流，铁路部门及时启动快速响应机制，提前储备热备车底、安排乘务人员，增加运能投放，进一步提升需求响应能力。

货运方面，铁路部门针对电煤运输保障精准发力，用好大秦、唐包、瓦日、浩吉、乌将线等主要煤运通道，增开煤运重载列车，精心组织北煤南运、西煤东运和疆煤外运，持续加大电煤保供力度。紧密对接地方政府经济运行部门和电厂企业，对电煤运输需求做到“充分满足、应装尽装”。2022 年 1 月至 9 月，国家铁路发送煤炭 15.7 亿吨，同比增长 11.1%，其中电煤 11 亿吨，同比增长 17%。截至 2022 年 9 月 30 日，全国 363 家铁路直供电厂存煤 6548 万吨，同比增加 3566 万吨；可耗天数 29 天，同比增加 15 天，保持较高水平。

### （三）提升铁路服务质量，打造铁路服务精品

2022 年，铁路部门全面深化运输供给侧结构性改革，精心设计客运产品，确保列车应民所需、为民而开，精准匹配旅客出行需求。完善老幼病残孕旅客、军人、学生等特定群体服务流程、服务标准，确保站车空调、饮水等设施正常运转，不断加大基本服务保障力度；持续深化“厕所革命”，实施车站“畅通工程”，持续改善群众出行条件。扩大静音车厢试点范围，推广新型票制、商务座提质等服务，试点开展列车扫码服务，探索打造铁路在途服务平台，让旅客出行体验更加美好。

特别值得注意的是，2022 年，铁路出色完成冬奥运输服务保障工作。中国国家铁路集团有限公司发布的数据显示，自 2022 年 1 月 21 日冬奥赛时运输启动至北京冬奥会闭幕，铁路部门累计开行冬奥列车及开闭幕式专列 1035 列，其中 2022 年 2 月 4 日至 20 日“冬奥时间”开行 554 列，正点率 100%，安全快捷、温馨舒适的乘车体验赢得了广泛赞誉。铁路部门对涉奥运输的京张高铁清河、延庆、太子城、崇礼 4 个车站和冬奥列车实施分区分级、闭环管理等防控策略，制订实施闭环内和闭环外人员流线两套方案。闭环管理人员进出站和乘车全部使用专用通道、专用候车区、专用车厢和专用落客区，与非闭环人员区域相互隔离、互不交集。同时，铁路部门持续加强设备设施质量整治和检查监测，深化京张高铁安全标准示范线建设；完善应急处置机制，备齐配强应急人员、物资和机具等。铁路各部门、各单位坚守安全底线，多向发力，确保了冬奥列车安全运行。

# 第三节　铁路运输行业发展成效

2022年，铁路行业坚持稳中求进工作总基调，完整、准确、全面贯彻新发展理念，服务加快构建新发展格局，统筹发展和安全，改革创新持续深化，推动铁路高质量发展取得新成效，铁路科技创新能力进一步提高，绿色低碳发展稳步推进，治理水平加快提升，扎实推进中国式现代化，为全面建设社会主义现代化国家开好局起好步做出新贡献。

## 一、市场化改革推动高质量发展

近年来，我国铁路发展势头良好，铁路规模不断扩大，铁路建设成为拉动经济增长的重要引擎，为我国经济社会平稳发展提供了重要保障。然而，由于各种原因，我国铁路的资产结构和资本利用效率一直不佳，负债高企，这都需要通过市场化手段在充分的市场竞争中予以克服。2022年，铁路市场化改革取得积极进展，行业发展活力进一步得到激发。

一是国铁企业公司制改革顺利完成，扎实推进国铁企业改革三年行动。2020年，中国国家铁路集团有限公司出台了《国铁企业改革三年行动实施方案（2020—2022年）》（以下简称《实施方案》），明确了深化改革的时间表、路线图。截至2022年6月底，中国国家铁路集团有限公司、30余家所属企业以及三级公司公司制改革基本完成，国铁企业改革三年行动中有明确时间节点要求的35项改革任务已完成33项，持续推进的110项改革措施有90%以上取得阶段性进展。2022年底，《实施方案》明确的110项改革任务全部完成，国铁企业改革深入推进，具体包括修订党组工作规则、铁路企业党委会工作规则，健全重大事项决策权责清单，推进董事会专门委员会建设。此外，在稳步推进重点监管铁路公司改革规范工作的同时，四川、云南省区域合资公司完成重组。

二是铁路行业股份制改造加快推进。国铁集团旗下已拥有广深铁路、铁龙物流、大秦铁路、京沪高铁、铁科轨道、金鹰重工、中铁特货、哈铁科技8家上市公司。中国国家铁路集团有限公司下属中国铁路哈尔滨局集团有限公司控股的哈尔滨国铁科技集团股份有限公司（以下简称“哈铁科技公司”）在上海证券交易所科创板挂牌上市，这是铁路股份制改造取得的新进展。哈铁科技公司成功上市是中国国家铁路集团有限公司深入贯彻落实中央关于实施国企改革三年行动方案的决策部署、加快推动铁路股份制改造、实现优质资产股改上市的又一重要成果，将有利于通过资本市场优化资源配置，推动铁路资产资本化、股权化、证券化，做强做优做大国铁企业，提升铁路科技自立自强能力，巩固我国铁路装备技术世界领先地位。哈铁科技公司此次募集资金总额为16.3亿元，主要用于实施红外探测器研发及产业化、北京和天津检测试验中心建设以及轨道交通智能识别终端产业化等项目，将有效推动公司科研攻关、资源整合和成果转化，进一步提升技术创新水平和市场竞争力。

三是铁路资产资本化、股权化取得重要进展。粤海铁路轮渡是我国第一条跨海铁路通道，是连接海南岛与大陆的"交通咽喉"，以其作为底层资产发行基础设施REITs（不动产投资信托基金）具有极为重要的战略意义与经济意义。铁路项目作为基础设施REITs试点的重要领域，粤海铁路轮渡项目的成功发行可为全国范围内的巨大存量铁路资产盘活提供实践经验，符合国家政策和改革方向。2022年，按照中国国家铁路集团有限公司经营开发部工作部署，中国铁路投资集团有限公司成立专项工作组承担粤海轮渡REITs项目国资进场交易的经济服务工作，先后组织深度研究中国铁路广州局集团有限公司上报的粤海铁路轮渡基础设施REITs发行方案文件，多次沟通发行方案细节，和上海联合产权交易所共同研判国资进场交易环节的重点难点，梳理同类基础设施REITs产权交易案例，形成符合双公开市场政策要求的国资进场交易方案。

四是市郊铁路建设改革创新取得突破。2022年9月30日，北京市域铁路融合发展集团有限公司正式揭牌。2021年4月9日北京市政府与中国国家铁路集团有限公司签订了《北京市人民政府　中国国家铁路集团有限公司关于深化铁路领域战略合作的框架协议》，确定了组建路市合作平台公司、加快市郊铁路重大项目建设等一系列重点任务。经过充分的协商筹备，北京市域铁路融合发展集团有限公司于2022年9月30日正式成立。该公司是全国首个由省级人民政府与中国国家铁路集团有限公司合作组建的以市域（郊）铁路为主营业务的企业。该公司的成立是双方共同推进市郊铁路建设改革创新的全新实践，是合作迈向更高水平、更广领域和更深层次的重要里程碑。

## 二、科学技术支撑产业先进制造力

### （一）科技创新能力不断提升

我国铁路总体技术水平已迈入世界先进行列，高速、高原、高寒、重载铁路技术达到世界领先水平，高铁迈出从追赶到领跑的关键一步。2022年，我国铁路部门不断深化铁路科技创新，着力提升铁路科技自立自强能力，不断巩固我国铁路领跑地位。川藏铁路工程首批国家重点专项全面启动，川藏创新中心成都研发基地一期工程顺利竣工；CR450 动车组总体技术条件制定发布，我国自主研发的世界领先新型复兴号高速综合检测列车创造了明线相对交会时速 870 公里世界纪录；智能高铁技术体系持续完善，奥运智能动车组、列车运行图编制系统等一批新技术新产品投入应用。

2022 年铁路行业科技创新与获奖项目聚焦关键核心技术，在智能高铁、装备制造、工程建设等领域实现了重大技术创新，使得行业总体技术水平和主要技术经济指标居世界领先水平，创造了重大的经济效益和社会效益，对铁路行业科技进步具有重要的引领和示范作用。2022 年，铁路行业认定“BIM 软件铁路行业重点实验室”等重点实验室 13 个，“重载铁路高效运输技术铁路行业工程研究中心”等工程研究中心 13 个，铁路行业共有“动车组车辆（龙凤呈祥）”等 27 项专利获第二十三届中国专利奖，其中中国外观设计金奖 1 项、中国专利银奖 8 项、中国外观设计银奖 1 项，中国专利优秀奖 17 项。铁路重大科技创新成果库 2022 年度入库 320 项，其中铁路科技项目 50 项、铁路专利 58 项、铁路技术标准 25 项、铁路科技论文 187 篇。中南大学轨道交通科普基地获评为国家交通运输科普基地。

### （二）科技创新平台不断丰富

中国国家铁路集团有限公司持续实施国家铁路局课题研究计划，支持开展 341 项课题研究，服务行政履职，推动铁路重点领域科技攻关。一是建立铁路重大科技创新成果库，累计评审入库成果 1824 项，激发行业科技创新动力。二是推进铁路行业科技创新基地建设，两批次认定 20 个重点实验室和 23 个工程研究中心，着力打造国家战略科技力量。三是连续召开铁路科技创新工作会议，创办发行《铁道技术标准（中英文）》期刊，搭建行业经验交流、成果展示的平台。四是开展高铁经济学、高铁工程学学科建设，编著《高铁经济学导论》、“高铁工程技术创新丛书”，研究推进铁路科技人才库建设，不断培育高水平铁路科技人才。

### （三）国际合作将进一步深化

秉持“与世界相交、与时代相通”理念，铁路行业积极推动基础设施“硬联通”、规则标准“软联通”。一是深入推进铁路高水平对外开放，积极开展铁路政府间国际合作交流，参与铁路合作组织改革，深化与国际铁路联盟等国际组织合作，积极参与国际铁路治理体系建设，发挥铁路国际组织和多边及双边机制作用，服务高质量共建“一带一路”。二是加强与相关国家政府部门协调，开展国际联运规则制修订，促进国际联运便利化，推动境外铁路项目建设取得新进展。三是累计发布358项铁路技术标准外文译本，主持66项铁路国际标准制修订，为铁路企业承建雅万高铁等项目提供技术标准支持，支持中国企业建设运营蒙内铁路等“走出去”重点项目。

## 三、绿色铁路促进生态文明建设

党的二十大报告中指出，人与自然和谐共生是中国式现代化的重要特色，促进人与自然和谐共生是中国式现代化的本质要求。“促进人与自然和谐共生”就是要牢固树立和践行绿水青山就是金山银山的理念，站在人与自然和谐共生的高度谋划中华民族永续发展。作为国民经济的大动脉，铁路不仅是综合交通运输体系的骨干，在经济社会发展中有着至关重要的作用，同时也发挥着绿色低碳环保优势，积极为推动绿色发展，促进人与自然和谐共生做贡献。国家铁路局发布的2022年统计公报结果显示，在综合能耗上，国家铁路能源消耗折算标准煤1512.58万吨，比上年减少74.33万吨，下降4.7%。单位运输工作量综合能耗3.91吨标准煤/百万换算吨公里，比上年减少0.17吨标准煤/百万换算吨公里，下降4.2%。单位运输工作量主营综合能耗3.88吨标准煤/百万换算吨公里，比上年减少0.16吨标准煤/百万换算吨公里，下降4.0%（图8-8）。

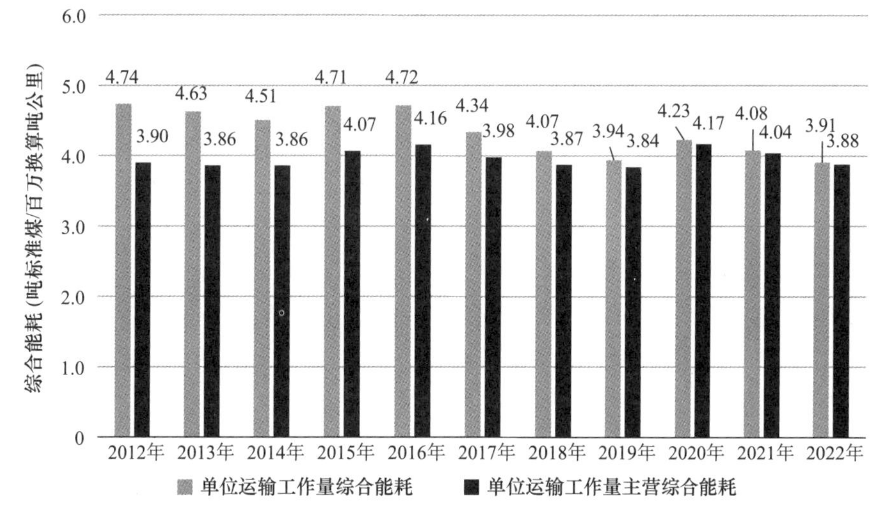


图8-8 2012～2022年来我国铁路运输工作量能耗

资料来源：铁道统计公报。

在主要污染物排放量上，国家铁路化学需氧量排放量 1448 吨，比上年减少 158 吨。二氧化硫排放量 1228 吨，比上年减少 1112 吨（图 8-9）。同时沿线绿化力度持续加大，2022 年全国铁路绿化里程累计达 5.59 万公里，铁路线路绿化率达 87.32%①。

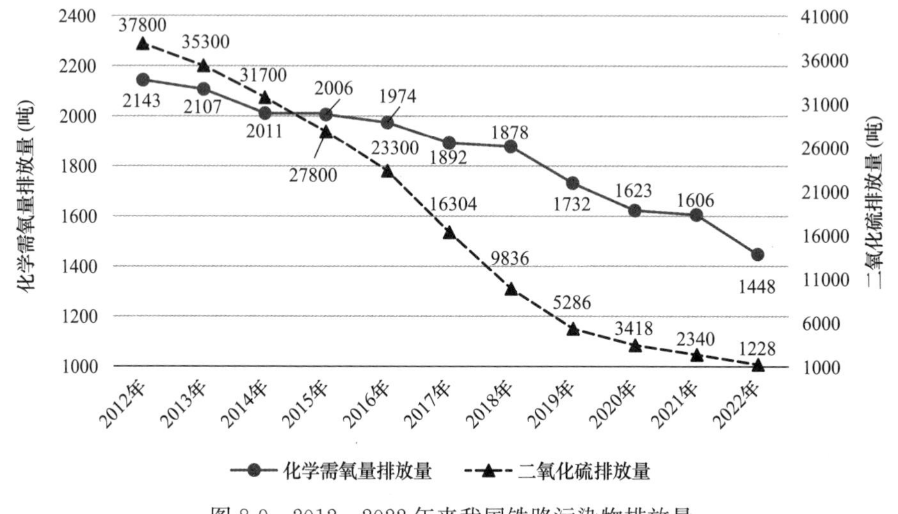


图 8-9　2012～2022 年来我国铁路污染物排放量

资料来源：铁道统计公报。

## 四、治理体系助力现代化铁路建设

新时代 10 年来，铁路事业发展通过变革性实践，取得了突破性进展和标志性成果。

一是铁路政企分开改革顺利实施，管理体制不断优化。2013 年 3 月，贯彻落实党中央决策部署，实施铁路政企分开改革，撤销铁道部，组建国家铁路局和中国铁路总公司，铁路改革迈出历史性的“关键一步”。10 年来，铁路行业监管体系逐步完善，政府职能转变和简政放权成效明显。国家铁路局深入推进“放管服”改革，全面清理行政审批事项，全部取消非行政许可审批，25 项行政许可事项仅保留 5 项。国铁企业实施公司制改革，建立现代企业制度，中国国家铁路集团有限公司及 30 余家所属企业公司制改革基本完成。主动融入综合交通运输体制机制，推动形成国家层面的“一部三局”综合交通运输管理体制架构，加快建设交通强国的合力进一步增强。

① 《2022 年中国国土绿化状况公报》。

二是铁路市场化改革取得积极进展，行业发展活力进一步激发。铁路投融资体制改革不断深化，地方政府、社会资本投资比例持续提升，首条民间资本控股的杭绍台高铁建成通车。铁路建设运营市场更加开放，铁路运输价格体系、客运票价浮动机制、货运价格形成机制不断健全，进一步增强了运价弹性，提高了铁路运输市场竞争力。运输市场主体更加多元，经行政许可的铁路运输企业达到78家。混合所有制改革稳步推进，铁路资产资本化、股权化、证券化不断取得实质性成果。以京沪高铁、铁科轨道等为代表，高铁业务板块、专业运输板块和铁路科创智造板块优质企业股改上市。大秦铁路股份有限公司可转债完成上市交易。中铁顺丰国际快运有限公司、中铁京东物流有限公司等混合所有制企业经营持续向好。全国铁路累计完成固定资产投资7.7万亿元，铁路建设债券发行超过1.8万亿元，铁路资产运营效率不断提高，国家铁路资本功能和溢出效应不断扩大。铁路市场化、法治化、国际化营商环境正加快构建。

三是国家铁路局强力推动法治政府部门建设，铁路监管部门坚持法治引领，加快转变政府职能，推进机构、职能、权限、程序、责任法定化，加强铁路法规标准体系建设，做到不越位、不缺位、不错位。深化铁路行政执法改革，推动重点领域法规和标准制修订，不断增强行业治理效能。一方面，法规标准不断完善。推进《中华人民共和国铁路法》等法规规章制修订和规范性文件废改立，发布《铁路安全管理条例》，编制发布《高速铁路安全防护管理办法》等14项规章，清理原铁道部规范性文件，初步构建一整套监管法规制度体系。另一方面，加快建设铁路标准体系，围绕高速、城际、市域（郊）、客货共线、重载等铁路建设运营需要，扎实推进标准制修订工作，形成了涵盖装备技术、工程建设、运输服务三大领域的铁路标准体系，为保障运营安全、提高运输效能、提升铁路产品质量、保证工程质量、规范安全监管提供了重要支撑。

## 第四节　铁路运输行业助力共同富裕

党的二十大报告指出，中国式现代化是全体人民共同富裕的现代化。共同富裕是中国式现代化的重要特征，是社会主义的本质要求。铁路作为关乎国计民生的重要基础设施和大众化交通工具，在新时代新征程中强化责任担当，多措并举，扎实做好建设帮扶、运输帮扶、定点帮扶等工作，持续加大老少边和脱贫地区铁路建设力度，实施帮扶项目；坚持开行公益性“慢火车”，助力乡村振兴；创新帮扶模式，扎实推进帮扶行动，为推进共同富裕积极贡献力量。

## 一、积极推进建设帮扶：老少边及脱贫地区铁路建设力度加大

西部地区集中了全国大多数老少边及脱困地区，2022 年铁路行业自觉服务国家战略和民生需求，有针对性地解决西部“留白”问题，西部地区的铁路里程建设迈上新的台阶，130 多个县结束了不通铁路的历史。西部地区 2022 年铁路营业里程 6.3 万公里，占全国里程的 41%，较 2012 年增加 2.6 万公里。截至 2022 年 11 月底，西部地区高铁营业里程达 1.1 万公里，占全国里程的 26%。2022 年全国开通的主要线路中，银兰高铁、新成昆铁路、弥蒙高铁、南凭高铁南崇段、郑渝高铁、和若铁路、重庆东环铁路等都是位于西部或部分位于西部的线路。除了线路开通，川藏铁路雅安至林芝段建设稳步推进，成渝中线高铁、西渝高铁安康至重庆段、西延高铁西安至铜川段、兰新铁路精河至阿拉山口段增建二线工程等多个项目密集开工。

随着铁路的快速发展，铁路成为助力脱贫地区经济社会发展的强大引擎，成为人民群众脱贫致富的幸福路，激活了乡村资源活力，搭建起奔向共同富裕的快速通道。中国国家铁路集团有限公司发布的数据显示，全国老少边及脱贫地区的铁路建设总投资达 4.3 万亿元，占同期铁路建设投资总额的 78.0%。2022 年，老少边及脱贫地区完成铁路基建投资 3695 亿元、占铁路基建总投资 80.2%，脱贫地区运送旅客 1.1 亿人次，运送货物 7.9 亿吨、减免费用 14.5 亿元，实施帮扶项目 160 余个，完成消费帮扶 7.87 亿元、同比增长 18.2%。

## 二、深入做好运输帮扶：开行公益性“慢火车”，助力乡村振兴

公益性“慢火车”主要运行在交通不便的革命老区、少数民族聚居区、经济相对欠发达的农村地区，以服务沿线乡村群众出行、赶集、通勤、通学、就医等为主要目标的非营利性旅客列车。全国 81 对公益性“慢火车”，覆盖 21 个省（区、市），经停 530 座车站。自 2017 年公益“慢火车”有统计以来，截至 2022 年 8 月底，累计运送旅客 2.66 亿人次，每年运送沿线群众约 2200 万人，成为乡村振兴之路上的致富车、连心车、团结车。

国家铁路集团推出进一步深化公益性“慢火车”的提质措施，通过打造标杆公益性“慢火车”、巩固公益性“慢火车”品牌成果、提升铁路技术装备水平等方式，进一步优化提升公益性“慢火车”质量服务，积极助力乡村振兴。中

国铁路太原局集团有限公司以打造4对标杆公益性“慢火车”为引领，坚持以“公益”定位“慢火车”的服务特性，每年对公益性“慢火车”开展分析研判，动态调整开行区段、时刻、编组，持续扩大“慢火车”的受益面。中国铁路哈尔滨局集团有限公司扎实推进与公益性“慢火车”途经区域党委和政府部门的共建机制，积极推进“双站长”制，地方站长和铁路站长共同负责站内外环境、基础设备设施改善维护、站内外治安联控、安全宣传和服务，努力满足群众出行需求、交通基础设施建设以及沿线地区经济社会发展，助力乡村振兴。

## 三、高质量实施定点帮扶：创新帮扶模式，扎实开展帮扶行动

铁路行业发挥优势，集中人力、财力、物力全面开展帮扶工作，创新帮扶模式，深入推进帮扶行动。新时代10年来，铁路部门累计向中央和省级定点帮扶地区投入资金9.8亿元，引入帮扶资金5.6亿元；派驻帮扶干部439人，精准实施600余个帮扶项目。

一方面，行业结合自身优势，积极创新帮扶模式，通过创新开展定向采购、进站上车、电商带货、建设消费、帮运帮销等消费帮扶行动，构建“三网一柜”（12306平台、快运商城、国家铁路通用物资采购平台、铁路消费帮扶智能售货柜）线上线下深度融合消费帮扶体系。

另一方面，行业深入推进就业帮扶、产业帮扶行动，在取得显著成效的同时也彰显了铁路担当。行业充分用好“点对点”务工专列，在助力稳岗返岗的同时深化铁路建设优先培训使用、铁路企业岗位用工、拓展帮扶产业和公益岗位、引导返乡创业和加强教育培训增强就业技能等“五个一批”就业帮扶举措，帮助有劳动能力和就业意愿的原贫困人口实现就业。同时，打造出河南栾川县“铁路小镇”、宁夏固原市原州区“万亩冷凉蔬菜”、陕西勉县“茶旅融合”、新疆和田县“火车头打馕车间”等一批产业示范项目，叫响了铁路帮扶品牌。

# 第九章　政策解读

# 第一节　综合性法规政策解读

## 《环境基础设施建设水平提升行动（2023—2025年）》解读

### 一、出台背景

党的二十大明确提出要提升环境基础设施建设水平，为认真落实党中央、国务院决策部署，贯彻落实《中华人民共和国国民经济和社会发展第十四个五年规划和2035年远景目标纲要》《中共中央　国务院关于深入打好污染防治攻坚战的意见》《国务院办公厅转发国家发展改革委等部门关于加快推进城镇环境基础设施建设指导意见的通知》等的相关要求，国家发展改革委、生态环境部、住房和城乡建设部于2023年7月25日正式印发了《环境基础设施建设水平提升行动（2023—2025年）》（以下简称《行动方案》）。《行动方案》的提出是以习近平新时代中国特色社会主义思想为指导，深入贯彻习近平生态文明思想，加快构建集污水、垃圾、固体废弃物、危险废物、医疗废物处理处置设施和监测监管能力于一体的环境基础设施体系，推动提升环境基础设施建设水平，逐步形成由城市向建制镇和乡村延伸覆盖的环境基础设施网络，提升城乡人居环境，促进生态环境质量持续提高，推进美丽中国建设。

### 二、核心内容

《行动方案》提出，到2025年，环境基础设施处理处置能力和水平显著提升，新增污水处理能力1200万立方米/日，新增和改造污水收集管网4.5万公里，新建、改建和扩建再生水生产能力不少于1000万立方米/日；全国生活垃圾分类收运能力达到70万吨/日以上，全国城镇生活垃圾焚烧处理能力达到80万吨/日以上。固体废弃物处置及综合利用能力和规模显著提升，危险废物处置能力充分保障，县级以上城市建成区医疗废物全部实现无害化处置。《行动方案》坚持问题导向，聚焦污水、垃圾、固体废弃物、危险废物、医疗废物、监测监管等领域的短板弱项，有针对性地提出六项行动，系统精准提升环境基础设施建设水平。

（1）生活污水收集处理及资源化利用设施建设水平提升行动。针对部分城区截污纳管不到位、管网老旧破损和混接错接，污泥处置和资源化利用能力仍存在短板等问题，《行动方案》提出要加快填补污水收集管网空白，提升污水收集效能；因地制宜推进雨污分流改造，加快补齐城市和县城污水能力缺口等。

（2）生活垃圾分类处理设施建设水平提升行动。针对部分地区生活垃圾分类收转运体系还不完善、县级地区生活垃圾焚烧处理能力仍存在短板等问题，《行动方案》明确要求完善生活垃圾分类设施体系，健全收集运输网络；补齐县级地区焚烧处理能力短板，推动设施覆盖范围向建制镇和乡村延伸；探索建设小型生活垃圾焚烧处理设施，改造提升填埋设施；强化设施二次环境污染防治能力建设等。

（3）固体废弃物处理处置利用设施建设水平提升行动。针对部分地区资源化利用率不高等问题，《行动方案》提出要推动固体废弃物处置及综合利用设施建设，全面提升设施处置及综合利用能力；积极推进建筑垃圾分类及资源化利用，加快形成与城市发展需求相匹配的建筑垃圾设施体系；统筹规划再生资源加工利用基地，提高可回收物再生利用和资源化利用水平等。

（4）危险废物和医疗废物等集中处置设施建设水平提升行动。针对我国危险废物处置能力品类不平衡、部分偏远地区医疗废物收集转运体系尚不完善等问题，《行动方案》明确要强化特殊类别危险废物处置能力建设，加快建设国家和区域危险废物风险防控中心和特殊性危险废物集中处置中心，强化危险废物源头管控和收集转运等过程监管；健全医疗废物收转运体系等。

（5）园区环境基础设施建设水平提升行动。针对我国园区环境污染治理要求高、难度大，基础较为薄弱等问题，《行动方案》提出要积极推进园区环境基础设施集中合理布局，加大园区污染物收集处理处置设施建设力度，推广静脉产业园建设模式，推进再生资源加工利用基地建设等。

（6）监测监管设施建设水平提升行动。针对我国部分地区焚烧飞灰处置、渗滤液处理监管能力不足等情况，《行动方案》提出要全面推行排污许可“一证式”管理，建立基于排污许可证的排污单位监管执法体系和自行监测监管机制；加强对焚烧飞灰处置等全过程监管，实现危险废物收集利用处置情况全过程在线监控，完善污水处理监测体系等。

## 三、主要评价

《行动方案》强调信息化建设，强化提升监测监管能力，夯实达标值基础，同时，强调建立基于排污许可证的监测、监管机制，加强生活垃圾焚烧厂处置管理、填埋设施渗滤液处理监管，完善国家危险废物环境管理信息系统，健全污水处理监测体系，旨在通过推动我国环境基础设施污染排放信息化管理，有效防治二次污染物排放，提升环境基础设施绿色化、智能化水平。

《行动方案》针对生活垃圾处理设施污染物排放要求进一步强化监管，严控环境风险。一是增强生活垃圾处理设施污染防治能力。积极有序推进既有焚烧设施提标改造，强化设施二次环境污染防治能力建设。二是全面提升生活垃圾处理设施污染物排放管理水平。全面推行排污许可管理模式。三是加强重点环节和重点污染物排放监管。强化污染物自动监控和自动监测数据工况标记，加强对焚烧飞灰处置、填埋设施渗滤液处理的全过程监管。

《行动方案》针对生活垃圾分类和处理提出了多项支持保障措施。一是加强资金支持。通过中央预算内投资等方式对符合条件的项目予以支持，将符合条件的环境基础设施建设项目纳入地方政府专项债券的支持范围。二是健全价格机制。完善污水、生活垃圾、危险废物、医疗废物处置价格形成和收费机制。三是创新实施模式。鼓励结合地方实际，探索开展环境综合治理托管服务和生态环境导向的开发（EOD）模式，积极引导社会资本按照市场化原则参与环境基础设施项目建设运营。

# 《“十四五”全国城市基础设施建设规划》解读

## 一、工作原则及规划目标

2022 年 7 月，住房和城乡建设部、国家发展改革委联合发布了《“十四五”全国城市基础设施建设规划》（以下简称《规划》）。《规划》回顾了“十三五”期间我国城市基础设施建设进展，明确了“十四五”期间城市基础设施建设的主要目标、重点任务、重大行动和保障措施，要求以整体优化和协同融合为导向，着力从增量建设为主转向存量提质增效和增量结构调整并重，响应“双碳”目标要求，推动区域重大基础设施互联互通，促进城乡基础设施一体化发展，完善社区配套基础设施，打通城市建设管理“最后一公里”，保障居民享有完善的基础设施配套服务体系。《规划》的提出为不同领域、不同区域有序开展城市基础设施建设，推动地区高质量发展提供行动指南。

《规划》提出了四项工作原则，包括“绿色低碳，安全韧性”“民生优先，智能高效”“科学统筹，补足短板”“系统协调，开放共享”。其中，《规划》明确要求集中力量解决城市基础设施建设的薄弱环节，提高基础设施安全运行和抵抗风险的水平，加强重大风险预测预警能力；坚持以人民为中心，提升城市基础设施建设运行智能化管控水平；强调各类基础设施的规模和布局的科学性和重要性，注重因地制宜、因城施策，加强区域之间、城市群之间、城乡之间基础设施共建共享，提高城市基础设施的使用效率。

围绕城市基础设施体系化、品质化、绿色化、低碳化、智慧化发展的要求，对标 2035 年基本实现社会主义现代化远景目标，《规划》强调适度超前布局、绿色转型的规划目标和要求。其中，针对不同城市类型，《规划》给出了针对性的工作目标，即到 2025 年，城市建设方式和生产生活方式绿色转型成效显著，基础设施体系化水平、运行效率和防风险能力显著提升，超大特大城市“城市病”得到有效缓解，基础设施运行更加高效，大中城市基础设施质量明显提升，中小城市基础设施短板加快补齐。同时，《规划》要求到 2035 年，全面建成系统完备、高效实用、智能绿色、安全可靠的现代化城市基础设施体系，建设方式基本实现绿色转型，设施整体质量、运行效率和服务管理水平达到国际先进水平。

在此基础上，《规划》分别针对交通系统、水系统、能源系统、环卫系统、园林绿化系统和信息通信系统，提出了具体的发展指标，制定了 2025 年目标，并专门就城市基础设施建设投资、城市地下管网普查归档率以及绿色社区建设比例等综合性发展指标提出了明确的要求。

## 二、重点任务

围绕工作原则和规划目标，《规划》从推进设施体系化建设、推进设施共建共享、完善生态基础设施体系、推进设施建设智慧化转型发展等方面提出“十四五”期间城市基础设施建设规划的重点任务。

在推进设施体系化建设方面，《规划》提出统筹实施设施建设规划、系统提升设施供给能力、持续增强设施安全韧性能力、全面提升设施运行效率以及推进设施协同建设等重点任务。其中，在增强设施安全韧性方面，新城区结合组团式城市布局，推进分布式水、电、气、热等城市基础设施建设，在城市老旧管网改造等工作中协同推进综合管廊建设。在推进设施协同建设方面，强调“全生命周期管理”对于提升城市基础设施建设整体性、系统性、生长性的重要意义，要求构建城市基础设施规划、建设、运行维护、更新等各环节的统筹建设发展机制。

在推进设施共建共享方面，《规划》强调形成区域与城乡协调发展新格局，建立区域基础设施建设重大事项、重大项目共商机制，强化区域性突发事件的应急救援处置等；推进以县城为重要载体的城镇化建设，有条件的地区按照小城市标准建设县城，加快县城基础设施补短板强弱项。

在完善城市生态基础设施体系方面，《规划》要求构建连续完整的城市生态基础设施体系、统筹推进城市水系统建设、推进城市绿地系统建设、促进城市生产生活方式绿色转型。采用自然解决方案，合理确定城市生态基础设施规模、结构和布局，提高蓝绿空间总量和生态廊道网络化水平，形成与资源环境承载力相匹配的山水城理想空间格局。在推进绿地系统建设方面，强调绿色系统在提供防灾避险空间和多元化、人性化活动空间的现实意义。

在推进城市基础设施智慧化转型方面，《规划》要求推动城市基础设施智能化建设与改造，加强泛在感知、终端联网、智能调度体系构建；推动智慧城市基础设施与智能网联汽车协同发展，推进城市通信网、车联网、位置网、能源网等新型网络设施建设。《规划》提出构建信息通信网络基础设施系统，推进第五代移动通信技术（5G）网络设施规模化部署，推广升级千兆光纤网络设施；推进面向城市应用、全面覆盖的通信、导航、遥感空间基础设施建设运行和共享。

## 三、重大行动

《规划》提出了八项重大行动，包括城市交通设施体系化与绿色化提升行动、城市水系统体系化建设行动、城市能源系统安全保障和绿色化提升行动、城市环境卫生提升行动、城市园林绿化提升行动、城市基础设施智能化建设行动、城市居住区市政配套基础设施补短板行动以及城市燃气管道等老化更新改造行动。

在城市交通设施提升工程方面，《规划》提出城市轨道交通扩容增量，计划新增城市轨道交通建成通车里程 0.3 万公里；以增加有效供给、优化级配结构为重点，新建和改造道路里程 11.75 万公里，新建和改造城市桥梁 1.45 万座；新增实施人行道净化道路里程 4.8 万公里，建设非机动车专用道 0.59 万公里。

在水系统体系化建设工程方面，《规划》分别从城市供水安全保障、城市供水管网漏损治理、城市排水防涝、污水处理提质增效以及国家海绵城市建设示范方面提出了具体要求。其中，在城市供水管网漏损治理方面，开展管网智能化改造、老旧管网更新改造、管网分区计量和供水压力优先调整；另外，选取 50 个左右城市开展国家海绵城市示范，旨在改善示范城市防洪排涝能力和生态环境。

在城市环境卫生提升工程方面，《规划》分别针对生活垃圾分类处理体系建设和建筑垃圾治理体系建设提出了具体的工作目标，计划“十四五”期间全国城市新增生活垃圾分类收运能力和焚烧能力均达到 20 万吨/日，生活垃圾资源化处理能力 3000 万吨/年，改造存量生活垃圾处理设施 500 个；全国城市新增建筑垃圾消纳能力 4 亿吨/年，建筑垃圾资源化利用能力 2.5 亿吨/年。

在城市基础设施智能化建设方面，《规划》建议开展以车城协同为核心的综合场景应用示范工程建设，支持自动驾驶综合场景示范区建设，构建支持自动驾驶的车城协同环境；支持国家级车联网先导区建设，逐步扩大示范区域，形成可复制、可推广的模式。

# 第二节　供水行业法规政策解读

## 《供水、供气、供热等公共企事业单位信息公开实施办法》解读

### 一、出台背景

为了规范城市供水、供气、供热等公共企事业单位信息公开（以下简称信息公开）工作，保障公民、法人和其他组织依法获取与自身利益密切相关的信息，根据《中华人民共和国政府信息公开条例》《公共企事业单位信息公开规定制定办法》等有关规定，结合城市供水、供气、供热等行业特点，制定本办法。本办法由住房和城乡建设部于 2021 年 12 月 31 日发文。

### 二、核心内容

#### （一）部门职责

住房和城乡建设部负责全国城市供水、供气、供热等公共企事业单位信息公开的监督管理工作。县级以上地方人民政府城市供水、供气、供热等主管部门负责本行政区域内供水、供气、供热等公共企事业单位信息公开监督管理工作。城市供水、供气、供热等公共企事业单位是信息公开的责任主体，负责本单位具体的信息公开工作。

#### （二）公开原则与范围

信息公开工作，应当坚持公开为常态、不公开为例外，遵循真实、准确、及时、公正、公平、合法和便民的原则。除涉及国家秘密以及依法受到保护的商业秘密、个人隐私等事项外，凡在提供社会公共服务过程中与人民群众利益密切相关的信息，均应当予以公开。城市供水、供气、供热等公共企事业单位公

开的信息不得危及国家安全、公共安全、经济安全和社会稳定。企业属于上市公司的，其公开的信息还应当遵守上市公司信息披露、企业信息公示等相关规定。

### （三）公开内容

重点包含下列内容：企事业单位性质、规模、经营范围、注册资本、办公地址、营业场所、联系方式、相关服务等信息，企事业单位领导姓名，企事业单位组织机构设置及职能等。①供水销售价格，维修及相关服务价格标准，有关收费依据；②供水申请报装工作程序；③供水服务范围，供水缴费、维修及相关服务办理程序、时限、网点设置、服务标准、服务承诺和便民措施；④计划类施工停水及恢复供水信息、抄表计划信息；⑤供水厂出厂水和管网水水质信息；⑥供水设施安全使用常识和安全提示；⑦咨询服务电话、报修和监督投诉电话[①]。

### （四）法律责任

城市供水、供气、供热等公共企事业单位违反本办法的规定，有下列情形之一的，由县级以上地方人民政府城市供水、供气、供热等主管部门责令改正；情节严重的，对负有责任的领导人员和直接责任人员依法给予处分；涉嫌犯罪的，及时将案件移送司法机关，依法追究刑事责任。①不依法履行信息公开义务的；②不及时更新公开的信息内容的；③违反规定收取费用的；④违反法律、行政法规等相关规定不当公开信息的；⑤违反本办法规定的其他行为。

## 三、主要评价

《供水、供气、供热等公共企事业单位信息公开实施办法》从部门职责、公开原则与范围、公开内容、法律责任等方面，规范了城市供水、供气、供热等公共企事业单位信息公开工作，降低了政府与供水、供气、供热等公共企事业单位、企业与公众之间的信息不对称性，对强化监管、提升供水、供气、供热等公共企事业服务水平和运行效率具有重要的推动作用和监督作用。

# 《关于加强城市节水工作的指导意见》解读

## 一、出台背景

加强城市节水工作，是进入新发展阶段推进城市绿色低碳发展的必然要求。

---

① 城市供气行业、城市供热行业详见 https://www.mohurd.gov.cn/gongkai/zhengce/zhengcefilelib/202201/20220110_764056.html。

目前，我国城市节水不平衡、不充分的问题仍然较为突出，部分城市空间布局和规模与水资源、水生态、水环境承载能力不相适应，城市水系统建设的整体性有待提高，城市供排水基础设施仍需补短板，全社会的节水意识还需要进一步提升。《关于加强城市节水工作的指导意见》的出台目的是提升城市水资源集约节约水平，提高城市节水系统性，深入推进城市节水工作。本指导意见于2021年12月17日由住房和城乡建设部办公厅、国家发展改革委办公厅、水利部办公厅、工业和信息化部办公厅联合发文。

## 二、核心内容

（1）基本原则。节水优先、系统谋划。把城市节水放在城市发展和水务相关工作的优先位置，提升城市用水效率。提升城市节水工作的系统性，强化用水总量、用水定额、用水效率控制，落实节水减排、海绵城市建设理念，提高水资源承载能力，构建自然健康水循环系统。因地制宜、分类施策。根据本地水资源禀赋和经济技术水平等因素分区分类开展城市节水工作，实施差别化节水措施。政府主导、社会参与。落实城市人民政府城市节水工作主体责任。加大宣传教育力度，培养人民群众节水意识，让节约用水成为每个单位、每个家庭、每个人的自觉行动。试点示范、标杆引领。开展试点示范，发挥标杆引领作用，探索形成可复制、可推广的城市节水新模式、新机制，以点带面促进城市节水高质量发展。

（2）总体目标。到2025年，全国城市用水效率进一步提升，海绵城市建设理念深入人心，城市节水制度进一步健全，全国城市公共供水管网漏损率力争控制在9％以内，全国地级及以上缺水城市再生水利用率达到25％以上，京津冀地区达到35％以上，黄河流域中下游力争达到30％。到2035年，城市发展基本适配水资源承载能力。

（3）主要内容：一是构建城市健康水循环体系。形成与水资源水环境相适应的城市规模与布局，推进海绵城市建设，完善城市生态基础设施体系。二是着力提高城市用水效率。推动再生水就近利用、生态利用、循环利用，狠抓城市供水管网漏损控制，大力推进工业节水，推广节水产品（设备）和工艺。三是加强节水型城市建设。不断深化节水型城市建设、积极推进社会单元节水工作。四是完善城市节水机制。加强用水定额管理、推进节水“三同时”管理、加大宣传教育。五是保障措施。制定和完善城市基础设施建设和市政公用事业方面的节水制度和具体标准，完善城市节水政策支撑体系。强化统筹，将城市节水工作任务分解落实到相关部门和主要供水用水单位，形成全社会节水合力。

加大投入，发挥考核引导作用，健全保障措施，形成城市节水长效工作机制。完善居民阶梯水价制度，积极发挥中央预算内投资引导带动作用，支持国家节水型城市建设，对符合条件的节水效益显著、示范效应强、特色突出的城市节水项目予以补助。落实节水相关增值税、所得税、环境保护税等优惠政策，进一步引导建设节水市场机制，积极推广合同节水管理，引导社会资本加大城市节水投入，探索更加灵活的合同节水效益分享方式，发展节水服务市场，激发各类市场主体活力，不断探索依靠市场机制推动城市节水的路径和模式。

### 三、主要评价

《关于加强城市节水工作的指导意见》对于加强新时期城市节水工作、推进城市绿色发展具有重要意义。一是有利于转变城市建设方式。坚持以水定城，以水资源承载能力和水生态环境容量为基础，合理确定城市规模、空间结构、开发建设密度和强度，优化城市功能布局，形成与水资源水环境相适应的城市规模与布局。二是有利于提高城市韧性。统筹城市水系统、绿地系统和基础设施系统建设，提高城市水资源涵养、蓄积、净化能力，建设蓝绿交织、灰绿相融、连续完整的城市生态基础设施体系，增强城市水系统韧性，改善城市人居环境。三是有利于实现城市节水减污降碳。节水即是减排，节水即是治污。提高用水效率，实现优水优用、循环利用和梯级利用，可以减少城市新鲜水取用量和污水外排量，降低城市水系统运行过程中的能耗。

## 第三节　排水与污水处理行业法规政策解读

## 《关于推进开发性金融支持县域生活垃圾污水处理设施建设的通知》解读

### 一、出台背景

为贯彻落实党的十九届五中全会关于实施乡村建设行动的决策部署，落实中央财经委员会第十一次会议关于“全面加强基础设施建设，构建现代化基础设施体系”的要求，住房和城乡建设部、国家开发银行于2022年6月29日联合发布《住房和城乡建设部　国家开发银行关于推进开发性金融支持县域生活垃圾污水处理设施建设的通知》（以下简称《通知》），旨在统筹推进县域生活垃圾污水处理设施建设。

## 二、核心内容

《通知》主要从重点支持内容、建立动态项目储备库、优先信贷支持、建立协调机制等四部分，对建设县域生活垃圾污水处理设施工作展开指导。

（1）重点支持内容。《通知》指出此次设施建设工作的重点将围绕支持县域生活垃圾收运处理设施建设和运行、支持县域生活污水收集处理设施建设和运行、支持行业或区域统筹整合工程建设项目等方面展开，并列举了以上三方面重点工作的具体范围。

（2）建立动态项目储备库。《通知》要求省级住房和城乡建设部门会同国家开发银行省（区、市）分行指导县级住房和城乡建设部门尽快梳理“十四五”时期县域生活垃圾污水处理设施建设项目，明确设施规模、建设时序、投资总额、融资需求等内容。《通知》还规定了县级住房和城乡建设部门开展项目的方式、项目申报的上级单位，并要求省级住房和城乡建设部门会同国家开发银行省（区、市）分行建立项目储备库，承担项目开展的监督职责。

（3）优先信贷支持。为保障县域生活垃圾污水处理设施建设项目的开展，《通知》对符合条件的项目和企业出台了优惠政策，具体包括：对纳入省级住房和城乡建设部门县域生活垃圾污水处理设施建设项目储备库内的项目，要求国家开发银行省（区、市）分行为其开辟“绿色通道”，并在项目尽调、审查审批、贷款和利率等方面提供支持；对综合业务能力强、扎根本地从事生活垃圾污水处理的企业，在合法合规的前提下，规定优先支持其承接相关项目，并在贷款期限、利率定价等方面给予扶持。

（4）建立协调机制。《通知》要求：住房和城乡建设部、国家开发银行要建立工作协调机制，共同开展相关研究，共同培育孵化大型专业化的建设运营主体；省级住房和城乡建设部门、国家开发银行省（区、市）分行要建立工作协调机制，及时共享开发性金融支持相关项目信息及调度情况，每年 12 月底前将开发性金融支持县域生活垃圾污水处理设施建设项目进展表分别上报住房和城乡建设部、国家开发银行。

## 三、主要评价

县域统筹推进生活垃圾污水处理设施建设，有助于提升城乡基础设施建设水平、拉动有效投资；有助于改善城乡人居环境、缩小城乡差距；有助于推动县城绿色低碳建设、促进高质量发展。《通知》的下发及执行，反映了住房和城乡建设部、国家开发银行对推进县域生活垃圾污水处理设施建设工作的高度重视，相关工作的开展对“全面加强基础设施建设，构建现代化基础设施体系”具有重要意义。

# 《城镇污水排入排水管网许可管理办法》(修订)解读

## 一、出台背景

《城镇污水排入排水管网许可管理办法》（2015年1月22日中华人民共和国住房和城乡建设部令第21号发布，根据2022年12月1日中华人民共和国住房和城乡建设部令第56号修正，以下简称《办法》）是中华人民共和国住房和城乡建设部为加强城镇污水排放管理，保障城镇排水与污水处理设施安全运行，防治城镇水污染而制定的法规。

## 二、核心内容

《办法》的核心内容主要从适用范围、排放许可管理制度、排水行为管理和监督及法律责任四个方面加强对污水排入城镇排水管网的管理，保障城镇排水与污水处理设施安全运行的。

（1）适用范围。《办法》适用于中华人民共和国境内从事工业、建筑、餐饮、医疗等活动的企业、事业单位、个体工商户（以下称为排水户），并涉及其排放的污水。

（2）排放许可申请与审查。《办法》对排水许可的申请材料、许可申请程序、许可决定、许可证有效期与变更方面作了相关规定。排水户需要向城镇排水主管部门提交详细的申请材料，包括有关污水排放情况、处理设施和技术方案等信息。城镇排水主管部门负责对申请材料进行审查，核实其真实性和合规性。审查过程中，可能进行现场勘察和取样检测，以验证申请材料的准确性。审查结果将决定是否颁发排水许可证。

（3）排水行为管理和监督。《办法》制定了城镇污水排放的规定和标准、排水监督规则、执法措施的实施、许可证的管理与沟通协商。城镇排水主管部门负责排水许可证的颁发、管理和监督工作。《办法》明确了排水户的排水要求，制定了对城镇排水主管部门的定期或不定期的检查和抽样检测规则，验证排水行为是否符合许可证的要求，并规定了对不符合要求的排水户进行相应的执法措施以及对许可证的其他管理。

（4）法律责任。《办法》对城镇排水主管部门和排水户的法律责任都进行了详细的规定。城镇排水主管部门不得违法发放许可证和监督，排水户不得在许可证申请、排水要求等方面违反规定。《办法》还确定了城镇排水主管部门对排水户的惩罚措施主要包括罚款、限期整改和停产整顿等。

## 三、主要评价

《办法》对于加强城镇污水排放管理、保障城镇排水与污水处理设施的安全运行具有重要意义。

（1）可以有效减少城镇污水排放对环境的污染，保护水资源和生态环境。通过许可管理制度，可以监管和控制排水户的污水排放行为，减少污水对水体的污染，提升水环境质量。

（2）《办法》明确了排水户必须获得排水许可证方可排放污水，强化了污水排放行为的合规性管理。许可证的颁发和管理过程规范化，有助于提高管理效率和监管水平；同时，对于违反规定的排水户，可以依法采取相应的处罚措施，提高了法律的可执行性。

（3）《办法》要求排水户提交排水许可申请表和相关图纸，有助于城镇排水主管部门全面了解排水户的情况，提高审核的准确性和公正性。此外，《通知》还规定了排水许可证的有效期和变更手续，为排水户提供了一定的灵活性和便利性。

（4）《办法》要求排水户进行排水许可证的申请和合规排放，促使相关单位加强污水处理设施的建设和运营管理，推动了相关行业的污水排放技术创新。

# 第四节　垃圾处理行业法规政策解读

## 《关于推进建制镇生活污水垃圾处理设施建设和管理的实施方案》解读

## 一、出台背景

建制镇是我国城镇体系的重要组成部分，是建设美丽中国的重要载体。近年来，建制镇生活污水垃圾处理取得积极成效，处理能力快速增长，收运处置体系不断完善，但仍存在发展不平衡、不充分等问题。我国传统污水处理思维一直存在着“重水轻泥”倾向，污泥处理处置发展相对较晚。近年来，我国出台了一系列政策以推动污泥的无害化处置，污泥的处理处置及资源化利用日益受到国家层面的重视。为深入贯彻落实党的二十大精神，提升建制镇生活污水垃圾处理设施等环境基础设施能力和水平，持续改善人居环境，制定该方案。

该方案以习近平新时代中国特色社会主义思想为指导，全面贯彻党的二十大精神，坚持系统观念，坚持问题导向，按照“县域统筹、系统治理、绿色低碳、稳定运行”的思路，推进建制镇生活污水垃圾处理设施优布局、补短板、提品质、保运维，健全收集处理和资源循环利用体系，持续提升环境基础设施建设和运营水平，不断满足人民群众日益增长的美好生活需要，助力实现人与自然和谐共生的现代化。该方案主要针对建制镇建成区范围内生活污水垃圾处理设施的建设和管理。

## 二、核心内容

该方案要求到2025年，建制镇建成区生活污水垃圾处理能力明显提升。镇区常住人口5万以上的建制镇建成区基本消除收集管网空白区，镇区常住人口1万以上的建制镇建成区和京津冀地区、长三角地区、粤港澳大湾区建制镇建成区基本实现生活污水处理能力全覆盖。建制镇建成区基本实现生活垃圾收集、转运、处理能力全覆盖。到2035年，基本实现建制镇建成区生活污水收集处理能力全覆盖和生活垃圾全收集、全处理。主要内容包括：

（1）提高生活污水收集处理能力，包括合理选择污水收集处理模式、科学确定污水处理标准规范、高质量推进厂网建设、完善生活垃圾收运处置体系。立足生态化、资源化和可持续，选择低成本、低能耗、易维护、抗冲击负荷能力强的生活污水处理工艺，优先选用防腐抗压、稳定耐用的污水处理设施设备，提升污水处理的稳定性。统筹考虑县域污泥处理设施建设，因地制宜选择处理模式。

（2）完善生活垃圾收运处置体系，包括建立健全分类收集设施、加快完善分类转运设施、强化处理设施共建共享等。科学配置分类收集设施设备，逐步实现生活垃圾密闭收集，建立合理的生活垃圾清运机制，将可回收物适时收运，力争厨余垃圾日产日清，有害垃圾单独收集贮存和处置，其他垃圾及时收运，确保转运设施体系有序运转。在有协同处置能力的建制镇，可采用协同处置的方法处理生活垃圾。

（3）提升资源利用水平，包括推行污水资源利用和加强生活垃圾资源化利用。缺水地区的建制镇，在确保污水稳定达标排放前提下，优先将达标排放水转化为可利用的水资源就近回补自然水体，并且要统筹推进生活垃圾分类网点和废旧物资回收网点“两网融合”。

（4）强化设施运行管理。推进专业化运维，实施定期考评、信用监管、绩效考核、按效付费等，提升服务水平。探索建立以政府为主导、企业为主体的污水管网、提升泵站、处理设施、污泥处置一体化，垃圾收集、运输、处理一体化运营管理机制。建立问题和风险台账，制定整改方案，限期整改到位。

（5）健全保障措施。压实地方政府主体责任，各地将建制镇生活污水垃圾处理目标任务纳入当地国民经济社会发展相关规划，加强部门沟通协调，制定工作方案，明确目标、任务、责任分工和保障措施。各地要建立多元化的资金投入保障机制，结合地方实际，加大支持力度。

## 三、主要评价

《关于推进建制镇生活污水垃圾处理设施建设和管理的实施方案》，进一步强化了顶层设计，推动设施高质量建设和规范化运行管理，对推进建制镇污水垃圾处理具有重要现实意义。

（1）有利于纵深推进生态环境治理。近年来，我国城镇生活污水垃圾处理取得积极成效，设施处理能力快速增长，收运处置体系不断完善，为深入打好污染防治攻坚战奠定坚实基础。但是，建制镇污水垃圾处理设施仍然存在短板，截至 2021 年末，仍有三分之一的建制镇不具备污水处理能力，生活污水处理率约为 62％，生活垃圾无害化处理率约为 76％。建制镇污水垃圾处理设施缺口大、已建设施运行不可持续等问题被中央生态环境保护督察多次提及。

（2）有利于完善覆盖城乡的环境基础设施网络。《中华人民共和国国民经济和社会发展第十四个五年规划和 2035 年远景目标纲要》提出，要形成由城市向建制镇和乡村延伸覆盖的环境基础设施网络。党的二十大报告明确，要提升环境基础设施建设水平，推进城乡人居环境整治。该方案有效填补了建制镇层面污水垃圾处理的政策空白，立足建制镇特点，聚焦实际问题需求，明确梯级目标，强调因地制宜、分类施策，强化设施建设管理，为全面提高设施供给质量和运行效率提供有效的政策指引。

（3）有利于推进以县城为重要载体的新型城镇化。中共中央办公厅、国务院办公厅印发《关于推进以县城为重要载体的城镇化建设的意见》，提出以县域为基本单元推进城乡融合发展。建制镇是促进县城基础设施向乡村延伸覆盖的关键环节。环境基础设施水平决定着建制镇的人居环境和整体面貌，推进建制镇污水垃圾处理设施提级扩能，将有效提升人居环境质量，切实提升对农民的吸引力，增强对乡村的辐射带动能力，有力推进实现就地城镇化。

“十四五”时期，我国生态环境治理向纵深推进，建制镇污水垃圾处理处于重要窗口期，机遇和挑战并存。该方案为下一步工作推动奠定了基础，建议各地狠抓落实，坚持系统观念，坚持问题导向，按照“县域统筹、系统治理、绿色低碳、稳定运行”的思路，有力有序推进设施优布局、补短板、提品质、保运维，健全建制镇污水垃圾收集处理和资源循环利用体系，有效完善环境基础设施网络，持续推动绿色发展，建设美丽中国。

# 《国家发展改革委等部门关于加强县级地区生活垃圾焚烧处理设施建设的指导意见》解读

## 一、出台背景

推进城镇生活垃圾焚烧处理设施建设是强化环境基础设施建设的重要环节和基础性工作。党的二十大报告明确提出要提升环境基础设施建设水平。近年来，各地区各部门坚决贯彻落实党中央、国务院决策部署，大力推进生活垃圾焚烧处理设施建设，我国生活垃圾焚烧处理方式快速发展，生活垃圾焚烧发电相关产业不断壮大，城市生活垃圾焚烧处理率明显上升，但大量县级地区（包括县级市）生活垃圾清运量小，不具备建设规模化垃圾焚烧处理设施的条件，生活垃圾处理以填埋为主，存在较大隐患。为深入贯彻落实党的二十大精神，落实党中央、国务院有关决策部署，加强县级地区生活垃圾焚烧处理设施建设，加快补齐短板弱项，国家发展改革委、住房和城乡建设部、生态环境部、财政部、人民银行等部门联合印发《国家发展改革委等部门关于加强县级地区生活垃圾焚烧处理设施建设的指导意见》（以下简称《指导意见》）。

推进城镇生活垃圾焚烧处理设施建设是强化环境基础设施建设的重要环节和基础性工作，是改善人居环境的重要内容。党中央、国务院高度重视城镇环境基础设施，党的二十大报告明确提出要“提升环境基础设施建设水平”。《指导意见》全面系统提出加强县级地区生活垃圾焚烧处理设施建设的指导思想、工作原则、主要目标、重点任务，指导各地有力有序推进焚烧处理设施建设。《指导意见》作为首个聚焦县级地区生活垃圾处理的政策文件，是贯彻落实党的二十大精神的重要举措，对加快补齐县级地区生活垃圾焚烧处理短板、提升生活垃圾治理水平、改善人居环境具有重要意义。

## 二、核心内容

《指导意见》坚持因地制宜、分类施策，按照“宜烧则烧，宜埋则埋”的原则，聚焦县级地区生活垃圾焚烧处理能力短板，坚持问题导向、目标导向，从设施布局、回收转运体系建设、焚烧能力建设、小型焚烧试点、设施运营监管、提升可持续运营能力方面部署了 19 项重点任务，为推进县级地区生活垃圾焚烧处理设施建设提供了行动指引。

《指导意见》提出了 6 方面 19 项重点任务。一是强化设施规划布局，包括开展现状评估、加强项目论证、强化规划约束 3 项任务。二是加快健全收运和回收利用体系，包括科学配置分类投放设施、因地制宜健全收运体系、健全资源回收利用体系 3 项任务。三是分类施策加快提升焚烧处理能力，包括充分发挥存量焚烧处理设施能力、加快推进规模化生活垃圾焚烧处理设施建设、有序推进生活垃圾焚烧处理设施共建共享、合理规范建设高标准填埋处理设施 4 项任务。四是积极开展小型焚烧试点，包括推进技术研发攻关、选择适宜地区开展试点、健全标准体系 3 项任务。五是加强设施建设运行监管，包括提升既有设施运行水平、加强新上项目建设管理、强化设施运行监管 3 项任务。六是探索提升设施可持续运营能力，包括科学开展固废综合协同处置、推广市场化建设运行模式、探索余热多元化利用 3 项任务。

## 三、主要评价

《指导意见》阐述了加强县级地区生活垃圾焚烧处理设施建设的重要意义，明确提出要建设与清运量相适应的垃圾焚烧设施。加强焚烧处理设施建设，加快完善县级地区环境基础设施，对促进新型城镇化建设具有重要意义。加强生活垃圾焚烧处理设施建设，加快发展以焚烧为主的生活垃圾处理方式，是满足群众对优美生态环境需要的重要举措，是改善人居环境、保障人民健康的重要途径。

《指导意见》具有一定的创新性，表现在：一是突出系统谋划、分类施策。《指导意见》明确规定对于不同建设规模化焚烧处理条件的县级地区采取不同的焚烧处理方式。二是突出优化存量、建管并重。《指导意见》要求设施规划建设既要聚焦补上能力短板，又要防范盲目建设、无序建设风险。同时要积极推动存量生活垃圾焚烧设施提标改造，持续提升设施运行管理水平，确保污染物达标排放。三是突出试点先行、循序渐进。《指导意见》提出选取部分人口密度低、垃圾产生量少的县级地区开展试点，重点围绕运营管理模式、技术装备、热用途、相关标准等探索形成可复制、可推广经验，为科学推进小型生活垃圾焚烧处理设施建设夯实工作基础。

为推动各项目标任务顺利实现，《指导意见》提出加强组织领导、完善政策支撑、强化要素保障、加大宣传引导 4 方面保障措施。明确了地方人民政府要把县级地区垃圾处理设施建设作为解决群众身边的生态环境问题的重要任务，列出清单、建立台账，抓好贯彻落实。国家发展改革委将会同有关部门加强协调指导，形成上下联动、部门协同、齐抓共管的良好工作格局，加快补齐县级地区生活垃圾焚烧处理能力短板。

## 第五节　天然气行业法规政策解读

### 《城市燃气管道等老化更新改造实施方案(2022—2025 年)》解读

#### 一、出台背景

从 2004 年开始我国城市燃气产业陆续进入天然气时代，高速发展了 20 年。各地的城市燃气管道，运行年限、管道材质、建设标准等参差不齐。从燃气设施的物理状态看，运行时间超过 20 年的设施，客观上也进入了隐患、事故高发期。城市燃气产业发展的大周期，这是近年事故多发的客观因素，也是国家高度重视城市燃气管道老化更新工作的根本原因。2021 年和 2022 年，在国家已经三令五申严管燃气安全、杜绝重大事故的背景下，全国仍发生多起燃气事故。这些燃气事故整体成为国家下决心狠抓燃气安全的直接原因。2022 年 6 月上旬，国务院办公厅发布《城市燃气管道等老化更新改造实施方案（2022—2025 年）》(以下简称《方案》)，意在加强市政基础设施体系化建设，保障安全运行，提升城市安全韧性，促进城市高质量发展，让人民群众生活更安全、更舒心、更美好。

#### 二、核心内容

第一，《方案》提出工作目标。加快开展城市燃气管道等老化更新改造工作，彻底消除安全隐患。2022 年抓紧启动实施一批老化更新改造项目。2025 年底前，基本完成城市燃气管道等老化更新改造任务。制定本方案的根本目的是明确四大工作原则：聚焦重点、安全第一；摸清底数、系统治理；因地制宜、统筹施策；建管并重、长效管理。

第二，《方案》明确界定了必须更新的四大类城市燃气管道和设施。①市政管道与庭院管道。全部灰口铸铁管道；不满足安全运行要求的球墨铸铁管道；运行年限满 20 年，经评估存在安全隐患的钢质管道、聚乙烯（PE）管道；运行年限不足 20 年，存在安全隐患，经评估无法通过落实管控措施保障安全的钢质管道、聚乙烯（PE）管道；存在被建构筑物占压等风险的管道。②立管（含引入管、水平干管）。运行年限满 20 年，经评估存在安全隐患的立管；运行年限不足 20 年，存在安全隐患，经评估无法通过落实管控措施保障安全的立管。③厂站和设施。存在超设计运行年限、安全间距不足、临近人员密集区域、地质灾害风险隐患大等问题，经评估不满足安全运行要求的厂站和设施。④用户设施。居民用户的橡胶软管、需加装的安全装置等；工商业等用户存在安全隐患的管道和设施。

第三，《方案》要求加快开展城市燃气管道等老化更新改造工作纳入“十四五”重大工程。各省级政府按照国家统一部署尽快开展管道老化更新改造标准确定、底数普查、编制实施方案等工作。《方案》特别明确了专业经营单位要切实承担项目实施主体责任、落实出资责任。对于城市燃气管道，“专业经营单位”指的就是城市燃气公司。

## 三、主要评价

首先，《方案》明确地方政府是责任人。《方案》及其他部门配套文件都强调各地方政府是城市燃气管道更新的主要责任人，负责普查摸底、建立清单、拟定计划、组织督促城市燃气公司等各方主体负责实施。各省（区、市）的情况在事前、事中、事后都要向国家主管部门上报进度或备案，如果是获得中央财政预算支持的项目，更是要上报项目清单、定期检查实施进度。到 2025 年，关于此项工作，国家首先考核的是地方政府。

其次，《方案》强调提高城市燃气管道安全。从行业看，方案主要针对燃气，但也包括了供水、排水和供热的管道等设施。从地域看，《方案》明确要求各省级政府都要尽快出台类似的、更加具体的实施方案。截至 2023 年 1 月，已有超过半数的省级政府出台了《城市燃气管道等老化更新改造实施方案》，内容基本和国家方案一致，只是改造任务量、进度时间安排更加具体和细化。从 2021 年下半年开始，国务院安全生产委员会已经赴多省开展以燃气隐患排查为主的安全巡查，而且一般都是先查一轮，一年内再“回头看”一次，相当于两次检查。

再次，《方案》对城市燃气行业长短期影响不同。从长期看，有利于城市燃气行业持续健康发展。如前所述，部分投运时间超过 20 年的燃气管道等基础设施确实到了该彻底“体检”并更新维护的阶段。国家层面从未像现在这样高度重视城市燃气安全管理问题，一年多内发文近10份，国务院安全生产委员会多次召开专题会议，国家巡查组在多省开展燃气安全大检查等。各级政府主管部门的高度重视为城市燃气公司加快隐患排查和整改提供了很多便利条件，比如施工建设手续办理等。安全供气，是城市燃气行业生存和发展的底线和生命线。在国家高度重视和大力推动下，在2025年之前，对全国范围的所有燃气设施开展彻底排查，消除隐患，一定是有利于整个行业的持续健康发展的。从短期看，给城市燃气公司带来一定经营压力。

最后，老旧管道更新改造系列政策还有一些附加效应。一是短期内有利于燃气管道、波纹管、智能燃气表、报警器、自闭阀等产品的销售，2025年前会有一波集中的需求高峰。二是会加速智慧燃气发展进程。在《方案》中有一项重点工作是同步推进数字化、网络化、智能化建设。结合更新改造工作，完善燃气监管系统，将城市燃气管道老化更新改造信息及时纳入，实现城市燃气管道和设施动态监管、互联互通、数据共享。三是有助于提升全社会的安全用气意识和水平。四是各地方政府日益重视和支持燃气安全相关工作。

# 《全国城镇燃气安全专项整治工作方案》解读

## 一、出台背景

我国2023年上半年共发生燃气事故294起，造成57人死亡，190人受伤。其中，天然气事故118起，死亡6人，受伤39人；液化石油气事故156起，死亡45人，受伤113人；居民用户事故156起，死亡22人，受伤119人；工商用户事故58起，死亡35人，受伤69人。其中特别重大事故1起，较大事故3起。事故分布29个省（区、市）、141个城市。天然气事故占13.6%，液化石油气事故占52.4%。因此，需要对工商餐饮液化石油气（瓶装）用户进行安全监管。液化石油气市场走集约化、专业化是必然发展之路。党和国家高度重视燃气安全，坚决遏制燃气事故频频发生，重拳出击整治燃气行业风险安全隐患。全国各地开展燃气安全大检查，全国又掀起一轮燃气安全大整治。2023年8月9日，国务院安全生产委员会发布《全国城镇燃气安全专项整治工作方案》（以下简称《方案》）。

## 二、核心内容

《方案》明确要求各城市燃气监管部门要推进燃气安全监管智能化建设，规范事中事后监管，推动燃气行业规范化、专业化、信息化发展，提高城市燃气安全管理的效率和水平，保障人民群众的生命财产安全。

第一，深入排查整治餐饮企业问题环境等安全风险和事故隐患。对餐饮企业未落实消防安全责任制、违规用气，要依法限期整改，逾期不整改的，实施处罚。餐饮企业是在地下或者半地下空间的，如果没有设置专用气瓶间，或者用气瓶和备用气瓶未分开设置的，不允许使用瓶装液化石油气、存放总质量超过 100 千克的气瓶；禁止使用 50 千克气液双向气瓶；支持餐饮企业瓶装气改造成管道气，或者瓶装气改造成用电。对连接软管超过 2 米，私接三通或穿越墙体、门窗、顶棚和地面的；未规范安装、使用可燃气体探测器及燃气紧急切断阀的，要依法责令限期改正，逾期不改正的，责令停止使用，可以并处罚款。要求餐饮企业不仅要安装可燃气体报警装置，而且安装还要符合规范要求。禁止在不安全场所使用、存放燃气。同时，餐饮企业还要建立安全生产管理制度。

第二，从燃气企业安全生产经营方面强化监管。对未取得许可的企业从事燃气经营的，要依法责令关停；对城镇燃气经营企业落实全员安全生产责任制不到位，安全生产管理人员配备数量不足，主要负责人和安全管理人员及一线人员未经专业培训并考核合格，要依法责令限期改正，并对企业及主要负责人、相关责任人等依法从重处罚。因此，燃气企业必须落实全员安全生产责任制，主要负责人和安全生产管理人员经考核合格后上岗。建立隐患台账、清单，逐一消除，形成闭环管理。对特种设备作业人员无从业资格证的，配备安全生产管理人员不足的，责令其限期改正。否则，要追究企业主要负责人的责任。

第三，加强法规建设方面。完善燃气经营许可管理办法，严格准入条件，规范事中事后监管，建立市场清除机制。将商用灶具、连接软管、调压器、可燃气体探测器及燃气紧急切断阀等燃气用具纳入强制产品认证管理。修订城镇燃气管理相关法规标准，进一步明确和细化燃气安全监管规定，压实各方责任，切实解决第三方施工破坏、违规占压等突出问题，规范城镇燃气行业秩序。加快修订《商用燃气燃烧器》等涉及公共安全的燃气用具产品标准；将《燃气用具连接用金属包覆软管》《燃气用具连接内用橡胶复合软管》《电磁式燃气紧急切断阀》等修订为强制性国家标准。

第四，整治分为三个阶段：

（1）集中攻坚阶段（2023 年 8 月至 11 月）。对城镇燃气全链条风险隐患深挖细查，对深层次矛盾问题、大起底，做到全覆盖、无死角，坚决消除风险隐患。协调联动开展排查，真正发现问题，真正整改到位，建立举报监督和核查处理机制，鼓励群众和企业员工举报身边燃气安全风险隐患，查实重奖。

（2）全面巩固提升阶段（2023 年 12 月至 2024 年 6 月）。基本建立燃气风险管控和隐患排查治理双重预防机制，开展排查整治回头看，防止久拖不改，改后反弹，从源头严控增量安全隐患。

（3）建立长效机制（2024年7月起）。建立严进、严管、重罚的城镇燃气市场监管机制，健全燃气安全管理体制，推动城镇燃气安全治理模式向事前预防转型。

## 三、主要评价

第一，《方案》深入落实新发展理念。坚持人民至上，生命至上，坚持统筹发展和安全。《方案》要求压实地方责任、坚持省负总责、市县抓落实，党政主要负责人亲自部署，狠抓落实。各地相应成立专项整治工作专班。工作落实到位，坚决防止推诿扯皮，责任悬空。坚持眼睛向下，切实把燃气安全的责任和压力传达到基层末梢，夯实燃气安全管理基础。全面压实企业主体责任、部门监管责任和地方党政领导责任。大起底排查，全链条整治城镇燃气安全风险隐患，坚决防范重特大事故发生。

第二，《方案》全方位治理燃气安全。《方案》提出，要严厉整治瓶装（液化石油气）燃气，又要整治管道燃气，紧盯餐饮企业等密集场所燃气安全风险隐患。餐饮企业等密集场所，一旦发生燃气事故，就会导致群死群伤事故。安全整治覆盖城镇燃气方方面面，包括城镇燃气企业安全生产管理、从业人员岗位责任制、输送配送、生产经营、用户使用、安全检查和管线巡查、第三方施工、燃气用具生产、流通、燃气附属设施生产、监管执法、燃气安全宣传、燃气安全教育等环节。严查问题气、问题瓶、问题阀、问题软管、问题管网、问题环境。并且把燃气安全知识纳入中小学教育内容，充分贯彻安全教育从娃娃抓起。《方案》把燃气安全知识纳入中小学教育内容，是很大进步，在燃气安全教育方面迈出很大一步。

第三，《方案》要求严格执法。对液化气、问题管道和燃气相关设备生产企业的具有安全风险和事故隐患等方面进行了具体规定，提出坚决依法从快从重打击，构成犯罪的，严厉追究相关人员刑事责任。对城市燃气企业头疼的第三方施工破坏燃气运行管网，威胁燃气管网安全运行也是重拳出击，严厉整治。

第四，《方案》促进燃气行业全面提升。燃气行业必将掀起一轮全产业链大起底、全链条燃气风险隐患整治风暴。必将提高燃气行业进入门槛，严进严管重罚，淘汰一批不符合国家规范要求的劣质燃气用具及配件、气瓶，净化燃气流通市场。建立城镇燃气安全管理新模式、新机制，形成人人讲安全，个个会应急的社会氛围。出台严厉的燃气法规和标准，提高燃气用户的安全意识和法律意识，构建良好安全的用气环境，坚决遏制燃气事故发生，确保人民生命财产安全。提倡积极运用新设备、新技术、新工艺，严格落实工程质量和施工安全责任，杜绝质量安全隐患，按规定做好改造后通气，做好工程验收移交，确保燃气管线安全运行。大力推广物联网、大数据在燃气中的应用，推进智慧燃气建设。

# 第六节　电力行业法规政策解读

## 《关于推动能源电子产业发展的指导意见》解读

为推动能源电子产业发展，从供给侧入手、在制造端发力、以硬科技为导向、以产业化为目标，助力实现碳达峰碳中和，工业和信息化部、教育部、科技部、人民银行、银保监会、能源局六部门于 2023 年 1 月 3 日联合发布了《关于推动能源电子产业发展的指导意见》（以下简称《指导意见》）。

### 一、出台背景

随着全球气候变化问题日益严峻，新能源应用和发展已成为世界各国关注的焦点。在这一大背景下，能源电子产业作为新能源应用的关键领域，逐渐展现出其巨大的潜力和战略价值。能源电子产业是电子信息技术和新能源需求融合创新产生并快速发展的新兴产业，是生产能源、服务能源、应用能源的电子信息技术及产品的总称，主要包括太阳能光伏、新型储能电池、重点终端应用、关键信息技术及产品等领域。随着全球加快应对气候变化，“能源消费电力化、电力生产低碳化、生产消费信息化”正加速演进。能源电子既是实施制造强国和网络强国战略的重要内容，也是新能源生产、存储和利用的物质基础，更是实现“双碳”目标的中坚力量。

### 二、核心内容

#### （一）产业技术创新

《指导意见》强调通过加强技术研发和创新，突破核心技术，提升能源电子产业的技术水平和竞争力。在能源电子产业中，技术创新是推动产业发展和提升竞争力的关键。因此，《指导意见》强调要加强技术研发和创新，突破核心技术，提升能源电子产业的技术水平和竞争力。通过设立专项研发基金、鼓励企业加大研发投入、加强产学研合作等措施，推动能源电子产业在材料、设备、工艺等方面的技术创新，提升我国在全球能源电子产业中的技术领先地位。

### （二）产业基础高级化

《指导意见》要求通过优化产业结构，提升产业链的整体水平，实现产业基础的高级化。产业基础高级化是提升能源电子产业整体水平的重要途径。这要求优化产业结构，提升产业链的整体水平。通过鼓励企业兼并重组、优化产业布局、加强产业链上下游的协同合作等措施，推动能源电子产业向高端化、智能化、绿色化方向发展。同时，加强产业基础设施建设，如完善电网、储能设施等，为能源电子产业的发展提供有力支撑。

### （三）产业链现代化

《指导意见》注重加强产业链上下游的协同合作，促进产业链的现代化发展。产业链现代化是推动能源电子产业持续发展的重要保障。在《指导意见》中，提出要促进产业链的现代化发展，加强产业链上下游的协同合作。通过建立健全产业链协作机制、推动产业链各环节间的信息共享和资源整合、加强国际合作与交流等措施，提升整个产业链的效率和竞争力。

### （四）产业生态体系建立

《指导意见》着力构建完善的产业生态体系，推动能源电子产业与其他产业的深度融合。产业生态体系的建立是推动能源电子产业可持续发展的关键。在《指导意见》中，强调要构建完善的产业生态体系，推动能源电子产业与其他产业的深度融合。通过加强产业间的协同创新、推动跨界合作、优化产业生态环境等措施，构建一个良性互动、协同发展的产业生态体系，为能源电子产业的可持续发展提供有力保障。

## 三、主要评价

《指导意见》的发布，代表着我国政府对能源电子产业发展的高度重视和坚定决心。这一政策不仅为能源电子产业的发展提供了明确的方向和目标，还为其提供了有力的政策支持和保障。

首先，通过加强技术研发和创新，推动产业基础高级化和产业链现代化，有助于提升我国能源电子产业的整体竞争力和国际地位。

其次，构建完善的产业生态体系，促进产业间的深度融合，有助于推动我国经济社会的绿色可持续发展。

最后，将能源电子产业作为推动能源革命的重要力量，不仅有助于实现我国能源结构的优化和升级，还有助于应对全球气候变化问题，展现我国的大国担当。

《指导意见》的发布为我国能源电子产业的发展提供了明确的方向和目标，同时也为其提供了有力的政策支持和保障。这一政策的实施将有助于加快我国能源电子产业的发展步伐，推动我国新能源应用和绿色发展迈向新的阶段。同时，也将为我国在全球能源电子产业中的竞争地位提供有力支撑，展现我国在新能源领域的实力和影响力。

# 《国家能源局关于加快推进能源数字化智能化发展的若干意见》解读

为加快推进能源数字化智能化发展。国家能源局于 2023 年 3 月 28 日发布《国家能源局关于加快推进能源数字化智能化发展的若干意见》（以下简称《若干意见》）。

## 一、出台背景

随着信息技术的快速发展，数字化、智能化已成为推动经济社会发展的新引擎。推动数字技术与实体经济深度融合，赋能传统产业数字化智能化转型升级，是把握新一轮科技革命和产业变革新机遇的战略选择。在这一背景下，能源行业作为国民经济的重要支柱，其数字化、智能化转型显得尤为迫切。能源产业与数字技术融合发展是新时代推动我国能源产业基础高级化、产业链现代化的重要引擎，是落实“四个革命、一个合作”能源安全新战略和建设新型能源体系的有效措施，对提升能源产业核心竞争力、推动能源高质量发展具有重要意义。

## 二、核心内容

### （一）总体要求

《若干意见》明确了能源数字化、智能化发展的总体目标，即构建安全、高效、智能、绿色的现代能源体系。同时，提出了坚持创新驱动、市场主导、开放合作、安全可控的基本原则，为能源数字化、智能化发展提供了指导方向。

### （二）重点任务

《若干意见》明确了加快推进能源数字化、智能化发展的重点任务，包括加强能源数字基础设施建设、推动能源数据资源共享、促进能源装备智能化升级、深化能源产业融合应用、完善能源市场体系等方面。这些任务旨在通过数字化、智能化技术手段，提升能源行业的生产效率、降低能源消费成本、提高能源利用效率，推动能源行业的转型升级。

### （三）保障措施

为了确保《若干意见》的顺利实施，国家能源局提出了一系列保障措施，包括加强组织领导、完善政策体系、强化资金支持、推动人才培养、加强国际合作与交流等。这些措施将为能源数字化、智能化发展提供有力的政策保障和支持。

## 三、主要评价

《若干意见》的发布对于加快推进我国能源行业的数字化、智能化发展具有重要意义。

### （一）符合时代发展趋势

当前，数字化、智能化已成为全球经济发展的重要趋势。能源行业作为国民经济的重要支柱，其数字化、智能化转型不仅有助于提升能源利用效率、保障能源安全，还有助于推动绿色低碳发展，符合时代发展的趋势和要求。

### （二）有利于提升能源利用效率

通过数字化、智能化技术手段，可以实现对能源生产、消费、储存等全过程的精准控制和优化管理，从而提升能源利用效率。这不仅可以降低能源消费成本，还有助于减少能源浪费和环境污染，实现可持续发展。

### （三）有助于保障能源安全

能源安全是国家安全的重要组成部分。通过加快推进能源数字化、智能化发展，可以实现对能源供应、需求、价格等信息的实时监测和分析预警，从而及时发现和解决能源安全问题。这有助于提升我国在全球能源市场中的竞争力和话语权，保障国家能源安全。

### （四）促进绿色低碳发展

数字化、智能化技术有助于推动能源行业的绿色低碳发展。通过优化能源结构、提高能源利用效率、减少能源浪费等措施，可以降低能源行业的碳排放强度，推动实现“双碳”目标。这有助于应对全球气候变化挑战，促进绿色低碳发展。

### （五）需要进一步加强政策支持和保障

虽然《若干意见》提出了加快推进能源数字化、智能化发展的总体要求和重点任务，但还需要进一步加强政策支持和保障措施。例如，加大资金投入、完善政策体系、推动人才培养、加强国际合作与交流等，以确保《若干意见》顺利实施和取得实效。

《若干意见》的发布是我国能源行业数字化、智能化发展的重要里程碑。通过加强政策支持和保障措施，有望推动我国能源行业实现转型升级和可持续发展。同时，也需要加强国际合作与交流，共同推动全球能源行业的数字化、智能化发展进程。

# 第七节　电信行业法规政策解读[①]

# 《“工业互联网+ 安全生产”行动计划（2021—2023 年）》解读

## 一、出台背景

“安全生产”在工业高质量发展中扮演着极其重要的防护角色。工业互联网通过实行全方位的深度连接，保证了产品制造过程的信息流通，实现了对资源的实时配置，提升了安全生产的警觉、识别、预警、处理以及评价的水平，进一步强化了工业生产的基本安全保障。党中央和国务院高度重视“工业互联网”和“安全生产”。2020 年 6 月 30 日，中央全面深化改革委员会第十四次会议通

① 本节由许诺（浙江财经大学助理研究员）撰写。

过了《关于深化新一代信息技术与制造业融合发展的指导意见》，其中提出了充分利用工业互联网等新一代信息科技去提升关键领域安全生产水平。在遵循“工业互联网的精准化创新与发展”“现代化的应急管理体系及其效率提升”以及“根本性的事故风险消除”的指导原则下，工业和信息化部及应急管理部于2020年10月10日推出《“工业互联网＋安全生产”行动计划（2021—2023年）》（以下简称《行动计划》），为的是深化《关于深化新一代信息技术与制造业融合发展的指导意见》的实践，并在规模、速度、质量、结构、效益和安全等诸多方面实现一致。按照《行动计划》，将围绕习近平新时代中国特色社会主义思想，秉持新发展观，坚定工业互联网与安全生产的同步规划、同步部署、同步发展的理念，构建基于工业互联网的厂商安全感知、监控、预警、处理和评估的系统，提升工业企业生产安全的数字、网络和智能化程度，培育“工业互联网＋安全生产”的协同创新模式，扩大工业互联网的应用范围，提高安全生产的水平。

## 二、核心内容

《行动计划》围绕建设新型基础设施、打造新型能力、深化融合应用、构建支撑体系等方面提出了4个专项行动：

建设“工业互联网＋安全生产”新型基础设施。一是建设网络监管平台。整合现有安全生产数据、平台和系统，构建企业级和行业级工业互联网安全生产监管平台，实现安全生产全过程、全要素、全产业链的连接和监管；二是提升数据服务能力。建立安全生产数据目录，加强数据技术攻关，开发标准化数据交换接口、分析建模以及可视化等工具集，对接重点行业工业互联网安全生产监管平台，开展数据支撑服务，加速安全生产数据资源在线汇聚、有序流动和价值挖掘。

打造基于工业互联网的安全生产新型能力。一是建设快速感知能力。分行业制定安全风险感知方案，开发和部署专业智能传感器、测量仪器及边缘计算设备，打通设备协议和数据格式壁垒，构建基于工业互联网的态势感知能力；二是建设实时监测能力。制定工业设备、工业视频和业务系统上云实施指南，加快高风险、高能耗、高价值设备和企业资源计划（ERP）、制造执行（MES）、供应链管理（SCM）及安全生产相关系统上云上平台，开发和部署安全生产数据实时分析软件、工具集和语义模型，开展“5G＋智能巡检”，实现安全生产关键数据的云端汇聚和在线监测；三是建设超前预警能力。基于工业互联网平台的泛在连接和海量数据，建立风险特征库、失效数据库，分行业开发安全生产风险模型，推进边缘云和5G+边缘计算能力建设，下沉计算能力，实现精准预测、智能预警和超前预警；四是建设应急处置能力。基于工业互联网平台开展安全生产风险仿真、应急演练和隐患排查，推动应急处置向事前预防转变，提升应急处置的科学性、精准性和快速响应能力；五是建设系统评估能力。开发基于工业互联网的评估模型和工具集，对安全生产处置措施进行全面准确的评估，对安全事故的损失、原因和责任主体等进行快速追溯和认定，为查找漏洞、解决问题提供保障，实现对企业、区域和行业安全生产的系统评估。

深化工业互联网和安全生产的融合应用。一是深化数字化管理应用。支持工业企业、重点园区在工业互联网建设中，将数字孪生技术应用于安全生产管理。实现关键设备全生命周期、生产工艺全流程的数字化、可视化、透明化，提升企业、园区安全生产数据管理能力；二是深化网络化协同应用。基于工业互联网安全生产监管平台，推动人员、装备、物资等安全生产要素的网络化连接、敏捷化响应和自动化调配，实现跨企业、跨部门、跨层级的协同联动，加速风险消减和应急恢复，将安全生产损失降低到最低；三是深化智能化管控应用。依托工业互联网平台，开展重点行业安全管理经验知识的软件化沉淀和智能化应用，加快各类工业App和解决方案的应用推广，实现安全生产的可预测、可管控。

构建“工业互联网+安全生产”支撑体系。一是坚持协同部署。加强工业互联网和安全生产在工程、专项和试点工作中的统筹协调，将安全生产作为工业互联网建设和应用的重要任务，系统谋划、统一布局，提升工业互联网服务经济运行监测和工业基础监测的能力；二是聚焦本质安全。聚焦设计安全、生产安全、服务安全、变更安全等关键环节，通过应用试点，以海量应用加速信息技术产品创新应用，推动生产工艺、测试工具等工业基础能力迭代优化，提升本质安全水平；三是完善标准体系。聚焦“工业互联网+安全生产”新技术、新模式、新业态，落实工业互联网与安全生产标准同规划、同部署、同发展，加快制修订国家标准和行业标准，鼓励社会组织制定团体标准。四是培育解决方案。坚持分业施策，围绕化工、钢铁、有色、石油、石化、矿山、建材、民爆、烟花爆竹等重点行业，制定“工业互联网+安全生产”行业实施指南。建设面向重点行业的工业互联网平台，开发安全生产模型库、工具集和工业App，培育一批行业系统解决方案提供商和服务团队。五是强化综合保障。完善国家工控安全监测网络。以试点示范和防护贯标为引领，支持企业工业互联网、工控安全产品和解决方案的开发和应用。落实企业网络安全主体责任，实施工业互联网企业网络安全分类分级管理，提升企业安全防护水平。

## 三、主要评价

通过结合工业互联网和安全生产，制造业企业的数字化转型水平能够得到进一步的提升，主要通过效率提升以及成本的下降，同时实现企业的安全生产，完善生产环境进而实现风险的降低。工业互联网和安全生产的有效结合能够高效地推动制造业企业的高质量发展。《行动计划》为安全生产行业数字化转型提供了完善的制度支持，以期通过推动工业互联网高效融合安全生产从而促进创新。在新一代信息技术与制造业融合发展中，为更安全的发展提供了科学指导。

《行动计划》明确了下一步推进“工业互联网＋安全生产”的行动路线，包括提供技术支持，支持各行业建设工业互联网平台，推动关键设备上云，采用分业策略，培育解决方案，实现市场推广。这些措施将有助于提高工业基础能力和关键设备的效率，突破安全生产整体态势。

为推动具体行动的实施，《行动计划》侧重于 5 个关键环节：感知、检测、预警、处置和评估。政府部门将致力于基础设施建设、公共能力打造、行业级工业互联网安全监管平台的建设，从而实现对于生产全过程的安全监管。通过工业互联网的全连接属性，共享信息，从整体角度改善安全生产。同时，行业组织将制定实施指南，明确路线图和时间表，完善标准体系，并培养专业的人才队伍。总之，基于工业互联网的全面连接属性，安全生产将成为一个重要元素，以更好地为监管提供支持。

# 《算力基础设施高质量发展行动计划》解读

## 一、出台背景

当前，新一轮科技革命和产业变革正在深入发展，算力基础设施的重要性不断提升，各国正在不断加大相关投资。我国在算力基础设施领域取得了显著成就，但与促进数字经济与实体经济深度融合、实现经济社会高质量发展的目标相比，以及在应对国际市场激烈竞争方面，还存在一定差距。为了进一步凝聚产业的共识，强化政策引导，全面推动我国算力基础设施的高质量发展，工业和信息化部等六个部门联合发布了《算力基础设施高质量发展行动计划》。

## 二、核心内容

为实现上述目标，《行动计划》分别从完善算力综合供给、提升算力高效运载能力、强化存力高效灵活保障、深化算力赋能行业应用、促进绿色低碳算力发展以及安全保障能力建设 6 方面共部署 25 项重点任务：

（1）完善算力综合供给体系

包含优化算力设施建设布局、推动算力结构多元配置、促进边缘算力协同部署、推动算力标准体系建设。

（2）提升算力高效运载能力

主要包括优化算力高效运载质量、强化算力接入网络能力、提升枢纽网络传输效率、探索算力协同调度机制。

（3）强化存力高效灵活保障

加速存力技术研发应用、持续提升存储产业能力、推动存算网协同发展。

（4）深化算力赋能行业应用

构建一体化算力服务体系、“算力＋工业”“算力＋教育”“算力＋金融”“算力＋交通”“算力＋医疗”“算力＋能源”以深化算力赋能。

（5）促进绿色低碳算力发展

主要包含提升资源利用和算力碳效水平、引导市场应用绿色低碳算力、赋能行业绿色低碳转型。

（6）加强安全保障能力建设

包括增强网络安全保障能力、强化数据安全保护能力、加强数据分类分级保护、强化产业链供应链安全、保障算力设施平稳运行。

## 三、主要评价

算力作为一种新的生产力，为不同行业进行数字化转型提供基础的动力，推动着社会的高质量发展。因此，算力基础设施作为算力的主要载体，成为数字经济高速发展的关键，对于全行业的数字化转型以及社会整体的经济发展均起到了关键的作用。

算力基础设施的建设和发展是保障算力充分发挥的关键环节。在数字经济时代，算力基础设施包括数据中心、服务器、网络设备等，它们构成了数字化转型的基石。数据中心作为存储和处理大规模数据的核心，为各类应用提供了强大的计算支持。服务器作为算力的具体实现，通过高效的处理器和存储设备，为各种应用提供计算服务。网络设备则连接了各个角落，保障了数据的传输和通信。这一系列算力基础设施的完善，对于数字经济的顺利运转至关重要。在实现数字化转型方面，算力基础设施为企业和组织提供了强大的技术支持。通过建设和利用数据中心，企业能够高效地存储和管理海量的业务数据，实现对数据的深度挖掘和分析，为企业决策提供科学依据。同时，强大的服务器和网络设备确保了计算能力和通信效率，为企业提供了数字化运营的技术基础。在这一过程中，算力基础设施的不断创新和提升，为企业数字化转型提供了坚实的技术基础。培育未来产业也离不开算力基础设施的支持。随着新一轮科技革命的兴起，涌现出了诸如物联网、5G、区块链等新兴产业，这些产业对算力的需求更为巨大。物联网需要强大的算力支持，以实现海量设备的数据连接和处理；5G 技术的快速发展对于网络算力的要求也日益增加；而区块链作为去中心化技术，需要大规模的计算资源来维护网络的稳定和安全。因此，算力基础设施的建设和提升，对于培育这些未来产业，推动科技创新具有不可替代的作用。

形成经济发展新动能是当前经济社会发展的迫切需求，而算力基础设施的发展也将在这一进程中发挥着积极的作用。数字经济的崛起带动了产业结构的深刻变革，新业态、新模式层出不穷。在这一过程中，算力的灵活运用成为推动新动能形成的关键。通过建设高效的算力基础设施，各行各业能够更好地利用数据、智能化技术，推动传统产业升级，培育新兴产业，形成新的经济增长点。算力基础设施的不断完善将有助于推动产业结构的优化，促进新旧动能的融合，为经济发展注入新的活力。

## 第八节 铁路运输行业政策法规解读

## 《铁路计量发展规划（2021—2035 年）》解读

### 一、编制背景

铁路是国民经济“大动脉”、关键基础设施和重大民生工程，在我国经济社会发展中的地位和作用至关重要。计量是实现单位统一、保证量值准确可靠的活动，是测量及其应用的科学。计量发展水平直接影响国家核心竞争力，是推动高质量发展、提高国家治理效能、全面建设社会主义现代化国家的重要保障。党的十八大以来，计量在铁路运营管理、工程建设、装备制造和货物贸易等领域发挥着越来越重要的基础保障作用，有力支撑了铁路高质量发展，维护了国家利益。

近年来，《中华人民共和国计量法》《计量发展规划（2021—2035 年）》《交通强国建设纲要》陆续修订、发布实施，对铁路计量工作提出新要求、设立新目标、布置新任务。为贯彻落实党中央、国务院对于计量工作的总体要求，使铁路计量工作能够目标明确、有序发展、协调推进，国家铁路局编制了《铁路计量发展规划（2021—2035 年）》（以下简称《规划》），作为指导中长期铁路计量工作的纲领性文件。

## 二、总体思路

以习近平新时代中国特色社会主义思想为指导，全面贯彻党的十九大和十九届历次全会精神，紧紧围绕统筹推进“五位一体”总体布局和协调推进“四个全面”战略布局，以推动铁路高质量发展为主题，以科技创新为动力，以建设交通强国为引领，以让人民共享交通运输发展成果为目的，统筹发展和安全，贯彻落实《计量发展规划（2021—2035 年）》《交通强国建设纲要》，从加强铁路计量科技创新、强化铁路计量能力建设、推进铁路计量体系建设等方面着手，加强铁路计量量值传递溯源体系、基础设施等能力建设，完善铁路计量制度体系，夯实铁路计量基础，增强计量对铁路质量、安全、效率的保障作用，对中长期铁路计量工作进行全面规划。

## 三、主要内容

《规划》包括 6 部分：

（1）编制背景。从铁路计量体系建设、量值传递溯源服务保障能力、计量科技创新成果应用、铁路计量支撑和保障作用 4 方面，简要总结铁路计量发展的成果，分析研判铁路计量面临的形势、要求、任务。

（2）总体要求。提出铁路计量发展的指导思想、基本原则和发展目标。着眼计量科技创新研究成果在铁路计量的应用、铁路计量测试技术能力、量值传递溯源体系 3 方面，提出 2025 年量化目标。

（3）加强铁路计量科技创新。包含铁路计量标准研究、铁路计量测试关键技术研究、铁路计量数据应用研究、铁路计量科技国际交流合作 4 方面内容。以专栏形式提出量子化计量技术研究，智能化、自动化、远程和在线计量技术研究，检测、监测系统量值溯源技术研究等 6 类重点任务。

（4）强化铁路计量能力建设。包含量值传递溯源体系服务能力、铁路计量设备设施建设、产业化计量服务等 7 方面内容。以专栏形式提出提升计量标准能力、构建现代先进测量体系、开展区域计量等 5 类重点任务。

（5）推进铁路计量体系建设。包含铁路计量制度体系、铁路计量技术规范体系、铁路计量管理体系等 4 个方面内容。以专栏形式从计量技术规范、计量技术委员会、计量技术机构等方面提出4类重点任务。

(6) 保障措施。从加强组织领导、加大投入力度、注重队伍建设和人才培养、强化评估考核4个方面，对计量支撑保障能力进行部署。

# 《铁路危险货物运输安全监督管理规定》解读

## 一、修订背景

现行《铁路危险货物运输安全监督管理规定》(以下简称《规定》) 于2015年发布，为促进铁路危险货物运输安全管理，保障铁路运输和公众生命财产安全发挥了重要作用。近年来，党中央、国务院对安全生产工作多次作出重要部署，新《中华人民共和国安全生产法》《中华人民共和国反恐怖主义法》《生产安全事故应急条例》等法律法规陆续颁布实施，铁路危险货物运输实践中也出现了一些新情况，亟需对《规定》进行全面修订。修订后的《规定》将全面取代旧规章，进一步完善和加强铁路危险货物运输安全监督管理，夯实铁路危险货物运输安全的法治保障。

## 二、修订的主要内容

(1) 进一步明晰了危险货物范围。一是在现行《规定》中关于危险货物定义的基础上，明确危险货物原则上以《铁路危险货物品名表》为标准进行认定，同时进一步明确，对虽未列入《铁路危险货物品名表》但依据有关法规、国家标准被确定为危险货物的，也需要按照《规定》办理运输，既便于实践操作，又全面强化对危险货物运输的安全监管。二是结合铁路装备技术发展、防控应急等危险货物运输需求，在附则中明确了在符合安全技术条件下的特殊情形监管要求，做到原则要求和特殊需求相统一。

(2) 进一步强化了危险货物运输全链条管理。此次修订从危险货物托运、查验、包装、装卸、运输过程监控、应急管理等各环节，全面强化了对危险货物运输的安全管理要求。一是增加了对托运人在危险货物的保护措施、信息告知、运单填报、应急联系等方面的要求，强化危险货物运输源头管理。二是增加了铁路运输企业与相关单位签订危险货物运输安全协议的要求，切实明确各方职责，保证运输安全。三是根据《中华人民共和国反恐怖主义法》，增加了对危险货物运输工具的定位监控和信息化管理要求，做到危险货物运输全程可监控、可追溯。四是完善培训有关规定，在培训大纲、培训课程及教材、培训档案等方面强化了对运输单位的要求，同时明确了从业人员应当具备相关安全知识等要求。五是增加试运制度，对尚未明确安全运输条件的新品名、新包装等类别的危险货物，要求铁路运输企业组织相关单位进行试运，切实防范运输风险、保障运输安全。六是根据《中华人民共和国安全生产法》，增加了危险货物运输安全隐患排查治理有关要求。七是加强危险货物运输应急管理，增加了应急预案及演练、应急处置等要求。

# 《铁路旅客运输规程》解读

## 一、修订背景

原《铁路旅客运输规程》（以下简称《客规》）是原铁道部规范性文件，在铁路政企合一管理体制下制定，既有行政管理内容，也包括铁路运输企业与旅客之间的民事关系，还涉及一些企业经营管理事项。近年来，铁路政企分开改革持续深入推进，铁路营业里程不断增加，高速铁路快速发展，铁路旅客运输领域发生巨大变化，铁路运输企业不断突破传统客运服务形式，实现服务、经营创新。原《客规》的部分内容已经与铁路政企分开改革新要求不匹配，与铁路旅客运输实际不相符，还有不少内容滞后、缺失，需要调整或者补充。为了更好适应铁路改革发展新形势新要求，规范旅客和铁路运输企业的行为，保护旅客和铁路运输企业的合法权益，有必要修订完善《客规》并上升为部门规章。2022 年 11 月 1 日，中华人民共和国交通运输部第 25 次部务会议通过《铁路旅客运输规程》，自 2023 年 1 月 1 日起施行。

## 二、主要内容

修订后的《客规》共 9 章 52 条，主要内容包括：

（1）明确了对铁路运输企业和旅客的总体要求。一是明确了铁路运输企业的义务。包括制定旅客运输相关办法并向社会公布，为旅客提供安全、方便、快捷、文明礼貌服务，提供良好的旅行环境和服务设施，公布车站运营时间、停止检票时间、服务项目及收费标准等旅客服务重要信息。二是规定了旅客的权利和义务要求。包括自主选择旅客运输服务和公平交易，爱护铁路设备设施，不得扰乱铁路运输秩序。

（2）围绕票务重点环节，切实保障旅客运输安全和合法权益。一是聚焦社会关注的儿童票销售标准，区分车票实名制和非实名制的情形，分别按照年龄和身高销售儿童票，切实为儿童购票乘车提供优惠、便利。二是对学生、残疾军人、伤残人民警察、国家综合性消防救援队伍残疾人员等群体实行优惠（待）

票。三是针对改签和退票环节，明确了各情形下的改签和退票原则性要求，并明确了退款期限，确保最大限度保护旅客合法权益。四是与铁路旅客车票实名制管理办法相衔接，明确车票实名制管理，切实维护铁路旅客运输秩序和安全。

（3）优化旅客的乘车和行李运输环节体验，保障旅客高效出行、便捷出行、安全出行。一是明确了铁路运输企业在车站和旅客列车配备服务设施设备的责任和义务，为旅客乘车提供最大便利。二是规定了铁路运输企业要为现役军人、残疾军人、烈士遗属、老幼病残孕旅客等提供优先购票、优先乘车等服务，健全特殊旅客权益保障。三是要求铁路运输企业针对旅客出行产生重大影响的情形制定应急处置预案，并为旅客突发疾病等情形采取救助措施，切实保护旅客生命健康。四是要求铁路运输企业应当明确旅客随身携带物品和托运行李的相关规定，并按规定进行安全检查，旅客也应当遵守国家禁限运的相关规定，切实保障出行安全。五是明确了铁路运输企业拒绝运输及补收票款的情形，既便于企业按规定操作，又保护旅客合法权益，维护铁路运输秩序。

（4）畅通旅客维权渠道，切实维护旅客合法权益。一是建立多元化纠纷解决机制，明确旅客有权就铁路旅客运输服务质量问题向铁路运输企业投诉，铁路运输企业要保证投诉渠道畅通，认真研究旅客意见建议。二是规范投诉处理时限，健全投诉沟通机制，提高旅客投诉处理的效率和质量。

# 《铁路旅客车票实名制管理办法》解读

## 一、修订背景

为加强铁路旅客运输安全管理，落实《铁路安全管理条例》规定的铁路旅客车票实名购买、查验要求，交通运输部于2014年出台了《铁路旅客车票实名制管理办法》（以下简称《办法》）。《办法》施行以来，对保障铁路旅客生命财产安全，维护旅客运输秩序发挥了重要作用。近年来，《中华人民共和国反恐怖主义法》对实名制管理提出了新要求；同时铁路行业快速发展，电子车票全面实施，自动实名售票、取票、检票、验票等新设备和人脸识别等新技术逐步投入应用，车票实名制管理的外部环境发生了巨大变化，亟需修订完善现行《办法》，并与修订后的《铁路旅客运输规程》相衔接。

## 二、修订的主要内容

（1）调整车票实名制管理范围。在现行《办法》对快速及以上等级旅客列车和相关车站实行车票实名制管理的基础上，依据《中华人民共和国反恐怖主义法》，进一步明确所有铁路旅客列车和车站实行车票实名制管理。同时，对部分不属于长途客运的公益性“慢火车”、市域（郊）列车、城际列车及相关车站根据实际情况作了专门规定。

（2）细化车票实名购买要求。一是明确购买车票以及办理补票、取票、改签、退票等业务时应当提供乘车人真实有效的身份证件或者身份证件信息。二是明确通过互联网、电话、自动售票机、人工售票窗口等方式购票时可以使用的有效身份证件种类，增强可操作性。三是明确旅客丢失实名制车票后的挂失补办程序。

（3）完善车票实名查验规定。一是明确铁路运输企业应当对车票记载的身份信息、乘车人及其购票时使用的有效身份证件进行核对，旅客应当配合；二是明确铁路运输企业应当开设人工实名查验通道，为老年人、证件无法自动识读、需要使用无障碍通道和其他需要帮助的旅客提供必要的服务。三是明确在旅客列车上的实名查验要求。四是明确铁路运输企业在旅客个人信息保护方面的义务和相关防护措施要求。

（4）增加法律责任的内容。一是明确铁路运输企业应当制止扰乱车票实名制管理秩序的行为。二是对铁路运输企业不落实车票实名制管理要求的，明确按照《中华人民共和国反恐怖主义法》进行处理；对泄露旅客个人信息的，移交有关部门处理。三是明确铁路监管部门工作人员失职、渎职等情形的责任。

## 第九节　综合性法规政策列表

1.《环境基础设施建设水平提升行动（2023—2025 年）》（发改环资〔2023〕1046 号），2023 年 7 月 25 日

2.《国家发展改革委　住房城乡建设部　生态环境部印发〈关于推进建制镇生活污水垃圾处理设施建设和管理的实施方案〉的通知》（发改环资〔2022〕1932 号），2022 年 12 月 30 日

3.《供水、供气、供热等公共企事业单位信息公开实施办法》（建城规〔2021〕4 号），2021 年 12 月 31 日

4.《国家发展改革委办公厅关于加快推进基础设施领域不动产投资信托基金（REITs）有关工作的通知》（发改办投资〔2021〕1048 号），2021 年 12 月 29 日

# 第十节　主要行业法规政策列表

## 供水行业法规政策列表

1.《关于批准发布〈生活饮用水标准〉等5项强制性国家标准的公告》（中华人民共和国国家标准公告2022年第3号），2022年3月15日

2.《住房和城乡建设部办公厅　国家发展改革委办公厅　国家疾病预防控制局综合司关于加强城市供水安全保障工作的通知》（建办城〔2022〕41号），2022年8月30日

3.《国家发展改革委办公厅　住房和城乡建设部办公厅关于组织开展公共供水管网漏损治理试点建设的通知》（发改办环资〔2022〕141号），2022年2月25日

4.《住房和城乡建设部办公厅　国家发展改革委办公厅关于加强公共供水管网漏损控制的通知》（建办城〔2022〕2号），2022年1月19日

5.《住房和城乡建设部办公厅　国家发展改革委办公厅　水利部办公厅　工业和信息化部办公厅关于加强城市节水工作的指导意见》（建办城〔2021〕51号），2021年12月17日

6.《城镇供水价格管理办法》（中华人民共和国国家发展和改革委员会　中华人民共和国住房和城乡建设部令第46号），2021年8月3日

7.《城镇供水定价成本监审办法》（中华人民共和国国家发展和改革委员会　中华人民共和国住房和城乡建设部令第45号），2021年8月3日

8.《住房和城乡建设部办公厅关于做好2021年全国城市节约用水宣传周工作的通知》（建办城函〔2021〕174号），2021年4月19日

## 排水与污水处理行业法规政策列表

1.《国家发展改革委　住房城乡建设部　生态环境部关于推进污水处理减污降碳协同增效的实施意见》（发改环资〔2023〕1714号），2023年12月29日

2.《关于公开征求〈农村黑臭水体治理工作指南〉（征求意见稿）意见的通知》（环办便函〔2023〕304号），2023年9月8日

3.《住房和城乡建设部办公厅关于国家标准〈排水泵站一体化设备〉（征求意见稿）公开征求意见的通知》，2023年8月28日

4.《住房和城乡建设部办公厅　应急管理部办公厅关于加强城市排水防涝应急管理工作的通知》（建办城函〔2023〕152 号），2023 年 6 月 16 日

5.《国家水网建设规划纲要》，2023 年 5 月 25 日

6.《住房和城乡建设部办公厅关于印发城市黑臭水体治理及生活污水处理提质增效长效机制建设工作经验的通知》（建办城函〔2023〕118 号），2023 年 5 月 6 日

7.《住房和城乡建设部办公厅　国家发展改革委办公厅关于做好 2023 年城市排水防涝工作的通知》（建办城函〔2023〕99 号），2023 年 4 月 16 日

8.《国家发展改革委　住房城乡建设部　生态环境部印发〈关于推进建制镇生活污水垃圾处理设施建设和管理的实施方案〉的通知》（发改环资〔2022〕1932 号），2022 年 12 月 30 日

9.《住房和城乡建设部关于修改〈城镇污水排入排水管网许可管理办法〉的决定》（中华人民共和国住房和城乡建设部令第 56 号），2022 年 12 月 1 日

10.《住房和城乡建设部办公厅关于国家标准〈城镇污水管网排查信息系统技术要求（征求意见稿）〉公开征求意见的通知》，2022 年 10 月 10 日

11.《住房和城乡建设部　国家开发银行关于推进开发性金融支持县域生活垃圾污水处理设施建设的通知》（建村〔2022〕52 号），2022 年 6 月 29 日

12.《住房和城乡建设部关于发布行业标准〈城镇排水行业职业技能标准〉的公告》（中华人民共和国住房和城乡建设部公告 2022 年第 68 号），2022 年 4 月 29 日

13.《住房和城乡建设部　国家发展改革委　水利部关于印发"十四五"城市排水防涝体系建设行动计划的通知》（建城〔2022〕36 号），2022 年 4 月 27 日

14.《关于做好 2022 年城市排水防涝工作的通知》（建办城函〔2022〕134 号），2022 年 3 月 31 日

15.《住房和城乡建设部关于发布国家标准〈城乡排水工程项目规范〉的公告》（中华人民共和国住房和城乡建设部公告 2022 年第 45 号），2022 年 3 月 10 日

16.《住房和城乡建设部关于发布行业标准〈建筑屋面排水用雨水斗通用技术条件〉的公告》（中华人民共和国住房和城乡建设部公告 2021 年第 220 号），2021 年 12 月 23 日

17.《关于发布国家标准〈建筑给水排水与节水通用规范〉的公告》（中华人民共和国住房和城乡建设部公告 2021 年第 171 号），2021 年 9 月 8 日

18.《关于加快补齐医疗机构污水处理设施短板提高污染治理能力的通知》（环办水体〔2021〕19 号），2021 年 8 月 24 日

19.《国家发展改革委　住房城乡建设部关于印发〈"十四五"黄河流域城

镇污水垃圾处理实施方案〉的通知》(发改环资〔2021〕1205号),2021年8月17日

20.《国家发展改革委 住房城乡建设部关于印发〈"十四五"城镇污水处理及资源化利用发展规划〉的通知》(发改环资〔2021〕827号),2021年6月6日

21.《住房和城乡建设部关于发布国家标准〈室外排水设计标准〉的公告》(中华人民共和国住房和城乡建设部公告2021年第58号),2021年4月9日

22.《住房和城乡建设部办公厅关于做好2021年城市排水防涝工作的通知》(建办城函〔2021〕112号),2021年3月16日

23.《关于推进污水资源化利用的指导意见》(发改环资〔2021〕13号),2021年1月4日

## 垃圾处理行业法规政策列表

1.《关于继续开展小微企业危险废物收集试点工作的通知》(环办固体函〔2023〕366号),2023年11月6日

2.《关于进一步加强危险废物规范化环境管理有关工作的通知》(环办固体〔2023〕17号),2023年11月6日

3.《住房城乡建设部关于发布行业标准〈生活垃圾焚烧飞灰固化稳定化处理技术标准〉的公告》(中华人民共和国住房和城乡建设部公告2023年第140号),2023年9月22日

4.《住房城乡建设部关于发布行业标准〈生活垃圾渗沥液处理技术标准〉的公告》(中华人民共和国住房和城乡建设部公告2023年第139号),2023年9月22日

5.《住房城乡建设部关于发布行业标准〈生活垃圾转运站运行维护技术标准〉的公告》(中华人民共和国住房和城乡建设部公告2023年第138号),2023年9月22日

6.《住房城乡建设部关于发布行业标准〈生活垃圾焚烧烟气净化用粉状活性炭〉的公告》(中华人民共和国住房和城乡建设部公告2023年第137号),2023年9月22日

7.《关于公布2023年"生活垃圾分类达人"名单的通知》,2023年9月22日

8.《关于进一步优化环境影响评价工作的意见》(环环评〔2023〕52号),2023年9月20日

9.《生活垃圾焚烧发电厂现场监督检查技术指南》HJ 1307—2023,2023年8月29日

10.《关于补齐公共卫生环境设施短板开展城乡环境卫生清理整治的通知》（发改办社会〔2023〕523 号），2023 年 7 月 18 日

11.《环境基础设施建设水平提升行动（2023—2025 年）》（发改环资〔2023〕1046 号），2023 年 7 月 25 日

12.《关于向甘肃龙和环保科技有限公司颁发放射性固体废物处置、贮存许可证的通知》（国核安发〔2023〕125 号），2023 年 7 月 5 日

13.《关于发布核安全法规技术文件〈放射性固体废物近地表处置设施安全分析报告格式与内容〉的通知》（辐射函〔2023〕13 号），2023 年 5 月 19 日

14.《住房和城乡建设部办公厅关于做好首届全国城市生活垃圾分类宣传周活动筹备工作的通知》（建办城电〔2023〕23 号），2023 年 5 月 19 日

15.《国家机关事务管理局办公室关于全国城市生活垃圾分类宣传周期间公共机构生活垃圾分类系列宣传活动有关安排的通知》（国管办发〔2023〕12 号），2023 年 5 月 16 日

16.《关于印发〈危险废物重大工程建设总体实施方案（2023—2025 年）〉的通知》（环固体〔2023〕23 号），2023 年 5 月 8 日

17.《关于发布核安全导则〈放射性废物近地表处置设施营运单位的应急准备和应急响应〉的通知》（国核安发〔2023〕70 号），2023 年 4 月 28 日

18.《关于公开征集温室气体自愿减排项目方法学建议的函》（环办便函〔2023〕95 号），2023 年 3 月 30 日

19.《关于同意中核四川环保工程有限责任公司放射性固体废物处理、处置许可证法定代表人信息变更的复函》（国核安函〔2023〕7 号），2023 年 2 月 13 日

20.《国家发展改革委　住房城乡建设部　生态环境部印发〈关于推进建制镇生活污水垃圾处理设施建设和管理的实施方案〉的通知》（发改环资〔2022〕1932 号），2023 年 1 月 19 日

21.《关于发布进口货物的固体废物属性鉴别程序的公告》（生态环境部　海关总署公告 2023 年第 2 号），2023 年 1 月 13 日

22.《国家发展改革委　住房城乡建设部　生态环境部关于印发〈污泥无害化处理和资源化利用实施方案〉的通知》（发改环资〔2022〕1453 号），2022 年 9 月 22 日

23.《国务院办公厅关于深化电子电器行业管理制度改革的意见》（国办发〔2022〕31 号），2022 年 9 月 17 日

24.《工业和信息化部办公厅　国务院国有资产监督管理委员会办公厅　国家市场监督管理总局办公厅　国家知识产权局办公室关于印发原材料工业“三品”实施方案的通知》（工信厅联原〔2022〕24 号），2022 年 9 月 14 日

25.《国务院办公厅关于进一步加强商品过度包装治理的通知》(国办发〔2022〕29号)，2022年9月1日

26.《工业和信息化部等七部门关于印发信息通信行业绿色低碳发展行动计划(2022—2025年)的通知》(工信部联通信〔2022〕103号)，2022年8月25日

27.《工业和信息化部　自然资源部关于下达2022年第二批稀土开采、冶炼分离总量控制指标的通知》(工信部联原〔2022〕90号)，2022年8月17日

28.《国家发展改革委办公厅等关于印发废旧物资循环利用体系建设重点城市名单的通知》(发改办环资〔2022〕649号)，2022年7月19日

29.《工业和信息化部办公厅关于开展2022年度循环再利用化学纤维(涤纶)企业公告申报工作的通知》(工信厅消费函〔2022〕145号)，2022年6月28日

30.《国务院办公厅关于印发新污染物治理行动方案的通知》(国办发〔2022〕15号)，2022年5月4日

31.《国家发展改革委办公厅　工业和信息化部办公厅　生态环境部办公厅关于做好2022年家电生产企业回收目标责任制行动有关工作的通知》(发改办产业〔2022〕424号)，2022年5月11日

32.《尾矿污染环境防治管理办法》(生态环境部令第26号)，2022年4月6日

33.《关于加快推进废旧纺织品循环利用的实施意见》(发改环资〔2022〕526号)，2022年3月31日

34.《住房和城乡建设部　生态环境部　国家发展改革委　水利部关于印发深入打好城市黑臭水体治理攻坚战实施方案的通知》(建城〔2022〕29号)，2022年3月28日

35.《八部门关于印发加快推动工业资源综合利用实施方案的通知》(工信部联节〔2022〕9号)，2022年2月10日

36.《国家发展改革委等部门关于加快废旧物资循环利用体系建设的指导意见》(发改环资〔2022〕109号)，2022年1月17日

## 天然气行业法规政策列表

1.《国务院安全生产委员会关于印发〈全国城镇燃气安全专项整治工作方案〉的通知》(安委〔2023〕3号)，2023年8月9日

2.《国家能源局关于印发〈2023年能源监管工作要点〉的通知》(国能发监管〔2023〕4号)，2023年1月4日

3.《自然资源部关于印发矿业权出让交易规则的通知》(自然资规〔2023〕

1 号），2023 年 1 月 3 日

4.《国家发展改革委关于完善进口液化天然气接收站气化服务定价机制的指导意见》（发改价格〔2022〕768 号），2022 年 5 月 26 日

5.《关于印发〈财政支持做好碳达峰碳中和工作的意见〉的通知》（财资环〔2022〕53 号），2022 年 5 月 25 日

6.《国家发展改革委　国家能源局关于完善能源绿色低碳转型体制机制和政策措施的意见》（发改能源〔2022〕206 号），2022 年 1 月 30 日

7.《国家发展改革委关于印发〈天然气管道运输价格管理办法（暂行）〉和〈天然气管道运输定价成本监审办法（暂行）〉的通知》（发改价格规〔2021〕818 号），2021 年 6 月 7 日

8.《国家能源局综合司关于印发〈天然气管网和 LNG 接收站公平开放专项监管工作方案〉的通知》（国能综通监管〔2021〕64 号），2021 年 5 月 31 日

9.《国家发展改革委关于“十四五”时期深化价格机制改革行动方案的通知》（发改价格〔2021〕689 号），2021 年 5 月 18 日

## 电力行业法规政策列表

1.《国家发展改革委　国家能源局关于加强新形势下电力系统稳定工作的指导意见》（发改能源〔2023〕1294 号），2023 年 9 月 21 日

2.《国家发展改革委　国家能源局关于印发〈电力负荷管理办法（2023 年版）〉的通知》（发改运行规〔2023〕1261 号），2023 年 9 月 7 日

3.《国家发展改革委　财政部　国家能源局关于做好可再生能源绿色电力证书全覆盖工作促进可再生能源电力消费的通知》（发改能源〔2023〕1044 号），2023 年 7 月 25 日

4.《国家发展改革委等部门关于推动现代煤化工产业健康发展的通知》（发改产业〔2023〕773 号），2023 年 6 月 14 日

5.《工业和信息化部等六部门关于推动能源电子产业发展的指导意见》（工信部联电子〔2022〕181 号），2023 年 1 月 3 日

6.《国家能源局关于印发〈电力二次系统安全管理若干规定〉的通知》（国能发安全规〔2022〕92 号），2022 年 10 月 17 日

7.《工业和信息化部　财政部　商务部　国务院国有资产监督管理委员会　国家市场监督管理总局关于印发加快电力装备绿色低碳创新发展行动计划的通知》（工信部联重装〔2022〕105 号），2022 年 8 月 24 日

8.《国家发展改革委　国家能源局关于完善能源绿色低碳转型体制机制和

政策措施的意见》（发改能源〔2022〕206号），2022年1月30日

9.《国家发展改革委　国家能源局关于印发〈“十四五”现代能源体系规划〉的通知》（发改能源〔2022〕210号），2022年1月29日

10.《国家发展改革委　国家能源局关于加快建设全国统一电力市场体系的指导意见》（发改体改〔2022〕118号），2022年1月18日

11.《发展改革委　能源局　工业和信息化部　财政部　自然资源部　住房城乡建设部　交通运输部　农业农村部　应急部　市场监管总局关于进一步提升电动汽车充电　基础设施服务保障能力的实施意见》（发改能源规〔2022〕53号），2022年1月10日

## 电信行业法规政策列表

1.《工业和信息化部办公厅关于印发通信行业绿色低碳标准体系建设指南（2023版）的通知》（工信厅科〔2023〕68号），2023年11月24日

2.《工业和信息化部办公厅关于推进5G轻量化（RedCap）技术演进和应用创新发展的通知》（工信厅通信函〔2023〕280号），2023年10月16日

3.《工业和信息化部等六部门关于印发〈算力基础设施高质量发展行动计划〉的通知》（工信部联通信〔2023〕180号），2023年10月8日

4.《工业和信息化部关于开展移动互联网应用程序备案工作的通知》（工信部信管〔2023〕105号），2023年7月21日

5.《工业和信息化部等八部门关于推进IPv6技术演进和应用创新发展的实施意见》（工信部联通信〔2023〕45号），2023年4月20日

6.《工业和信息化部　教育部　文化和旅游部　国家广播电视总局　国家体育总局关于印发〈虚拟现实与行业应用融合发展行动计划（2022—2026年）〉的通知》（工信部联电子〔2022〕148号），2022年10月28日

7.《工业和信息化部等七部门关于印发信息通信行业绿色低碳发展行动计划（2022—2025年）的通知》（工信部联通信〔2022〕103号），2022年8月22日

8.《工业和信息化部办公厅　国家发展改革委办公厅关于促进云网融合　加快中小城市信息基础设施建设的通知》（工信厅联通信〔2022〕1号），2022年1月27日

9.《工业和信息化部关于印发“十四五”信息通信行业发展规划的通知》（工信部规〔2021〕164号），2021年11月1日

10.《工业和信息化部关于开展信息通信服务感知提升行动的通知》（工信部信管函〔2021〕292号），2021年11月1日

11.《关于印发〈物联网新型基础设施建设三年行动计划（2021—2023年）〉的通知》（工信部联科〔2021〕130号），2021年9月10日

12.《关键信息基础设施安全保护条例》（中华人民共和国国务院令第745号），2021年9月1日

13.《工业和信息化部　中央网络安全和信息化委员会办公室关于印发〈IPv6流量提升三年专项行动计划（2021—2023年）〉的通知》（工信部联通信〔2021〕84号），2021年7月8日

14.《工业和信息化部　中央网络安全和信息化委员会办公室　国家发展和改革委员会　教育部　财政部　住房和城乡建设部　文化和旅游部　国家卫生健康委员会　国务院国有资产监督管理委员会　国家能源局关于印发〈5G应用“扬帆”行动计划（2021—2023年）〉的通知》（工信部联通信〔2021〕77号），2021年7月5日

15.《工业和信息化部关于印发〈新型数据中心发展三年行动计划（2021—2023年）〉的通知》（工信部通信〔2021〕76号），2021年7月4日

16.《工业和信息化部关于印发〈“双千兆”网络协同发展行动计划（2021—2023年）〉的通知》（工信部通信〔2021〕34号），2021年3月25日

17.《工业和信息化部关于印发〈基础电子元器件产业发展行动计划（2021—2023年）〉的通知》（工信部电子〔2021〕5号），2021年1月15日

18.《关于印发〈工业互联网创新发展行动计划（2021—2023年）〉的通知》（工信部信管〔2020〕197号），2021年1月13日

## 铁路运输行业法规政策列表

1.《铁路危险货物运输安全监督管理规定》（中华人民共和国交通运输部令2022年第24号），2022年10月19日

2.《国家铁路局关于印发〈2022年铁路专用设备产品质量安全监管工作重点〉的通知》（国铁设备监函〔2022〕14号），2022年1月30日

3.《铁路旅客运输规程》（中华人民共和国交通运输部令2022年第37号），2022年11月3日

4.《铁路旅客车票实名制管理办法》（中华人民共和国交通运输部令2022年第39号），2022年11月18日

5.《交通运输部办公厅关于印发〈城市轨道交通信号系统运营技术规范（试行）〉的通知（试行）》（交办运〔2022〕1号），2022年1月18日

6.《交通运输部关于修订〈城市轨道交通初期运营前安全评估管理暂行办

法〉的通知》(交运规〔2022〕4号),2022年7月1日

7.《交通运输部关于修订〈城市轨道交通服务质量评价管理办法〉的通知》(交运规〔2022〕5号),2022年7月1日

8.《交通运输部办公厅关于印发〈城市轨道交通自动售检票系统运营技术规范(试行)〉的通知》(交办运〔2022〕27号),2022年6月9日

# 第十章　公用事业典型案例分析

# 第一节　供水行业案例分析

## 案例一　绍兴市供水智慧化与漏损控制案例

### 一、基本概况

为进一步推进数字化和信息化技术在市政公用领域的应用，提升运营效率和监管水平，2020 年 8 月，住房和城乡建设部、中央网络安全和信息化委员会办公室、科技部等部门联合印发《关于加快推进新型城市基础设施建设的指导意见》。同年 10 月，住房和城乡建设部在重庆、福州、济南、绍兴等 16 个城市开展首批新型城市基础设施建设试点，要求全面推进城市信息模型（CIM）基础平台建设，打造智慧城市基础平台，实施智能化市政基础设施建设，对供水、供热、燃气等市政基础设施进行升级改造和智能管理等。自试点工作开展以来，绍兴市委、市政府高度重视供水智慧化建设试点工作，由绍兴市综合行政执法局（城市管理局）负责推进，绍兴市公用事业集团为实施主体，制定了《绍兴市新型城市基础建设试点工作方案》，在供水智慧化试点建设中突出数字化创新引领，强化运行效率和安全性能两大支撑，在原有供水基础设施的基础上，通过将控制技术和信息技术与水务产业深度融合，进一步推进供水业务数据资源化、控制智能化、决策智慧化、管理精准化。

### 二、主要做法

绍兴市在新型城市基础设施试点建设的背景下，进一步提升城市智慧水务建设的站位层级，将开展供水智慧化与漏损控制行动写入绍兴市《2021 年政府工作报告》，将供水智慧化试点工作列入《绍兴市国民经济和社会发展第十四个五年规划和二〇三五年远景目标纲要》。提出打造包括有领导小组、有实施方案、有专项经费、有进度管理、有专业队伍、有考核制度在内的“六个有”保障体系。主要做法如下：

#### （一）普及应用物联网

基于数字技术的物联网设施是供水智慧化建设的基础。绍兴市按照“样板先行先试、全局稳步推进”的工作思路，在样板区域内安装噪声监测仪、远传表等物联网设施并逐步全面推广。在建设完成样板片区的基础上，全面安装先进智能化设备，构建了智能化道路、智能化小区、智能化用户、智能化高层二供加压泵房 4 种场景管控模式。通过构建城市供水物联感知网，实现管网供水系统全要素智能监测。

### （二）更新改造老旧管网

绍兴市对市区约 4900 公里市政供水管网的综合材质、使用时间、累计漏点次数等因素进行全面梳理和评估，并在评估的基础上采用优质管材对 10 公里老旧管网进行更新改造。依托于渗漏预警仪、减压阀等管网监测设施的布设，构建管网智能化控制体系和管网运行状况动态跟踪体系，并使之与城市改造建立对接和协同机制。将老旧管网改造与包括供水 GIS 系统和城市 CIM 平台在内的管网智能化控制体系建设相结合，使城市管网维护由被动检修进化为主动发现风险，大幅提升管网安全性。

### （三）建立漏损控制体制

绍兴市通过构建智能化管网预警运维体系和漏损管控闭环工作制度，形成了“以分区计量为核心、以信息化技术为支撑、以全过程管控为手段、以绩效考核为保障”的漏损控制工作机制。制定了浙江省绍兴市地方标准《城镇供水管网漏损管理规范》(DB3306/T 047—2022)，体系化推进绍兴市漏损管控标准化运行工作。编制《供水管网漏损控制与检漏技术指南》，该指南涉及分区计量管理体系构建、供水管网管材选用及施工管理、供水管线探测及 GIS 系统构建、漏损检测技术、渗漏预警技术、绩效考核管理体系建设以及人才队伍建设等内容。

### （四）安全管理水质运行

绍兴市以智慧化手段建立健全供水企业安全运行管理体系，保障供水水质。通过新增用户止回阀、高层二次供水泵房水质监测、主干管网水质监测、管网末梢水质监测以及用户水倒流报警监测等多种智慧化手段全方位保证安全供水。在应急管理方面，基于智慧化手段收集的数据，打造全新应急指挥体系，结合水温＋风力＋风向监测＋远程控制阀等智能化设备，开发抗冰冻等智能化应用，实现突发事件的全过程管理。绍兴市通过监测和应急管理设备的软硬件升级，进一步加强供水水质全过程监管。

### （五）建设智慧供水体系

绍兴市借助云计算、物联网、大数据、人工智能等技术，采用巡检机器人、智能仓库等新型智能感知设备，基于“1＋2＋10＋N”平台总体架构[①]，构建“城市＋公司＋基层”的三层次联动机制，实现业务高效运营。通过打造“漏控场景”“智享服务场景”“应急场景”“未来社区供水智能化场景”等多个水务企业业务场景，以场景化支撑业务为目标，将业务信息转化为有效数据，再将数据沉淀转化为经验输出，实现业务和数据之间的互补。

### （六）智慧城市信息共享

在数据收集和数据处理时，绍兴市还致力于推动数据共享。通过打通供水智慧化管理平台与智慧城市平台之间的信息壁垒，绍兴市进一步整合政府基础设施信息和数据资源，将供水流量和水质数据与气象数据、道路监控视频数据、地下管网信息、市政道路改造信息等数据同时进行共享，实现了跨层级、跨地域、跨系统、跨部门、跨业务的协同管理和服务，推动技术业务数据融合，提高了供水智慧化试点建设的信息准确度和工作效率，实现信息资源利用最大化。

### （七）注重人才培训服务

培养实操型人才能够提升供水智慧化体系效能，为此，绍兴市打造了全国首家供水管网漏损控制实训基地，创新实际操作培训机制，借助专业师资和长期积累的漏损控制第一线实践经验，为全国水务企业开展持续的咨询管理和人才培训服务。通过不断升级培训基地的软硬件水平、丰富漏损控制管理培训教材、开发建成“迎宾路示范区”场景化教学基地、创新运营模式等一系列方式，向全国推广漏损控制经验，为城市供水行业持续输送人才，帮助各地供水企业构建数据和业务联动的科学管网运维模式，为全国城市供水行业发展和供水智慧化建设经验的普及推广做出重要贡献。

## 三、实施成效

绍兴市已逐步建成数字化供水智能业务模式，形成一套可看、可学、可复制、可推广的较为成熟的模式，努力打造全国节水标杆市、供水智能示范市和数字改革先行市。绍兴市建立起水务合同节水商业模式，提出供水管网漏损控制的技术支持机制、管理融合机制、信贷支持机制和利益共享机制，获得住房

---

① “1”是一个数智水务平台，集消息中心、报警中心、指标中心、流程中心、报表中心于一体；“2”是包含数据中台和物联网平台的信息化体系；“10”是涵盖漏控管理、巡检系统、客户管理、安全管理、工程管理、设备管理、人员绩效等的数智水务全业务；“N”是指智能漏控场景、智慧服务场景、应急智慧场景等应用。

和城乡建设部通报表扬，样板项目作为行业节水创新案例在全国推广。

### （一）通过智能检测持续降低漏损

绍兴市以新城建试点项目为契机，逐渐实现从人工检漏向智能检漏模式转变。通过渗漏预警仪等设备的广泛应用，在提升检漏效率的同时减少了人力投入。通过噪声监测仪的广泛应用，实现供水管网夜间噪声数据的实时采集和实时上传，在提升检漏效率的同时改善了检漏人员的工作环境。通过远程管网水质冲洗、日漏损率智能监控分析等功能，阻止水质污染等不良事件事态扩大，有效提高应急保障能力。通过渗漏预警仪及时预警，大幅缩短供水管道新增漏点检出周期，由几个月缩短至几天，大幅降低因爆管抢修对社会造成的不利影响，减少水资源浪费，避免了事故发生，进一步确保供水安全运行并增强居民用户获得感。此外，绍兴市通过试点建设实现了远程管网水质冲洗、日漏损率智能监控分析等功能，有效提高应急保障能力，提升供水管网智能化水平。

### （二）通过智能应急提高管理效率

依托供水智慧化建设，绍兴市建立了以“13520”为核心的供水军事化管理应急保障机制，即1分钟响应，3分钟出车，5分钟回复，20分钟赶到现场，实现应急处置更高效、更科学。呈现定位提升、意识提升、标准提升、成效提升的“四大提升”特征，实现应急处置更高效、更科学。配合“13520”应急机制支持24小时响应抢修需要，建立“无人仓库系统”，实现24小时不间断运行，使管理更加精确、稳定。

### （三）通过流程再造提高服务质量

绍兴市供水实现服务过程全透明化，进一步创新管理流程，压缩办理时限，提高服务标准，提升服务质量。通过“网上营业厅”，提供精准服务、智能服务，实现维修工单全过程可视化管控，针对报修工单可实时查看维修人员轨迹、办理进度、预计到达时间等信息，随时随地与服务人员电话沟通，进一步提升用户体验感，强化服务“透明度”。

# 案例二　嘉兴市城乡一体化供水案例

## 一、基本概况

2003年，“千万农民饮用水工程”的启动掀开了浙江省城乡供水一体化的序幕，此后浙江省先后发布了《浙江省人民政府关于切实加强城乡饮用水安全保障工作的通知》《浙江省城乡供水一体化专项资金管理暂行办法》和《浙江省城乡供水一体化规划（2019—2022 年）》等重要文件和规划，引领全省城乡供水一体化改革。嘉兴市作为浙江省城乡一体化改革的先行者之一，早在 2004 年就颁布了《嘉兴市城乡一体化发展纲要》，提出建立“多规合一”的规划体系，统筹城乡发展，大力推进城乡空间布局、基础设施建设、产业发展、劳动就业与社会保障、社会发展、生态环境建设与保护“六个一体化”，并于 2006 年出台了《嘉兴市人民政府关于加快市本级城乡一体化供水的实施意见》，提出 2010 年基本实现市本级城乡一体化供水的蓝图。近年来，嘉兴市在城乡供水一体化改革的过程中勇于探索，取得了显著的工作成效。

## 二、主要做法

### （一）政府主导，制度引领

嘉兴市委、市政府一直以来都高度重视城乡供水及水环境治理工作，全力推进水务一体化建设，在政策上重视和支持城乡供水一体化改革。2004 年以来嘉兴市出台了一系列制度，旨在为城乡一体化供水提供保障。其中，2004 年，嘉兴市委、市政府颁布了《嘉兴市城乡一体化发展纲要》。2006 年 1 月，嘉兴市政府出台了《嘉兴市人民政府关于加快市本级城乡一体化供水的实施意见》，提出 2010 年基本实现市本级城乡一体化供水的工作目标和任务，明确城市供水企业与属地政府之间的职责分工。2010 年，嘉兴市政府先后出台《嘉兴市本级城乡供水一体化建设管理改革实施方案》和《嘉兴市本级城乡供水一体化建设管理改革验收（接收）办法》，对嘉兴市本级的城乡供水管理体制进行改革，进一步解决了市本级城乡供水管理体制不顺的现实问题。嘉兴市成立市政府工作专班负责市区供水一张网的领导、统筹协调与督查考核工作，给予城乡供水一体化建设足够的政策支持，依靠政府主导，凝聚水务一体化工作合力，为水务一体化建设提供有力保障。

### （二）政策支持，企业重组

嘉兴市政府出台一系列政策推动城乡供水一体化，并给予供水企业足够支持。2006 年，嘉兴市政府在《嘉兴市人民政府关于加快市本级城乡一体化供水实施意见》中明确提出由市水务集团负责供水水厂、一级管网建设，而二、三、四级管网（包括旧管网改造）的建设由属地区政府负责，明确企业与属地政府在管网建设、改造方面的权属。随着嘉兴市水务集团与嘉兴市原水公司的整合，嘉兴市嘉源集团承担起城乡供水一体化投资、建设和运营的重任。嘉兴市嘉源集团是嘉兴市水务投资集团有限公司与嘉兴市原水投资有限公司的统称。其中，嘉兴市水务投资集团有限公司（简称水务集团）成立于2003年，整合了市本级自来水、污水处理、城市防洪等公司，负责一体化投资、建设、经营管理涉水事务。嘉兴市原水投资有限公司（简称原水公司）成立于2017年，主要负责嘉兴市域外配水工程的投资建设与管理。在嘉兴市政府的支持下，2018年，嘉兴市水务集团和原水公司整合为嘉源集团，嘉兴市政府对市本级10个乡镇供水企业资产完成回购后，统一交给嘉源集团管理，同时财政出资境外引水工程的60%作为资本金用以支持供水城乡一体化建设和运维，通过支持供水企业发展推动供水城乡一体化。

### （三）数字建设，管理升级

嘉兴市在城乡供水一体化推进中不断加强数字化、智慧化系统建设。通过建设城乡供水数字化管理平台、水务创新创效服务数字平台以及智慧排水管理数字平台，助推五水共治和水环境改善，提升城乡供水保障能力和服务效能。其中，在供水服务方面，打通了市区与乡镇业务受理平台，建立统一营业收费系统，实现跨区域无差别业务受理。通过网上营业厅建设，实现业务办理“零跑腿”。利用信息化技术、物联网、大数据，建设智慧水务平台。

## 三、实施成效

### （一）提前起步，实现“四同”目标

为推动城乡经济社会发展，促进城乡一体化，嘉兴市委、市政府早在“八八战略”提出初期，即2004年就颁布了《嘉兴市城乡一体化发展纲要》，并于2004年初启动了嘉兴市本级城乡一体化供水工程。到2009年底，嘉兴市本级城乡供水一体化一级管网一期工程已基本建成，市本级的10个乡镇均与市区一样饮用优质自来水，城乡供水基本实现了“同网同质”目标。2010年起，一级管网二期工程和嘉兴市城乡供水一体化管理体制改革同步展开，到2013年8月，嘉兴市本级的10个乡镇供水企业全部完成改制。通过提前起步、改革先行，嘉兴市城乡一体化供水覆盖率达到100%，实现供水“同网、同质、同价、同管理”的“四同”目标。

### （二）域外饮水，全面提升保障

嘉兴市为了提升原水水质、构建多水源供水保障系统，于2018年5月正式开工建设域外配水工程（杭州方向）。该工程设计配水规模为2.3亿立方米/年，远期配水量为3.2亿立方米/年，项目服务于嘉兴全市域。工程取水水源地为千岛湖，工程输水线路总长达171.6公里，项目总投资约128亿元，去除杭州共建段后的总投资为85.54亿元。项目已于2021年完成通水阶段验收，为嘉兴市原水水质和多水源供水提供优质保障。

### （三）提质增效，确保水质安全

在城乡一体化改革的过程中，嘉兴市新建改造供水设施，不断提升水处理工艺和改善供水水质，以实际行动打造“最优供水城市”。嘉兴市区先后建成石臼漾和贯泾港两大水源生态保护湿地及水厂，并在两大水厂采用国际最先进的“纳滤膜处理”工艺，大大提升本地水源水质。2017年以来，本地水源水质常年保持在Ⅲ类水以上。嘉兴的制水工艺一直处于行业领先，形成行业肯定的城乡供水“嘉兴模式”。嘉兴南郊贯泾港水厂被专家推荐作为“城市供水环太湖流域内河河网水源处理集成技术”示范工程，嘉兴市石臼漾水厂和贯泾港水厂获中国城镇供水排水协会全国首批“达标水厂”。2022年，在浙江省现代化水厂复评中，嘉兴贯泾港水厂被业内专家比喻成“水处理工艺的博物馆”。

## 第二节 排水与污水处理行业案例分析

## 案例 海宁市污水处理城乡一体化管理与政府监管案例

海宁市，别称潮城，位于浙江省北部、钱塘江北岸，地处杭嘉湖平原，毗邻杭州市，是浙江省辖县级市，由嘉兴市代管。2022年，海宁市辖4个街道、8个镇，分别是：硖石街道、海洲街道、海昌街道、马桥街道、许村镇、长安镇、周王庙镇、盐官镇、斜桥镇、丁桥镇、袁花镇、黄湾镇。海宁市总面积863平方公里（含钱塘江水域），户籍人口71.9万人，常住人口110.16万人。海宁市地区生产总值为1247.00亿元，规模以上工业增加值为472.8亿元，一般公共预算收入为95.1亿元，列全国综合实力百强县市第22位，按常住人口计算，全市人均生产总值为113312元。

2003年，浙江省推动实施“千村示范、万村整治”工程（以下简称“千万工程”）。20年来，在“千万工程”的引领下，海宁市深入开展城乡水务一体化建设，海宁市聚焦农村生活污水治理痛点难点，以数字化改革为契机，全力推进农村生活污水治理，深入落实“强基增效双提标”行动，一体化布局城乡基础设施和基本公共服务，与城乡风貌整治提升和全社会共同富裕等工作协同推进。目前，海宁市农村污水处理设施已达到国内一流水平，彻底打破了城乡二元结构，已实现全市行政村覆盖率100%，出水水质达标率95%以上，真正实现了“同网、同质、同价、同服务”，进一步提升了污水处理城乡一体化管理水平。

## 一、海宁市污水处理城乡一体化管理成效

### （一）海宁市污水处理基本情况

目前，海宁市已建成污水处理厂3座，污水处理能力为41万吨/天，其中：丁桥污水处理厂污水处理能力为20万吨/天，盐仓污水处理厂污水处理能力为16万吨/天，尖山污水处理厂污水处理能力为5万吨/天，出水标准均已达到浙江省地方出水标准。截至2021年，海宁市三座污水处理厂的实际处理量：盐仓污水处理厂为13.3万吨/日，丁桥污水处理厂为16.2万吨/日，尖山污水处理厂为3.3万吨/日，合计约33万吨/日，污水集中处理率达到95%，污水处理厂出水水质合格率达到100%。

目前，海宁市三座污水处理厂均已建立完整的进出水在线监测系统与中控系统，两项系统均获得环保部门验收认可，污水处理厂进出水水质直接上传到省环保相关部门，实现实时监测。污水处理厂中控系统集成了各项日常生产运行数据，可指导日常运行及减排核查，系统运行稳定。同时，水务集团对水质实行三级管理，统一各污水处理厂水质化验的项目、频次和分析技术要求，确保各项出水指标稳定达到浙江省地方污水排放标准。

海宁市依托三座污水处理厂建设西片、中片、东片“三网三口”的污水收集和排放系统。其中西片主要包括许村、长安、周王庙、盐官等乡镇，污水收集后进入盐仓污水处理厂，处理后尾水就近通过排污管排入钱塘江；中片主要包括中心城区、丁桥、斜桥等乡镇及附近工业园区等，污水收集后进入丁桥污水处理厂，处理后尾水排入钱塘江。东片主要包括尖山新区、黄湾、袁花等乡镇和工业园区，污水收集后进入尖山污水处理厂。

近几年，海宁市大力推行城乡一体化排水体系建设，在大力推进污水处理厂建设的同时，分不同主体同步开展主干管道和收集管网建设，污水管网不断延伸覆盖，取得了显著的成效。特别是随着市区生活污水治理、农村生活污水

治理及建成区生活污水治理三轮污水治理行动的实施，大大推进了海宁市域污水收集、输送干管的延伸覆盖，基本已经完成全市规划区内污水管网的全覆盖。自2010年以来，每年建成投运的污水管网长度均超100公里，至2013年底行政村污水管网设施全覆盖目标如期实现，2014年、2015年先后全面铺开了农村、城镇建成区及第三轮市区生活污水治理工程，据不完全统计，全市各城镇污水管网总长度已超过2000公里。

### （二）海宁市农村污水处理基本情况

海宁市农村生活污水目前已基本实现有序收集和治理，行政村治理数145个，农户119469户，集中处理设施总数2339个，其中已纳厂处理设施1729个，集中处理终端610个。海宁市农村生活污水主要采用两种处理模式进行收集处理，分别为纳厂处理设施、集中处理终端设施，另外局部农户采用简易设施处理生活污水。采用纳厂处理有92847户，占比为77.72%，集中处理终端有26167户，占比为21.90%，简易设施有455户，为管控户，占比为0.38%。硖石街道荷叶村、海宁经济开发区（海昌街道）迎丰村、海洲街道金龙村、张店村农户，这4个行政村已整村拆迁，但目前还未建成，待安置房小区建设完工，均将纳厂处理。

海宁市农村污水收集采用雨污分流制，厕所污水和厨房水分别经化粪池、隔油井预处理后进入收集管网。污水收集后，进入市政污水管网、集中式污水处理终端。村庄内其他污水重点排放单位（如农家乐、民宿等）的生活污水经化粪池和隔油池预处理后进入市政污水管网或集中式污水终端处理。截至2020年底，海宁市污水管网收集长度为559万米，化粪池9万个，隔油池8.4万个，检查井25万个。

海宁市全部的农村生活污水处理设施采用分段建设模式，镇（街道）负责接户设施、收集管网建设，海宁市水务集团负责纳厂处理设施中收集提升泵站及接入市政管网的管道建设。截至2020年底，海宁市已纳厂处理设施1729个，受益户数92847户。运维模式采用分段运维，收集管网到收集池由村自主运维或委托第三方公司，收集后的管网由海宁市水务集团负责运维，2021年起逐年由海宁市水务集团实行一体化运维。

## 二、海宁市农村生活污水处理设施规划与建设

截至2021年，海宁市农村生活污水设施现状达标率为78.24%，与2025年100%达标率的规划目标尚有一定距离，主要原因包括：部分农户雨污分流不彻底，部分农户污水未进行雨污分流；外来租户导致设施超负荷运转，部分设施

的污水处理量超过设施负荷的 20%，甚至更多；部分管网设计参考的地面与实际不符，且存在管网和终端施工不规范的问题，分段的运维模式易造成运维效果的责任不清，运维人员的专业能力和人员数量配备不足。

根据《海宁市农村生活污水治理建设规划（2021—2035）》，要求到 2021 年，省、市、县三级农村生活污水治理监管服务系统基本统一联网。到 2022 年，海宁市域城乡生活污水治理一体化布局基本确定，既有设施标准化运维应达到 100%。到 2021 年，水环境功能重要地区和水环境容量较小地区等重点区域的行政村覆盖率及出水达标率不应低于 95%。到 2025 年，农村生活污水处理设施行政村覆盖率达到 100%，出水达标率达到 100%，应接农户接户率达到 100%，合理确定运维管理模式。到 2035 年，海宁市城乡污水一体化治理，农村管网改造完成，不断提高农村生活污水运维管理水平，切实改善农村生态环境质量，不断提升农村人居环境。

海宁市农村生活污水总体采用处理设施治理，即农村生活污水纳入城镇污水管网或集中处理终端处理，到 2023 年底前零星存在管控治理。海宁市 610 个集中处理终端，其中 51 个集中处理终端因村庄撤并、搬迁等原因到 2025 年底前全部拆除，剩余集中处理终端到 2022 年底前全部纳厂，届时海宁市农村生活污水全部实现纳厂处理。海宁市农村生活污水处理设施建设和改造应符合《农村生活污水处理设施建设和改造技术规程》DB33/T1199—2020 的相关要求。农村生活污水处理设施的建设和改造遵循减量化、无害化和资源化原则；以海宁市域为单元，实行统一规划和建设、分步实施。

## 三、海宁市农村生活污水处理设施的运维管理

海宁市农村生活污水处理设施运维坚持专业的事情由专业的人负责为导则，采用委托第三方运维企业的运维模式，对处理设施开展日常运行维护工作。鉴于现有运维企业数量多、运维企业能力差异大及分段运维方式，海宁市规划在 2015～2035 年将重新调整运维布局，减少运维企业，取消分段运维模式，由海宁市水务集团统一负责运维。

海宁市水务集团主要根据《农村生活污水治理设施第三方运维服务机构管理导则（试行）》，对现有的运维服务站进行升级，配备针对农村生活污水处理设施的运维队伍和相应运维设备。按照《农村生活污水治理设施出水水质检测与评价导则》要求，定期对集中处理设施的进出水进行水质检验，分析水质结果。运维人员应根据水质检测结果对处理设施运行参数进行优化，提高设施处理效果。

海宁市农村生活污水设施采用标准化运维，运维单位要求按照签订的合同内容，按照《浙江省农村生活污水处理设施标准化运维评价导则》要求开展污水处理设施的运行维护工作，实现污水处理设施标准化运维全覆盖。运维内容包括管网设施、处理终端，其中管网设施主要对管道运维、检查井、提升泵站和运维废弃物的运行维护；处理终端主要对预处理设施和主体处理设施、生态处理设施、附属设施、水质采样、样品保管、检测和运维废弃物进行维护。

为提高农村生活污水收集、污泥无害化处置的效率和质量，海宁市水务集团与各乡镇（街道）签订《农村生活污水设施委托运维管理协议书》，由水务集团负责对管网系统进行巡检、清掏、疏通、对格栅井、收集池、化粪池、隔油池进行检查、清理；对集中处理终端、终端改入网泵站进行检查、清理、维护，农村生活污水设施中清理出来的废弃物杜绝随意丢弃，交由有经营资质的公司妥善处理。隔油池产生的油渣统一运输至浙江绿洲环保能源有限公司，在其厂内进行油脂的再生处置。绝大部分化粪池粪渣主要由海宁绿创环保科技有限公司处理，主要采用移动式化粪池无害化处理设备进行处理。少部分化粪池粪渣及其他污泥和栅渣定期清运，按规定进行无害化处理。

## 四、海宁市农村生活污水设施监督管理

### （一）海宁市农村生活污水政府监管职能与污水工程专项规划修编

海宁市政府作为统筹主体，建立农村生活污水治理设施运行维护管理工作领导小组，办公室设在市住房和城乡建设局，负责统筹协调全市污水处理设施运行维护管理工作，制定管理办法和考核细则，对运维管理工作进行指导、检查和考核。嘉兴市生态环境局海宁分局负责对全市污水处理设施排放水质的监督管理，对终端设施运行管理进行技术指导等工作。海宁市农业农村局负责在农村人居环境、美丽乡村等工作中做好农村污水处理相关工作。海宁市综合执法局负责查处农村污水违法排放以及破坏污水处理设施等行为。海宁市财政局负责落实和拨付污水处理设施运维管理补助资金，监督运维管理资金使用。海宁市发展改革、自然资源、科技、水利等有关部门按照各自职责，做好污水处理设施监督管理相关工作。

海宁市各镇人民政府（街道办事处）作为产权管理主体，要明确具体部门和人员负责本行政区域内污水处理设施运行维护管理工作，制定运维管理制度和考核细则，签订委托运维服务合同，指导和督促运维单位、村（居）民委员会、农户等履行各自职责；加强污水处理设施基础信息库建设，规范档案管理；落实

运维经费，负责污水处理设施大中修；建立新建（改建）农房的雨污分流管控机制，确保农房建设与雨污分流同步审批、同步验收，同步建设配套智慧监控设施并确保设施完好；加强管网健康管理，逐步开展污水管网设施检测和 GIS 测绘。

海宁市水务集团配合制定污水处理设施运维管理有关技术规程，为各镇人民政府（街道办事处）建设改造污水处理设施提供技术支撑。

### （二）海宁市农村生活污水管理模式

海宁市农村生活污水实施市、镇、村三级站长工作责任为重点的“站长制”管理模式。各镇人民政府（街道办事处）根据规模大小、运行维护要求等确定具有相应能力的单位（以下简称运维单位）进行运行维护。具体地，各镇人民政府（街道办事处）应当参照《浙江省农村生活污水处理设施运行维护服务合同》（示范文本），在双方协商的基础上，与运维单位签订运行维护服务合同，明确双方权利义务。在示范文本印发前已签订合同且未满足此要求的应在 3 个月内补充签订并报海宁市农村生活污水处理设施运行维护管理工作领导小组办公室（简称市农污运维办）备案。各镇人民政府（街道办事处）负责运维单位的监督和考核管理，每月开展检查不得少于 1 次，对检查发现的运行维护管理中存在的问题及时督促落实整改。

运维单位应满足《农村生活污水处理设施运行维护单位基本条件》中的要求，包括办公场所、管理制度、设施设备等，建立农村生活污水运维管理平台，并与市级农村生活污水运维监管平台有效衔接。同时，运维单位应当依照法律、法规和运行维护服务合同约定，对公共处理设施进行日常养护、巡查，及时处理公共处理设施故障，清理、处置污水处理产生的垃圾和污泥，保证公共处理设施正常运行。此外，运维单位应当在镇域范围内适当位置公示运行维护范围、标准、巡查时间、工作人员及其联系电话、责任人监督电话等内容，接受社会监督。

### （三）海宁市农村生活污水数字化监管

海宁市农村生活污水治理数字化建设试点项目作为浙江省住房和城乡建设系统数字化应用场景第一批试点项目，认真贯彻落实农村生活污水治理“强基础、严管控、促治理”的原则，通过农村生活污水治理数字化转型改造建设，将已有的工作规范和标准流程再造，搭建智慧农村生活污水等基础设施试点平台，提升政府整体监管与企业运营水平。

（1）升级海宁市农村生活污水运维监管平台。结合省农村生活污水处理设施运维监管平台建设要求，将农村生活污水运维任务细化分解成最小颗粒，确定牵头协同单位、建立指标体系、确定数据需求和数源系统，建立业务协同流程、数据集成、智能分析等，建成农村生活污水运维监管服务平台数字化功能相关应用场景。

（2）完善农村生活污水运维智慧管理平台。水务开发终端管理功能，以村或组为单位，将涉及的接入户数、生态个数、隔油池数、化粪池数、农污泵站数、管网长度纳入平台动态管理，将农村生活污水运维车辆、运维人员、农村生活污水工单处理等纳入平台进行统一管理，达到车辆实时监控，农户问题的二维码直接反馈和自动流转处理，巡检计划、任务的分派和执行情况监督等，推进“农污治理红管家”党员志愿服务项目，由志愿者认领项目开展服务，开发志愿者服务二维码，实现发现问题“码上报”“码上办”。

## 五、海宁市污水处理城乡一体化管理的经验总结

### （一）强基增效，高质量推进纳厂提升治理

一是规划引领实施全域纳厂。2021 年，海宁市率先在全省启动编制完成《海宁市农村生活污水治理建设规划（2021—2025）》，科学谋划“十四五”期间农村生活污水“全域治理、全域纳厂、全域达标”，按照先行实施环境敏感区、外来人口集聚区域、市政管网就近区域的原则，有序推进终端纳厂改造。截至 2022 年，完成终端纳厂改造 643 个，除搬迁区块外基本实现农村生活污水全域纳厂治理。二是城乡统筹推进标化建设。参照城镇标准制定印发《海宁市农村生活污水纳厂处理泵站建设技术要求》《海宁市新建农房雨污分流治理工作指南》，统一建设技术标准，规范农村生活污水终端纳厂改造，推进水务集团对收集和输送规模不匹配的市政管道同步形成改造计划，配套施工、同步运行，建成泵站纳入智慧水务远程在线 24 小时监管。三是依法治污提升运维监管。根据《浙江省农村生活污水处理设施管理条例》和《海宁市农村生活污水治理设施运行维护管理办法》，制定《海宁市农村生活污水治理工作考核办法》《农村生活污水治理运维监管“属地管理”事项工作导则》，加强各部门依法监管协作，推进农村生活污水纳厂治理建管并举，加强新建农房雨污分流事前、事中、事后监管，推广农村生活污水运维标准化，基本实现全覆盖。

### （二）城乡一体，高质量打造服务体系

一是打造农村生活污水运维智能服务体系。建立农村生活污水设施管理联心卡通道，农户扫码“一键报修”，实现“码上办”，镇村、农户、运维企业形成网上联动，工单派发、过程处理和结果反馈实现全流程跟踪，建立、健全 30

分钟响应处置机制，提高处理效率。二是打造农污运维管理服务体系。推动水务“公司＋营业所＋村级联络员”网格化日常巡查机制，将农村生活污水运维日常管理工作具体落实到公司、到部门、到人；制定完成标准化操作规程和管理制度 11 项，提升安全管理、有限空间作业要求，实施标准化运维；组织开展农村生活污水运维管理制度宣贯和运维技术培训，提升工作人员专业技能和管理水平。三是打造农村生活污水运维志愿服务体系。以党建红色引领，制定《海宁市“农污治理红管家”党员志愿服务联盟活动实施方案》，建立全省首个“农污治理红管家”党员志愿服务联盟，通过开展系列志愿服务活动，打造全领域农村生活污水治理志愿服务工作机制，激发党员志愿者以实际行动积极投身到服务社会民生，累计共开展农村生活污水志愿服务活动达 300 多次，参与党员志愿者达 1000 多人次。

#### （三）数字改革，高效能推进智慧管理

一是数据共享推进“城乡一体化”管理。升级开发政府监管服务平台和水务运维智慧管理平台，建成农村生活污水“城乡一体化管理”数字化应用，贯通省、市、县、镇政府农村生活污水治理监管服务数据，运用互联网、物联网实现政府与水务系统互联互通，数据共享带动农村生活污水治理管理方式创新和业务流程再造。二是智慧保障打造生态文明城乡一元化。推进数字化应用实现智能管理、智能运营、智能监控和智能服务，进一步提升“城乡一体化”智慧治理效能，社会、经济、生态效益明显，全域纳厂后水质将 100％达标，同时年节约运维费 700 多万元、减少占用土地资源 90％、年节电量 330 多万度。并加快推动农村与城市污水运维管理紧密接轨，破除原有城市、农村二元化管理壁垒，推进生态文明城乡一元化进程。

## 第三节　垃圾处理行业案例分析

## 案例一　青岛市智慧赋能　垃圾分类处理体系运行精准高效

### 一、案例简介

（1）案例名称：青岛市智慧赋能　垃圾分类处理体系运行精准高效

（2）项目地点：山东省青岛市

（3）建设单位：青岛市城市管理局

(4) 建设规模及投资情况：605个社区、所有党政机关单位。监管平台已接入该区4534个居民小区、1866个党政机关、共49918户居民。

## 二、项目特色

### (一) 智慧监管系统，让投放更准确

在青岛市西海岸新区“城市云脑”智慧监管系统上，238辆垃圾收运车、260条收运线路和2000余个收运点的作业完成率、收运时间和各点位的运输状态都一目了然。收运车辆配备了识别装置，如果收运垃圾与收运车类别不匹配，系统就会自动判定为混装混运。而为了更加精准地识别，当地还在垃圾桶上安装了更加小巧的识别芯片。通过数字赋能，垃圾收运实现全过程闭环监管的同时，还打造了“云上”巡检场景，实现了对全区垃圾分类处理设施的实时监控和精准预警。垃圾运输车进入厂区后，所有处理流程的相关信息，以及称重、焚烧炉、烟气处理等状态实时可见，让垃圾分类处理体系的运行更加精准高效。为了解决大件垃圾处置这个难题，青岛将大件垃圾处置与垃圾分类工作一体推进，建设大件垃圾处置中心，推进收运规范化、处置资源化。

### (二) 智能回收设备，让回收更时尚

近年来，青岛市李沧区通过引入社会企业，在200多个小区设置可回收物智能回收设备，小区覆盖率达到90%，全区日均投放次数3万余次。智能回收已改变居民可回收物投放习惯，成为李沧区绿色时尚的新生活方式。在智能回收设备满柜后，设备自带的传感器通过物联网发送数据到运力平台，调度人员就近取回，袋子上有二维码可全程追溯。货物首先运送到街道中转站暂存，当日再由货车运送到末端的分拣中心。在分拣中心，货物过磅自动计重，经由半自动人工分拣流水线分成40多个品类，被压缩打包后，当天或隔天直送下游的再生纸厂、塑料厂、玻璃厂、化纤厂等再生资源加工利用企业，快速周转，实现资源利用最大化。

### (三) 回收智能监管，让监管更及时

在垃圾分类全链条管理上，青岛积极探索“源头分类到位、运输监管严密、集中处置有序”的全链条管理模式。青岛依托地理信息系统，建立起覆盖1.3万个生活垃圾收运点位的地图数据库；自主开发生活垃圾（厨余垃圾）智能收运监管系统，优化收运作业信息识别、收运率智能分析等算法，打造由点到线及面的

生活垃圾收运作业“公交图”，建立起日产日清、智能调度的垃圾收运智能化监管新模式；结合“无废城市”创建工作，打造生活垃圾处置终端智能监管场景，对市属娄山河、小涧西垃圾处理园区转运处理设施的重点作业视频、计量数据、烟气等指标实时采集和“线上”监控，利用“平台＋客户端”，直观掌控企业运营态势，实现远程技术指导与人员现场巡查有机联动，在防汛应急、环保督察等方面，充分发挥远程调度监管功能，做到垃圾处理过程能追溯、事项能提醒、质量能考核、数据能分析，切实提高监管效能，引领行业发展新业态。

### （四）促进公众参与，让执法更全面

青岛市开展“作风能力提升年”活动，青岛市环境卫生发展中心紧盯群众反映强烈的痛点、难点、堵点问题，用智慧化手段推进场景开放，鼓励市民通过“点·靓青岛”微信小程序，随时随地上报环卫问题、提出建议，实现环卫问题“掌上报、掌上问、掌上查、掌上办”，真正让市民成为城市管理的主角；为方便市民游客如厕，倡导企事业单位等社会力量向市民开放内部厕所，目前，全市环卫公厕 1219 座、其他行业配套公厕 2143 座、社会单位卫生间 958 座，市民们可通过微信小程序快速定位匹配离自己最近的公共厕所并导航前往，如厕更简单、更方便；畅通与企业、群众、媒体的互动渠道，打造“绿色环卫，‘垃’近你我”垃圾处置设施公众开放活动，建立公众预约参观系统、发布“云参观”视频，积极推广普及垃圾处理环保教育知识，主动接受社会公众监督，真正取信于民，创惠于民。

## 三、成功经验

### （一）政企协同，精细监管

青岛市突出市场化打法，政企协同搭建完成青岛市智慧建筑垃圾监管平台，纳入全市工地、运输企业、运输车辆及回填消纳点信息，同步开发移动端 App，为一线监管、执法人员提供科技辅助，大幅提高建筑垃圾处置行业管控效能，构建起建筑垃圾“运量可统、信息可查、轨迹可循、违规可判、源头可溯”的科技化、精细化监管格局。

### （二）数字改革，强化管理

青岛在全国率先赋能“城市建筑垃圾处置核准”数字化改革，推出全流程数字化审批服务场景，实现身份数据“自动填”，历史数据“选择填”，共享数

据“系统填”。通过数字改革促进了垃圾收运企业健康发展。

### （三）智慧监管，创新管理

青岛市持续优化提升平台应用功能，扩大行业应用场景建设，实现对全市环卫系统运行态势的全面感知、实时监测、分析研判和全周期管理，构建全域覆盖、全网共享、全程可控的智慧环卫管理新模式。通过智慧监管让城市更干净、更整洁、更有序，让城市生活更方便、更舒心、更美好。

# 案例二　上海市智慧管控　打开垃圾分类管理新局面

## 一、案例简介

（1）案例名称：上海市智慧管控　打开垃圾分类管理新局面

（2）项目地点：上海市

（3）建设单位：上海城投（集团）有限公司

（4）建设规模及投资情况：实现了16个行政区生活垃圾分类、清运和处置数据可实时收集、生活垃圾全程可追踪溯源。

## 二、项目特色

### （一）AI分类保障体系，提高垃圾处理能力

中转站是衔接垃圾分类前端收运和末端处置的关键一环。上海城投（集团）有限公司建成运营了12座生活垃圾集运中转站（含3座集装化转运码头），设计转运能力达15000吨/日。中转站优化现场操作规程、动态设立压缩泊位、建造餐厨专用集装箱，增加分类标识，确保干、湿垃圾不混装。同时，在实践中摸索出分类转运操作流程，形成分类作业标准；建立起覆盖全市16个行政区的有害垃圾收运网络体系等。垃圾的资源化利用是垃圾处置的重要一环。上海市生活垃圾全程分类信息平台实现了16个行政区生活垃圾分类、清运和处置数据可实时收集、生活垃圾全程可追踪溯源；中端物流脉络清晰，实现2300个、4种类型垃圾集装箱箱号、箱型、箱源识别，配合末端处置需求智能调度、精准配送；末端处置，实现老港基地智慧运营，建立实时数据获取、分析、应用闭环，促进基地内生产设备、设施协调优化和资源、能源循环利用。在日常垃圾投放和转运过程中，如何准确地判断出混杂其中的不合格异物，并形成有效证据链为垃圾分类管理提供依据，成为亟需解决的核心难题。上海城投（集团）有限

公司依托“数字环境”管控信息化体系，首创了生活垃圾转运环节品质识别系统。通过 AI 技术对生活垃圾图像和视频进行实时分析处理，实现对湿垃圾中不合格异物的智能预警和监管。

### （二）垃圾智慧回收平台，提高垃圾回收积极性

上海市为满足居民的个性化需求，区绿化市容部门指导“沪尚回收”服务企业与属地街道协作，在社区内投放智能回收箱，全天 24 小时全时段满足居民自助交投可回收物，与“回收服务进小区”覆盖面形成互补，提供形式多样的回收服务。可回收物智能回收箱共分为纸张类、织物类、玻璃类、塑料类、金属类五大类，在回收用户投放的可回收物后，会根据回收的重量换算成积分，用户可以在自己账户内将积分提现出对应的现金。智能回收箱满溢后，系统后台将发送满溢提示给“沪尚回收”服务企业，并在 1～2 小时内响应派遣专用收运车辆对点位进行清运。

### （三）垃圾“智能大脑”，提高垃圾投放自觉性

在 5G 垃圾厢房内，墙面上有一个热水器状的装置，这就是垃圾厢房的“智慧大脑”。在湿垃圾桶下有个自动称重系统，当桶内垃圾重量达到某个峰值，就会报告“智慧大脑”触发满溢报警。在垃圾投递口下方装有感应器，当干垃圾、可回收垃圾、有害垃圾的投放超过感应器高度，“智慧大脑”也会触发满溢报警。报警信息通过小程序实时推送到保洁员的手机上，保洁员接到信息后前去换桶即可，不用像以前“时不时得去看看桶有没有满”。同时居委会、物业管理员也能通过 App 及时接收这类信息——如果更换了新桶，App 便会弹出警报解除消息。如果 10 分钟内没有换桶，则再次推送报警信息。最近，西弗瑞公司正在探索自动换桶技术，希望能进一步为居民“解放人手”。另外，“智慧大脑”搭载的人工智能系统可以识别丢弃在垃圾箱外的垃圾，通过 App 和小程序触发报警提示，待清理后再推送警报解除信息。如果有个别居民乱扔垃圾，通过警报推送时间结合摄像头回放功能，很容易锁定目标，有助于进一步引导居民自觉、规范做好垃圾分类投放。

## 三、成功经验

### （一）提高环境标准化，加强各区协同

上海市提升生活垃圾运处产业链的全过程管控能力，加强对各类应急状况

的处置预想与演练，科学制定韧性环境体系标准，体系化研究完善各类应急场景预案；加强与各区横纵联合、条块协同，提升全市生活垃圾应急运输处置协同水平，不断激发韧性管理、智能管控、精细服务效能。

#### （二）加快处理智能化，解决传统难题

上海市深耕信息化数字革新，让信息生产与运营管理高度融合；围绕主营主业，建设“全时空、全流程、全面计划管理”的智慧环境物流运营体系；在已有信息系统基础上，构建上下联通、统一高效的生产指挥数字化运行体系，以5G+AI以及数字孪生为技术底座，打造面向各中转运输及末端资源化处置设施的数字化智慧物流系统，为各区提供数智化转运服务保障。

#### （三）营造社会氛围，促进习惯养成

上海市开展社区全覆盖宣传动员。发挥居住区（村）党组织作用，推动形成居（村）委会、业委会、物业企业、志愿者“多位一体”动员模式，通过“面对面”告知方式，完成全市800余万户市民入户宣传。全面普及分类知识。进行“线上线下”培训，提高《上海市生活垃圾管理条例》及配套文件的知晓率，开展垃圾分类“七进”活动，落实垃圾处理设施公众开放日制度。全方位引导社会参与。发挥工会、共青团、妇联社会动员优势，组织新闻媒体开展正面引导与舆论监督，支持第三方机构提供专业服务，指导行业协会制定自律规约，扩大垃圾分类志愿者、社会监督员队伍规模。

## 第四节　天然气行业案例分析

## 案例　湖州市城乡供气一体化试点探索助农纾困共富新路径

### 一、案例背景

天然气通村入户是加强乡村公共基础设施建设、实现乡村清洁能源建设的重要一环，也是湖州市高水平建设生态文明典范城市的重要抓手。湖州市在全国率先探索“城乡供气一体化”，以省级城乡供气一体化建设试点为契机，以“生态+助农+共富”为抓手，系统谋划、迭代升级“送气下乡”共富班车，助力解决农村居民和企业的用气难题，实现城乡供气“同网同质同价”，补齐城乡

基础设施“最后一块短板”，为农村地区发展注入新动能。

## 二、案例内容

湖州市住房和城乡建设局修编《湖州市城乡燃气专项规划（2021～2035年）》，要求燃气企业提高思想站位、履行社会责任，从加快乡村振兴、促进共同富裕的宏观高度做好燃气管网规划，通过管道天然气延伸直达和“瓶组站＋微管网”两种模式，加快推进农村地区能源转型升级，实现农业高质量发展和生态文明建设协同增效。2022年全市已完成燃气设施建设投资超过2.12亿元，在农村地区新建燃气管网57公里，主要举措和成效有：

### （一）创新送气入户“两模式”

为解决农村住宅区路程远、布点分散、用气量小、运维难度大等问题，结合各地实际情况，因地制宜采用管道天然气延伸直达和“微管网集中连片供气”两种模式，在靠近城镇的农村，直接铺设城镇天然气管道，实现天然气直达；在偏远山区且管网难以延伸的农村，充分利用微型供气站，通过低压微管网将天然气输送至村民家中。如在四面环山的湖州市安吉县报福镇报福村旁建设占地面积仅240平方米的供气站，由燃气公司专业人员负责维护，通过微管网让500余户村民使用上管道天然气。

### （二）探索助农共富“新路径”

建立“专班＋专员＋专线”机制，深入172行政村调研走访种植、养殖、农产品加工等农村企业965家，了解企业发展困境，推广使用清洁能源，“一企一策”量身打造“一站一网一系统”，即一座燃气综合能源供应站、一张暖通供热循环网、一套精确温控供热系统，助力农业企业节能增效、增产增收。如湖州市吴兴区八里店源泉水产有限公司采用天然气锅炉为虾苗供暖，通过精确控制水温，将虾苗成活率提升20％；南浔绿藤生态农庄利用天然气供暖为果蔬保温，让橘树提前1～2个月进入生长期，增强了市场竞争力；安吉县500余家茶叶加工企业使用燃气一体化加工设备，加工效率提升25％。

### （三）拧紧运行安全监管“全链条”

严把设计施工源头端，编制现行地方标准《农村管道燃气工程技术规程》DBJ33/T 1155，加强全过程工程质量监督，规范农村地区燃气设施设计、施工、维护技术要求和安全保障。联合燃气企业和行政村，建立“巡线员＋网格员”

双重监督机制，全天候开展燃气设施巡查，确保燃气运行安全。严把燃气安全关，定期开展入户安检，加强对用气环境、无熄火保护装置灶具、直排式热水器、器具超期使用等隐患问题监督检查，推广使用更耐用、更安全可靠的金属软管，提高用户燃气使用安全系数。今年以来，累计开展入户安全检查39.7万次，发现并整改安全隐患1.46万处，完成金属软管更换25.3万户。

### （四）推进运营管理“智慧化”

以“共富班车”数字应用场景建设为契机，开发建设“湖州燃气安全在线”应用平台，纵向打通省、市、县三级监管平台与18家燃气企业管理平台数据信息，打造智慧场站、钢瓶物联、一键购气、智能配送、车辆监控、用户报警、用气监管、应急联动等应用场景，推动实现日常运营“一网通管”、风险研判“一屏掌控”、应急处置“一体响应”，全面提升燃气行业管理水平。目前，瓶装燃气智慧管理平台已统一全市293辆配送车、888名从业人员、87.2万只气瓶，实现“瓶”安智治。

## 三、案例点评

### （一）城乡供气一体化促进共同富裕

截至2022年11月，全市已有389个行政村通入管道天然气，覆盖率达42.7%，受益农户5.65万户，每年可为村民节约燃气费3042万元，服务各类农业主体518家，助农增收553.7万元。通过数字化改革、科技赋能拓展燃气多跨场景应用，着力提升农业生产效率、促进能源高效利用，不断拓宽强村富民新思路，为农业生产提档升级注入新动能，推动172个乡村加快实现全面振兴。根据《湖州市城乡燃气专项规划（2021～2035年）》，湖州市到2025年总投入将达到6亿元，全面推进燃气管道布局“一张网”。以“生态+助农+共富”为战略抓手，找准“小切口”，由燃气企业量身打造“一站一网一系统”，即一座燃气综合能源供应站、一张暖通供热循环网、一套精确温控供热系统，助力农业增产增收，走出了一条具有湖州辨识度的特色共富之路，不断取得新成效、呈现新亮点。

### （二）加强安全监管是城乡供气一体化的前提

长兴县深入贯彻落实习近平总书记关于安全生产重要指示精神，坚持人民至上、生命至上，深刻吸取全国燃气事故教训，抓紧抓实燃气行业监管工作，以省级城乡供气一体化建设试点先行，多措并举，认真做好“送气下乡”文章，全面排查燃气安全隐患问题，摸清底数、强化措施，切实化解安全风险隐患，筑牢城镇燃气安全运行防线。在设计端，组织行业专家编制《湖州市农村管道燃气工程技术规程（试行）》，明确相关安全技术要求；在施工端，燃气企业认真督查工艺环节，严格执行相关技术标准；在使用端，燃气企业定期开展管网巡查和入户安检，建立隐患清零闭环管控机制，确保“检查必见底、整治必彻底”。从细抓工作落实、从严抓安全管控，牢牢守住燃气安全底线，确保用气企业放心无忧、城乡平安和谐。

### （三）完善价格机制是城乡供气一体化的长效保障

2018 年 5 月，国家发展改革委进一步理顺居民用气门站价格，实现居民用气与非居民用气价格机制的衔接。不过，在省级门站环节，居民用气与非居民用气门站价格一直未能真正实现完全并轨。近年来，在国际气价高涨的情况下，为保障民生，居民用气门站价格的涨幅受限，缺乏调节弹性。而在下游城市燃气环节，居民气价由政府定价，调价则要履行听证等众多程序，终端居民用气价格往往调整滞后或不调，难以反映天然气价格的变化。2023 年居民用气的门站价格的上涨幅度更大，基准门站价格由原来的上浮 5%上调为上浮 15%。很多地方调节了燃气价格联动机制，居民用气价格也开始纳入联动范围，这是本轮价格联动新政最大的亮点。青岛、西安、南京、济南、兰州等多个城市启动了天然气上下游价格联动机制，调整了居民天然气销售价格。从各地发布的通知来看，实施价格联动后，居民气价有一定幅度的上涨。增加价格的灵活性，减少直接行政干预是加快推进天然气价格市场化的基础，也应是市场化改革的重要组成部分。

# 第五节　电力行业案例分析

## 案例　广西藤县供电普遍服务城乡一体化案例

藤县位于广西梧州市西部，毗邻粤港澳，北回归线从境内中部经过，气候资源丰富。然而，独特的地理位置也给藤县带来多雨的气候特征，过去的藤县在汛期时，连续强降雨常常给村民带来断电的烦恼。村民们期盼着电力供应能够稳定。这一切在藤县成为国家能源局南方监管局供电普遍服务城乡一体化高质量发展试点之后发生了翻天覆地的变化。自试点工作开展以来，藤县供电公司积极推进农村电网改造升级工作，不断改善县域农村电网供电网架、提高供电能力。如今的藤县，即便是在强降雨天气下，电力供应也能够迅速恢复，让村民们真正感受到了“用电稳定”带来的幸福感。

## 一、案例背景

随着中国经济的快速发展和城市化进程的加速，城乡差距问题逐渐显现，特别是在基础设施建设和公共服务方面。电力作为现代社会运转的血脉，其供应的普遍性和服务质量直接关系到地区经济社会的发展。广西壮族自治区，作为我国南方的重要省份，面临着城乡电力服务不平衡、不充分的问题。特别是在藤县等西部地区，由于历史、地理等多方面原因，电力服务的质量和水平亟待提升。

为了响应党中央、国务院关于建立城乡基本公共服务普惠共享、标准统一、基础设施一体化发展的号召，国家能源局南方监管局决定在广西藤县开展供电普遍服务城乡一体化高质量发展试点工作。藤县地处广西梧州市西部，毗邻粤港澳，地理位置重要，但由于历史原因，其电网发展相对滞后，供电服务存在短板。因此，藤县成为探索城乡电力服务一体化发展的理想之地。

## 二、案例内容

### （一）试点工作的启动与推进

2020 年 9 月，国家能源局南方监管局正式决定在藤县开展试点工作，计划用 3 年时间解决城乡之间供电服务发展不平衡、不充分的问题。试点工作的目标是打造可复制、可推广的供电普遍服务城乡一体化高质量发展样板，为其他地区提供经验借鉴。

在试点工作开展期间，广西电网公司紧紧抓住广西新电力体制改革机遇，以试点为契机，全力探索实现城乡同构供电能力、同优供电质量、同质提升管理水平的有效途径。藤县供电公司作为试点单位，积极投入资金和人力资源，加快农网改造升级工作，提升供电能力和服务质量。

### （二）农网改造升级与投资

为了改善藤县农村电网的供电网架和提高供电能力，藤县供电公司累计完成投资 12.13 亿元，相当于过去 18 年投资总和的 1.4 倍。这一大规模的投入为农网改造升级提供了坚实的物质基础。电网改造后，户均配变容量优于国家标准，农配网供电能力大幅提升。2021 年，藤县售电量首次突破 20 亿千瓦时，比试点前增长 28.79％。

### （三）科技创新与智能化建设

除了硬件设施的投入，藤县供电公司还注重科技创新和智能化建设。通过实施配网自动化、实用化工程，加快对中压以下配电网的智能化建设，推广无人机自主巡检和不停电作业，藤县电网的智能化水平大幅提升。2021 年，藤县配电自动化有效覆盖率从 0 提升至 65.46％，中压线路故障率与试点前相比下降 56.32％。这些科技创新和智能化建设措施不仅提高了电能质量，也提升了供电服务的效率和可靠性。

### （四）产业发展与用电需求

随着电网改造升级和供电服务质量的提升，藤县的产业发展也迎来了新的机遇。作为“中国粉葛之乡”，藤县将粉葛产业打造成为现代农业发展的特色产业及农业经济增长的支柱。粉葛的现代化种植、深加工和冷链物流等都与电力密切相关。现在，随着电力的稳定供应和质量的提升，粉葛产业也迎来了新的发展机遇。同时，电力服务的改善也推动了藤县农村电商、仓储物流等服务产业的蓬勃发展。

## 三、案例评析

在藤县开展的供电普遍服务城乡一体化高质量发展试点工作取得了显著成效。通过大规模的农村电网改造升级和科技创新投入，藤县的供电能力和服务质量得到了大幅提升。这不仅改善了当地居民的生活质量，也为藤县的产业发展提供了有力支撑。

此外，藤县试点工作的成功也为其他地区提供了可借鉴的经验。通过打造供电普遍服务城乡一体化高质量发展样板，为其他地区树立了标杆，推动了整个行业在城乡电力服务一体化发展方面的探索和实践。

然而，也应看到在推进城乡电力服务一体化发展过程中仍面临一些挑战和问题。例如，如何确保资金的持续投入、如何平衡城乡之间的资源分配、如何进一步提升供电服务的质量和效率等。这些问题需要政府、企业和社会各界共同努力加以解决。

总的来说，在藤县开展的供电普遍服务城乡一体化高质量发展试点工作是一次有益的尝试和探索。它不仅为藤县乃至整个广西的电力事业发展注入了新的动力和活力，也为其他地区在城乡电力服务一体化发展方面提供了宝贵的经验和借鉴。

# 第六节　电信行业案例分析

## 案例　贵州“小康讯”行动计划[①]

## 一、案例介绍

### （一）“小康讯”行动计划基本介绍

2013年，贵州省正式提出进行“四在农家·美丽乡村”基础设施建设，包括“小康路、小康电、小康寨、小康房、小康讯、小康水”六项行动计划[②]。其中，“小康讯”行动计划旨在全面提升农村通信和邮政服务体系，是贵州省实现全面小康的重要政策支撑。该行动计划始于2013年，结束于2020年。工作目标极为详尽，分三个阶段实现，本节择其要旨，记录如下：截至2015年，实现99%以上自然村通电话和行政村通宽带，并实现“乡乡通邮”；截至2017年，全面实现自然村“村村通电话”和行政村“村村通宽带”以及实现“足不出村、尽享邮政”的目标；截至2020年，完成“电话户户通”任务目标[③]。2015年，工业和信息化部推行电信普遍服务试点项目，贵州省积极申报，将该项目与正在实行的“小康讯”行动紧密结合，统筹推进，利用电信普遍服务试点项目的补助基金，提前完成“小康讯”行动的目标[④]。在此基础上，贵州省于2018年实施“小康讯”升级行动，推动4G网络向30户以上自然村覆盖[⑤]。2023年，贵州省提出进一步巩固

---

① 本节由甄艺凯和张杰（硕士毕业于浙江财经大学，现为宁波市工业和数字经济研究院研究人员）撰写。

② 资料来源于《省人民政府关于实施贵州省“四在农家·美丽乡村”基础设施建设六项行动计划的意见》，原文链接：https://www.guizhou.gov.cn/zwgk/zfgb/gzszfgb/201309/t20130913_70517131.html?isMobile=false。

③ “小康讯”相关内容介绍摘录于《贵州省“四在农家·美丽乡村”基础设施建设—小康讯行动计划（2013—2020年）》，原文链接：https://www.guizhou.gov.cn/zwgk/zfgb/gzszfgb/201309/t20130913_70517131.html?isMobile=false。

④ 根据以下新闻报道整理概括：新华网2015年7月文章《工信部向贵州省划拨电信普遍服务资金3096万元》，原文链接：https://www.sohu.com/a/22144117_115402；贵州省通信管理局公众号文章《解读乡村“云端之上”的幸福“密码”——“电信普遍服务中央媒体调研行”走进贵州》，原文链接：https://mp.weixin.qq.com/s/z059s270uD1-cBjH-gDR9A；多彩贵州网2017年7月文章《贵州小康讯：一条光缆一座基站　推开一扇致富大门》，原文链接：http://news.gog.cn/system/2017/07/14/015891568.shtml。

⑤ 资料来源于多彩贵州网2022年8月文章《30户自然村通4G网络　贵州城乡“数字鸿沟”不断缩小》，原文链接：http://district.ce.cn/newarea/roll/202208/30/t20220830_38070269.shtml。

“小康讯”成果，推进数字乡村“新基建”工程，到2025年，所有乡镇具备光纤宽带千兆接入能力，行政村5G通达率达80%[①]。

### （二）“小康讯”行动计划基本举措

1. 加强资金筹措，优化资金使用

在农村进行电信基础设施建设，需要大量资金支持。根据《贵州省“四在农家·美丽乡村”基础设施建设六项行动计划资金筹措方案》[②]，“小康讯”行动计划资金筹措来源为：到2017年，各级政府投入2.61亿元，企业自筹26.14亿元。同时，积极向中央财政申请资金。2015年以来，贵州省积极向工业和信息化部争取电信普遍服务建设项目，先后共开展7批电信普遍化服务试点工作，累计获得中央财政补助资金达13.7亿元[③]。2013～2015年，每年安排1200万元，以“以奖代补”的形式用于“通信村村通”建设[④]。在实际建设过程中，中国铁塔股份有限公司一方面推行共建共享，由中国铁塔股份有限公司统筹规划电信基础设施建设，以尽量避免曾经出现的各大运营商重复建设基站现象。另一方面，采用“宏改微”方式进行基站建设，在人群分散地区改建成本更低，覆盖面积更小的微基站；同时，由中国铁塔股份有限公司向运营商提供数字光纤直发站、传输光缆等“小康讯”行动专项产品，并依据地区差异、建设难度调整产品价格，以降低运营商建设成本，节约相应建设资金[⑤]。

2. 进行任务细化，全面推进工作

在“小康讯”行动计划中，贵州省电信基础设施建设呈现分批次进行、稳步推进的特征。首先是将任务目标划分为三个阶段，按时间分别为2013～2015年、2016～2017年以及2018～2020年。以通信部分[⑥]为例，第一阶段的目标是“实现99%以上自然村通电话和行政村通宽带”；第二阶段完成第一阶段的剩余

---

① 资料来源于中共贵州省委办公厅、贵州省人民政府办公厅印发《贵州省乡村建设行动实施方案（2023—2025年）》，原文链接：http://guizhou.gov.cn/zwgk/zcfg/swygwj/202304/t20230417_79091677.html。

② 原文链接：https://www.guizhou.gov.cn/zwgk/zfgb/gzszfgb/201309/t20130913_70517131.html? isMobile=false。

③ 资料来源于人民邮电报2022年9月文章《信息通信业的非凡十年·贵州篇｜贵州信息通信业：为经济社会高质量发展贡献通信力量》，原文链接：https://www.cnii.com.cn/rmydb/202209/t20220928_417393.html。

④ 资料来源于《贵州省“四在农家·美丽乡村”基础设施建设—小康讯行动计划（2013—2020年）》，原文链接：https://www.guizhou.gov.cn/zwgk/zfgb/gzszfgb/201309/t20130913_70517131.html? isMobile=false。

⑤ 中国铁塔股份有限公司贵州省分公司在推动“小康讯”行动中的具体做法，是笔者在与公司有关工作人员沟通了解后整理所得。

⑥ 根据《贵州省“四在农家·美丽乡村”基础设施建设—小康讯行动计划（2013—2020年）》，“小康讯”行动计划分为通信和邮政两部分。

任务——不到1%的未通电话自然村和未通宽带行政村分别通电话和通宽带，即“全面实现自然村‘村村通电话’和行政村‘村村通宽带’”；第三阶段，“完成同步小康创建活动‘电话户户通’任务目标”①。而在实际工作中，“小康讯”任务目标也可能会提前完成。贵州省通信管理局党组成员、副局长郭智翰于2015年接受采访时曾表示，预计到2015年底，将实现所有行政村通宽带和所有自然村通电话②。这意味着，第二阶段中通信部分的工作目标在第一阶段就完成了。

3. 打造模范试点，以点带动全局

在“小康讯”行动计划推进过程中，贵州省提出了以试点带动全局的工作思路。如以安顺市普定县为试点，推行项目“快建快交”③。2013年，贵州省经济和信息化委员会选择安顺市普定县作为4G组网试点区域，使得普定县成为全国第二个开通4G网络的县④。普定县的试点工作在取得成效的同时，为贵州省全面推进“小康讯”积累了经验。通过组织相关人员来普定县学习，使试点普定县发挥了较好的榜样作用⑤。

### （三）“小康讯”行动计划基本成效

1. 农村电信基础设施建设基本情况

“小康讯”行动计划实施以来，贵州省农村电信基础设施建设取得长足进步。2015年，实现了100%行政村通宽带、100%自然村通电话；2016年，实现了87%行政村通光纤、93%行政村通4G；2017年，基本实现全省行政村通光纤和4G网络全覆盖⑥；2020年，所有30户以上自然村通4G网络；2021年，所有乡镇通700M 5G网络⑦；到2023年8月，贵州省已实现所有乡镇5G

---

① 资料来源于《贵州省“四在农家·美丽乡村”基础设施建设—小康讯行动计划（2013—2020年）》，原文链接：https://www.guizhou.gov.cn/zwgk/zfgb/gzszfgb/201309/t20130913_70517131.html? isMobile=false。

② 资料来源于贵州省人民政府网公众号文章《省通信管理局副局长郭智翰谈我省“小康讯”建设》，原文链接：https://mp.weixin.qq.com/s/VOEj9ggXKPSanknjcPWoGw。

③ 资料来源于贵州省人民政府网公众号文章《省通信管理局副局长郭智翰谈我省“小康讯”建设》，原文链接：https://mp.weixin.qq.com/s/VOEj9ggXKPSanknjcPWoGw。

④ 资料来源于安顺日报2014年5月文章《乡村亮堂　沟通无隙——安顺市“小康电、小康讯”建设综述》，原文链接：https://www.qingdaonews.com/content/2014-05/21/content_10475569.htm。

⑤ 资料来源于贵州省人民政府网公众号文章《省通信管理局副局长郭智翰谈我省“小康讯”建设》，原文链接：https://mp.weixin.qq.com/s/VOEj9ggXKPSanknjcPWoGw。

⑥ 资料来源于文明贵州公众号文章《光缆线里的大作为“小康讯”为乡村通信插上翅膀》，原文链接：https://mp.weixin.qq.com/s/CdDWZYYqX06xnfmSgC5BtA。

⑦ 资料来源于贵州省通信管理局官网文章《贵州信息通信业：为经济社会高质量发展贡献通信力量》，原文链接：https://gzca.miit.gov.cn/xwdt/xydt/art/2022/art_63cde632a6424626b52ed5743a8b9af6.html。

网络的全覆盖，行政村 5G 通达率达到 60.8%，81% 乡镇具备千兆光网接入能力[①]。

2.“小康讯”行动计划助力农村脱贫攻坚

“小康讯”行动计划使农村电信基础设施得到全面升级的同时，有力助推了贵州省脱贫事业的进行。2016 年，贵州省完成全省 4170 个贫困村通信网络全覆盖的目标[②]。与此同时，各大运营商向贫困用户提供通信资费优惠，2015 年到 2020 年，优惠金额超 1 亿元，使村民不仅“有的用”，更能“用得起”[③]。随着宽带接入到农村贫困地区，村民们的生产、消费乃至娱乐活动，因为和外面更大的世界相联系而发生了翻天覆地的变化。

## 二、案例分析

### （一）主动融入国家发展大政策，调动各方积极性保障落实

为了全面建成小康社会，贵州省于 2013 年提出在农村进行包括水、电、路等六项基础设施建设行动，“小康讯”是其中之一，聚焦于农村地区的通信和邮政基础设施建设。而工业和信息化部联合财政部在 2015 年决定开展电信普遍服务试点，主要目标是推动农村及偏远地区宽带建设发展，促进城乡基本公共服务均等化，带动农村经济社会和信息化水平不断提升……[④] 前者是一省规划，后者是举国大政，两者目标却基本一致。贵州省正借此机会，主动融入国家发展战略，使得地方发展能够获得更多国家资金支持。

有了行动规划和资金支持，还需要各方紧密配合，保障项目能够如期进行。在项目具体实施过程中，贵州省想尽办法抓落实，如将计划目标纳入省政府对地方政府的考核中，并与各通信运营企业签订目标责任书等[⑤]。

---

① 资料来源于贵州省人民政府网文章《贵州着力夯实数字化建设“新基座”》，原文链接：https://www.guizhou.gov.cn/home/gzyw/202308/t20230812_81709763.html。

② 资料来源于贵州脱贫攻坚公众号文章《贵州信息通信行业——脱贫攻坚大比武　打造小康讯升级版》，原文链接：https://mp.weixin.qq.com/s/9LqAXOZgyrEhLhh0ty-eKg。

③ 资料来源于人民邮电报公众号文章《助力打赢脱贫攻坚战丨黔山大地脱贫路上的电信力量》，原文链接：https://mp.weixin.qq.com/s/Umad2pJ1qZnK1BCsYrBBWg。

④ 资料来源于《财政部　工业和信息化部关于开展电信普遍服务试点工作的通知》，原文链接：https://www.miit.gov.cn/ztzl/lszt/qltjkdzg/kzdxpbfwsdzljzfptp/wjfb/art/2016/art_5a298d488fac430fabe430d6a23580c4.html。

⑤ 资料来源于人民邮电报公众号文章《贵州何以在全国率先完成电信普遍服务试点项目?》，原文链接：https://mp.weixin.qq.com/s/GohJputZ8LYMff－uTfT8WA。

### (二)“铁塔模式”助力“小康讯”行动顺利推行

贵州省地形复杂，山脉众多，山地和丘陵面积占比高达92.5%，有“八山一水一分田”之说[①]，俗谚又云“地无三里平”[②]。由此导致施工难度极大，电信基础设施建设成本高昂。通信产品是一种前期固定投资极高，而后期可变成本较小的具有明显规模经济特征的产品。由此，多家运营商在不能协作的情况下共建，极有可能导致无法发挥规模经济性而使得平均成本上升（从全社会资源配置的角度看，也会造成巨大的浪费）。如果平均成本居高不下，运营商（作为自负盈亏的企业）很可能投资建设动力不足。“铁塔模式”这项制度创新在某种程度上帮助贵州省摆脱了上述困境，“小康讯”行动得以顺利推行。

所谓“铁塔模式”，就是由中国铁塔股份有限公司[③]统筹规划，集中建设“一张网”，多家运营商共同使用“这张网”，并经营具体的电信业务，即“一家建设、多家使用、社会共用”[④]。这样做，一方面可以减少多家运营商建网而导致的平均成本上升和社会资源浪费问题，另一方面，又可以防止运营商在具体业务上进行垄断。具体到本案例上，这一制度建设尤其有利于改善运营商企业为落后地区提供公共物品的激励。中国铁塔股份有限公司贵州省分公司（又名黔西南州分公司）坚持“能共享，不新建，能共建，不独建”原则，通信基站建设的共享率从不到10%提升到70%，与中国移动、中国电信、中国联通三家电信企业自建相比，节约了4.8亿投资资金和250多亩土地等社会资源[⑤]。中国铁塔股份有限公司贵州省分公司还推出了“小康讯”行动专项产品，制定了专项产品服务方案和定价标准。电信运营商可以灵活选用这些产品，以保证够完成“小康讯”行动计划30户以上自然村4G网络覆盖任务[⑥]。

---

① 资料来源于贵州省人民政府网，原文链接：https://www.guizhou.gov.cn/dcgz/gzgk/dl/202109/t20210914_70397096.html。

② 俗谚“天无三日晴，地无三里平”，有时也作“地无三尺平”。

③ 中国铁塔股份有限公司，简称中国铁塔，是在落实“网络强国”战略、深化国企改革、促进电信基础设施资源共享的背景下，由中国移动通信有限公司、中国联合网络通信有限公司、中国电信股份有限公司和中国国新控股有限责任公司出资设立的大型国有通信铁塔基础设施服务企业。公司主要从事通信铁塔等基站配套设施和高铁地铁公网覆盖、大型室内分布系统的建设、维护和运营。资料来源于百度百科，原文链接：https://baike.baidu.com/item/中国铁塔股份有限公司/15764675。

④ 资料来源于通信世界公众号文章《「总编视点」“铁塔模式”的示范效应应该放大》，原文链接：https://baijiahao.baidu.com/s?id=1758542763748999499&wfr=spider&for=pc。

⑤ 资料来源于黔塔峰声公众号文章《黔西南州工信局岑建芳副局长一行到黔西南铁塔调研》，原文链接：https://mp.weixin.qq.com/s/U6NJXadTisAkRVf2hlOynA。

⑥ 资料来源于贵州省电信基础设施共建共享协调领导小组办公室文件《关于转发小康讯行动专项产品定价方案的通知》。

# 第七节　铁路运输行业案例分析

## 案例　铁路行业典型案例分析——杭绍台高铁

杭绍台高速铁路（简称“杭绍台高铁”）是专供旅客列车行驶的城际铁路，是浙江省内沟通杭州都市区与温台沿海城市群的一条快捷通道，是长江三角洲地区城际轨道交通网络的重要组成部分，是国家沿海铁路快速客运通道的组成部分，也是中国首条民营资本控股的高铁 PPP 项目，入选《浙江省“十三五”规划纲要》、全国“社会资本投资铁路示范项目”名单。杭绍台高铁于 2022 年 1 月 8 日开通运营，使台州到杭州的铁路出行时间由两小时压缩至一小时，极大便利了沿线人民群众出行，同时也促进了沿线经济社会发展，为助力浙江共同富裕示范区建设和“长三角一体化”高质量发展发挥了积极作用。

### 一、项目基本情况

杭绍台高铁连接浙江省杭州、绍兴、台州三市，杭州东站至绍兴北站段利用杭深铁路杭甬段；绍兴北站至温岭站段长 226 公里，设计时速 350 公里，共设有 8 座车站；温岭站至玉环站段长约 37 公里，设计时速 350 公里，总投资约 76 亿元，共设有 2 座车站（不含温岭站）。2016 年 12 月，杭绍台高铁绍兴至温岭段获国家发展改革委批复；2016 年 12 月 23 日，杭绍台高铁先行段开工建设。2017 年 12 月，杭绍台高铁绍兴至温岭段全线开工建设。2022 年 1 月 8 日，杭绍台高铁全线开通运营。

### 二、项目投资情况

杭绍台高铁采用 PPP 模式建设，项目建设期 4 年（2018～2021 年），运营期 30 年，采用 BOOT（建设—拥有—运营—移交）模式运作，由政府方授权项目公司负责该项目的投资、建设、运营、维护、移交等工作，并获取合理回报，运营期满后项目公司将全部项目资产无偿移交给政府方。政府与社会资本双方按照风险分担、利益共享的原则，社会投资人的回报机制为“运营收入＋可行性缺口补贴”。在实施方案确定的合作边界条件下，可行性缺口补贴金额通过与社会投资人磋商，竞争性确定。同时制定列车开行对数、超额收入分配等回报调整机制。

2017 年 9 月，杭绍台高铁 PPP 项目在浙江杭州签约。杭绍台高铁项目投资总额预计约 448 亿元，资本金约占总投资的 30%。其中民营联合体占股 51%、原铁路总公司占股 15%、浙江省政府占股 13.6%、绍兴和台州市政府合计占股 20.4%。而在 51%的控股民资中，最大的股东是浙江复星商业发展有限公司，占 55.7%（按 100%测算），浙江复星商业发展有限公司下属的上海星景股权投资管理有限公司占 0.1%，宏润建设集团股份有限公司占 25%，万丰奥特控股集团有限公司占 15%，浙江省基础建设投资集团股份有限公司和浙江众合科技股份有限公司分别占 2%，平安信托有限责任公司和平安财富理财管理有限公司占 0.1%。2019 年 4 月，杭绍台铁路公司与国家开发银行、中国工商银行、中国农业银行、中国建设银行、中国进出口银行、中国邮政储蓄银行 6 家项目银团成员行，共同签署杭绍台高铁项目《银团贷款合同》，贷款规模达 281 亿元。

杭绍台高铁项目投融资方式在国内是首创，在交易结构、股权设置、回报机制和风险分担机制等方面进行了尝试和创新，充分发挥了社会资本投资铁路示范项目的带动作用，对于拓宽铁路投融资渠道、完善投资环境、打通社会资本投资建设铁路“最后一公里”、促进铁路事业加快发展具有重要示范意义。而且，杭绍台高铁首次实现了民营资本在国内高铁投资领域的控股地位，是我国社会资本投资建设重大基础设施的样板，是民营资本控股中国高铁的破冰示范，标志着我国铁路投融资体制改革步入了一个新的阶段，这一探索实践被载入《党的十八大以来大事记》。此外，杭绍台高铁通过与项目银团行的深度合作，有力破解民营控股高铁项目的融资难题，使项目建设资金得到保障，开创了我国铁路投融资改革的“杭绍台模式”。相关经验已在多个高铁 PPP 项目中推广实践，起到了“先行先试”的示范作用。

## 三、项目建设意义

自 2022 年 1 月 8 日开通运营后，杭绍台高铁不断发挥着杭州至台州“快捷通道”的作用，成为沿线人民群众出行以及上海往返温州、福州、广州等方向旅客乘坐高铁的线路优先选择。2022 年上半年运送旅客近 200 万人次，全年运送旅客 500 余万人次，积极地服务人民群众出行和沿线经济社会发展。

杭绍台高铁是一条改革之路。杭绍台高铁肩负着铁路投融资体制改革创新的使命，它的成功实践对拓宽铁路投融资渠道、完善投资环境、打通社会资本投资建设铁路“最后一公里”、促进铁路事业加快发展具有重要示范意义，是我国铁路改革发展史上具有里程碑意义的大事。

杭绍台高铁是一条快捷之路。杭绍台高铁联通沪昆高铁、商合杭高铁、宁杭高铁、杭黄高铁、杭深高铁，接入长三角地区高铁网，使杭州至台州高铁出行时间缩短至 60 分钟左右，有效扩大了浙江省“1 小时交通圈”的范围，极大地便利了沿线群众出行，改革成果人民共享。

杭绍台高铁是一条文化之路。杭绍台高铁与“浙东唐诗之路”的线路高度契合，沿线历史遗存和人文典故众多，留下 1500 多首唐诗，是融合儒学、诗歌、书法、茶道、戏曲、陶艺、民俗、方言、神话传说等内容的中华文化宝藏，成语“东山再起”、《梦游天姥吟留别》等著名典故和经典诗作都出自该区域，正所谓古有浙东唐诗之路，今有杭台诗路高铁，可称之为“诗路高铁”。

杭绍台高铁是一条旅游之路。杭绍台高铁沿线旅游资源丰富，一路串联起杭州西湖、鲁迅故居、天姥山景区、天台山景区、台州府城墙、温岭石塘（中国大陆新千年、新世纪第一缕曙光首照地）等一大批国家 5A 级及 4A 级旅游风景区，形成了浙江省内一条黄金旅游通道。

杭绍台高铁是一条共富之路。杭绍台高铁的建成通车结束了嵊州、新昌、天台等地不通铁路的历史，沿线经过 8 个国家级开发区、3 个国家级高新区、8 个“万亩千亿”新产业平台，所辐射的杭州、绍兴、台州三地 GDP 总额达 2.7 万亿元，社会经济发展充满活力。杭绍台高铁进一步加速温台城市群融入杭州都市圈和长江经济带，持续助力浙江高质量发展建设共同富裕示范区。